国家科学技术学术著作出版基金资助出版
“十四五”时期国家重点出版物出版专项规划项目

材料先进成型与加工技术丛书

申长雨　总主编

生物过程启示的材料制备新技术

傅正义 等　著

科 学 出 版 社
北　京

内 容 简 介

本书为“材料先进成型与加工技术丛书”之一。作者系统介绍了生物过程启示的材料制备新技术思想和研究思路，并对国内外研究进展进行了梳理和总结。第 1 章介绍了生物过程启示的材料制备新技术思想的提出；第 2～7 章介绍了生物矿化启示的材料制备新技术，包括基于生物活体平台、天然生物质诱导、重组蛋白调控、类蛋白物质诱导的合成与制备，并归纳了基于矿化机制的制备新技术；第 8 章介绍了光合作用启示的材料合成；第 9 章介绍了基于其他天然生物系统平台的材料合成和制备；第 10 章介绍了生物过程启示的微观增材制造；第 11 章总结全书，并对未来发展方向进行了展望。

本书可供材料、生物、化学等学科领域科研人员以及高等院校高年级本科生、硕士研究生、博士研究生参考和入门引导。

图书在版编目（CIP）数据

生物过程启示的材料制备新技术 / 傅正义等著. -- 北京 : 科学出版社, 2025. 1. --（材料先进成型与加工技术丛书 / 申长雨总主编）. -- ISBN 978-7-03-081041-0

Ⅰ. Q81

中国国家版本馆 CIP 数据核字第 2025T0Q603 号

丛书策划：翁靖一

责任编辑：翁靖一 / 责任校对：杜子昂

责任印制：徐晓晨 / 封面设计：东方人华

科学出版社 出版

北京东黄城根北街 16 号

邮政编码：100717

http://www.sciencep.com

北京中科印刷有限公司印刷

科学出版社发行　各地新华书店经销

*

2025 年 1 月第　一　版　开本：720 × 1000　1/16

2025 年 1 月第一次印刷　印张：18

字数：386 000

定价：198.00 元

（如有印装质量问题，我社负责调换）

材料先进成型与加工技术丛书

编 委 会

材料先进成型与加工技术丛书

总　　序

核心基础零部件（元器件）、先进基础工艺、关键基础材料和产业技术基础等四基工程是我国制造业新质生产力发展的主战场。材料先进成型与加工技术作为我国制造业技术创新的重要载体，正在推动着我国制造业生产方式、产品形态和产业组织的深刻变革，也是国民经济建设、国防现代化建设和人民生活质量提升的基础。

进入 21 世纪，材料先进成型加工技术备受各国关注，成为全球制造业竞争的核心，也是我国“制造强国”和实体经济发展的重要基石。特别是随着供给侧结构性改革的深入推进，我国的材料加工业正发生着历史性的变化。**一是产业的规模越来越大**。目前，在世界 500 种主要工业产品中，我国有 40%以上产品的产量居世界第一，其中，高技术加工和制造业占规模以上工业增加值的比重达到 15%以上，在多个行业形成规模庞大、技术较为领先的生产实力。**二是涉及的领域越来越广**。近十年，材料加工在国家基础研究和原始创新、“深海、深空、深地、深蓝”等战略高技术、高端产业、民生科技等领域都占据着举足轻重的地位，推动光伏、新能源汽车、家电、智能手机、消费级无人机等重点产业跻身世界前列，通信设备、工程机械、高铁等一大批高端品牌走向世界。**三是创新的水平越来越高**。特别是嫦娥五号、天问一号、天宫空间站、长征五号、国和一号、华龙一号、C919 大飞机、歼-20、东风-17 等无不锻造着我国的材料加工业，刷新着创新的高度。

材料成型加工是一个“宏观成型”和“微观成性”的过程，是在多外场耦合作用下，材料多层次结构响应、演变、形成的物理或化学过程，同时也是人们对其进行有效调控和定构的过程，是一个典型的现代工程和技术科学问题。习近平总书记深刻指出，“现代工程和技术科学是科学原理和产业发展、工程研制之间不可缺少的桥梁，在现代科学技术体系中发挥着关键作用。要大力加强多学科融合的现代工程和技术科学研究，带动基础科学和工程技术发展，形成完整的现代科学技术体系。”这对我们的工作具有重要指导意义。

过去十年，我国的材料成型加工技术得到了快速发展。**一是成形工艺理论和技术不断革新**。围绕着传统和多场辅助成形，如冲压成形、液压成形、粉末成形、注射成型，超高速和极端成型的电磁成形、电液成形、爆炸成形，以及先进的材料切削加工工艺，如先进的磨削、电火花加工、微铣削和激光加工等，开发了各种创新的工艺，使得生产过程更加灵活，能源消耗更少，对环境更为友好。**二是以芯片制造为代表，微加工尺度越来越小**。围绕着芯片制造，晶圆切片、不同工艺的薄膜沉积、光刻和蚀刻、先进封装等各种加工尺度越来越小。同时，随着加工尺度的微纳化，各种微纳加工工艺得到了广泛的应用，如激光微加工、微挤压、微压花、微冲压、微锻压技术等大量涌现。**三是增材制造异军突起**。作为一种颠覆性加工技术，增材制造（3D 打印）随着新材料、新工艺、新装备的发展，广泛应用于航空航天、国防建设、生物医学和消费产品等各个领域。**四是数字技术和人工智能带来深刻变革**。数字技术——包括机器学习（ML）和人工智能（AI）的迅猛发展，为推进材料加工工程的科学发现和创新提供了更多机会，大量的实验数据和复杂的模拟仿真被用来预测材料性能，设计和成型过程控制改变和加速着传统材料加工科学和技术的发展。

当然，在看到上述发展的同时，我们也深刻认识到，材料加工成型领域仍面临一系列挑战。例如，“双碳”目标下，材料成型加工业如何应对气候变化、环境退化、战略金属供应和能源问题，如废旧塑料的回收加工；再如，具有超常使役性能新材料的加工技术问题，如超高分子量聚合物、高熵合金、纳米和量子点材料等；又如，极端环境下材料成型技术问题，如深空月面环境下的原位资源制造、深海环境下的制造等。所有这些，都是我们需要攻克的难题。

我国“十四五”规划明确提出，要“实施产业基础再造工程，加快补齐基础零部件及元器件、基础软件、基础材料、基础工艺和产业技术基础等瓶颈短板”，在这一大背景下，及时总结并编撰出版一套高水平学术著作，全面、系统地反映材料加工领域国际学术和技术前沿原理、最新研究进展及未来发展趋势，将对推动我国基础制造业的发展起到积极的作用。

为此，我接受科学出版社的邀请，组织活跃在科研第一线的三十多位优秀科学家积极撰写“材料先进成型与加工技术丛书”，内容涵盖了我国在材料先进成型与加工领域的最新基础理论成果和应用技术成果，包括传统材料成型加工中的新理论和新技术、先进材料成型和加工的理论和技术、材料循环高值化与绿色制造理论和技术、极端条件下材料的成型与加工理论和技术、材料的智能化成型加工理论和方法、增材制造等各个领域。丛书强调理论和技术相结合、材料与成型加工相结合、信息技术与材料成型加工技术相结合，旨在推动学科发展、促进产学研合作，夯实我国制造业的基础。

本套丛书于2021年获批为“十四五”时期国家重点出版物出版专项规划项目，具有学术水平高、涵盖面广、时效性强、技术引领性突出等显著特点，是国内第一套全面系统总结材料先进成型加工技术的学术著作，同时也深入探讨了技术创新过程中要解决的科学问题。相信本套丛书的出版对于推动我国材料领域技术创新过程中科学问题的深入研究，加强科技人员的交流，提高我国在材料领域的创新水平具有重要意义。

最后，我衷心感谢程耿东院士、李依依院士、张立同院士、韩杰才院士、贾振元院士、瞿金平院士、张清杰院士、张跃院士、朱美芳院士、陈光院士、傅正义院士、张荻院士、李殿中院士，以及多位长江学者、国家杰青等专家学者的积极参与和无私奉献。也要感谢科学出版社的各级领导和编辑人员，特别是翁靖一编辑，为本套丛书的策划出版所做出的一切努力。正是在大家的辛勤付出和共同努力下，本套丛书才能顺利出版，得以奉献给广大读者。

中国科学院院士
工业装备结构分析优化与CAE软件全国重点实验室
橡塑模具计算机辅助工程技术国家工程研究中心

前　言

众所周知，材料有四个基本要素：制造（加工）、结构、性能与服役性能。生物系统也存在类似的四个要素：生物制造、生物结构、生物性能与服役性能。生物制造过程决定生物结构，生物结构决定生物系统的性能与功能。科学家受生物结构与功能的启示，学习生物物质精妙的结构或功能来制造人工结构材料或功能材料，取得了大量突破性成果。

更进一步，生物制造（生物组成与结构的形成过程）同样值得被关注。因为这些生物制造过程大多数在环境温度下进行，这与需要高温甚至高压等人工材料的苛刻制造条件不同。傅正义院士团队认为生物物质精妙的制造过程值得学习。据此，团队提出“生物过程启示的材料制备新技术”这一新的研究方向，也称为材料的过程仿生制备新技术，主张学习生物制造过程，或者生物制造与生物结构之间的关系来发展材料合成与制备新技术。

在前期研究工作中，傅正义院士团队学习骨骼形成过程，发现矿物在胶原纤维内的合成与晶化产物会产生兆帕级收缩应力，首次制备了预应力复合结构微管，成果发表于 *Science* 期刊；受生物体内无定形相作为前驱体生成矿物的启示，研究镁离子对无定形碳酸钙结晶转化过程的影响，发现和合成了一种全新的含水碳酸钙晶相——半水碳酸钙，成果发表在 *Science* 期刊上；并受邀在材料科学领域权威综述期刊 *Progress in Materials Science* 撰写综述，总结国内外研究进展。傅正义院士也应邀分别在 2017 年第 12 届环太平洋陶瓷与玻璃技术会议和 2019 年第 16 届欧洲陶瓷协会会议上做“生物过程启示的制备新技术”的大会主旨报告，参会人员均超过千人，在国际学术界产生了较大的影响，并获得了美国陶瓷学会授予的 John Jeppson 奖和 Samuel Geijsbeek 国际奖。最近，傅正义院士和邹朝勇研究员与北京航空航天大学江雷院士和程群峰教授、中国科学技术大学俞书宏院士和高怀岭教授、中国科学院上海硅酸盐研究所吴成铁研究员和朱钰方研究员共同承担了国家重点研发计划“变革性技术关键科学问题”重点专项“生物过程启示的陶瓷材料室温制备关键科学问题”（2021YFA0715700），致力于发展陶瓷室温与低温制备技术，以期颠覆陶瓷材料的传统高温烧结技术。

为了系统展现这些研究工作以及展望未来的发展方向，受“材料先进成型与加工技术丛书”编委会邀请，我们撰写了《生物过程启示的材料制备新技术》一书，首次对该方向的内涵、研究思路和国内外研究进展进行评述和展望。

本书由傅正义院士负责框架的设定、章节的撰写及统稿和审校。各章主要内容如下：第 1 章绪论，第 2 章生物矿化的启示，第 3 章基于生物活体平台的材料制备，第 4 章天然生物质诱导无机材料的合成与制备，第 5 章重组蛋白调控材料的合成，第 6 章类蛋白物质诱导的合成与制备，第 7 章基于矿化机制的制备新技术，第 8 章光合作用启示的材料合成，第 9 章基于其他天然生物系统平台的材料合成与制备，第 10 章生物过程启示的微观增材制造，第 11 章展望。特别感谢团队成员邹朝勇教授（第 2、6、7、11 章）、平航副教授（第 1、4、5 章）、解晶晶副教授（第 3、8 章）、王堃副教授（第 9、10 章）等的科研贡献和在本书撰写、修改过程中给予的大力支持和帮助。

在本书出版之际，我们衷心感谢科学出版社的翁靖一编辑认真细致的帮助，感谢国家科学技术学术著作出版基金的资助，感谢国家自然科学基金委员会创新研究群体项目（51521001）、重点项目（51832003）和国家重点研发计划“变革性技术关键科学问题”重点专项（2021YFA0715700）对书中本团队研究工作的资助。本书涵盖了相关领域大量国际前沿进展，难免有疏漏或欠妥之处，敬请同行专家和广大读者批评指正。

中国工程院院士
材料复合新技术国家重点实验室主任

2024 年 9 月

于武汉理工大学

目　　录

第1章 绪论

经过数十亿年的自然选择和进化，生物系统为了自身的生存和发展，逐渐演化出高度的环境适应性和创造性。生物系统的规则、概念、机制和设计原则等不断地激发着新工艺、新算法和新制造方法的产生和迭代[1]。在建设可持续发展社会中，学习这些生物系统原理来推动社会发展非常值得关注。正因如此，一个新的研究领域——生物启示工程（bio-inspired engineering）[2]或仿生技术工程（biologically inspired engineering）[3]应运而生。广为人知的仿生工程实例包括：受鹰翼空气动力学启发的飞机机翼设计、受鲨鱼皮启发的运动泳裤设计及受鸟巢启发的中国国家体育馆设计等。大自然为人类提供了大量的概念或思路来发展新产品和新技术。

生物系统奇妙的微观/宏观结构有助于其具备承受或适应环境方面的特殊功能。因此，这些生物结构和生物功能为设计具有新结构和新功能的人造材料提供了指引，从而形成了近二十多年来非常有趣的研究方向——仿生材料（bioinspired materials）[4-6]。国内外不少知名科学家（Joanna Aizenberg、Peter Fratzl、Steve Weiner、Stephen Mann、Robert O. Ritchie、江雷、俞书宏、张荻、郭林、唐睿康等）都在此领域耕耘，他们各自从不同的研究路线来推进该领域的快速发展，使得“仿生材料”方向不断有耳目一新和令人振奋的工作被报道。

此外，生物系统的制造过程（组成与结构形成过程）同样精妙，而且制造过程通常是在环境温度下进行的，这与需要高温甚至高压等人工制造材料的苛刻条件不同。傅正义院士团队认为这些生物系统的制造过程值得人们学习，以发展新的材料合成与制备技术，从而提出一个新的研究方向——生物过程启示的材料制备新技术和材料的过程仿生制备新技术（bioprocessing-inspired fabrication）[7]。该技术旨在从自然生物制造过程，或者生物制造/生物结构的关系中找到灵感和思想，发展新的合成与制备技术。

1.1 仿生材料

大自然是天才般的设计师，其构建的精细而有组织的多级结构可以实现自然物质繁杂多样的生物学功能。例如，荷叶的自清洁功能由其表面的纳微等级结构所展现的疏水性而决定；猪笼草口缘区的水定向传输特性由其周期性排列的细微纹沟结构所决定；蝴蝶翅膀的绚烂颜色由其表面周期性结构吸收不同波长的可见光所决定；贝壳珍珠层的高韧性由有机质与无机质形成的“砖-泥”结构所决定。

仿生材料是通过先进制造技术模拟天然物质的结构或功能而合成的人造材料。在过去的二十多年来，受天然物质结构或功能的启发，科研工作者通过研究它们的组成分布、界面作用、设计原则等，逐渐在体外制造了具有相似生物结构或功能的新材料。这类研究工作在材料、生物、化学、力学、物理等众多领域产生了很大的影响。

1.1.1 仿生结构与机械性能

在自然界中发现的许多生物矿物，如贝壳、骨骼、牙齿等，都是轻质高强的。它们大多数由坚硬的无机矿物和柔软的生物大分子组成（图 1-1）。这类材料优异的机械性能和损伤容限是通过其构造单元从原子尺度到宏观尺度的多级组装而实

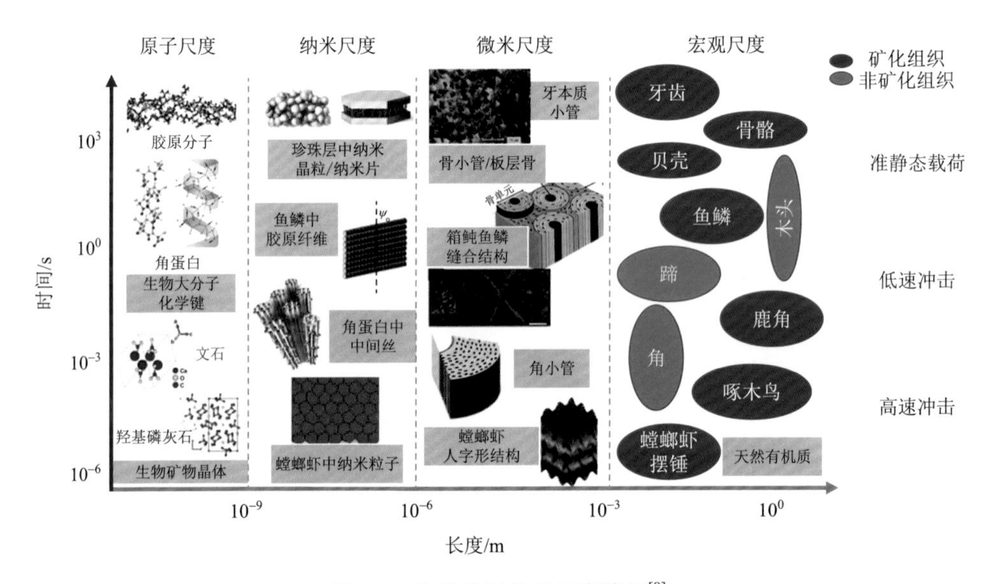

图 1-1 生物物质的多尺度特征[8]

在宏观尺度下根据不同载荷服役环境对生物材料分类，它们在微观尺度上主要呈管状、层状、缝合和人字形等结构，纳米无机基元和有机微纤维分布在纳米尺度上，生物大分子和矿物晶体在原子尺度上相互作用

现的。具体强韧化机制具有以下共性：①原子尺度上生物分子变形、化学键断裂和无机矿物中晶体缺陷；②纳米尺度上生物微纤维重构/变形和生物矿物纳米粒子/纳米片/纳米棒滑移以及裂纹再取向；③微米尺度上裂纹沿小管或板层等特征结构偏转和扭曲；④宏观尺度上结构和形态的变化[8]。

贝壳珍珠层是一类典型的层状矿物结构，由片状的文石晶体沿壳面平行堆砌而成，片层之间被有机质填充，最终形成“砖-泥”结构。其中，文石晶体的厚度为200～900 nm，直径为5～8 μm，有机质厚度为10～50 nm；珍珠层中文石含量为95 wt%（质量分数，后同），有机质含量为5 wt%［图1-2（a）～（c）］。这种结构使得珍珠层韧性是天然文石晶体的3000倍。当珍珠层受到垂直于表面的载荷时，填充在文石层之间的有机质层会产生形变，这可以在一定程度上消耗局部的能量。同时，有机质层还能调节微裂纹的传播，使其不穿过文石晶体而在有机质内部扩展，这也有助于消耗能量来抑制裂纹的蔓延。珍珠层的主要韧化机制包括：裂纹偏转、晶体拔出和有机质桥接[9]。这些机制在不同尺度的协同作用下使得珍珠层具有优异的断裂韧性。

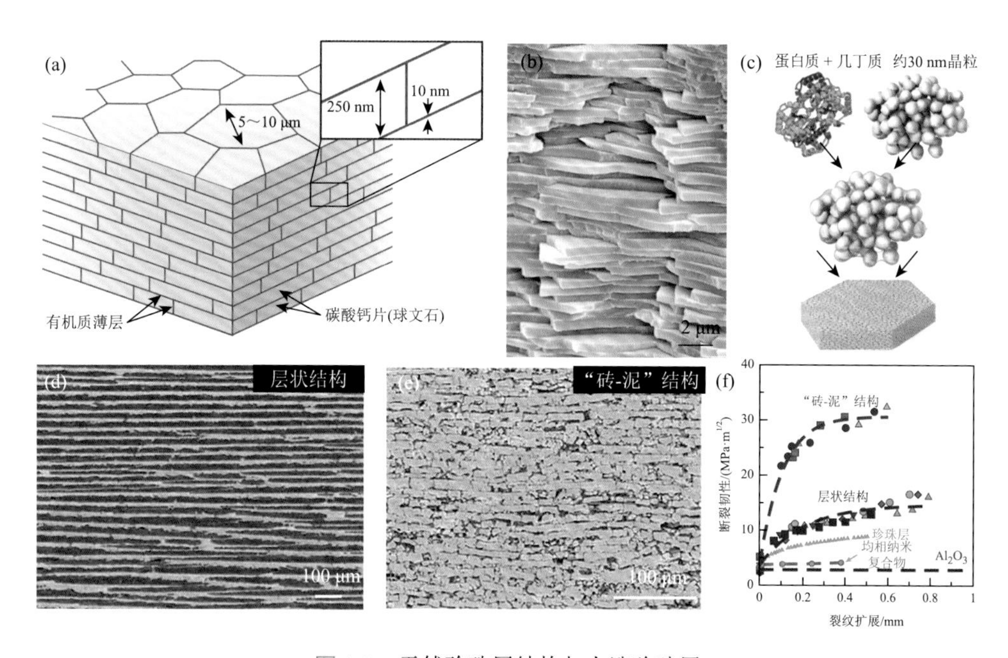

图1-2 天然珍珠层结构与人造珍珠层

（a）珍珠层示意图[10]；（b）珍珠层“砖-泥”结构；（c）片层文石晶体组分示意图[9]；（d）冰模板法合成Al_2O_3/PMMA叠层结构；（e）烧结后Al_2O_3“砖-泥”结构；（f）人造珍珠层力学性能[12]

受珍珠层结构与机械性能的启发，剑桥大学W. J. Clegg等[11]在1990年报道了制备类珍珠层陶瓷材料的开创性工作。他们将碳化硅陶瓷片涂敷在石墨表面，通过无压烧结（2040℃，保温 30 min）制备了层状 SiC/C 陶瓷。相比于对照组层状纯相 SiC 陶瓷，层状 SiC/C 陶瓷的三点抗弯强度从 500 MPa 增加至 633 MPa，断裂韧性从 3.6 $MPa·m^{1/2}$ 提升至 15 $MPa·m^{1/2}$。此后，许多新型制造技术被开发用于制备层状结构，如取向冷冻成型技术[12, 13]、液体超铺展技术[14]、外场辅助成型技术[15-17]等。

取向冷冻成型，又称冰模板法，是指在冷冻过程中水会变成片状冰层，使原先分散在水中的物质被挤压至冰层空隙里，冷冻干燥后冰升华成气体，物质反向复制冰层结构而呈定向排列的层状结构。加利福尼亚大学伯克利分校的 R. O. Ritchie 教授[12]最先使用取向冷冻成型技术来制备层状氧化铝基复合材料［图 1-2（d）～（f）］。他们将氧化铝粉体、聚甲基丙烯酸铵、聚乙烯醇与水混合形成浆料，通过冷冻取向获得层状结构；再通过表面修饰，使得氧化铝颗粒之间形成桥接，最后高温烧结形成“砖-泥”结构。最终获得的陶瓷基材料中氧化铝含量为 80 vol%（体积分数，后同），抗弯强度约为 200 MPa，断裂韧性约为 30 $MPa·m^{1/2}$，如此高的断裂韧性可与铝合金相媲美。随后，法国陶瓷合成与功能实验室 S. Deville 等[13]采用同样方法制备了全无机材料的层状结构。其中原料选用微米尺度片状氧化铝（直径 7 μm）、纳米球形氧化铝颗粒（直径 100 nm）、纳米氧化硅与氧化钙颗粒（直径 20 nm）。在冷冻取向过程中微米氧化铝片形成层状框架结构；纳米氧化铝颗粒附着在片层表面，既增加片层表面粗糙度，又起到桥接片层的作用；纳米氧化硅与氧化钙颗粒主要是在后期烧结过程中会形成液相，填充在片层的空隙中。最终制备的产物氧化铝含量为 98.5 vol%（二氧化硅含量为 1.3 vol%、氧化钙含量为 0.2 vol%），兼具了高强度和高韧性（刚度为 290 GPa、抗弯强度为 470 MPa、断裂韧性为 17.3 $MPa·m^{1/2}$）。由于该体系不含有机质，因此在 600℃高温下也能保持很好的机械稳定性（抗弯强度为 420 MPa、断裂韧性为 4.7 $MPa·m^{1/2}$）。

最近，北京航空航天大学刘明杰教授课题组[14]基于液体超铺展策略实现了连续大规模地制备超强层状结构材料［图 1-3（a）］。他们发现丙烯酰胺（PAAm）水凝胶在硅油中完全溶胀处理后，包含氧化石墨烯（GO）纳米片和海藻酸钠的溶液液滴可以在其表面实现超快速扩散（385 ms），从而在水凝胶/油界面处形成均匀的液体层。通过使用一系列注射器同时挤出溶液，可以将超扩散体系扩展到连续系统，以制造有序排列且大尺寸的纳米复合薄膜。在该体系中，预浸在氯化钙溶液的 PAAm 水凝胶中钙离子会扩散到反应溶液中，促进海藻酸钠的交联形成水凝胶薄膜。该薄膜在水中能轻易地从 PAAm 水凝胶表面剥离。薄膜干燥后，可以实现连续收集无缺陷的 GO/海藻酸钠薄膜，且 GO 在内部高度有序排列。采用相同的制备技术，通过优化液滴中纳米填料（GO、黏土、碳纳米管）的质量比可以获得目前已知拉伸性能最高的纳米复合薄膜，拉伸强度(1215±80)MPa、弹性模量(198.8±6.5)GPa

[图 1-3（b）和（c）]。他们发现界面层厚度对机械性能的影响非常大。当填料含量低时，界面层距离大，导致形成连续的有机质基质，因此力学性能较低。当填料含量增加使得界面层厚度达到某一临界点时，聚合物链在强限域效应内被有效硬化，并且它们的可移动性也被限制，使得性能大幅提升。若进一步提高填料含量，由于聚合物含量低，反而弱化了界面效应，会导致力学性能的降低。

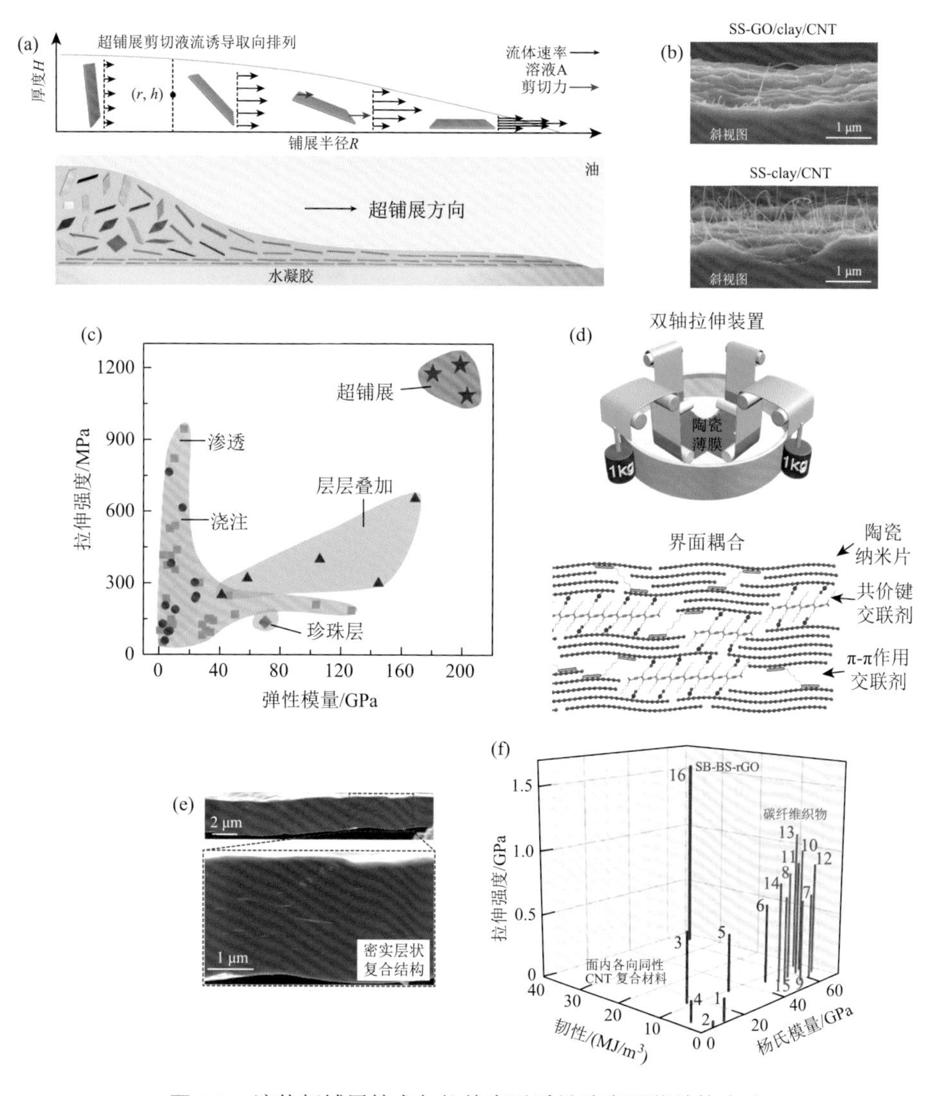

图 1-3 液体超铺展技术与拉伸牵引诱导致密层状结构合成

（a）液体超铺展示意图[14]；（b）液体超铺展技术制备复合材料斜视图；（c）不同技术制备复合材料力学性能比较；（d）拉伸牵引诱导组装致密化示意图[16]；拉伸牵引技术制备复合薄膜的（e）截面图和（f）力学性能比较

外场辅助成型技术是借助力场、电场、磁场等外加场来辅助制备层状结构。北京航空航天大学程群峰教授课题组[16]采用拉伸牵引诱导组装致密化策略制备了可规模化生产的高强石墨烯薄膜［图 1-3（d）］。他们发现普通石墨烯薄膜内部存在很多孔隙和褶皱结构，这是导致其性能较低的主要因素。当采用外力拉伸薄膜时，会在一定程度上减少孔隙、降低褶皱度，但是当外力卸载时会使原先的规整结构部分回弹。因此，他们在外力牵引作用下，再通过 π-π 键桥接和共价键有序交联抑制结构的回弹，提升石墨烯薄膜的规整取向度和密实度［图 1-3（e）］。最终获得的薄膜拉伸强度约达到 1.5 GPa，杨氏模量约为 65 GPa，分别是普通石墨烯的 3.6 倍和 10.6 倍［图 1-3（f）］。此外，该薄膜还具有良好的电导率（约 1400 S/cm）和电磁屏蔽系数（39 dB）。随后，他们发现孔隙缺陷是薄膜材料的共性问题，颠覆了传统认知中高分子二维纳米复合材料层层紧密堆积的常识；并且系统地表征了碳化钛 MXene 薄膜内孔隙的结构分布，其体积分数约为 15.4 vol%[18]。基于此，他们又发展了氢键和共价键有序交联致密化策略（其中氢键交联减少大尺寸孔隙，共价键交联消除小尺寸孔隙）并制备了高密实度的 MXene 薄膜，其中孔隙率仅约为 5.4%。得益于致密结构与强界面作用，该薄膜的拉伸强度高达 583 MPa，是当时 MXene 薄膜所报道结果中的最高数据。

此外，加拿大麦吉尔大学 A. J. Ehrlicher 教授课题组[17]将微米尺度的玻璃片和聚甲基丙烯酸甲酯（PMMA）混合后借助离心力成型和结构优化，制备了集合高强度、高韧性和高透明度的致密有机玻璃。他们根据以下原则选定原材料：①为满足高性能要求，需选择具有高长径比的硬组分以及可变形和较软的基质；②为满足高光学性能，两组分的折射率需要相近（$n_{玻璃}=1.52$，$n_{PMMA}=1.49$）；③两相之间需要有强的界面结合作用（对玻璃片表面进行化学修饰可实现连续界面）。因玻璃片与 PMMA 的密度不一致，通过离心可实现高含量的玻璃片填充在 PMMA 中，还能促进其取向排列。当离心力达到 2000 g 时，玻璃片的含量约为 43 vol%，且填充在玻璃片之间的 PMMA 厚度约为 17 μm。在此条件下制备的材料不仅具有高透明度，可与纳钙玻璃相媲美；其抗弯强度可达到约 140 MPa，弯曲模量达到约 7.2 GPa。该制备方法操作简易，可用于大规模生产，具有广泛的潜在应用。

除力场外，电场和磁场均被用于制备层状结构材料。南加利福尼亚大学 Yong Chen 等[19]借助电场辅助 3D 打印构建了仿贝壳的复杂多尺度结构。选用石墨烯纳米片（GNs）和商用光固化树脂 G + 混合物作为墨水，在 3D 打印过程中使用电场（433 V/cm）来促进 GNs 的定向排列。当产物中 GNs 含量约 2 wt%时，其比韧性和比强度与天然珍珠层相当。利用相同制备方法构建的可穿戴器件还能通过监测电阻的变化推断裂纹的形成或扩展，有助于提高产品安全性。苏黎世联邦理工学院 A. R. Studart 教授课题组[15]创造性地使用磁场调控材料在三维空间的分布，进而制备了一系列仿生物结构的人造材料。将氧化铁纳米粒子吸附在片状氧化铝表面，这样氧化铝片就可以在磁场作用下实现可控排列，并且空间上的梯度分布也可通过改变磁场强度的分布来调控。通过改变磁场方向，分别制备了氧化铝片与材料平面垂直分布和水平分布的薄膜。将两层薄膜黏接起来，就形成了兼具类似贝壳中棱柱层和珍珠层的结构，使得材料兼具了高硬度和高弯曲模量。

骨骼主要起到承载负重、支撑运动和保护组织器官的作用。骨骼的成分很简单，主要包含羟基磷灰石（约 65 wt%）、胶原基质（约 25 wt%）和水（约 10 wt%）。但是，其结构非常复杂，在宏观尺寸上主要由松质骨（spongy bone）和密质骨（compact bone）组成[9]。松质骨为海绵状，多填充在骨组织内部；密质骨结构致密强度高，主要分布在骨组织表面。密质骨由骨单位（osteon）和哈弗斯管组成。哈弗斯管包裹着血管，用于传输骨生长所需物质。骨单位直径约 100 μm，由数层呈同心圆分布的层状骨板组成。板层骨由有序排列的纤维束组成，而纤维束又由矿化胶原纤维定向排列而成。因此，骨骼的基本构造单元是矿化胶原纤维，且纳米羟基磷灰石晶体在胶原纤维内部定向排列。正因为骨骼内部羟基磷灰石与胶原纤维之间从分子尺度到宏观尺度的独特结合方式，使得它不仅轻质高强，还具有组织再生、自愈合等生物功能。因骨骼结构的复杂性，体外制备类似结构具有很大挑战。目前大多数研究工作集中于采用 3D 打印制备多孔支架并研究其促进细胞繁殖和矿物沉积的能力和生物相容性等[20-22]。此外，也有部分研究工作侧重于单根胶原纤维的体外矿化过程，这在第 4 章中将会重点介绍。

牙齿是动物体内最坚硬的组织之一，因优异的机械性能而被广泛关注。牙齿结构从外向内依次是：牙釉质、牙本质、牙髓、牙骨质。人体内牙釉质（enamel）是矿化程度最高的矿物，主要成分是羟基磷灰石，含量约 95 wt%[23]。其基本构造单元是釉柱，呈细长柱状结构，直径约 5 μm。釉柱起于牙本质釉质界面，在三维空间相互编织交缠，呈放射状贯穿釉质全层。釉柱又由纤维状羟基磷灰石晶体并行排列而成，单根纤维的直径约 50 nm，长度超过 10 μm。牙本质（dentin）矿化程度相对较低，主要成分与骨骼类似，也是由矿化胶原纤维组成；但是显微结构与骨骼却差别很大，牙本质内含有大量牙本质小管（直径约 1 μm），矿化胶原纤维围绕小管排列。牙釉质与牙本质相结合的独特方式使得牙齿具有优良的耐磨性和抗冲击性，每天能承受数百次甚至高达 770 N 的咀嚼/咬合。

尽管牙齿的结构很复杂，但是 A. R. Studart 等[24, 25]借助磁场辅助的铸造技术构筑了仿牙齿结构的双层异质复合材料。他们在弄清浆料浇筑过程的动力学行为后，选用组分为 20 vol%片状氧化铝、9 vol%纳米氧化铝颗粒、4 wt%纳米氧化硅颗粒的浆料来制备牙釉质层，选用组分为 20 vol%片状氧化铝、13 vol%纳米氧化铝颗粒、5 wt%聚乙烯吡咯烷酮的水溶液浆料来制备牙本质层。热处理后，氧化硅颗粒会形成液相，将牙本质和牙釉质黏接起来形成界面层。复合材料的硬度呈梯度分布，牙釉质层（外层）硬度较高。除了模仿牙齿结构制备仿生材料外，目前还有不少研究工作利用先进的表征技术表征牙釉质的物理化学结构等。例如，美国西北大学 D. Joester 等[26]采用原子探针层析技术发现啮齿动物牙釉质层含有无定形晶间相，并且证实不同物种牙釉质中无定形晶间相富集镁、氟、铁等元素，这可以提高牙釉质的硬度和抗酸蚀性。他们在近期的工作中还采用原子级定量成像及相关光谱学手段证实牙釉质中羟基磷灰石纳米纤维内存在化学梯度[27]。纳米纤维的中心区域富含镁元素，且该区域的两侧富含钠离子、氟离子和碳酸根离子，包裹该中心区域的外壳层异质元素含量较低。这类化学梯度结构会产生残余应力影响牙釉质的机械稳定性。这些研究工作从不同角度很好地解释了牙齿优异的机械性能，但是要在多尺度范围内揭示牙齿的高机械性能还有待进一步探索。

除上述介绍的矿物外，最近还有一些有趣的与力学性能相关的生物结构被报道。美国弗吉尼亚理工大学 N. Li 等[28]发现一种多节海星（*Protoreaster nodosus*）的骨架具有不同寻常的双尺度微晶格结构。这种结构的表面形态与金刚石三周期最小表面结构高度相似，并且内部存在高密度的位错。他们共同赋予了海星骨架高强度、高损伤容限和高比能量吸收能力。美国纽约大学 Y. A. Song 等[29]通过研究常见的蜥蜴断尾求生现象，发现蜥蜴尾巴断裂区域存在微米尺度的蘑菇形微柱，而微柱表面又分布着大量的纳米孔。这种多级结构在尾部断裂平面会建立界面连接，分别在不同尺度增强韧性，使其在弯曲模式下容易破坏，而在拉伸模式下能保持强韧的完整结构。

自然界存在大量的生物结构，有些已被广泛关注和研究，并用于指导人造材料的合成与制备。这使得人们对材料的化学组分、界面结合、尺度匹配等精细作用有了深刻认识。同时，还有些生物结构是未知的，需要研究者更大胆地挖掘和研究，为发展高性能新材料提供更多的关键信息。

1.1.2 仿生结构与功能特性

自然界还存在很多功能特性的生物结构，这些多尺度的结构往往显示出功能集成性。一些典型的生物材料多尺度结构和相应的功能见图 1-4，包括自清洁性、力学（黏附）特性、结构色和光学特性[30, 31]。不同研究领域的科学家和工程师受这些结构的启发，首先解析它们的精细结构、化学成分等，然后结合不同制备手段仿制出相似的人造材料，使其具备相似的功能。报道生物结构功能特性的研究工作层出不穷，本书简要介绍几组典型例子及其指导仿生功能材料制备的工作。

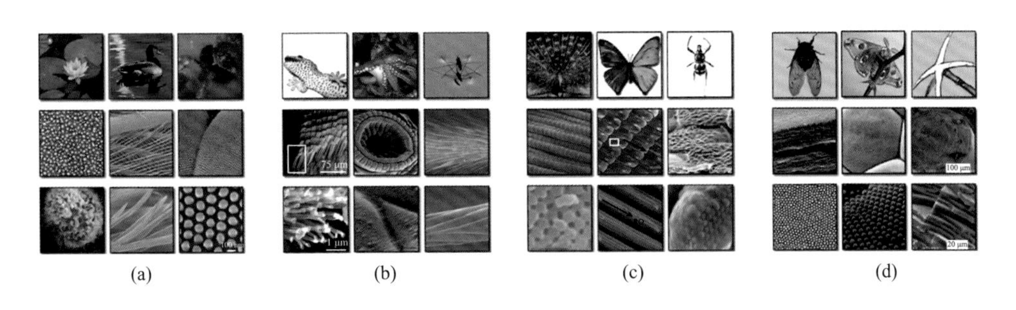

图 1-4　生物体的多级结构与功能[30]

（a）自清洁性；（b）力学特性；（c）结构色；（d）光学特性

光敏感性是很多动物天生具备的本领，它们能快速感知外界光线的变化，从而有效避免天敌的掠食捕捉。哈佛大学 J. Aizenberg 教授等[32]研究两种不同海星的光敏感性，发现 *Ophiocoma wendtii* 物种白天呈现深褐色，晚上呈灰黑条带状，而 *Ophiocoma pumila* 物种的颜色不随昼夜更替而变化。通过分析 *Ophiocoma wendtii* 物种的组织结构，证实其背腕板是由单晶的方解石晶体构成，该组织也是光感知系统的组成部分。背腕板结构分上下两层，上层由放大透镜结构构成，单个透镜的直径约 40 μm；下层是网络结构，里面填充着光感神经束。这种透镜结构非常特殊，顶部表面是球形，底部是非球形，能实现球差校正的功能。因此，背腕板的结构使得它能汇聚环境光，并让神经束感应到光的变化，从而做出响应。受这类结构与功能的启发，许多方法被用于制备透镜阵列来获得光学功能，如自组装法、模板法、激光刻蚀法等。德国马普学会胶体与界面研究所 P. Fratzl 教授等[33]通过化学合成的方法在水与空气界面形成了由无定形碳酸钙自组装而成的透镜阵列，并显示出较好的成像效果。

自然界中其他物种，如石鳖[34]、扇贝[35]等也能感知光变化。麻省理工学院 C. Ortiz 教授等[34]发现石鳖 *Acanthopleura granulata* 物种的外壳上分布着数百只“眼睛”。这些“眼睛”由文石晶体组成，也呈现透镜结构，尺寸约 38 μm；透镜底下是梨形空腔，深度和宽度分别为 56 μm 和 76 μm，里面包含光感知细胞。透镜是文石单晶或者高度取向排列的多晶，这种结构能有效降低光散射。这种成分-结构的结合方式使得透镜能感知外界环境光的变化。此外，该透镜还具有很好的机械性能，能有效抵御天敌的伤害。以色列魏茨曼科学研究所 L. Addadi 教授等[35]在扇贝 *Pecten maximus* 物种中发现了另一种奇特的可视系统。与前面介绍的由无机晶体组成的透镜结构不同，扇贝的眼睛分布在外壳的边缘，内部含有由鸟嘌呤晶体组成的凹面镜，也能有效地聚焦光线。通过冷冻扫描电镜和透射电镜发现，鸟嘌呤晶体呈规则的正方形（1.23 μm×1.23 μm），晶体基元紧密堆积 20～30 层形成镜面。从纳米尺度的晶体基元到毫米尺度的三维有组织排列结构，使得该凹面镜能感知外界光变化和减少光学相差。他们在后续的工作中还发现虾眼[36]、鱼眼[37]等物种中都存在类似的有机晶体，通过形成具有不同三维结构的光学系统来感知光的变化。

水传输性是自然界物种较常见的现象，如猪笼草、仙人掌刺、蜘蛛丝等。北京航空航天大学江雷院士等[38]发现猪笼草口缘区水会自动铺展的现象，通过观察显微结构证实了口缘区存在多尺度的微纳结构——楔形盲孔组成的不对称沟槽。这种多尺度的结构具有梯度表面能和梯度的拉普拉斯压力，它们能驱动水的定向运动（图 1-5）。最近，北京航空航天大学陈华伟教授等[39]发现瓶子草表面存在着超快速水定向传输现象，其传输速率比仙人掌刺和蜘蛛丝的高出三个数量级。另外发现瓶子草的表面绒毛存在着特殊的高低棱多级微纳沟槽结构，相邻高棱间分布 3～5 个低棱。水在该结构表面的传输存在着两种模式。当表面处于干燥状态时，液体的传输依赖于固-液接触界面产生的毛细作用力，此为传输模式Ⅰ。即使是在传输模式Ⅰ下，高低棱结构导致沟槽中毛细作用力的大小呈梯度分布，因此液体的传输速率也不尽相同。当沟槽内被液体浸润后，会形成一层稳定的水膜维持在表面，这样避免了随后传输的液体与固体表面的直接接触。在这种状态下，液体的传输驱动力不再是此前的固-液界面间的毛细作用力，而变成了液-液接触的超滑毛细力，这样大大降低了传输阻力，此为传输模式Ⅱ。揭示瓶子草快速传输机制后，他们还通过光刻技术制备了类似的微纳结构，同样获得了超快速液体传输的性能。该研究成果对设计超快速传输系统提供了指导性准则，也在微流控芯片、散热器、海水淡化等领域有着应用前景。

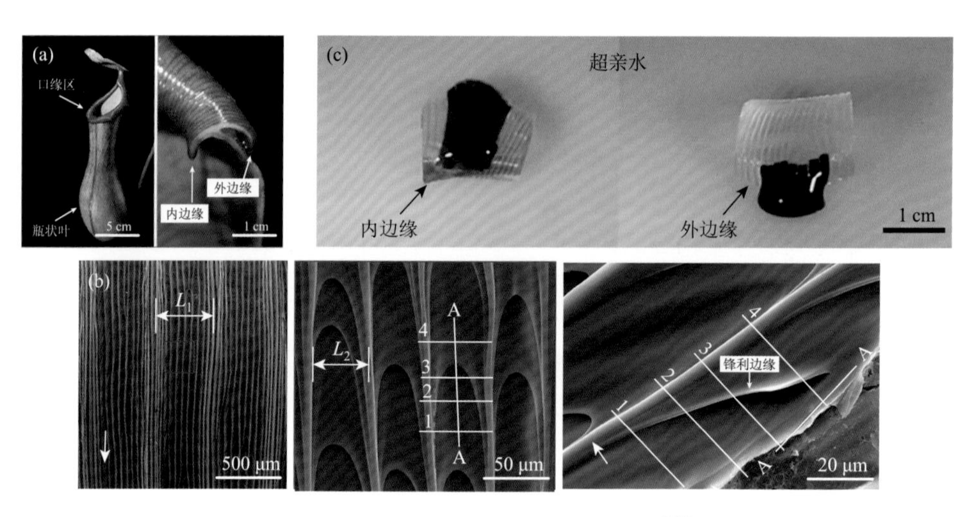

图 1-5 猪笼草结构与水定向传输功能[38]

（a）猪笼草实物图；（b）口缘区显微结构；（c）复制口缘区结构的有机基质的水定向传输性

受猪笼草表面自润湿的启发，J. Aizenberg 等[40]不局限于构造微纳结构来模拟生物功能，而是创造和设计了灌注液体的光滑多孔表面（SLIPS）。他们基于 SLIPS 设计理念制备的涂层材料能排斥水、油等绝大多数液体，还能阻止蚂蚁等昆虫的爬行；即使物理损伤后也能快速愈合，并继续保持液体排斥性；在极端环境（高压、冰冻）下也能保持对液体或固体的排斥能力。当然 SLIPS 的设计标准要满足三个前提条件：①润滑液需要完全润湿且稳定结合固体基质；②固体基质需要优先被润滑液润湿，而不能被测试液体所浸润；③润滑液与测试液不混溶。他们的设计思想有很多优势，不仅不受限于固体基质的特定几何形态，还可适用于各种廉价、低表面能的结构材料。更有趣的是，他们还结合三个物种（沙漠甲虫、仙人掌、猪笼草）的生物功能来设计光滑且非对称的突起材料实现对环境中水的收集[41]。甲壳虫外壳表面的突起能快速凝聚周围环境中水蒸气，仙人掌刺可在毛细作用力的驱动下促进水的定向移动，猪笼草口缘区能实现在分子尺度上都光滑润湿的表面。通过合理设计以集成这些功能的仿生材料，能够克服重力和不利温度梯度的影响实现大液滴的生长和传输。基于对天然生物功能的理解和合理的设计策略，这类仿生功能材料可在未来应用于集水和相变传热等领域。

结构色是指由光波与生物质结构发生相互作用而产生的颜色，与色素着色无关。自然界有很多具有结构色的物种，如蝴蝶、孔雀、变色龙、吉丁虫等。它们结构色的产生依赖于相应组织的多尺度周期性结构，这类结构可以调控光的衍射、干涉、折射等。蝴蝶翅膀因色彩绚烂而受到广泛关注［图 1-6（a）和（b）］。蝴蝶翅膀的主要化学成分是几丁质，结构单元是薄片状的鳞片，鳞片之间鳞次栉比地排列组成蝶翅。以蝴蝶 *Euploea mulciber* 翅膀为例，鳞片的尺寸长宽分别为 100 μm 和 50 μm，厚度仅为 0.5 μm。它还包含很多精细结构：间距 700 nm 的脊平行排列，脊与脊之间横跨着支撑脊的横肋（间距约 380 nm），沿脊的垂直方向上又叠加着间距 100 nm 的肋［图 1-6（c）～（f）］[42]。正是这种周期结构与可见光的相互作用使其产生结构色；不同物种之间的微纳结构会存在差异，因而呈现的颜色也会不同。受这种具有光学特性的结构启发，上海交通大学张荻教授等[43]以蝶翅的等级结构为模板，通过化学方法处理后在其表面沉积不同金属材料（Co、Ni、Cu、Pd、Ag、Pt 和 Au）来复制这类结构［图 1-6（g）］。最终获得的金属材料能显著增强表面拉曼散射，因为金属基质的粗糙表面能产生高度局域化的表面等离子体共振，从而大幅度增强拉曼信号。佐治亚理工学院王中林教授等[44]也借助蝶翅结构，采用原子层沉积技术在其表面沉积氧化铝，并通过改变循环沉积的次数来精准控制无机层的厚度，所得到的产物不仅能实现颜色的可调控性，还能用于光波导或光束分离器。

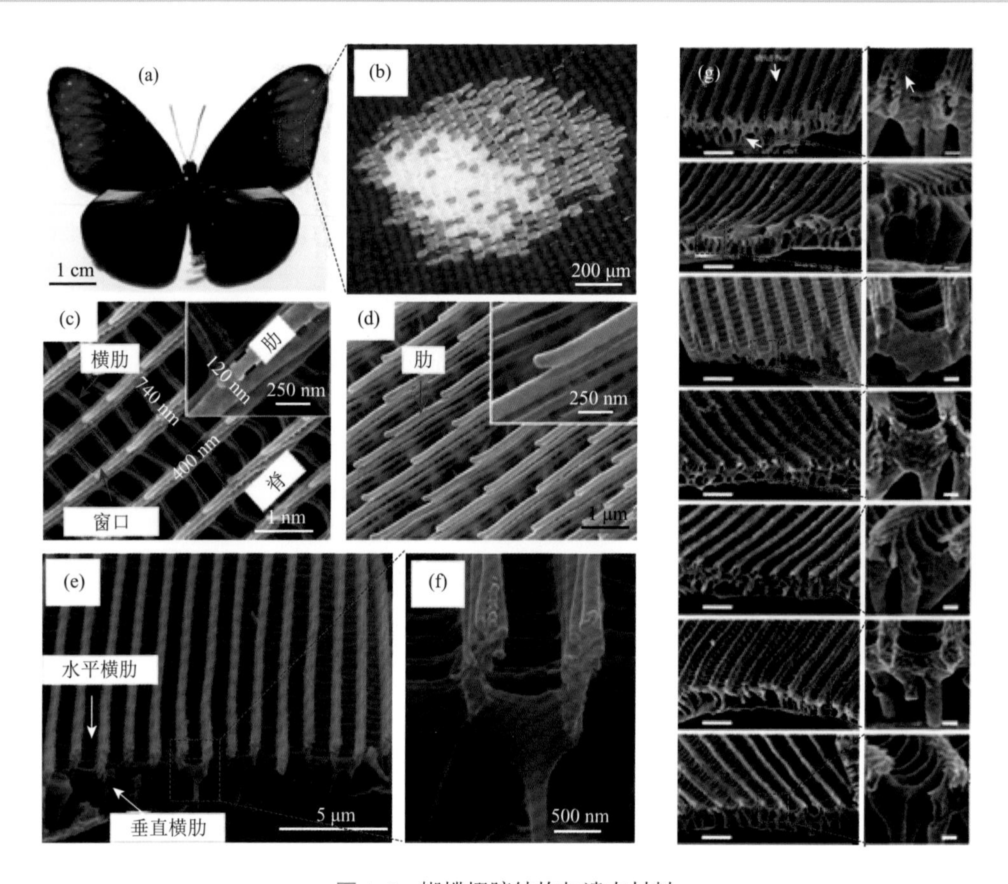

图 1-6 蝴蝶翅膀结构与遗态材料

（a）和（b）蝶翅实物图；（c）～（f）蝶翅等级结构[42]；（g）不同金属材料复制蝶翅结构[43]，从上至下：钴、镍、铜、钯、银、铂、金，左侧标尺 2 μm，右侧标尺 250 nm

与蝶翅结构色相似的是孔雀羽毛，其亮色区域内包含二维光子晶体结构，由棒状的黑色素周期性堆积而成[45]。通过调控晶格常数以及光子晶体结构的周期数就能影响孔雀羽毛的着色状态。而变色龙的结构色呈现机制却与上述机制完全不一样，因为变色龙会在求偶、斗争等行为中显示出快速变化颜色的本领。瑞士日内瓦大学 M. C. Milinkovitch 等[46]研究 *Furcifer pardalis* 物种时发现其表层真皮虹膜层内分布着周期性排列的鸟嘌呤晶体（直径约 127 nm），晶体之间被细胞质填充；鸟嘌呤的折射率为 1.83，而细胞质的折射率为 1.33，这也有利于形成光子晶体结构。变色龙会在兴奋或放松状态下主动调节周期性结构的参数，例如，鸟嘌呤晶体在放松状态下间距会比兴奋状态下的缩小约 30%，这会显著地改变皮肤颜色。受变色龙结构色启发，美国北卡罗来纳大学教堂山分校 S. S. Sheiko 教授等[47]设计了一种线形-刷子-线形三嵌段共聚物，并通过自组装形成变色弹性体，不仅色彩鲜艳，还刚柔并济。这种三嵌段共聚物会产生微相分离形成物理交联的网络，它的网络参数可以通过改变某一基元的聚合度或者体积比来调节，进而改变材料的颜色。值得一提的是，该聚合过程不需要借助化学交联或添加剂。这也使得材料相当稳定，不会在体液中膨胀，也不会因暴露于空气而干燥。吉丁虫结构色产生的机制更为特殊。它的外壳表层由六边形细胞与五边形和七边形的细胞共存，六边形细胞的比例随着外壳曲率的增加而减少[48]。单个细胞的细微结构由位于浅锥体表面的近乎同心的嵌套弧组成。他们推断这些图案在结构和光学上类似于在胆甾型液晶的自由表面上自发形成的焦锥域，这为理解吉丁虫外壳的复杂光学响应提供了独特见解。很多植物叶子或果实的结构色也是由类似的外表皮细胞壁纤维素螺旋堆积而产生[49]。

总之，生物结构的功能特性由其精细结构决定，这为构建具有多尺度的人造功能材料提供了设计原则。在过去几十年中，研究人员通过各种物理和化学方法来制备有序组织、多尺度结构来实现人造材料的独特功能，这也为未来发展融合不同生物结构的仿生多功能材料提供了良好基础。

1.2 生物过程启示的材料制备新技术

众所周知，材料有四个基本要素：制造（加工）、结构、性能与服役性能。生物系统也存在类似的四个要素：生物制造、生物结构、生物性能与服役性能（图1-7）。生物制造过程决定生物结构，结构决定生物系统的性能与功能。前面已大量介绍国内外科学家受生物结构与功能的启示，学习生物物质精妙的结构或功能来制造和发展仿生材料方面的工作（图1-7上）。

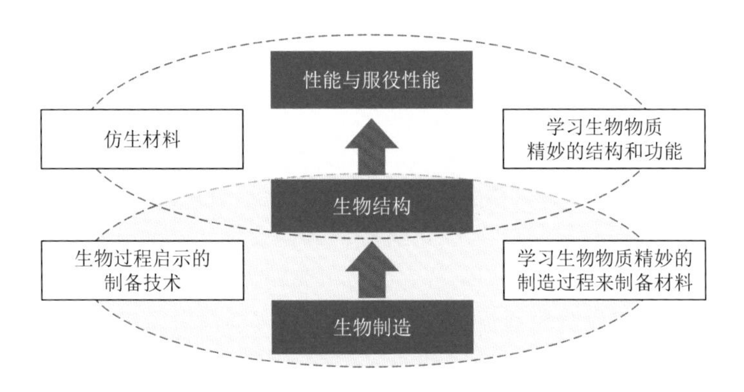

图1-7 生物过程启示的制备技术与仿生材料的关系

更进一步，生物系统的制造过程（组成与结构形成过程）同样值得关注，因为这些过程大多数发生在环境温和的条件下，不需要借助高温高压等苛刻条件而高效、准确地制备生物材料（图 1-8）。传统陶瓷工艺的高温烧结与生物系统的室温合成有着本质的区别，前者是高温驱动的原子扩散，而后者是生物质参与指导的合成、传输和组装。例如，贝壳珍珠层“砖-泥”结构形成过程是在室温下进行，其中有机质包含 β-几丁质、丝素蛋白凝胶和富含酸性氨基酸的糖蛋白，这些有机质对片状文石的生长起着重要作用。更有趣的例子是鲨鱼牙齿奇妙的制造过程和使用过程。一批鲨鱼牙齿一般用十天左右，然后会被另一批新的牙齿取代。鲨鱼在其十年的寿命里会更换三万到五万颗牙齿。为什么鲨鱼的牙齿比人类的牙齿长得快得多？是生长因子作用，是不同的生物环境影响，还是鲨鱼牙齿的组成与显微结构更利于生长？这些都需要进行更深入的研究，从而对鲨鱼牙齿的生物制造过程有更多的了解，并启发材料合成与制备新技术。

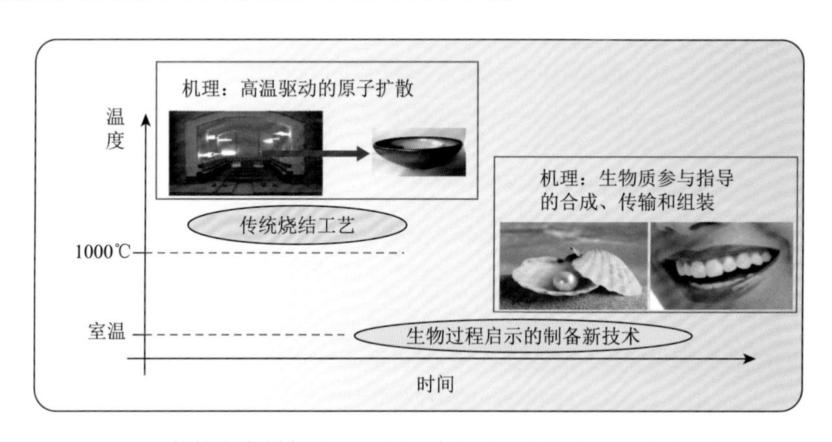

图 1-8　传统陶瓷制备工艺与生物过程启示的材料制备技术的差异

因此，在 2010 年前后，武汉理工大学傅正义院士团队[7]提出“生物过程启示的制备新技术”这一研究方向，主张学习生物制造过程，或者生物制造与生物结构之间的关系来发展材料合成与制备新技术（图 1-7）。该团队在这个原创性领域的持续研究过程中，学术带头人先后得到国家自然科学基金委员会创新研究群体项目资助（2015 年，51521001）、国家自然科学基金重点项目资助（2018 年，51832003），团队成员也陆续得到国家自然科学基金面上项目、国家自然科学基金青年科学基金项目等资助。团队傅正义院士和邹朝勇研究员在 2022 年与北京航空航天大学江雷院士和程群峰教授、中国科学技术大学俞书宏院士和高怀岭教授、中国科学院上海硅酸盐研究所吴成铁研究员和朱钰方研究员共同承担了国家重点研发计划“变革性技术关键科学问题”重点专项“生物过程启示的陶瓷材料室温制备关键科学问题”（2021YFA0715700），致力于发展陶瓷室温制备技术的新思路，以期颠覆陶瓷材料的传统高温烧结技术。

在项目资助下，傅正义院士团队取得的一系列创新性成果引起了国内外的关注，在国际上形成了一定的影响和好评。该团队于 2016 年在化学领域权威期刊 *Angew. Chem. Int. Ed.* 发表第一篇工作，在国际上首次报道将生产珍珠的贝壳作为生物矿化平台，在室温下合成了氮掺杂的二氧化钛纳米晶体[50]；后续工作陆续发表在 *Science*、*Prog. Mater. Sci.* 等重要期刊上。傅正义院士也应邀分别在 2017 年第 12 届环太平洋陶瓷与玻璃技术会议和 2019 年第 16 届欧洲陶瓷协会会议上做“生物过程启示的制备新技术”的大会主旨报告（plenary talk），参会人员均超过千人，在国际学术界产生了较大的影响，并获得了由美国陶瓷学会授予的 John Jeppson 奖和 Samuel Geijsbeek 国际奖。其中，John Jeppson 奖于 1958 年设立，是国际陶瓷科学技术领域最著名的学术奖之一，每年在世界范围内奖励为陶瓷科学做出杰出贡献的科学家 1 人。截至获奖当年（2020 年），共 62 位科学家获奖，傅正义是获得此奖的首位华人科学家。

大自然通过数十亿年的进化和自然选择，创造了各种高效的生物过程（如生物矿化、光合作用、自组装等）。在丰富多彩的生物过程中，生物矿化和光合作用是两个典型的自然过程，它们都是在温和环境下高效准确地实现合成和制造。

生物矿化是形成具有精细结构的有机-无机复合材料（贝壳、骨骼和牙齿）的生物过程，这些复合材料通常表现出优于单一组分的性能。在这个过程中，生物系统能设计和构建具有特定晶体结构、尺寸、形状、取向甚至一定缺陷的材料基元，并以高度有序的方式整合这些材料基元。光合作用是另一个在环境温度下合成的复杂过程，通过生物系统的光捕获能力将太阳能转化为化学能，以形成地球生命（包括植物和细菌）所必需的化学物质。自然光合作用涉及三个主要过程：光捕获和激发、电子转移和氧化还原反应。受自然光合作用的启发，将太阳光的能量转化为化学能的概念和关键因素可用于构建许多先进的人工光合作用系统。此外，自然光合作用中光系统指导的反应、电子与空穴的高效传输等也可以激发材料科学家开发新的材料合成方法。

迄今为止，人们普遍认为生物矿化和光合作用是自然界中两个独立的初级过程。最近，有研究报道大面积的天然岩石/土壤表面覆盖着 Fe 和 Mn 的氧化物（氢氧化物）矿物涂层，它们在太阳光照射下表现出快速响应和稳定的光电转换效率。他们认为这些矿物涂层起到类似于光系统的作用，从而为地球表面的地球化学系统中氧化还原（生物）提供独特的驱动力[51]。还有研究报道金属氧化物、金属硫化物和氧化铁等材料在可见光激发下的光电子会刺激化学能自养细菌及异养细菌的生长[52]。这些工作表明，生物矿化与光合作用在特定条件下有可能产生联系。因此，博正义院士团队提出将擅长结构控制的生物矿化与擅长捕捉光能和能量传递的光合作用联系起来，为材料合成和加工提供一条全新的途径。相信通过结合生物矿化和人工光合作用来制备材料可以获得意想不到的结果。除了生物矿化和光合作用，自然界中其他高效生物过程，如自组装、细胞吸收、解毒、吐丝等生理过程也值得我们学习。因此，希望通过研究这些自然生物过程，启发和创新室温或低温的材料合成与制备技术。

生物系统中还有很多有趣的现象值得探索，隐藏在现象背后的原理也需要给出科学的解释。这个领域的研究工作还需要大量不同研究背景的科研人员付出时间、扎实工作来共同推进发展。相信在不久的将来，生物过程启示材料制备新技术将会带来更多突破性、颠覆性的进展，不仅会在结构与功能复合材料制备领域取得丰硕成果，还会对其他学科的发展起到巨大的推动作用。

本书重点概述生物过程启示的材料制备新技术概念、技术和应用。首先对生物矿化的启示进行了介绍和总结（第 2 章），并专注于基于生物活体平台的材料制备（第 3 章）、天然生物质诱导无机材料的合成与制备（第 4 章）、重组蛋白调控材料的合成（第 5 章）、类蛋白物质诱导的合成与制备（第 6 章）以及基于矿化机制的制备新技术（第 7 章）；还综述了光合作用启示的材料合成（第 8 章）、基于其他天然生物系统平台的材料合成和制备（第 9 章）以及生物过程启示的微观增材制造（第 10 章）；最后展望了未来新的、有趣的想法和研究方向（第 11 章）。

参考文献

[1] Bar-Cohen Y. Biomimetics：Using nature to inspire human innovation. Bioinspiration & Biomimetics，2006，1（1）：1-12.

[2] Piraner D I，Abedi M H，Moser B A，et al. Tunable thermal bioswitches for *in vivo* control of microbial therapeutics. Nature Chemical Biology，2017，13（1）：75-80.

[3] Tolikas M，Antoniou A，Ingber D E. The Wyss institute：A new model for medical technology innovation and translation across the academic-industrial interface. Bioengineering & Translational Medicine，2017，2（3）：247-257.

[4] Meyers M A，Chen P Y，Lin A Y M，et al. Biological materials：Structure and mechanical properties. Progress in Materials Science，2008，53（1）：1-206.

[5] Eder M，Amini S，Fratzl P. Biological composites-complex structures for functional diversity. Science，2018，362（6414）：543-547.

[6] Meyers M A，McKittrick J，Chen P Y. Structural biological materials：Critical mechanics-materials connections. Science，2013，339（6121）：773-779.

[7] Xie J J，Ping H，Tan T，et al. Bioprocess-inspired fabrication of materials with new structures and functions. Progress in Materials Science，2019，105：100571.

[8] Huang W，Restrepo D，Jung J Y，et al. Multiscale toughening mechanisms in biological materials and bioinspired designs. Advanced Materials，2019，31（43）：1901561.

[9] Wegst U G K，Bai H，Saiz E，et al. Bioinspired structural materials. Nature Materials，2015，14（1）：23-36.

[10] Mayer G. Rigid biological systems as models for synthetic composites. Science，2005，310（5751）：1144-1147.

[11] Clegg W J，Kendall K，Alford N M，et al. A simple way to make tough ceramics. Nature，1990，347（6292）：455-457.

[12] Munch E，Launey M E，Alsem D H，et al. Tough，bio-inspired hybrid materials. Science，2008，322（5907）：

1516-1520.
[13] Bouville F，Maire E，Meille S，et al. Strong，tough and stiff bioinspired ceramics from brittle constituents. Nature Materials，2014，13（5）：508-514.
[14] Zhao C，Zhang P，Zhou J，et al. Layered nanocomposites by shear-flow-induced alignment of nanosheets. Nature，2020，580（7802）：210-215.
[15] Erb R M，Libanori R，Rothfuchs N，et al. Composites reinforced in three dimensions by using low magnetic fields. Science，2012，335（6065）：199-204.
[16] Wan S，Chen Y，Fang S，et al. High-strength scalable graphene sheets by freezing stretch-induced alignment. Nature Materials，2021，20（5）：624-631.
[17] Amini A，Khavari A，Barthelat F，et al. Centrifugation and index matching yield a strong and transparent bioinspired nacreous composite. Science，2021，373（6560）：1229-1234.
[18] Wan S，Li X，Chen Y，et al. High-strength scalable MXene films through bridging-induced densification. Science，2021，374（6563）：96-99.
[19] Yang Y，Li X，Chu M，et al. Electrically assisted 3D printing of nacre-inspired structures with self-sensing capability. Science Advances，2019，5（4）：eaau9490.
[20] Zhang Y，Li J，Mouser V H M，et al. Biomimetic mechanically strong one-dimensional hydroxyapatite/poly(D, L-lactide) composite inducing formation of anisotropic collagen matrix. ACS Nano，2021，15（11）：17480-17498.
[21] Qu H，Han Z，Chen Z，et al. Fractal design boosts extrusion-based 3D printing of bone-mimicking radial-gradient scaffolds. Research，2021，2021：1-13.
[22] Collins M N，Ren G，Young K，et al. Scaffold fabrication technologies and structure/function properties in bone tissue engineering. Advanced Functional Materials，2021，31（21）：2010609.
[23] Beniash E，Stifler C A，Sun C Y，et al. The hidden structure of human enamel. Nature Communications，2019，10：4383.
[24] Le Ferrand H，Bouville F，Niebel T P，et al. Magnetically assisted slip casting of bioinspired heterogeneous composites. Nature Materials，2015，14（11）：1172-1179.
[25] Dunlop J W C，Fratzl P. Making a tooth mimic. Nature Materials，2015，14（11）：1082-1083.
[26] Gordon L M，Cohen M J，MacRenaris K W，et al. Amorphous intergranular phases control the properties of rodent tooth enamel. Science，2015，347（6223）：746-750.
[27] DeRocher K A，Smeets P J M，Goodge B H，et al. Chemical gradients in human enamel crystallites. Nature，2020，583（7814）：66-71.
[28] Yang T，Chen H，Jia Z，et al. A damage-tolerant，dual-scale，single-crystalline microlattice in the knobby starfish，*Protoreaster nodosus*. Science，2022，375（6581）：647-652.
[29] Baban N S，Orozaliev A，Kirchhof S，et al. Biomimetic fracture model of lizard tail autotomy. Science，2022，375（6582）：770-774.
[30] Xia F，Jiang L. Bio-inspired，smart，multiscale interfacial materials. Advanced Materials，2008，20（15）：2842-2858.
[31] Liu K，Jiang L. Bio-inspired design of multiscale structures for function integration. Nano Today，2011，6（2）：155-175.
[32] Aizenberg J，Tkachenko A，Weiner S，et al. Calcitic microlenses as part of the photoreceptor system in brittlestars. Nature，2001，412（6849）：819-822.
[33] Lee K，Wagermaier W，Masic A，et al. Self-assembly of amorphous calcium carbonate microlens arrays. Nature

Communications，2012，3：725.

[34] Li L，Connors M J，Kolle M，et al. Multifunctionality of *Chiton* biomineralized armor with an integrated visual system. Science，2015，350（6263）：952-956.

[35] Palmer B A，Taylor G J，Brumfeld V，et al. The image-forming mirror in the eye of the scallop. Science，2017，358（6367）：1172-1175.

[36] Palmer B A，Yallapragada V J，Schiffmann N，et al. A highly reflective biogenic photonic material from core-shell birefringent nanoparticles. Nature Nanotechnology，2020，15（2）：138-144.

[37] Zhang G，Hirsch A，Shmul G，et al. Guanine and 7，8-dihydroxanthopterin reflecting crystals in the zander fish eye：Crystal locations，compositions，and structures. Journal of the American Chemical Society，2019，141（50）：19736-19745.

[38] Chen H W，Zhang P F，Zhang L W，et al. Continuous directional water transport on the peristome surface of *Nepenthes alata*. Nature，2016，532（7597）：85-89.

[39] Chen H W，Ran T，Gan Y，et al. Ultrafast water harvesting and transport in hierarchical microchannels. Nature Materials，2018，17（10）：935-942.

[40] Wong T S，Kang S H，Tang S K Y，et al. Bioinspired self-repairing slippery surfaces with pressure-stable omniphobicity. Nature，2011，477（7365）：443-447.

[41] Park K C，Kim P，Grinthal A，et al. Condensation on slippery asymmetric bumps. Nature，2016，531（7592）：78-82.

[42] Tan Y，Gu J，Xu L，et al. High-density hotspots engineered by naturally piled-up subwavelength structures in three-dimensional copper butterfly wing scales for surface-enhanced Raman scattering detection. Advanced Functional Materials，2012，22（8）：1578-1585.

[43] Tan Y，Gu J，Zang X，et al. Versatile fabrication of intact three-dimensional metallic butterfly wing scales with hierarchical sub-micrometer structures. Angewandte Chemie International Edition，2011，50（36）：8307-8311.

[44] Huang J，Wang X，Wang Z L. Controlled replication of butterfly wings for achieving tunable photonic properties. Nano Letters，2006，6（10）：2325-2331.

[45] Zi J，Yu X，Li Y，et al. Coloration strategies in peacock feathers. Proceedings of the National Academy of Sciences of the United States of America，2003，100（22）：12576-12578.

[46] Teyssier J，Saenko S V，van der Marel D，et al. Photonic crystals cause active colour change in chameleons. Nature Communications，2015，6：6368.

[47] Vatankhah-Varnosfaderani M，Keith A N，Cong Y，et al. Chameleon-like elastomers with molecularly encoded strain-adaptive stiffening and coloration. Science，2018，359（6383）：1509-1513.

[48] Sharma V，Crne M，Park J O，et al. Structural origin of circularly polarized iridescence in jeweled beetles. Science，2009，325（5939）：449-451.

[49] Vignolini S，Rudall P J，Rowland A V，et al. Pointillist structural color in *Pollia* fruit. Proceedings of the National Academy of Sciences of the United States of America，2012，109（39）：15712-15715.

[50] Xie J J，Xie H，Su B L，et al. Mussel-directed synthesis of nitrogen-doped anatase TiO_2. Angewandte Chemie International Edition，2016，55（9）：3031-3035.

[51] Lu A，Li Y，Ding H，et al. Photoelectric conversion on Earth's surface *via* widespread Fe- and Mn-mineral coatings. Proceedings of the National Academy of Sciences of the United States of America，2019，116（20）：9741-9746.

[52] Lu A，Li Y，Jin S，et al. Growth of non-phototrophic microorganisms using solar energy through mineral photocatalysis. Nature Communications，2012，3：768.

第2章 生物矿化的启示

2.1 生物矿化与生物矿物

2.1.1 生物矿化

在地球生命漫长的演化史中，生物体为了适应环境持续变迁，逐渐演化出了众多结构精妙、性能卓越的生物组织。生物矿物，作为这一演化过程中的关键产物，是生物体在特定部位和特定物理化学条件下，通过生物大分子的精确调控而形成的无机矿物材料。生物体不仅能控制无机矿物的形成，还能精细调控有机基质与无机矿物的相互作用和组装，从而构建出具有高度有序的多级结构和卓越力学性能的有机-无机复合材料，如骨骼、牙齿、贝壳等。生物矿化是描述这一生物矿物形成过程的专业术语。目前已知的生物矿化现象可远溯至约8.1亿年前，展现了生命在地球早期就已经具备非凡的创造力。

生物矿化是一个由生物体驱动的矿物形成过程，它可以根据细胞参与控制的程度划分为两种主要类型：生物诱导矿化和生物控制矿化。生物诱导矿化，又称为被动矿化，是指生物体的生理活动，如新陈代谢和呼吸作用，间接地通过改变周围环境的物理化学条件来促进矿物的形成。在这一过程中，并没有特定的细胞结构或生物大分子直接引导矿物的成核和生长，因此形成的矿物晶体往往缺乏独特的形态特征，与非生物成因的矿物沉淀相似。这种矿化方式在原核生物和真菌中较为普遍。相对地，生物控制矿化，也称为主动矿化，是一种更为精确的矿化过程，它不仅由生物体的生理活动触发，而且在矿化的具体位置、化学成分、晶体形态和组装结构等方面都受到生物体的严格控制。这类矿化通常发生在生物体内部特定的微环境中，如脂质囊泡或有机质框架等，使得形成的生物矿物展现出独特的晶体习性、适宜的尺寸和有序的组装结构。例如，在哺乳动物的骨骼中，羟基磷灰石晶体会在胶原纤维的内外进行矿化；在软体动物的外骨骼中，碳酸钙晶体会在几丁质等有机框架内结晶；而在颗石藻的细胞内，碳酸钙晶体则会在有机基板上形成。这些例子说明了生物控制矿化在自然界中的普遍性和重要性。因此，在没有特别说明的情况下，当我们提到生物矿化时，通常指的是这种更为精细和有序的生物控制矿化过程。

在生物矿化过程中，细胞发挥着核心作用，它们分泌出一系列与矿化直接相关的有机基质，主要包括蛋白质和多糖等生物大分子。这些分子可以通过静电、氢键、范德瓦耳斯力等与溶液中的离子、团簇发生相互作用，从而促进矿物晶体的成核。特定的有机分子可以通过其官能团或者三维结构与矿物晶体的特定晶面匹配，为矿物晶体的成核和生长提供模板，或通过吸附于晶体表面来调节其生长速率和方向，进而精确控制晶体的晶型、尺寸、形态和结构。这些有机基质不仅在生物矿物的多级结构形成中起到调控作用，而且还能作为生物矿物的关键组成部分对矿物的机械性能进行精细调节。此外，细胞通过主动运输和协同运输等机制，将矿化所需的无机离子输送至矿化位点，并动态调节这些位点周围环境中的无机离子浓度，从而控制矿物晶体的成核速率和生长速率。当生物矿物组织出现缺陷或损伤时，某些细胞展现出感知、修复和再生的能力。这表明，细胞在生物矿化过程中的作用是多方面的，它们通过一系列复杂的生物化学和生物物理机制，精确地调控着从有机基质合成到矿物晶体形成的每一个步骤。

因此，生物矿化是一个跨学科的研究领域，涉及生命科学、材料科学、无机化学、生物物理学和医学等多个学科，不仅揭示了自然界中生物体与无机物质相互作用的奥秘，也为仿生材料的设计和合成提供了灵感和指导。

2.1.2 生物矿物

生物矿物是自然界中生物体通过矿化作用形成的矿物，它们在化学成分、晶体结构和形态构造上呈现出多样性。不同生物体根据其特定的生物学需求和环境条件，能够产生具有独特特性的生物矿物。在化学组成和晶体结构方面，目前已鉴定出超过 60 种生物矿物，如碳酸钙、磷酸钙、草酸钙、硫酸钙、铁的氧化物和二氧化硅等。这些矿物中，即使化学成分相同，也可能因为晶体结构的差异而表现出不同的稳定性、形态和机械性能。

碳酸钙是自然界存在最广泛的生物矿物之一，是海洋生物残骸经亿万年堆积形成的石灰岩的主要成分，在全球碳循环过程中起着至关重要的作用。碳酸钙有三种无水晶相，包括方解石（calcite）、文石（aragonite）、球霰石（vaterite）。其中，方解石是热力学最稳定的物相，也是溶液中最容易形成的物相，广泛存在于颗石藻的细胞壁、海蛇尾的眼部晶状体、软体动物外壳和鸟类的蛋壳中。文石通常是在镁离子、特定生物大分子和限域空间等调控下才能形成的亚稳态物相，是贝壳珍珠层、珊瑚礁等生物矿物的主要无机成分。方解石和文石是两种最常见的碳酸钙矿物，有较好的力学性能和光学性能，在生物体内起到结构支撑、捕食、防御保护和感光等作用。球霰石是另一种亚稳态的无水碳酸钙晶相，仅在少量生物体内被发现。例如，在某些哺乳动物的内耳中，球霰石能起到感受重力和维持平衡的功能。此外，碳酸钙还有六水碳酸钙（$CaCO_3 \cdot 6H_2O$）、一水碳酸钙（$CaCO_3 \cdot H_2O$）和半水碳酸钙（$CaCO_3 \cdot 1/2H_2O$）三种含水晶相，其中仅一水碳酸钙在生物体内被发现[1]。

除结晶相外，碳酸钙还以无定形相的形式存在，即无定形碳酸钙（amorphous calcium carbonate）。与晶体不同，无定形相缺乏长程有序结构，仅具有短程或中程有序结构。从化学组成看，无定形碳酸钙通常含有 1 个水分子，但随着形成条件的不同，其水含量会在 0～6 之间变化。近三十年的研究表明，热力学不稳定的无定形碳酸钙在生物体内广泛存在。它通常是结晶相矿物形成过程中的前驱体，对控制矿物的元素组成和形貌构造具有非常重要的作用。例如，无定形碳酸钙作为成熟海胆刺中无机矿物的前驱体，通过逐步失水及结晶转化，最终形成含镁方解石单晶[2]。此外，部分无定形生物矿物在生物大分子和无机离子的作用下能稳定存在很长时间。例如，在螯虾的胃石中，存在无定形碳酸钙和无定形磷酸钙（amorphous calcium phosphate），主要用作钙源储备，提供生物体换壳时所需要的钙[3]。无定形物相由于具有较高的可塑性，在部分生物矿物中可以作为材料受冲击时的缓冲层，进而保护生物组织不被破坏。

磷酸钙是脊椎动物的骨骼、牙齿等生物矿物的主要无机成分，与人类的生命健康密切相关。与碳酸钙相比，磷酸钙具有更复杂的化学组成和晶体结构，包括羟基磷灰石（hydroxyapatite）、磷酸八钙（octacalcium phosphate）、磷酸三钙（tricalcium phosphate）、无水磷酸氢钙（monetite）、二水合磷酸氢钙（brushite）等。在骨骼和牙齿中，磷酸钙矿物的主要存在形式是羟基磷灰石，由于其形成过程中通常不可避免地引入碳酸根离子，羟基磷灰石中的羟基很容易被碳酸根离子取代，形成碳酸化羟基磷灰石。在鱼类的牙齿中，牙釉质的主要成分一般为氟磷灰石（fluorapatite），即羟基磷灰石中的羟基完全或部分被氟离子取代。在形成这些稳定的磷酸钙矿物的早期，亚稳态的无定形磷酸钙、二水合磷酸氢钙和磷酸八钙也在生物体中被发现。其中，无定形磷酸钙是热力学最不稳定的物相，其组成和结构取决于反应条件。在溶液 pH 为 4～7 的条件下，无定形磷酸钙会优先结晶形成磷酸八钙亚稳相，具有磷灰石层与水合物层交替叠加的结构，与羟基磷灰石的结构极其相似。

无定形二氧化硅（$SiO_2 \cdot nH_2O$）生物矿物主要发现于陆地植物和海洋里的硅藻、硅质海绵和放射虫等真核生物中[4]。含铁的硫化物、氧化物、氢氧化物等也被发现广泛存在于生物体内。例如，趋磁细菌的体内会合成取向排列的磁性纳米粒子，其主要成分是 Fe_3O_4 和 Fe_3S_4，颗粒尺寸为 20～100 nm。这种长链状的磁性纳米粒子作为趋磁细菌的指南针使其沿着地磁方向移动。趋磁细菌中磁铁矿的形成通常被认为是最古老的生物基质调控的矿化过程，对理解生物矿化的调控机制具有重要的意义。帽贝牙齿中的主要矿物是羟基氧化铁（FeOOH）纳米纤维，其与取向排列的几丁质纳米纤维及无定形二氧化硅形成的复合材料具有非常高的韧性。石鳖的牙齿是自然界中最坚硬的矿物之一，其主要成分是磁铁矿（Fe_3O_4）。

除了常见的无机生物矿物之外，在生物体内也发现了有机晶体，如尿酸、鸟嘌呤等。其中，鸟嘌呤晶体具有非常好的光学性质，它们通过形成特定组装排列结构，在生物体感光、结构色的形成等方面发挥重要作用。例如，欧洲大扇贝（*Pecten maximus*）有多达两百多只小眼，每只眼睛直径只有 1 mm 左右，其成像原理与反射式望远镜类似，通过一个凹面镜形状的银膜汇聚光线，在镜面的前方/上方成像[5]。银膜主要由正方形的鸟嘌呤片状晶体多层堆叠而成，层与层之间由细胞质隔开，晶体与细胞质的界面形成反光镜。光从一种低折射率介质层（细胞质）进入到高折射率的薄膜（鸟嘌呤晶体）时，薄膜的上下表面会同时反射光线。由于光是一种周期性的波，两个界面的反射光可以相互叠加而增加强度。因此，通过多层晶体膜的叠加，可以显著增强光的反射率。在理想情况下，只需要 7 层鸟嘌呤薄膜，反射率就可以达到一面银镜的水平（96.6%），继续增加薄膜层数甚至可以达到 99%。这正是扇贝眼所采用的策略：银膜中的晶体镜片多达 20～30 层。

2.2 常见生物矿物的结构和功能

2.2.1 贝壳

软体动物外壳，通常称为贝壳，是由一种特殊腺细胞控制形成的硬质生物矿物，是由质量分数约 95%的碳酸钙与少量有机质组装形成的复合材料。与天然碳酸钙矿物相比，贝壳中的碳酸钙具有独特的形貌和多尺度、多级次组装结构，具有韧性好、强度高等优异性能[6]。研究表明，双壳纲软体动物的贝壳基本结构主要分为三部分[图 2-1（a～c）]，最外层是由硬质蛋白组成的角质层，由外套膜边缘分泌的壳质素构成，可防止内部碳酸钙被海水侵蚀；中间层为方解石或文石晶体组成的棱柱层，主要为贝壳提供硬度和耐溶蚀性；最内层为珍珠层，由文石薄片和有机基质组装形成，主要为贝壳提供硬度和韧性[7, 8]。珍珠层最显著的特点是其非凡的“砖-泥”结构，它首先由有机质将文石相碳酸钙纳米粒子相互连接形成纳米薄片。这些纳米薄片进一步有序排列，其间的空隙则由有机质所填充。这种精巧的结构设计使得贝壳在保持极高硬度的同时，显著提升了韧性，并在断裂过程中所需吸收的能量是纯碳酸钙晶体的 3000 倍。贝壳珍珠层的力学强化和增韧机制已经得到了深入研究，主要包括裂纹偏转、纤维拔出、有机质黏弹性及矿物桥接作用等。这些机制共同作用，使得贝壳成为自然界中综合力学性能最卓越的复合材料之一。

与双壳纲软体动物的外壳相比，腹足纲软体动物（如海螺）的外壳展现了更为卓越的力学性能。这种性能的优势源于其碳酸钙矿物的多级交叉排列结构［图 2-1（d～h）］。在宏观层面，海螺壳主要分为两层或三层交叉层结构，均由碳酸钙晶体构成，但相邻层的晶体取向截然不同。每一层又由数微米宽的次级层状结构组成，基本的构建单元是文石纳米纤维或纳米带。这种多级交叉结构能够在裂纹扩展时通过界面偏转实现三维互锁，有效限制裂纹的扩展，将损伤局限在极小的区域之内。正是这种精细的多级结构设计，使得海螺壳的断裂韧性比一般双壳类贝壳高出数倍[9]。

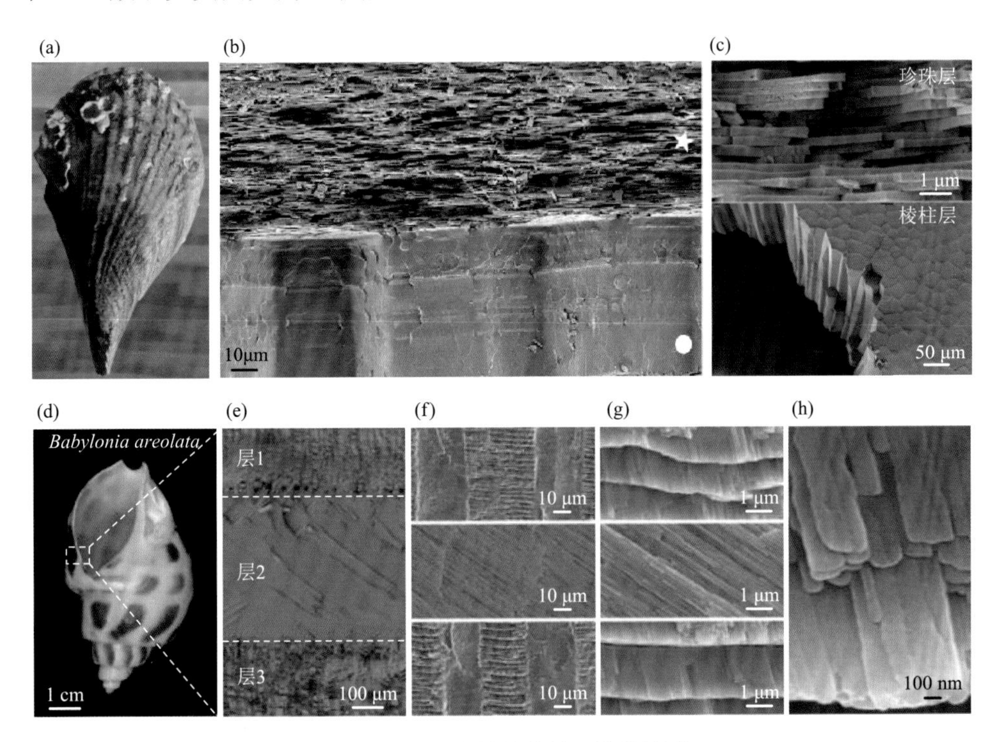

图 2-1　软体动物外壳的形貌结构图

双壳贝（*Atrina rigida*）的光学照片（a）[7]、断面扫描电镜图［（b）和（c）］[8]；海螺壳（象牙凤螺 *Babylonia areolata*）的光学照片（d）及放大倍数逐渐升高的扫描电镜图［（e）～（h）］[9]

乌贼，属于乌贼目，也是一种软体动物，但其体外没有坚硬的贝壳结构。然而，乌贼的体内存在一种由超过 90%的文石矿物构成矿化硬组织，通常被称为乌贼骨或海螵蛸[10]。乌贼骨由文石小颗粒有序组装而成，其背部（dorsal）是大约 0.5 mm 厚的坚韧背盾（图 2-2）[11-13]。背盾和乌贼腹部（ventral）之间的结构为多孔腔室，腔室的末端是控制液体流动、调节浮力的虹吸区（siphuncular zone）[12]。多孔腔室的整体结构是开放且连续的，其高达 93%的孔隙率主要得益于一种特殊的“墙壁-隔板”（wall-septa）设计[13]，水平的隔板（厚度为 7～15 μm）将乌贼骨分隔为多个独立的腔室，隔板和隔板之间由许多垂直的墙壁（厚度为 4～7 μm）支撑［图 2-2（c）］。乌贼骨不仅具有足够的强度确保乌贼能抵抗几百米水深处的静水压力，而且能通过调节孔隙中空气与液体比例让乌贼实现上浮下潜。此外，这种多孔结构还具备优异的抗损伤特性，可以极大程度地阻拦局部损伤的扩展，不会立即引起整个骨体系的性能失效。Kanimba 等[14]通过模拟计算进一步研究了乌贼骨和其他三种传统结构的性能差异，发现乌贼骨在抗压强度、模量、能量吸收和热传导等性能测试中展现出明显优势。Mao 等[15]运用 3D 打印技术复刻出乌贼骨腔室中的“墙壁-隔板”结构，其表现出和乌贼骨十分类似的断裂损伤形貌。总之，乌贼骨的多级结构很好地平衡和优化了各项机械性能，使其拥有轻质、高强性能的同时还具备优异的能量吸收特性。

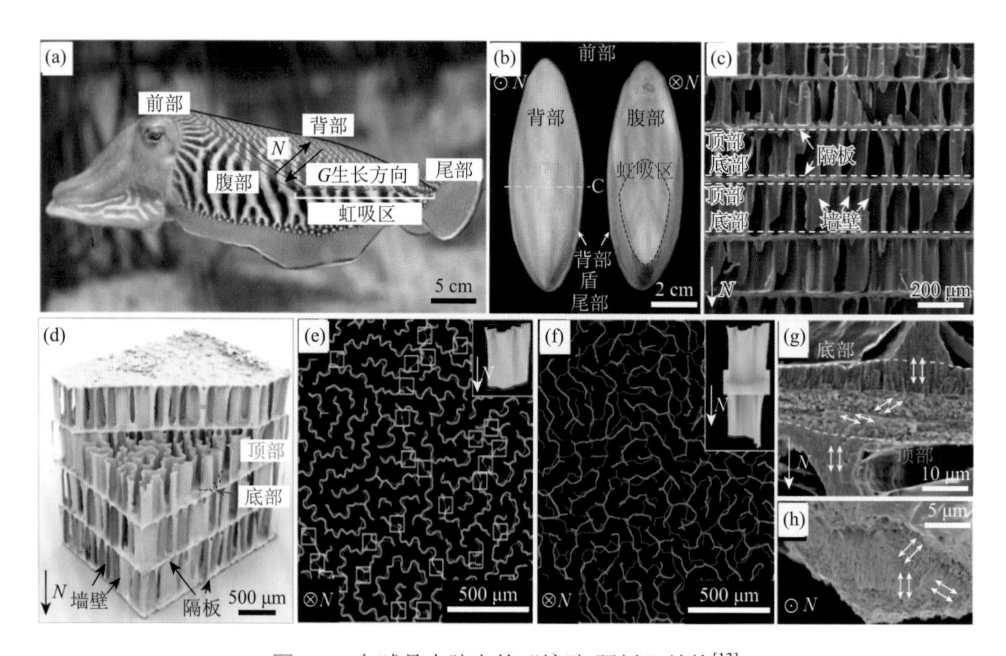

图 2-2 乌贼骨中腔室的“墙壁-隔板”结构[13]

（a）和（b）乌贼和乌贼骨结构的照片；（c）乌贼骨中腔室的扫描电镜图；（d）“墙壁-隔板”结构的三维重构图；（e）同一面墙壁顶部和底部的曲线叠加；（f）上下相邻墙壁底部的曲线叠加；（g）和（h）墙壁-隔板连接处的扫描电镜图

2.2.2 骨骼

骨骼是生物体中结构和功能最复杂的生物矿物之一，由骨质、骨髓和骨膜三部分构成。长骨的两端是呈窝状的骨松质，中部是致密坚硬的骨密质，中央是骨髓腔。骨膜是覆盖在骨表面的结缔组织膜，里面有丰富的血管和神经组织。骨组织中主要有骨原细胞、成骨细胞、骨细胞和破骨细胞四种类型的细胞。其中，成骨细胞由骨原细胞分化而来，在骨组织表面排列成规则的一层，并向周围分泌基质和纤维，将自身包埋于其中，进而矿化形成骨组织，促进骨骼的生长以及受损的骨组织愈合和再生。

从材料学角度看，骨骼具有非常复杂的分级结构，其基本组成单元为胶原蛋白和羟基磷灰石晶体。如图 2-3 所示[16]，胶原蛋白是一种具有周期性排列结构的蛋白质，其基本结构单元是原胶原分子，由三条多肽链以螺旋状交织而成，长度约为 280 nm，直径约为 1.5 nm。这些原胶原分子通过特定的错位堆叠，进一步组装成具有“D 周期带”的原胶原纤维，其直径通常在 10 nm 到几百纳米不等。羟基磷灰石晶体通常呈针状或薄片状，并能通过特殊的矿化机制在胶原纤维内部结晶，实现胶原纤维内矿化，构建纳米尺度上有序排列的胶原-矿物复合材料。同时，

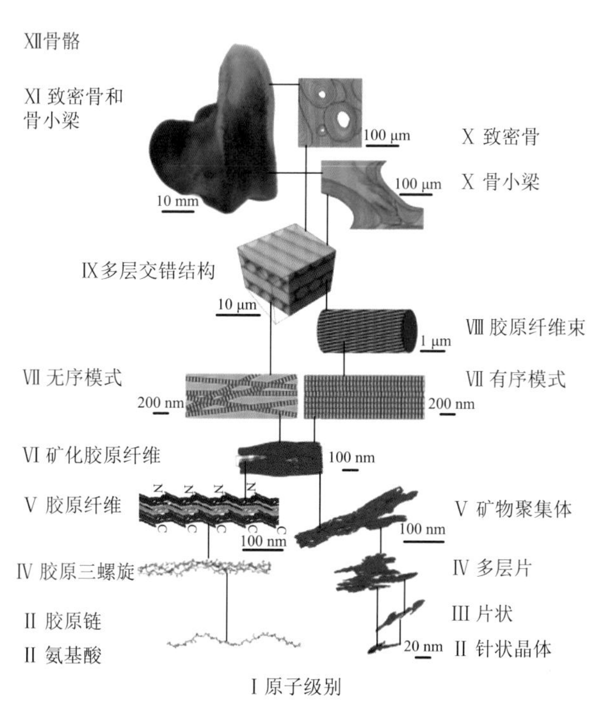

图 2-3　骨骼的多级结构示意图[16]

这些晶体也能在胶原纤维外矿化，填充在胶原纤维间的间隙。更进一步，胶原纤维既能通过平行排列的方式形成有序的胶原纤维束，也能以无序排列的形式存在。它们与矿物共同组装成具有层状结构的骨板（lamella）。骨板在不同类型的骨骼中有不同的排列方式。例如，在长骨的骨干中，骨板以同心圆的方式围绕中央哈弗斯管（Haversian canal）排列，形成了骨单位（osteon）的同心圆状结构，又称哈弗斯系统（Haversian system）。在长骨的外层，骨板可能以环状的方式排列，形成外环骨板和内环骨板。外环骨板较厚，有 10～40 层，较整齐地环绕骨干排列。内环骨板较薄，仅由数层骨板组成，排列不甚规则。在骨松质中，针状或片状的骨板相互连接，呈网状结构，形成骨小梁。

骨骼作为一种轻质高强的生物材料，其弹性和韧性主要来自胶原纤维等有机物及精细的多级结构设计，而硬度和刚性则来自磷酸钙矿物。在分子尺度上，作用在骨骼上的外力会引起胶原蛋白分子的弯曲、胶原纤维之间的相对滑动，而胶原蛋白分子间的氢键、胶原纤维间作用力及羟基磷灰石矿物与胶原蛋白的界面效应等能够促进应力集中区域的塑性变形从而耗散外界能量，有效阻止裂纹的产生及扩展。在微观尺度上，骨骼的增韧机制主要包括裂纹桥接和裂纹扭转[17, 18]。裂纹桥接通过在裂纹尖端形成未开裂的韧带桥来抑制裂纹的扩展，而裂纹扭转则通过改变裂纹的扩展路径，分散应力集中，从而提高骨骼的韧性。在宏观尺度上，骨单位的有序排列和骨小梁的网状结构，使得骨骼能够在承受复杂力学负荷时表现出优异的力学性能[19]。

2.2.3 牙釉质

牙釉质是脊椎动物体内最坚硬的生物组织，由高达 95%的磷酸钙矿物以及少量的水和有机物组成，同时具有精妙的多级组装结构，可实现高刚度、高硬度、高黏弹性和高韧性等多种相悖力学性能的结合。牙釉质的硬度通常可高达 6 GPa，弹性模量达 100 GPa。牙釉质优异的力学性能源自高的无机物含量和精妙的多级组装结构。以人牙釉质为例，其基本组成单元为羟基磷灰石纳米纤维，直径 30～40 nm。这些纳米纤维进一步组装成直径为 80～130 nm 的纤维，长径比大于 1000[20]。这些羟基磷灰石纤维通过平行排列，形成长达数十微米的棒状结构，即“钥匙孔形”的单根牙釉柱（图 2-4）。在该层级水平，羟基磷灰石纤维的定向排列取向并不完全相同，釉柱中心的纤维平行于柱轴，而靠近釉柱边缘的纤维则与釉柱纵向轴呈倾斜取向，最高可达 60°。每个釉柱都会被一层含有 1 wt%～2 wt%矿物的有机质包裹，称为釉质鞘。在此基础上，釉柱进一步组装成彼此取向交叉的结构，称为 Hunter-Schreger 带。牙釉质在牙齿不同部位的厚度各不相同，一般在牙尖处最厚，可达 2.5 mm，而在牙骨质-釉质交界处最薄。因此，牙釉质具有从纳米级到微米级，再到毫米级的多级有序结构。牙釉质内部不含神经和血管，其主要功能是咀嚼食物和保护牙齿内部的牙本质。因此，与骨骼等其他生物硬组织不同，牙釉质一旦受损，无法自我修复和再生。

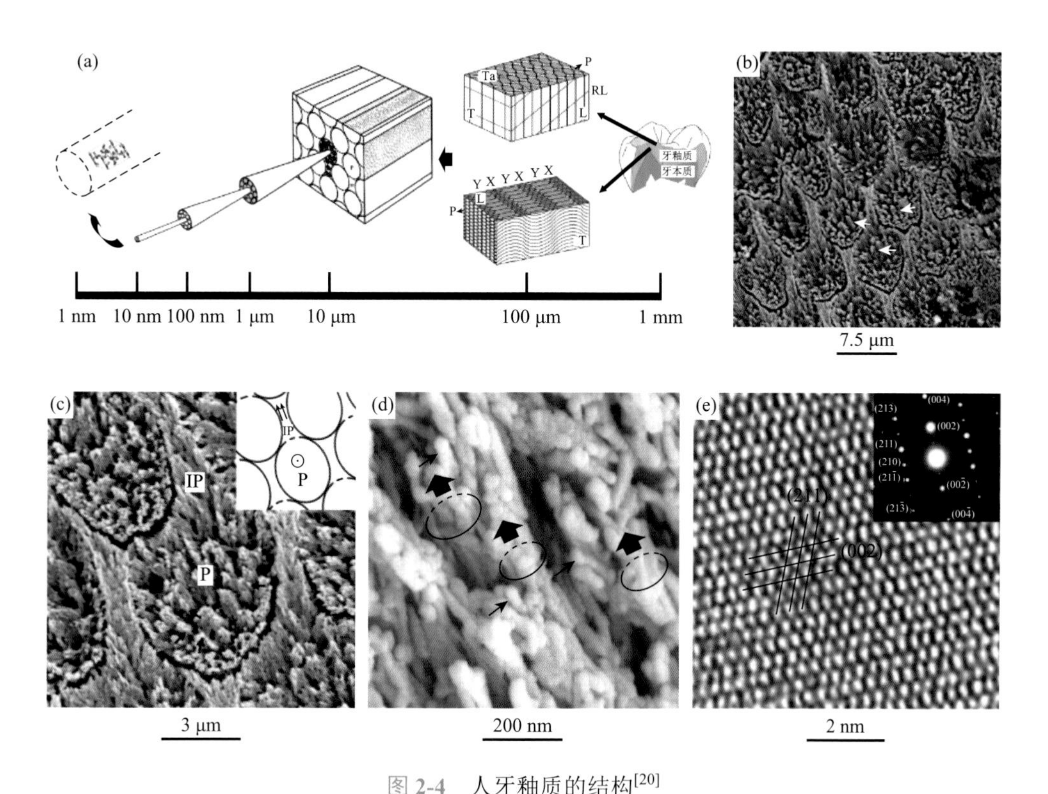

图 2-4　人牙釉质的结构[20]

（a）人牙多级结构的示意图；（b）～（d）不同放大倍数的牙釉质扫描电镜图；（e）牙釉质晶体的高分辨透射电镜图及选区电子衍射，X 和 Y 分别表示大约沿横截面和径向方向排列的釉柱，IP 表示釉柱间质，P 表示釉柱，L 表示纵向平面，T 表示横向平面，Ta 表示切向平面，RL 表示生长线或雷丘斯线

不同动物的牙釉质总体组成和结构基本相似，但也存在一定的区别。例如，人牙釉质的矿物主要是碳酸化的羟基磷灰石，而一些啮齿动物的牙釉质由含铁的羟基磷灰石组成，使其呈现更高的力学性能和更优的抗酸蚀能力。此外，鲨鱼等软骨鱼类的牙釉质由氟磷灰石组成，其精妙的多级梯度结构赋予了牙齿卓越的耐磨损性能，同时能较好地维持牙齿的形状，以适应其特定的功能需求[21]。鲨鱼的饮食习惯多样化，导致其牙齿形态、结构和功能呈现出多样化的特点。此外，与哺乳动物一生中仅有一次换牙不同，鲨鱼的牙齿能够不断地更新和替换，因此它们不像人类牙齿那样需要极高的耐久性。这种持续的牙齿更新机制使得鲨鱼能够适应其捕食和消化的需要，而不必过分依赖牙齿的长期稳定性。

2.3 生物矿化的科学原理

晶体在一定的外界条件下总是趋向于形成某一种形态的特性，即晶体习性。晶体的习性主要受到晶体结构对称性的影响。具体来讲，等轴晶系的晶体通常呈现出三向等长型，这意味着它们在三个主要方向上均匀发育。而中级晶族的晶体则倾向于沿 c 轴方向延伸或垂直于 c 轴方向展开，尽管在少数情况下，它们也可能接近三向等长型。至于低级晶族的晶体，它们往往沿着某一结晶轴方向延伸，或者平行于某两个结晶轴方向延展，或者是介于这两种形态之间的过渡类型。此外，晶体的习性也会受到外在条件的影响，包括温度、压力、溶质浓度、介质黏度及杂质的存在等因素[22]。生物矿化的精妙之处在于，生物体可以对晶体的生长过程进行精确调控，进而制备具有独特形貌和多级组装结构的矿物。尽管如此，生物矿化背后的科学机制尚未被完全揭示。从化学角度看，生物矿化的本质在于精细调控晶体的成核和生长。因此，为了更深入地理解生物矿化过程，研究晶体的生长机制及其调控原理是至关重要的。

2.3.1 晶体生长机制

晶体生长理论最早在 1669 年由丹麦学者斯蒂诺（N. Steno）开始研究，用于阐述晶体生长这一物理-化学过程。晶体生长的热力学理论由吉布斯于 1878 年提出，随后逐步发展为经典的成核理论。该理论认为，溶液中粒子的总吉布斯自由能（ΔG）等于该粒子的表面自由能（ΔG_S）与体积自由能（ΔG_V）之和，只有通过热涨落来克服形成临界尺寸晶核所需的势垒，才能实现晶体的成核，随后晶体才能自发长大，反之晶核则会溶解。晶体的成核过程可以分为均相成核（homogeneous nucleation）和异相成核（heterogeneous nucleation），前者是指在均相反应体系中自发成核的过程，而后者是通过在反应体系中引入杂质颗粒来促进晶核的形成。晶体均相成核的速率取决于体系的热力学稳定性，而在异质成核位点上成核时，晶体所克服的成核能量势垒远低于均相成核，使得成核变得更加容易[23]。

与晶体成核过程相比，晶体的生长通常是在偏离平衡条件下进行的，对晶体生长和形貌起决定性作用的是晶面生长速率的各向异性。为解释晶体生长所呈现的多面体外形，晶体生长动力学理论逐渐形成，它主要研究偏离平衡的驱动力（过冷或过饱和）与晶面生长速率的关系[24, 25]。在晶体生长过程中，溶液中的生长单元吸附在晶体表面，与晶体形成化学键而成为晶体的一部分，使得晶体表面出现光滑的平台（terrace）、凸起的台阶（step）及台阶的扭折（kink）区域[25-27]。生长单元在晶体表面不同区域的生长速率不同。例如，扭折处给生长单元提供更多的成键机会，使其与晶体表面牢固结合而利于晶体长大；在平台处，生长单元可二次成核形成岛结构，成为新的平台。

在经典的晶体成核理论和晶体生长动力学理论中，基本的生长单元通常为构成晶体的原子、离子或分子。然而，这一理论已经很难解释目前所观察到的一些实验现象，尤其是生物体内的矿物形成过程。在生物体内，稳定的矿物晶体往往并非直接通过溶液中的离子成核和结晶形成，而是可能首先以无定形矿物的状态出现，随后这些无定形矿物作为前驱体，进一步转化成晶态的矿物。例如，海胆刺为含镁的碳酸钙单晶，其生长过程中首先会形成尺寸为 50 nm 左右且含有约 15 wt%水的无定形碳酸钙。随后，这些含水的无定形碳酸钙逐渐失去水分，转变为无水的无定形碳酸钙，最终结晶成为方解石晶体。类似地，在斑马鱼尾鳍骨的形成过程中，也观察到大量的无定形磷酸钙纳米粒子，这些粒子随着骨骼的成熟逐渐结晶，转化为稳定的磷酸钙矿物晶体。

近期，来自不同领域的科学家对晶体生长的多种机制进行了综合分析[28]，提出除了离子、原子和分子等单体外，结晶过程中的基本组装单元还可能包括寡聚体、复合物、液滴、无定形纳米粒子和纳米晶体等多种形式（图 2-5）。这些单元通过聚合或有序组装等方式转化为晶体，构成了一种区别于经典晶体成核-生长机制的新机制，即非经典晶体生长机制。

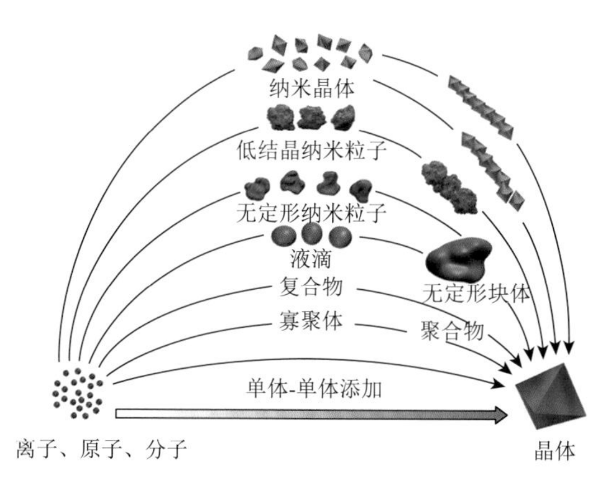

图 2-5　颗粒聚集结晶过程的途径[28]

在非经典晶体生长机制中，无定形相的形成机制目前还存在较大争议。2008 年，Gebauer 等[29]在研究碳酸钙的结晶过程中发现了稳定的预成核团簇（pre-nucleation clusters），这些团簇在不饱和溶液中也同样存在。当预成核团簇的浓度达到一个临界浓度之后，可以通过聚集生长的方式形成无定形碳酸钙纳米粒子。随后，

Dey 等[30]借助于高分辨冷冻透射电镜研究了磷灰石的形成过程。研究表明，粒径为(0.87±0.2) nm 的 $Ca_9(PO_4)_6$ 预成核团簇先行聚集形成无定形磷酸钙，再转变为磷灰石。然而，也有研究表明，无定形磷酸钙由在热力学上非常不稳定的离子缔合复合物（ion-association complexes）$Ca_2(HPO_4)_3^{2-}$ 组成[31]。此外，研究人员通过分子动力学模拟发现，碳酸钙溶液可以通过液-液相分离机制形成高浓度的液相，进一步通过融合和固化形成无定形碳酸钙[32]。邹朝勇等依据液-液相分离理论将无定形碳酸钙的尺寸与初始反应条件结合起来，推测得到了无定形碳酸钙在不同温度下形成的临界浓度，并绘制了碳酸钙溶液的相图[33]。尽管如此，无定形相的形成机制是否符合经典成核理论仍然存在一些争议。

以无定形纳米粒子为前驱体的结晶途径已经在许多生物矿化过程中被发现和证实，但是生物体形成密实的矿物很难完全由纳米粒子填充，其中无法被填充的孔隙可以通过经典的离子聚集方式结晶。与离子聚集结晶相比，颗粒聚集结晶的速度更快[34]。例如，鸡蛋可以在 24 h 内生长出 300 μm 厚的矿物，其无定形碳酸钙颗粒的尺寸为 100～300 nm，随后结晶形成方解石。鸵鸟蛋壳更是可以在 48 h 内生长出厚度约 2 mm 的矿物。相反，通过离子聚集生长的文石晶体的速度为 0.01～0.1 μm/d。此外，通过颗粒聚集生长形成的矿物通常展现出更优异的力学性能，其中一部分原因是纳米粒子界面处的缺陷在一定程度上诱导裂纹偏转和能量耗散。

2.3.2 有机质的调控作用

生物体控制矿物的形貌和多级结构最重要的策略是使用蛋白质、多糖等有机质。参与生物矿化的有机质可以分为两类：溶于水的可溶性基质，以及在相同条件下不溶于水的不溶性基质。生物矿化的第一步通常涉及有机基质的形成和分泌。有机基质可以通过氢键、静电、晶格面网的几何匹配和空间立体化学结构互补等机制精细调控无机晶体的成核和生长过程，进而影响晶体的晶型、形貌和多级结构。

氢键和静电作用可以为有机质调控无机晶体生长提供最重要的驱动力。蛋白质等有机质通常会有带负电的羧基和带正电的氨基等官能团，它们可以通过静电作用吸附带相反电荷的无机离子，如钙离子、磷酸根离子和碳酸根离子等。蛋白质在不溶性基质表面的吸附能够吸引特定无机离子的聚集，促进异质成核，进而引导晶体在有机基质附近优先生长。此外，在高浓度带电有机基质的作用下，也可能促使无定形前驱体的形成。另一方面，蛋白质吸附在晶核表面时可以对晶体的成核起到抑制作用，进而影响晶体的临界成核尺寸。在晶体生长过程中，有机质也可以通过其带电官能团与晶体特定的晶面发生相互作用，调控不同晶面的生长速率，进而对晶体的形貌进行调控。研究表明，相同的蛋白质在不同的环境中可以对晶体的成核生长起到完全相反的作用（促进或抑制），这主要是由于蛋白质自身的结构在不同的环境中会发生变化。此外，即使在相同的环境中，不同浓度的蛋白质也可以对晶体的成核生长起到完全相反的作用（促进或抑制）。

除了静电作用外，蛋白质等有机质与无机晶体之间的晶格几何匹配也是调控晶体取向生长的一个主要机制。晶格匹配效应是指晶体在生长过程中，有机质的结构与正在生长的无机晶体某一特定晶面的周期性晶体结构相适应时，可以降低晶体成核所需的活化能，诱导晶体沿着该晶面方向生长。此外，空间立体化学结构互补是指在有机-无机界面处，有机分子中的特定官能团与无机离子在配位体结构上达到互补，从而实现相互识别的效果。立体化学互补在有两个晶面竞争生长或者不同晶型竞争成核时，其作用更为突出。

有机基质调控生物矿化过程的另一个主要途径是构建有限尺寸的限域空间。晶体的成核、生长动力学过程在不同尺寸的限域空间内不同，其形貌、结构也会受到限域空间的调控。生物体内最常见的限域空间是细胞分泌的囊泡状结构。骨骼中胶原纤维内矿化实际上也是一种纳米尺度的限域空间内矿化。

2.3.3　离子的传输方式

在生物矿化过程中，无论是蛋白质的合成和分泌，还是无机离子的传输，都受到细胞的精细调控。细胞可以在特定的时间和空间分泌和降解具有特定功能的蛋白质，改变细胞外基质的离子环境，分泌具有特定组成的囊泡并将其运输到指定的位置。

生物矿化所需的无机离子通常是从外部环境中摄取。然而，生物体如何将无机离子运输到生物矿化特定的位点也是令研究者着迷的科学问题。无机离子在生物体内的转运机制包括细胞膜上的允许特定离子通过的离子通道、能与特定离子结合的载体蛋白、能通过消耗能量来逆浓度梯度运输离子的转运蛋白以及细胞的内吞作用和囊泡运输等。

目前，关于离子传输方式的研究主要集中在海洋类生物矿物的形成过程，如颗石藻、海胆以及脊椎动物骨骼等。例如，在颗石藻的细胞膜上有许多蛋白质可以作为离子通道和离子泵，它们能选择性将海水中的钙离子传输到细胞内，同时抑制镁离子的传输，进而使细胞内的化学组成与海水具有显著差异。为了将钙离子的浓度控制在亚微摩尔级，颗石藻的细胞内形成了许多腔室用以储存高浓度的钙。其中一种是类似空泡的细胞器，内含由钙和磷组成的球形凝聚物[35]。

在海胆刺的矿化过程中，细胞也可以直接通过胞吞作用将大量的无机离子吸收到细胞内。原始间充质细胞的囊泡内开始形成无定形碳酸钙纳米粒子。随后，原始间充质细胞的细胞膜可融合形成一个连续的膜包裹体（合胞体），进一步将无定形纳米粒子转运到海胆刺的生长前端[36]。在脊椎动物的骨骼矿化过程中，无机离子如钙离子、碳酸根离子和磷酸根离子通过肠道吸收后，以溶解状态进入血液循环系统。在大多数哺乳动物体内，生物体液（如血清、唾液等）中的这些离子浓度通常超过碳酸化羟基磷灰石的溶解度，呈过饱和状态，容易沉淀形成矿物。为了有效运输这些矿物离子，生物体利用生物大分子与无机离子的螯合作用，将它们聚集成复合物或团簇，然后通过具有膜结构的囊泡包裹，在体内进行定向运输[37]。

2.4 生物矿化对材料制备的启示

2.4.1 生物矿物结构与仿生材料

随着现代社会在交通运输、建筑、能源存储和转化等方面对轻质、高强结构材料的需求越来越高，骨骼、牙齿、贝壳等具有精妙多级结构和优异力学性能的生物矿物引起材料学家的广泛兴趣。实际上，早在人类文明发展的早期，人们就开始使用这些天然生物材料作为工具，把骨、角等制成针、锥、鱼钩、鱼叉和弓箭。随着现代表征技术的发展和计算机模拟能力的不断提升，人们开始能解析这些生物材料从原子尺度到宏观尺度的结构与力学性能之间的关系，揭示生物结构材料性能优异的奥秘。因此，通过发现和研究自然生物材料特殊的结构和功能，以各种现代化制备手段获得具有类似结构的材料，进而得到类似的功能，这是仿生材料的主要思想和方法。目前，以生物矿物结构为灵感制备仿生材料方面的研究主要包括仿贝壳珍珠层材料和仿牙釉质材料等。

2.4.2 生物矿化启示的合成与制备

生物矿化是生物体在细胞和有机基质参与和指导下的材料合成与制备过程，是材料与生物、化学、生物物理和医学等多学科交叉融合的研究领域。通过学习生物矿物的结构与性能之间的关系已经为高性能仿生材料的制备提供了许多灵感和思路。除此之外，生物体控制矿化过程所采取的策略和方法也可以启发我们发展材料的合成与制备新技术。在本书中，将详细介绍如下几种生物矿化启示的合成与制备技术：基于生物活体平台的材料制备（第 3 章）、天然生物质诱导无机材料的合成与制备（第 4 章）、重组蛋白调控材料的合成（第 5 章）、类蛋白物质诱导的合成与制备（第 6 章）、基于矿化机制的制备新技术（第 7 章）。

参考文献

[1] Zou Z，Habraken W J E M，Matveeva G，et al. A hydrated crystalline calcium carbonate phase：Calcium carbonate hemihydrate. Science，2019，363（6425）：396-400.

[2] Politi Y，Arad T，Klein E，et al. Sea urchin spine calcite forms *via* a transient amorphous calcium carbonate phase. Science，2004，306（5699）：1161-1164.

[3] Habraken W J E M，Masic A，Bertinetti L，et al. Layered growth of crayfish gastrolith：About the stability of amorphous calcium carbonate and role of additives. Journal of Structural Biology，2015，189（1）：28-36.

[4] Armbrust E V. The life of diatoms in the world's oceans. Nature，2009，459（7244）：185-192.

[5] Palmer B A，Taylor G J，Brumfeld V，et al. The image-forming mirror in the eye of the scallop. Science，2017，358（6367）：1172-1175.

[6] Wegst U G K，Bai H，Saiz E，et al. Bioinspired structural materials. Nature Materials，2015，14（1）：23-36.

[7] Addadi L，Joester D，Nudelman F，et al. Mollusk shell formation：A source of new concepts for understanding biomineralization processes. Chemistry：A European Journal，2006，12（4）：980-987.

[8] Nudelman F，Chen H H，Goldberg H A，et al. Spiers memorial lecture：Lessons from biomineralization：Comparing the growth strategies of mollusc shell prismatic and nacreous layers in atrina rigida. Faraday Discussions，2007，136：9-25.

[9] Li M，Zhao N，Wang M，et al. Conch-shell-inspired tough ceramic. Advanced Functional Materials，2022，32（39）：2205309.

[10] Florek M，Fornal E，Gómez-Romero P，et al. Complementary microstructural and chemical analyses of *Sepia officinalis* endoskeleton. Materials Science and Engineering：C，2009，29（4）：1220-1226.

[11] Birchall J D，Thomas N L. On the architecture and function of cuttlefish bone. Journal of Materials Science，1983，18（7）：2081-2086.

[12] Denton E J，Gilpin-Brown J B. Buoyancy of the cuttlefish. Nature，1959，184（4695）：1330-1331.

[13] Yang T，Jia Z，Chen H，et al. Mechanical design of the highly porous cuttlebone：A bioceramic hard buoyancy tank for cuttlefish. Proceedings of the National Academy of Sciences of the United States of America，2020，117（38）：23450-23459.

[14] Kanimba E，Yang T，Huxtable S T，et al. Thermomechanical analysis of a bio-inspired lightweight multifunctional structure. Advanced Engineering Materials，2020，22（12）：2000371.

[15] Mao A，Zhao N，Liang Y，et al. Mechanically efficient cellular materials inspired by cuttlebone. Advanced Materials，2021，33（15）：2007348.

[16] Reznikov N，Bilton M，Lari L，et al. Fractal-like hierarchical organization of bone begins at the nanoscale. Science，2018，360（6388）：eaa02189.

[17] Nalla R K，Kruzic J J，Kinney J H，et al. Mechanistic aspects of fracture and R-curve behavior in human cortical bone. Biomaterials，2005，26（2）：217-231.

[18] Koester K J，Ager J W，Ritchie R O. The true toughness of human cortical bone measured with realistically short cracks. Nature Materials，2008，7（8）：672-677.

[19] Barthelat F，Yin Z，Buehler M J. Structure and mechanics of interfaces in biological materials. Nature Reviews Materials，2016，1（4）：16007.

[20] Cui F Z，Ge J. New observations of the hierarchical structure of human enamel，from nanoscale to microscale.

Journal of Tissue Engineering and Regenerative Medicine，2007，1（3）：185-191.

[21] Amini S，Razi H，Seidel R，et al. Shape-preserving erosion controlled by the graded microarchitecture of shark tooth enameloid. Nature Communications，2020，11（1）：5971.

[22] 彭真万，刘青宪，徐明. 矿物学基础. 北京：地质出版社，2009.

[23] Thanh N T K，MacLean N，Mahiddine S. Mechanisms of nucleation and growth of nanoparticles in solution. Chemical Reviews，2014，114（15）：7610-7630.

[24] Kashchiev D. Thermodynamically consistent description of the work to form a nucleus of any size. The Journal of Chemical Physics，2003，118（4）：1837-1851.

[25] Burton W K，Cabrera N，Frank F C，et al. The growth of crystals and the equilibrium structure of their surfaces. Philosophical Transactions of the Royal Society of London，Series A，Mathematical and Physical Sciences，1951，243（866）：299-358.

[26] Chernov A A. Formation of crystals in solutions. Contemporary Physics，1989，30（4）：251-276.

[27] Olafson K N，Li R，Alamani B G，et al. Engineering crystal modifiers：Bridging classical and nonclassical crystallization. Chemistry of Materials，2016，28（23）：8453-8465.

[28] De Yoreo J J，Gilbert PUPA，Sommerdijk N A J M，et al. Crystallization by particle attachment in synthetic，biogenic，and geologic environments. Science，2015，349（6247）：6760.

[29] Gebauer D，Völkel A，Cölfen H. Stable prenucleation calcium carbonate clusters. Science，2008，322（5909）：1819-1822.

[30] Dey A，Bomans P H H，Müller F A，et al. The role of prenucleation clusters in surface-induced calcium phosphate crystallization. Nature Materials，2010，9（12）：1010-1014.

[31] Habraken W J，Tao J，Brylka L J，et al. Ion-association complexes unite classical and non-classical theories for the biomimetic nucleation of calcium phosphate. Nature Communications，2013，4：1507.

[32] Wallace A F，Hedges L O，Fernandez-Martinez A，et al. Microscopic evidence for liquid-liquid separation in supersaturated $CaCO_3$ solutions. Science，2013，341（6148）：885-889.

[33] Zou Z Y，Habraken W J E M，Bertinetti L，et al. On the phase diagram of calcium carbonate solutions. Advanced Materials Interfaces，2017，4（1）：1600076.

[34] Gilbert P U P A，Bergmann K D，Boekelheide N，et al. Biomineralization：Integrating mechanism and evolutionary history. Science Advances，2022，8（10）：eabl9653.

[35] Sviben S，Gal A，Hood M A，et al. A vacuole-like compartment concentrates a disordered calcium phase in a key coccolithophorid *Alga*. Nature Communications，2016，7：11228.

[36] Kahil K，Varsano N，Sorrentino A，et al. Cellular pathways of calcium transport and concentration toward mineral formation in sea urchin larvae. Proceedings of the National Academy of Sciences of the United States of America，2020，117（49）：30957-30965.

[37] Kahil K，Weiner S，Addadi L，et al. Ion pathways in biomineralization：Perspectives on uptake，transport，and deposition of calcium，carbonate，and phosphate. Journal of the American Chemical Society，2021，143（50）：21100-21112.

第3章 基于生物活体平台的材料制备

自然界的生物系统在室温环境中矿化出多尺度结构的矿物，且生物矿物在结构和功能上具有人工合成材料无可比拟的优异性。一些研究者通过学习自然界生物矿化的过程与机制，利用相关有机分子在生物体外诱导合成出那些不能在自然界中矿化但却应用广泛的无机材料。但是，目前基于生物矿化的仿生合成研究多为体外矿化研究，研究核心为有机大分子如何控制无机晶体的成核、生长和形貌，仿生合成得到的无机材料也主要是形貌上的创新，停留在生物矿化中的生长机制阶段，而细胞加工是生物独有的生命现象。因此，仿生合成技术又被称为有机模板技术，这是由于在目前的仿生合成与制备中，有机质主要是作为模板被人们广泛使用，其主要功能在于先自组装成一定的有序结构，然后调控无机物微观形貌的形成过程。

基于生物矿化机制的材料绿色制备技术取得了一定的发展，但仍存在一定的局限性，例如：①生物系统的复杂性和独创性使得科学家们难以在生物体外设计获得相同精妙的生物环境，体外难以达到生物体对晶体控制的水平，实现大多数无机材料的室温可控合成；②体外制备的材料无论是在结构上，还是在功能上，仍然无法与天然生物材料媲美；③因实验条件和侧重点的不同，所观察到的矿化现象和得到的结果不尽相同，从而导致矿化机制的认识存在一定的局限性和片面性，已有矿化理论不能完美解释越来越丰富的实验现象和结果[1]。因此，构建具有生命系统重要特征的合成平台，或者直接利用生物系统合成所需的材料，是实现高性能无机材料的低温/室温、高效绿色制备的关键。而明确调控生物矿物室温形成的关键因素，发展精准、全面的生物矿化理论，是构建基于生物矿化机制的体外高效、绿色合成平台的重要前提。

通常情况下，生物都是通过最经济有效的途径和方式产生维持生命所需要的物质基础，而这些途径和方式通常体现为基因编码所决定的一系列生理过程。所以改变基因就可能改变相应的生理过程，从而得到所需要的物质，或者提高所需物质的产量和质量，甚至让生物产生自然条件下所不产生的物质（形状）。在没有转基因技术以前，改变基因是通过筛选和突变得到（如育种、驯化），有了转基因技术之后，可以直接通过转基因实现。但是无论如何都是必须通过基因来决定。因此，如何让生物不通过基因改造，直接利用生物原有的基因及生理过程产生那些并非生物生理过程所需的产物，这是非常重要的一个突破。

3.1 生物活体平台

自然界中存在着许多天然无机材料，如叶片中的草酸钙、硅藻中的二氧化硅、贝壳中的碳酸钙等。这些天然的无机材料都是在活体生物系统平台（植物、贝壳等）中以生物矿化的方式形成的。自然生物本身就是一个很好的无机材料合成平台。科学家们通过学习自然生物中矿物的形成过程，已经开发出了一种利用自然生物系统平台合成无机材料的技术。

3.1.1 植物

天然植物可分为水生植物和陆生植物。植物是生命的主要形态之一，绿色植物大部分的能量是经由光合作用从太阳光中得到的，温度、湿度、光线、淡水是植物生存的基本需求。光能及叶绿素，在酶的催化作用下，利用水、无机盐和二氧化碳进行光合作用，释放氧气，产生葡萄糖等有机物。植物体从环境中吸收的二氧化碳、水分和无机养料运输到需要的部位才能被利用。植物的根部分布在土壤下，可以吸收水分和养分，通过茎部将根部吸收到的水分和矿物质往上运输到各营养器官，供给植物生长。植物所具有的复杂的被动流体运输系统，能够将生长环境中的小分子内化，在体内（活组织内）积累和构建材料。在天然生长环境中，植物通过生物矿化方式形成矿物质，如碳酸钙、磷酸钙、草酸钙和二氧化硅等。这些矿物质比植物体的其他部位更坚硬，可用作抵御捕食者或为有机体提供结构支撑。

1. 叶片中的草酸钙矿物

叶片中常见的生物矿物为草酸钙（calcium oxalate，CaOx），以各种形状的晶体存在于植物的各个组织或器官中。草酸钙的形成是一种植物调节体内游离钙结晶的过程，主要有晶体成核和晶体生长两个阶段。

如图 3-1 所示，草酸钙晶体主要在植物的含晶异细胞（crystal idioblast）中产生。含晶异细胞分离出大量的蛋白质到液泡（vacuole）中，这些蛋白质中含有酸性氨基酸，能有效结合液泡中的钙离子，形成草酸钙的成核位点，并在一定程度上决定了晶体的最终形貌。植物从土壤中通过根部吸收钙，草酸（oxalic acid，Ox）和钙离子转运到含晶异细胞的液泡中，在有机质作用下，草酸和钙离子发生化学共沉淀，形成最初的草酸钙。草酸钙晶体的生长主要通过控制草酸和钙离子进入液泡的速率来实现，这在一定程度上决定了晶体最终的大小和形貌。在草酸钙合成过程中，含晶异细胞的液泡也不断膨胀，当液泡膨胀到最大尺寸时，晶体就会停止生长，形成最终的草酸钙晶体。

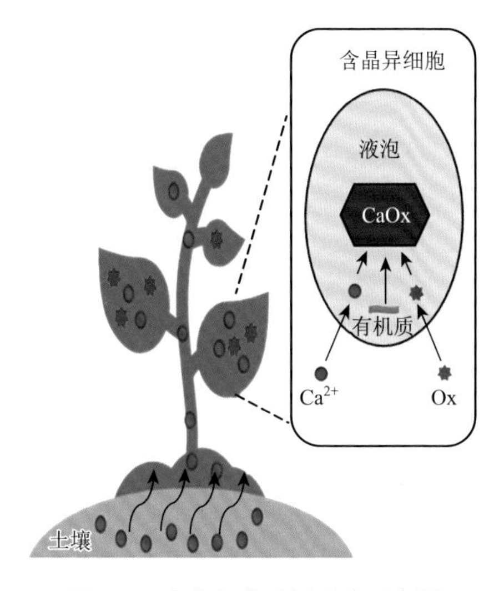

图 3-1　叶片中草酸钙形成示意图

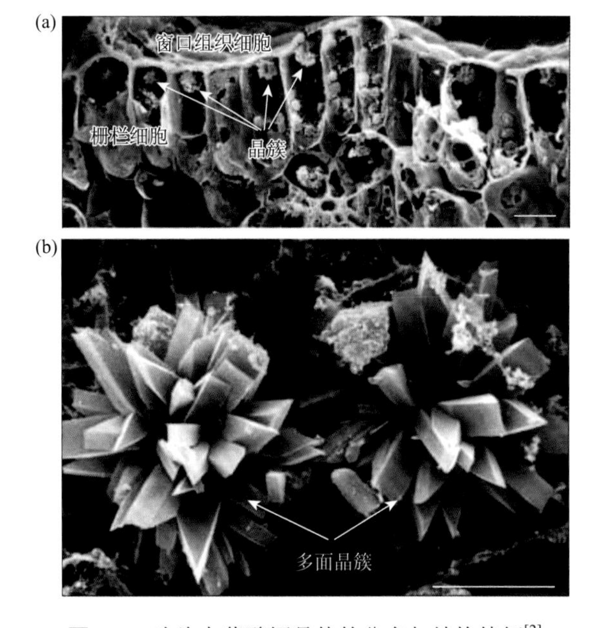

图 3-2　叶片中草酸钙晶体的分布与结构特征[2]

（a）栅栏层区域横截面的扫描电镜图，柱状栅栏细胞被切割开，在细胞顶部附近有一个球形的晶体，标尺为 20 μm；（b）晶体微观形貌，晶体是由多个面组成的集合体，从核心向外辐射，标尺为 5 μm

草酸钙晶体能够提高植物的抗冻性，并对植物具有物理保护功能。这些功能与草酸钙晶体的大小、形状和位置有关。草酸盐对钙离子具有高亲和力，并且本身有毒，会对动物皮肤造成刺激，从而保护植物免受食草动物的侵害。此外，研究表明，在遮阴植物草胡椒叶中，草酸钙还具有光合作用期间光调节的功能[2]。如图 3-2 所示，叶片的解剖结构含有多个厚而清晰的表皮层，覆盖在单层栅栏组织细胞上，从而构成了叶片的主要光合层。草酸钙晶体在光合栅栏细胞中特异性分布在细胞顶部附近，有助于将光均匀分布到适应弱光的径向壁和囊泡周围的叶绿体上。晶体还具有将光线反射，帮助消散间歇性阳光照射期间的多余光线的功能。

2. **硅藻中的二氧化硅矿物**

硅藻生长于淡水或海水中，是一种具有色素体的单细胞植物，其细胞壁由有机基质和结构多样的二氧化硅组成。大部分硅藻中二氧化硅的形成过程都发生在与细胞膜结合的二氧化硅沉积囊泡（silica deposition vesicle，SDV）中。SDV 内呈现酸性，有利于可溶性硅酸水解和缩合成二氧化硅。细胞外的硅含量远低于细胞内，并且二氧化硅主要在细胞内沉积。二氧化硅沉积囊泡膜称为硅膜。构成硅膜的生物分子包括微管以及能够与细胞骨架相互作用的细胞内蛋白——肌动蛋白。肌动蛋白微丝由单体亚基组装而成，可参与细胞分裂和运动，为蛋白质运动提供轨道。肌动蛋白微丝和微管通过促进或抑制 SDV 扩张从而在纳米到微米尺度上形成硅藻结构的多样性。

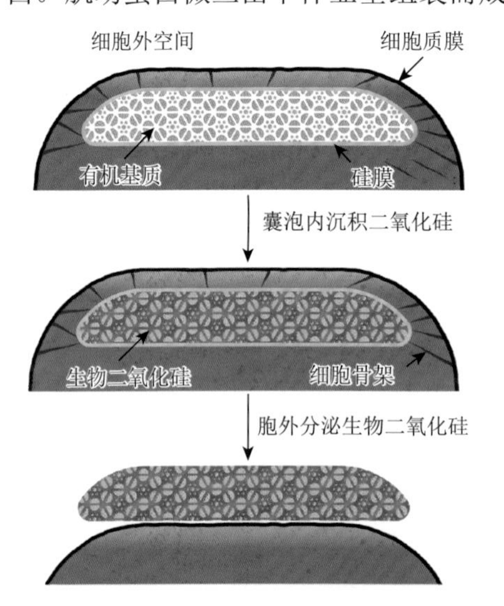

图 3-3 硅藻中二氧化硅的形成过程示意图[3]

如图 3-3 所示，细胞有机基质将硅膜固定在靠近质膜的位置。二氧化硅沉积在有机基质构成的生物分子模板上形成生物二氧化硅。这一过程产生多孔纳米结构的二氧化硅，并将有机基质困在其中。二氧化硅沉积结束后，生物硅被吐出细胞膜外，形成硅藻细胞壁的一部分。

硅藻生长过程中，以硅酸的形式从生长环境中吸收硅，将硅输送到细胞中，并在细胞壁合成期间催化其水解和缩合成二氧化硅。硅藻的细胞壁高度硅化，使硅藻具有坚硬的壳体。不同类型的硅藻在微观结构上有着明显的差异，如图 3-4 所示。

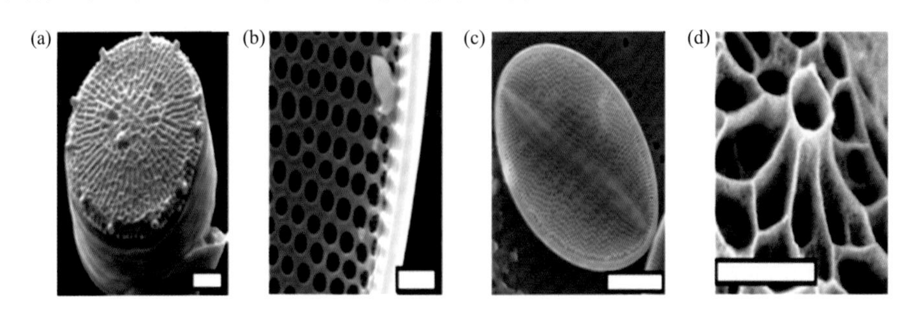

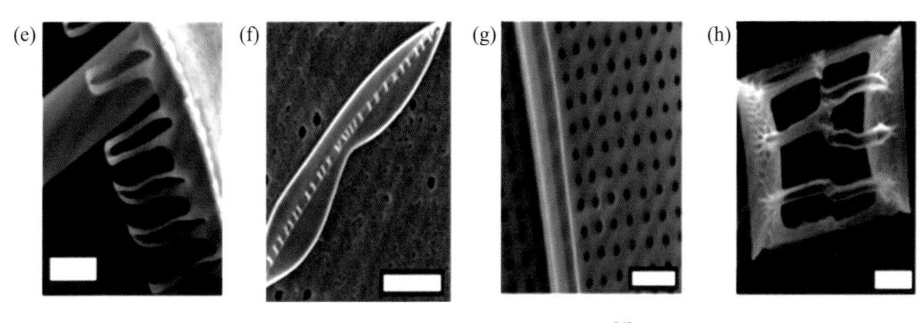

图 3-4　不同藻类的微观结构[4]

（a）假微型海链藻，标尺为 1 μm；（b）威氏圆筛藻，标尺为 5 μm；（c）卵形藻，标尺为 10 μm；（d）威氏海链藻，标尺为 500 nm；（e）布氏双尾藻，标尺为 2 μm；（f）派格棍形藻，标尺为 10μm；（g）波罗的海布纹藻，标尺为 2 μm；（h）中肋骨条藻，标尺为 2 μm

总之，天然植物具有复杂的生物过程，使其在生长过程中矿化出结构精细的矿物质。受植物生物过程启示，以活体植物为平台，已开发出多种无机功能材料的制备技术，如纳米贵金属材料、金属有机框架（MOF）材料等，并广泛应用于能源、催化和医疗等领域。

3.1.2　贝壳（珍珠生长系统）

大约在寒武纪，一类生物复合材料出现在软体动物（蜗牛、双壳类）祖先的身体组成中，这类生物复合材料是为防止被食肉动物攻击的保护结构。软体动物中的海水贝或淡水蚌具有典型的生物矿化系统，它们身体最硬的组织外壳和因疼痛而产生的珍珠都是生物矿化的产物。这些生物矿物具有比它们相对应的非生物成因的矿物更优异的结构和性能，且它们通常在环境条件下形成，成分是无毒的，具有生物相容性。珍珠和贝壳珍珠层的结构组成非常相似，两者均为无机文石晶体和有机物层层堆叠组装成的“砖-泥”结构，这种结构也是珍珠层具有优异的强度和韧性的主要原因。精细的矿化系统对天然生物矿物的形成至关重要。贝壳的矿化系统一般包括外套膜、贝壳以及两者之间的液体即外套膜液[5]。在矿化作用发生时，外套膜作为矿化产物的重要组成部分，分泌一系列与矿化有关的生物大分子（蛋白质、多糖、多肽等）。这些大分子进入到外套膜液中，随着外套膜液被运输到矿化位点上，从而起到控制晶体成核、生长的作用，最终得到结构精细、性能优异的矿化产物即贝壳或珍珠。早在 17 世纪中期，坚硬的贝壳就引起了人们的关注，但由于当时科学水平的限制，贝壳被认为是由外界产生的物质。18 世纪初，研究者开始意识到贝壳是生物体本身的分泌产物，而外套膜则是分泌形成贝壳的器官。这个新的认识引起了人们对贝壳的浓厚兴趣，开始了对贝壳的微观形貌、晶体结构、组成成分和物理化学性质等方面的广泛研究[1]。

淡水蚌由于形态的不同被分为多种类型，如三角帆蚌、褶纹冠蚌、无齿蚌和圆顶珠蚌等。其中，三角帆蚌和褶纹冠蚌为人工珍珠养殖业中选用最多的两种淡水蚌。三角帆蚌主要用于培育游离珍珠，褶纹冠蚌则用来培育附壳珍珠。附壳珍珠相比游离珍珠，形状多样，尺寸范围跨度大，因此备受人们的喜爱。活着的褶纹冠蚌是封闭的，被其侧面的双壳保护着。当切开褶纹冠蚌的闭合肌，掀开外壳，就可以看到包裹着内脏的两片外套膜，外套膜分别依附在外壳的内表面，壳和外套膜之间的部分称为外套腔。外套膜靠近内脏的部分为内表皮，面朝贝壳的部分为外表皮，外表皮上覆盖着单层的上皮细胞，即外上皮细胞。贝壳或珍珠的形成过程中，这些外表皮的上皮细胞具有分泌珍珠质的能力。贝壳和外套膜之间的外套腔里存在着一些血清状的无色液体即间液，其含量一般很少，这些极少的间液被证实是珍珠质分泌的局部环境，在贝壳的矿化过程中起着重要作用。Miyamoto 等[6]发现基质蛋白就是在间液中自组装构成贝壳的有机框架，控制着晶体的成核位点。但由于间液不易大量获得，因此在某种程度上也阻碍了其研究的进展。

珍珠因美丽的外表和独特的光学色彩而被视为优美的装饰品，它是大自然的杰作，是一种天然的宝石。因此，珍珠作为一种典型的矿化产物也被人们广泛关注和研究。珍珠的形成是由于贝壳本身受到外来物质侵入时，疼痛引起器官分泌珍珠质，一层层包裹住异物，从而将其与贝壳自身分离开来。

人们好奇珍珠层从无到有，即最初的生化过程。通过对有核珍珠形成过程的阶段性观察，更有利于人们了解珍珠形成的最初过程。在珍珠培育过程中，将淡水蚌的外套膜区选取的组织片段（供体）植入另一个蚌的生殖腺内（受体）。同时，将无机珠核也插入到该淡水蚌中，并与之前的同种异体移植外套膜相接触。上述插核手术后，淡水蚌开始逐渐愈合伤口，同时开始识别移入的外套膜组织和无机珠核，并将它们作为进入身体的异物。血细胞如嗜酸性粒细胞和嗜碱性粒细胞开始包裹这些异物，以至于无机珠核的周围逐渐形成血细胞片。嗜酸性粒细胞开始吞噬组织碎片，而嗜碱性粒细胞开始分泌细胞外基质。在这些伤口愈合过程中，植入的外套膜的上皮细胞开始变成鳞片状，并移到无机珠核和周围的血细胞片之间。外上皮细胞最终在无机珠核周围形成一个小囊，称为珍珠囊。随后，珍珠囊的上皮细胞开始分泌与矿化有关的有机大分子和各种离子，诱导碳酸钙的沉积，最终在珠核的表面形成棱柱层、珍珠质或有机基质。外套膜的其他组织成分如肌肉和内上皮会继续存在，但最终仍会消失。总体来讲，珍珠囊的形成过程类似于外套膜受损后的伤口愈合过程。为实现珍珠形成过程的原位观察，Wada[7]提出了将盖玻片植入到外套膜腔的方法，成功地观察到了碳酸钙晶体的初期形成阶段和致力于珍珠囊形成的活细胞的行为。在盖玻片周围，珍珠囊的形成过程如图 3-5 所示，该形成过程与上述插核的过程基本一致。不同的是，在该过程中，可以在盖玻片观察到圆形或三叶状的钙化晶体。

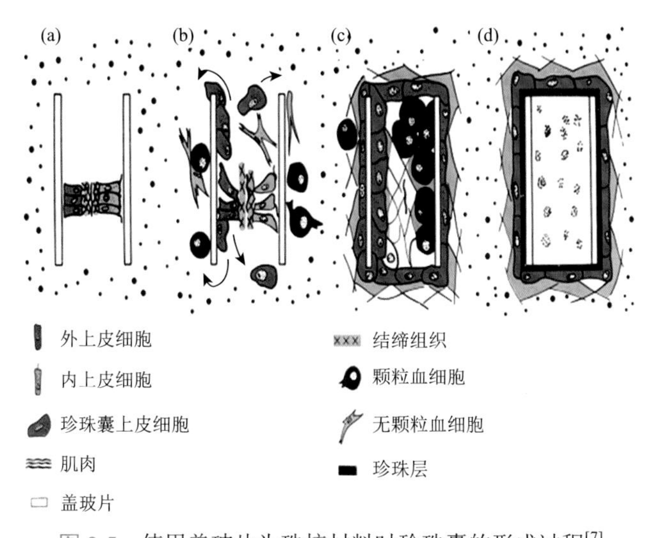

图 3-5　使用盖玻片为珠核材料时珍珠囊的形成过程[7]

（a）植入盖玻片的初始阶段；（b）外上皮细胞迁移至盖玻片并发生增殖；（c）珍珠囊的形成；（d）盖玻片上珍珠层的沉积

研究珍珠的形成一般需要进行插核等育珠实验，因此要求研究者能临近淡水蚌或海水贝的养殖场，方便取材，这显然限制了对珍珠形成过程和机制的研究。另外，珍珠多为球形或椭球形，测试起来比较困难。基于以上原因，人们更加关注与珍珠结构极其相似的贝壳珍珠层，借助对贝壳珍珠层形成机制的研究进一步揭示珍珠形成的奥秘。

关于珍珠层的生长机制，研究者也进行了大量的研究。由于实验条件和侧重点不同，所观察到的现象和实验结果也不尽相同。根据实验的结果和分析，大家提出了若干假说。其中较权威的有以下四种理论：细胞内部结晶理论，细胞外组装、隔室理论，矿物理论和模板理论。以上每一种理论仅能就珍珠层形成的某一结构特征给出很好的解释，却不能对珍珠形成的现象作出全面解释。因此，对珍珠形成的机制仍然需要进行进一步的研究和探讨。

1984 年，Weiner 和 Traub[8]首次提出了珍珠层形成的模板理论。模板理论因得到大量研究证据的支持而逐渐成为最流行的假说。模板理论关注于更加微观的层面，从分子水平上阐述有关珍珠层的生长机制。模板理论认为当有机分子表面的活性基团与无机相之间发生作用时，如几何结构的周期性匹配，这时无机相的某一晶面的成核所需活化能则会大大降低，从而导致晶体沿着该晶面方向择优生长，呈现出有序定向的结构。模板理论较好地解释了有机质对珍珠形成过程中的成核、微观形貌、取向生长的调控问题。虽然模板理论仍存在一定的局限性，如不能很好地解释有机质如何对碳酸钙的晶型进行调控，但相较于其他理论，具有更好的科学指导意义。

3.2 植物体内无机材料合成

无机材料是指由无机物单独或混合其他物质制成的材料，广泛应用于人们生活的各个领域中，如水泥中的硅酸盐、光纤中的二氧化硅、药物中的碳酸钙等。传统的无机材料制备方法往往需要极端的条件、昂贵的设备和高能耗，如高温高压烧结、磁控溅射、机械混合等。科学家们通过学习植物内无机材料的形成过程，已经开发出了一种植物体内无机材料的合成技术。以活体植物为平台，通过改变植物的生长环境，在植物体内合成无机材料。这种方法相对于传统制备方法降低了无机材料制备的能耗，且制备的材料具有独特的微观形貌和良好的应用前景。

3.2.1 贵金属

贵金属是指一些稀有昂贵的金属材料，如金、银、铂、钯等金属。由这些贵金属组成的纳米材料，具有纳米粒子或纳米线等结构特点，广泛应用于电子、化工、医疗等领域。

目前，受生物矿化启发开发出一种以植物作为平台来指导贵金属材料合成的有效方法。将植物体培养在含有一定浓度的贵金属培养基中，植物的根部从养分中吸收贵金属元素，并通过茎部传输到植物体内。植物系统中复杂的生物条件控制和调节着贵金属形成各个阶段的离子浓度、运输、溶解度、饱和度、晶体成核和生长。因此，利用植物系统固有的能力，如分子组装和识别、生长调节、易于化学修饰和细胞加工等，在植物体内合成了一系列贵金属纳米粒子。例如，在苜蓿中合成金纳米粒子和银纳米粒子；在拟南芥中合成钯纳米粒子。这些植物体内合成的贵金属纳米粒子通常具有多样的结构。

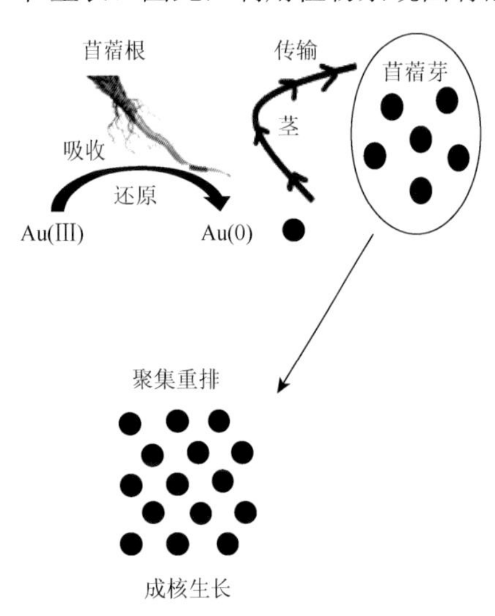

图 3-6 苜蓿根中金纳米粒子的形成过程

1. 金纳米粒子

金纳米粒子是目前研究最热的贵金属纳米材料之一，在光电子学、催化和医疗等领域具有广泛的应用。通过活植物与含金离子的无机盐共培养的方法，在植物体内合成出金纳米粒子。

在早期的合成技术研究中，将紫花苜蓿种子在含有四氯金酸钾的琼脂培养基中生长[9]。如图 3-6 所示，金离子［Au(III)］通过溶液与紫花苜蓿的植物组织以共价键方式结合，并还原成金［Au(0)］从溶液中沉淀出来。金被植物的根部吸收，并通过茎转移到芽部位，随后在植物内部聚集重排，组建成不同结构类型的金纳米粒子。在沉淀初期，金原子相互结合形成一个稳定的晶核。随后，晶核通过添加更多金原子而生长形成金纳米粒子。

如图 3-7 所示，在金颗粒的纳米结构中，二十面体结构是较小粒径中最稳定的形状，并且这种类型的结构更容易生长。十面体结构是较大粒径中更稳定的结构。不规则结构是由二十面体颗粒或更小金簇聚集形成。当较小纳米粒子合并后，金原子更倾向于重新排列形成更大粒径的面心立方（FCC）结构，如 FCC 四面体和 FCC 六方片状晶体。

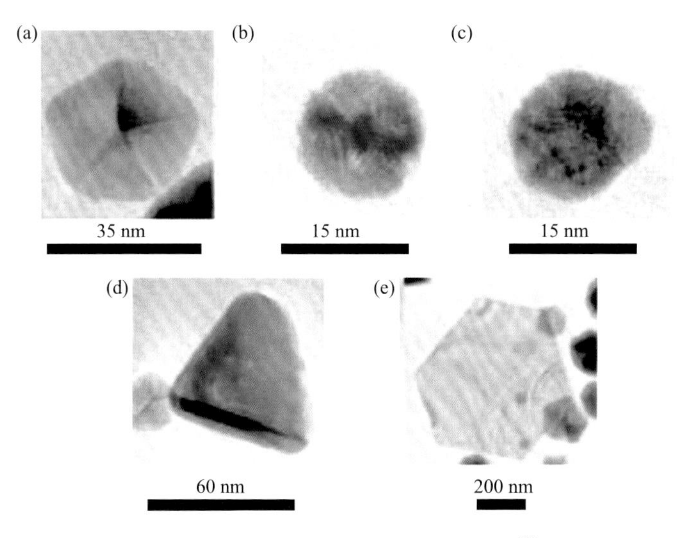

图 3-7　不同结构种类的金纳米粒子[9]

（a）十面体多重孪晶；（b）二十面体多重孪晶；（c）不规则形状；（d）FCC 四面体晶体；（e）FCC 六方片状晶体

研究发现，以芥菜为植物平台，金离子作为土壤中唯一的高浓度金属离子，在植物的芽和叶部位合成出分散的金纳米粒子[10]。当银与金同等浓度存在时，可以合成出金和银的纳米合金。土壤中相同浓度的铜对合成的金或金银结构没有化学影响，也不会与金或金银形成合金。然而，铜和银都减小了金纳米粒子的尺寸，并且限制植物组织中金离子被还原为金原子的能力。

此外，还有一种植物光照辅助合成的金纳米粒子[11]。如图 3-8 所示，活体绿色海藻与含有金离子的水溶液共培养，在阳光照射条件下，海藻通过光合作用还原得到了金纳米粒子。不同反应时间条件下金纳米粒子的形状和粒径不同。金纳米粒子主要分布在海藻表面、叶绿体内及细胞壁周围。这种通过光照辅助在海藻体内合成的金纳米粒子对 4-硝基苯酚的还原展现出良好的催化性能。

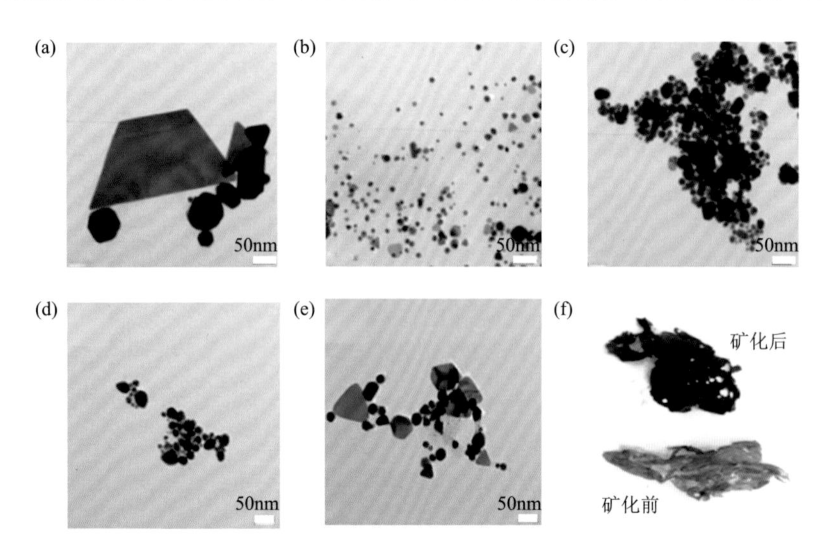

图 3-8 不同时间间隔合成的金纳米粒子[11]

（a）$t = 30$ min；（b）$t = 90$ min；（c）$t = 120$ min；（d）$t = 4$ h；（e）$t = 6$ h；（f）生成金纳米粒子前后植物干燥样品的照片

2. 银纳米粒子

银纳米粒子作为另一种贵金属纳米粒子具有高效的抗菌活性，广泛应用于医疗器械、生物技术、电子或环境科学等领域中。银纳米粒子在天然植物内部制备的方法与苜蓿制备金纳米粒子类似。

研究表明，硝酸银提供的银离子在琼脂培养基中还原成银[12]。苜蓿具有维管组织使得银原子被特定的通道吸收，并在这些通道内成核或凝聚成纳米粒子。如图 3-9 所示，在植物体内矿化的银纳米粒子粒径范围为 2～20 nm，并具有一维排列的特点。银纳米粒子主要以结晶状态存在，而处于无定形状态的银能够将纳米粒子彼此连接构成不同结构的纳米粒子。银纳米粒子粒径在 2～4 nm 之间为二十面体结构，对应于较小粒径的最低能量配置。此外，银纳米粒子的内部存在多种结构缺陷，如孪晶、位错、混合结构等。

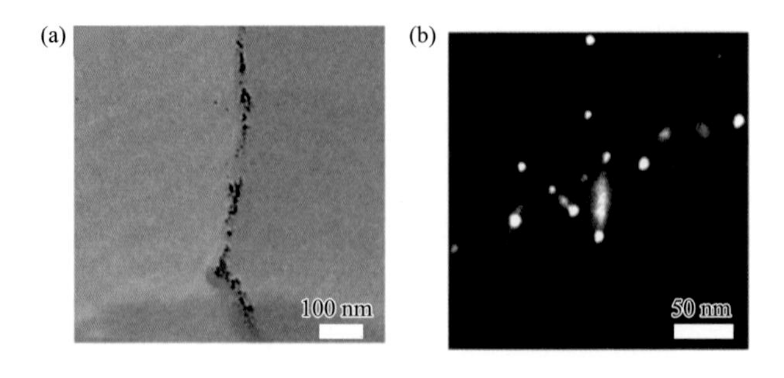

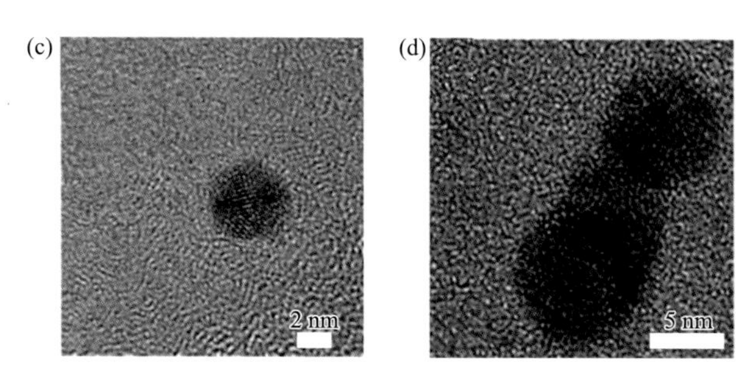

图 3-9　银纳米粒子的分布与结构特征[12]

（a）银纳米粒子的一维排列；（b）无定形银连接不同纳米粒子；（c）晶态二十面体；（d）银纳米粒子的聚集

3. 其他贵金属纳米粒子

铂纳米粒子广泛应用于催化剂和抗癌药物的制备。对于动物系统，软体动物、蝾螈和鱼类等具有积累铂化合物的能力。对于植物系统，茄子、玉米、水葫芦、黄瓜和萝卜等同样具有积累铂化合物的能力。

研究表明，以苜蓿或芥菜为植物平台，四氨合硝酸铂作为铂源，铂离子在根细胞内还原成铂，同时形成大量的铂纳米粒子[13]。如图 3-10 所示，铂纳米粒子主

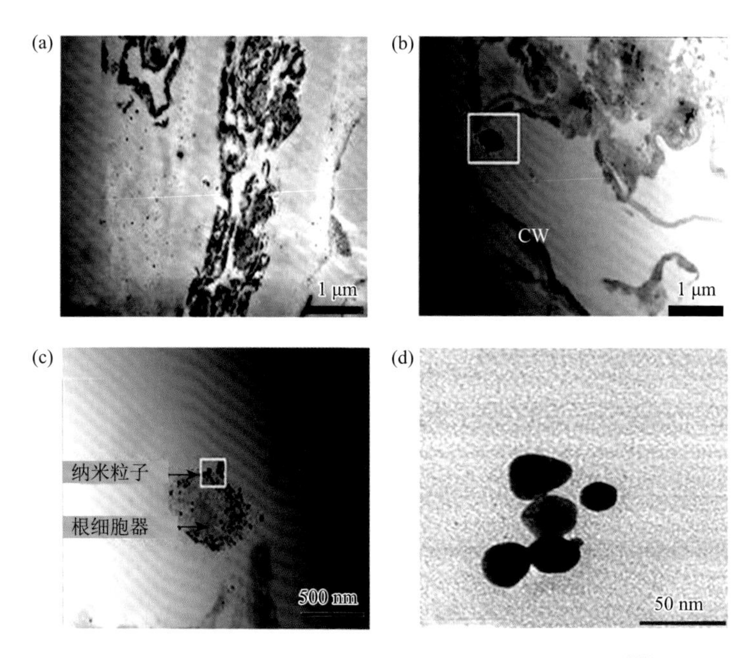

图 3-10　铂纳米粒子在植物体内的分布与结构特征[13]

（a）分布在根细胞中的铂纳米粒子；（b）根表皮细胞壁（CW）的铂纳米粒子；（c）根细胞器周围的铂纳米粒子；（d）不同形状的铂纳米粒子

要分布在植物内部的细胞壁上，或围绕在根细胞器周围。此外，以该种技术合成的铂纳米粒子在微观形貌上有三角形、球形和不规则形，粒径大小在 20～50 nm之间。

此外，钯纳米粒子作为一种 Suzuki 偶联反应的有效催化剂具有重要的研究价值。在活体植物合成钯纳米粒子的技术中，以天然拟南芥作为活体植物平台，四氯钯酸钾作为药物，随着给药时间不同可以合成出不同粒径的钯纳米粒子[14]。如图 3-11 所示，用含钯的无机盐给药 3 h 后，植物开始合成出分散良好的球形钯纳米粒子，平均粒径为 3 nm。随着给药时间延长到 24 h，钯纳米粒子的浓度和粒径增加，并且植物枯萎，呈棕色。在培育结束时形成粒径为 32 nm 的钯纳米粒子。钯纳米粒子在叶片的正面到背面均匀分布，主要集中在细胞壁和质外体区域。这种钯纳米粒子在苯硼酸和一系列含有碘、溴和氯的芳基卤化物之间的 Suzuki 偶联反应中具有高催化活性。

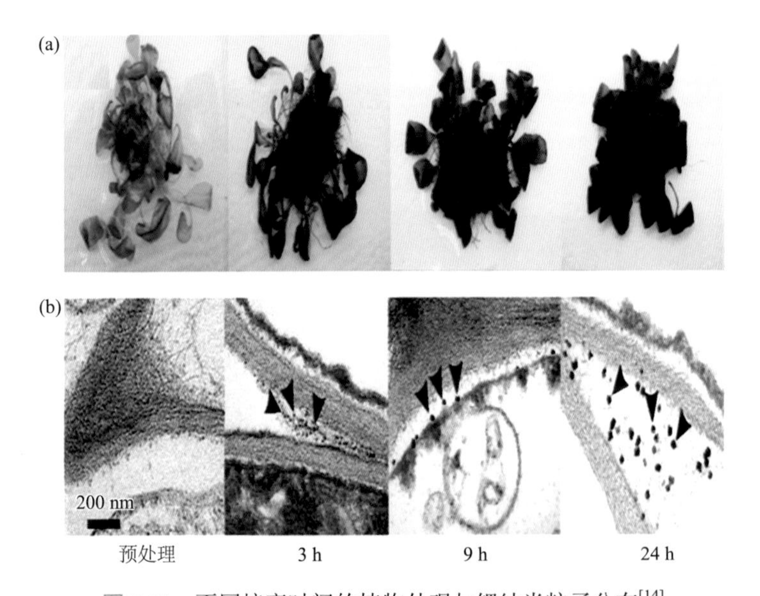

图 3-11 不同培育时间的植物外观与钯纳米粒子分布[14]

（a）用四氯钯酸钾处理不同时长培育后植物的外观；（b）钯纳米粒子在细胞壁的积累

以上几种植物体内合成贵金属纳米粒子方法主要有以下要素：①植物的选择：以维管植物（苜蓿、拟南芥等）为主，维管组织有利于重金属在植物内部快速传输；②无机金属原料的选择：可溶性无机盐更容易被植物组织吸收；③实验参数的调控：选择植物生长合适的时间、无机盐离子浓度、温度、光照和酸碱度等，可用于调控纳米材料的结构和组成。

在植物体内合成的贵金属纳米粒子具有晶态、粒径大小为几纳米到几十纳米、分散在植物内特定部位等特点，能够应用于电子、催化、医疗等领域。此外，这种合成技术对于水分或土壤中贵金属的回收和环境保护具有重要的潜在价值。

3.2.2　其他无机材料

除了贵金属纳米粒子外，在植物体内还可以合成其他功能材料，如金属有机框架（MOF）材料。研究表明，在植物体内引入了金属盐和有机连接剂，这些物质足够小，可以通过内聚力和黏附力被植物吸收[15]。这些前驱体在植物中的生物分子周围积累，进而促进了 MOF 的生成。如图 3-12 所示，根据 MOF 的合成速度，可以将合成路径分为一步法合成和两步法合成。成分为 $Zn(MeIm)_2$ 的 MOF 在水中的形成速度较慢，所以这种材料是在植物体内通过一步法过程形成。相比之下，$Eu_2(BDC)_3$ 和 $Tb_2(BDC)_3$ 这两种以镧系元素作为金属元素部分的 MOF 是通过两步法过程合成的，包括先后吸收较大的前驱体和较小的前驱体并依次培育。

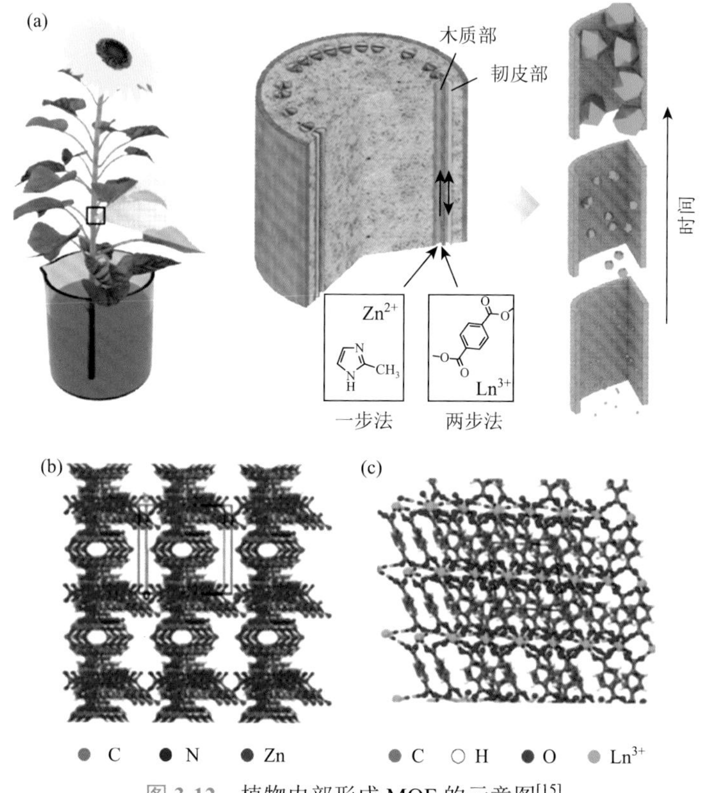

图 3-12　植物内部形成 MOF 的示意图[15]

（a）植物被两种不同类型的 MOF 增强；（b）$Zn(MeIm)_2$ 由于在水中的形成动力学缓慢而在一步法过程中形成；（c）$Ln_2(BDC)_3$（Ln 指镧系元素）通过加入前驱体进行连续培育的步骤而在两步法过程中形成

如图 3-13 所示，在植物体内合成的这些 MOF 材料主要聚集在茎的木质部细胞的细胞壁周围，此处有较高含量的木质素，这种化学本质为酚类聚合物的生物分子引起了被吸入植物体内的有机配体和金属离子的聚集，进而促进了 MOF 的原位形成。作为功能材料，MOF 增强的植物可用于小分子传感。

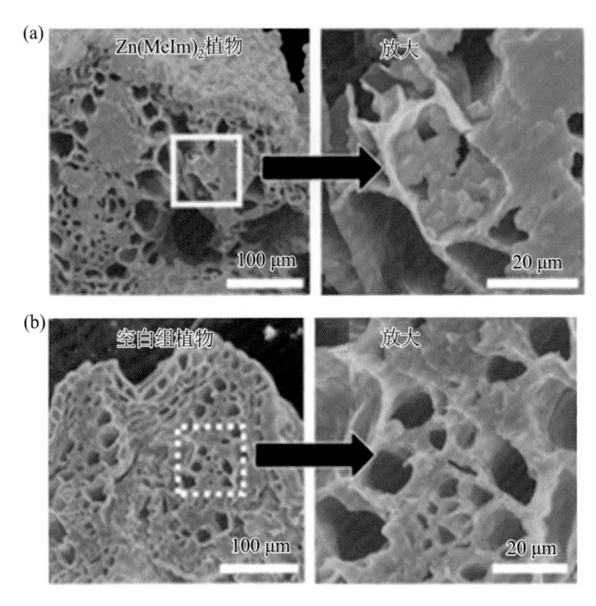

图 3-13 植物体内 MOF 材料的扫描电镜图[15]

（a）增强后的植物；（b）空白组植物

对于该研究方法的预测，如果前驱体足够小，可以被植物吸收而不破坏植物本身，那么其他功能材料也可能在活植物内部形成。这种方法有望合成一些在其他领域，如病原体传感、质子传导植物、改进的二氧化碳捕获、无细菌固氮、耐旱和抗真菌以及增强光合作用和光催化等应用的材料。

3.3 贝壳调控的无机材料合成

3.3.1 二氧化钛光催化剂

二氧化钛（TiO_2）有着广泛的应用，如光催化剂、锂离子电池和太阳能电池等，可以解决日益紧迫的环境和能源问题[16]。但是在单一的合成过程中，同时调控 TiO_2 的微观结构、相稳定性和光的利用效率，特别是在环境温度下，仍是一个挑战。武汉理工大学解晶晶等[1, 17]选择褶纹冠蚌作为 TiO_2 合成的生物平台，利用珍珠形成过程，开创了常温、常压、环境友好的氮掺杂 TiO_2 纳米材料的新制备方法。褶纹冠蚌因个体大，被人们广泛用于培育附壳珍珠。一般有核珍珠的珠核多要求为光滑的球形，这样有利于育珠后蚌的伤口愈合。而褶纹冠蚌的育珠过程中，允许插入的珠核形状多样，且尺寸范围较大，直径可达 10～15 mm。

如图 3-14（a）所示，成型的 TiO_2 片被作为珠核植入到褶纹冠蚌的壳和外套膜之间，再将术后的褶纹冠蚌置于淡水中养殖，经 15～90 天矿化后，取出上述褶纹冠蚌，得到包覆有珍珠层的 TiO_2 珠核，除去珠核外表层的珍珠层，得到淡黄色块体，经研磨后得到淡黄色粉体，称为 bm-TiO_2。由图 3-14（b）可知，TiO_2 前驱体在生物体内矿化 90 天后，所得样品 bm-TiO_2 的 X 射线衍射（XRD）图谱与锐钛矿标准卡片（JCPDS 卡号 21-1272）一一对应，表明 TiO_2 前驱体从无定形成功转变为锐钛矿，且相的转变发生在常温常压下。同时，将 TiO_2 前驱体置于空气中老化 120 天，该粉体仍为无定形相，未有锐钛矿相形成。这一结果也凸显了生物系统在常温常压下合成 TiO_2 的独特优势。

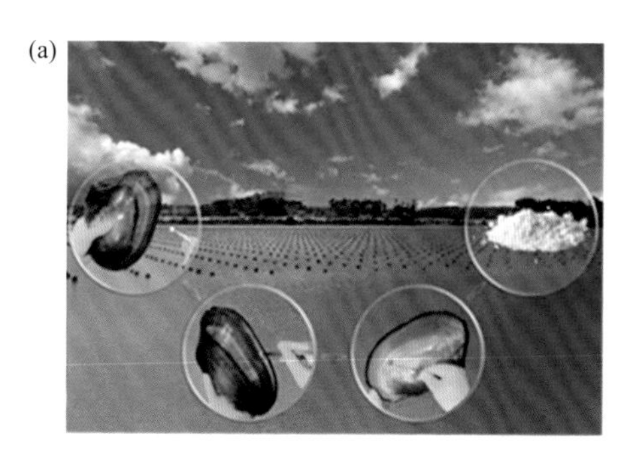

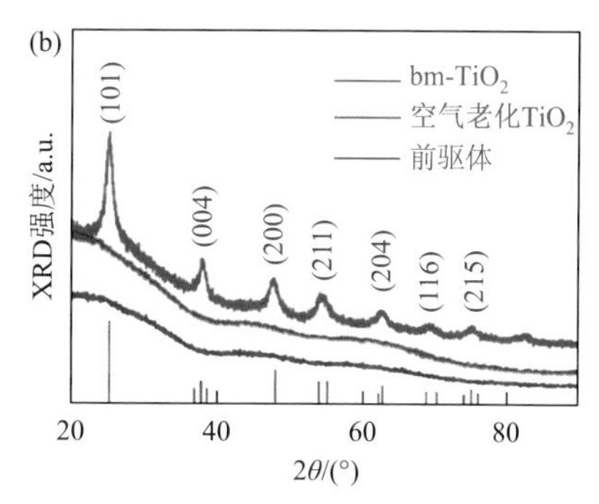

图 3-14　淡水蚌指导 TiO_2 的合成[17]

（a）TiO_2 矿化实验流程图；（b）TiO_2 样品矿化前后的 XRD 图谱

图 3-15（a）为褶纹冠蚌的生活习性图。TiO_2 前驱体颗粒由微米级的团聚体构成，单个颗粒的选区电子衍射图像为放射性光晕，证明了该团聚体为无定形［图 3-15（b）和（c）］。当 TiO_2 前驱体经过矿化后，团聚体的尺寸由微米级变为亚微米级，且由更小的纳米粒子单元所构成。纳米粒子与颗粒之间存在着由堆砌而形成的空隙［图 3-15（d）］。图 3-15（e）是 bm-TiO_2 粉末的透射电镜图和选区电子衍射花样。结果表明 bm-TiO_2 粉末由 5～10 nm 的纳米粒子所组成，且颗粒大小分布均匀。由选取电子衍射分析可知，bm-TiO_2 颗粒为多晶结构，晶面指数从内到外依次与锐钛矿的晶面指数一一对应，且清晰的衍射环表明所得粉末的结晶性好。

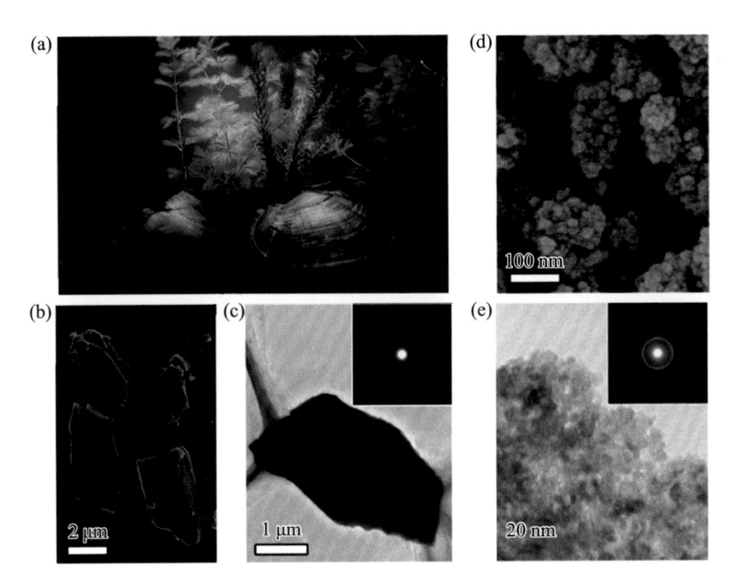

图 3-15 生物活体内的 TiO_2 的结构演变[17]

（a）淡水中生活的褶纹冠蚌；（b）和（c）通过溶胶-凝胶法制备的 TiO_2 前驱体的扫描电镜和透射电镜微观形貌图，（c）的插图为 TiO_2 前驱体的选区电子衍射花样；（d）活体蚌内矿化 90 天后所得 bm-TiO_2 粉体的扫描电镜图；（e）bm-TiO_2 纳米粒子的透射电镜图，插图为选区电子衍射花样

图 3-16（a）为样品的吸附-脱附等温线。TiO_2 前驱体的等温线为典型的微孔等温线，而生物矿化所得的 bm-TiO_2 的等温线却有两个相互交叠的滞后环。在 0.4～0.8 较低相对气压区域出现的滞后环，一般对应于一次晶粒之间团聚形成的颗粒内部较小的介孔；而在 0.9～1 高的相对气压区域出现的滞后环则对应于二次团聚体之间团聚形成的颗粒间较大的孔。通过吸附-脱附等温线的计算可知，所得 bm-TiO_2 粉体的比表面积高达 206 m^2/g，孔隙率为 0.22 m^3/g。实验结果表明，生物活体诱导形成的 bm-TiO_2 粉体具有大的比表面积和高的孔隙率，且同时存在着

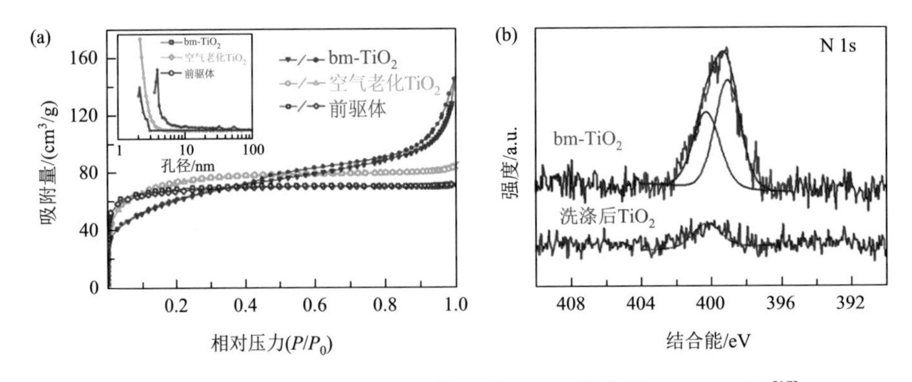

图 3-16 （a）样品的吸附-脱附等温线；（b）样品的 N 1s XPS 图[17]

介孔和大孔两种孔结构。这种有组织的等级孔状结构可以提供传输反应物分子与产物分子的通道，从而提高光催化反应效率。

图 3-16（b）为生物体合成的 bm-TiO_2 的高分辨 N 1s X 射线光电子能谱（XPS）谱峰拟合峰。N 1s 峰可以分解为位于 400.2 eV 和 398.9 eV 的两个峰。采用经典的生物化学方法除去样品中的残留蛋白质，洗涤后的 bm-TiO_2 仅存在位于 400.2 eV 的 N 1s 峰，位于 398.9 eV 的 N 1s 峰却已消失。因此，位于 398.9 eV 的峰对应于残留蛋白质中的 N—H 键，而 400.2 eV 则归因于 bm-TiO_2 样品中掺杂的氮。由上述实验结果可知，采用生物活体成功制备了具有多级结构的氮掺杂 TiO_2。蛋白质在 TiO_2 的合成过程中具有多方面功能，不仅作为有机模板指导 TiO_2 的等级孔纳米结构的形成，同时作为氮源，诱导了室温氮掺杂。

近些年，氢气作为清洁能源被人们密切关注，研究发现利用光催化剂可以分解水得到氢气，从而解决人类所面临的能源问题。TiO_2 作为最引人关注的光催化剂之一，也被广泛用于光催化产氢方面的应用。图 3-17 对比了样品原始 TiO_2 和 bm-TiO_2 在可见光下催化分解水产氢的速率。如图所示，原始 TiO_2 在可见光下，几乎观察不到氢气的产生。而 bm-TiO_2 在可见光下，产氢的平均速率为 55 μmol/(g·h)，这归因于 bm-TiO_2 中的杂质所引起的带隙变化，表明室温下制备的 TiO_2 也可以具有产氢活性。

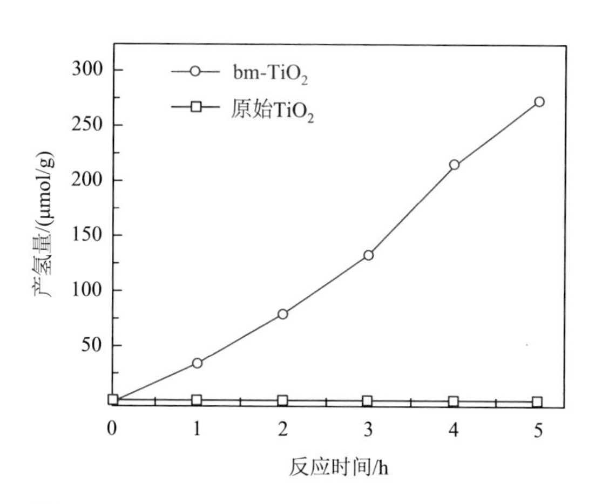

图 3-17　原始 TiO_2 和 bm-TiO_2 样品在可见光下催化分解水的产氢图[17]

为了进一步分析蛋白质在 N-TiO_2 形成过程中的具体作用，提取了 bm-TiO_2 粉体中的蛋白质，并进行了质谱分析。一般参与珍珠层的生物矿化过程的有关蛋白质为细胞分泌的蛋白质，即细胞外蛋白，然而 bm-TiO_2 纳米粉体中的蛋白质几乎均为细胞内蛋白。其中肌动蛋白和组蛋白含量最为丰富，分别构成细胞的骨架和染色质。以肌动蛋白为代表，所检测出的片段多分布于其表面，易与 TiO_2 在内的外部物质接触（图 3-18）。TiO_2 从无定形到锐钛矿的相转变是由 TiO_6 八面体的结构重排来实现的，TiO_6 八面体是所有形态 TiO_2 的基本构建单元。在大量实验数据基础上，傅正义院士团队提出了一个新机制来解释 TiO_2 的室温相转变：TiO_2 的体内结晶依赖于生物分子促进 TiO_2 前驱体中 H_2O 的去除，正如生物体内的 $CaCO_3$ 矿化沉积也与系统中 H_2O 的去除相关。

(a) 蛋白质质谱分析

蛋白质种类	亚细胞位置
肌动蛋白	细胞质
组蛋白	细胞核
泛素	细胞质
3-磷酸甘油醛脱氢酶	细胞质
铜-锌超氧化物歧化酶	细胞质
...	...

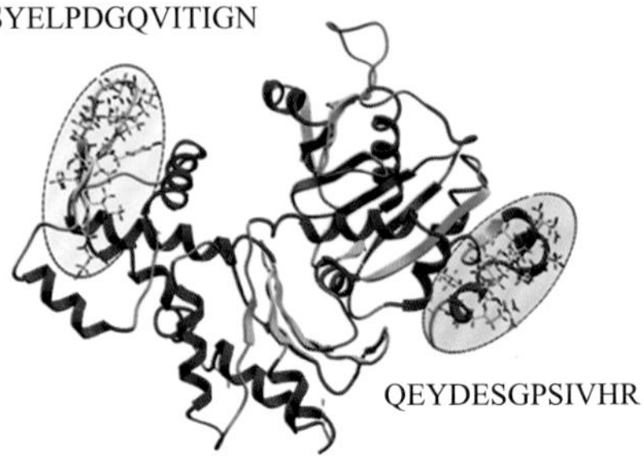

(b) SYELPDGQVITIGN

QEYDESGPSIVHR

肌动蛋白的两个特征片段

图 3-18　bm-TiO_2 粉体的质谱分析[17]

（a）蛋白质种类；（b）肌动蛋白（actin）

进一步，通过设计简易的体外矿化实验，初步论证了细胞内蛋白，而不是与生物矿物 $CaCO_3$ 形成密切相关的细胞分泌蛋白——外套膜液蛋白，起到了促进 TiO_2 室温晶化的作用。这是一个新的现象，首次发现 TiO_2 的室温晶化由细胞内蛋白控制，改变了传统观点中生物矿化仅由细胞外基质蛋白调控的认识，但细胞内蛋白调控 TiO_2 的室温结晶过程的规律和作用机制尚不清楚。

3.3.2　α-Fe_2O_3 介观晶体

武汉理工大学池文昊等进一步深入研究了活体指导材料室温合成机制，并运用于实验室材料的制备中。针对这一基础科学问题，该团队将 β-FeOOH 植入活体蚌中，通过改变活体内的生物环境，搭建“生物合成工厂”，室温下得到了纳米粒子组装的 α-Fe_2O_3 球形介观晶体（目前报道的 β-FeOOH 向 α-Fe_2O_3 最低固相转化温度为 250℃）（图 3-19）。

前驱体中的 β-FeOOH 呈纳米棒形状，直径约为 50 nm，且无其他形态的颗粒出现［图 3-19（a）］。在活体蚌内 90 天矿化后，最终产物由粒径 100～150 nm 的球形 α-Fe_2O_3 纳米粒子组成［图 3-19（b）］。如图 3-19（c）～（e）所示，研究了活体内矿化转变过程，在矿化 60 天的样品中，出现了球形颗粒与纳米棒共存并组装成花形结构的颗粒，将其视为前驱体材料在活体内矿化的转变中间体。其中

图 3-19　活体内 β-FeOOH 室温转化为 α-Fe_2O_3[18]

（a）β-FeOOH 棒前驱体插核到活体蚌中；（b）α-Fe_2O_3 纳米粒子矿化产物；前驱体矿化前（c）以及在活体内矿化 60 天（d）和 90 天（e）后产物的透射电镜图；（f）前驱体矿化前以及在活体矿化 60 天和 90 天后各样品的 XRD 图谱

中间部分的球形颗粒直径约 100 nm，结合物相表征结果可以判断其为矿化生成的 α-Fe_2O_3［图 3-19（f）］。同时，分布在球形 α-Fe_2O_3 周围的 β-FeOOH 纳米棒较矿化前的前驱体样品尺寸明显减小，表明可能发生了溶解再结晶的过程。如图 3-19（f）所示，前驱体的衍射峰与 β-FeOOH（四方纤铁矿，PDF#34-1266）一一对应，无其他杂相。在活体蚌内矿化后，前驱体珠核的物相明显地发生了变化。矿化时长为 60 天时，除了 β-FeOOH 的衍射峰外，图谱上还出现了 α-Fe_2O_3（赤铁矿，PDF#33-0664）的衍射峰，表明前驱体发生了部分转变，生成了 α-Fe_2O_3。随着矿化时间进一步延长至 90 天，得到的矿化产物的 XRD 图谱与 α-Fe_2O_3 一一对应，无其他杂相，说明前驱体在活体蚌内已实现了完全转变，生成了纯相的 α-Fe_2O_3。

随后，通过一系列体外实验及动力学计算研究工作的开展，论证了细胞内、外蛋白对指导 α-Fe_2O_3 形成的不同矿化机制，提出了铁蛋白指导 α-Fe_2O_3 的室温合成新机制。透射电镜（TEM）图显示，在 120℃低温水热下矿化产物 α-Fe_2O_3 粒子的粒径分布均匀，单个粒子尺寸为 100～150 nm［图 3-20（a）］。此外，单个球形粒子上的小粒子能够被更清晰地观察到。大量的粒径 5～10 nm 的初始 α-Fe_2O_3 纳米粒子堆砌组装成完整的球形结构。特别地，小粒子组装形成的单个球形 α-Fe_2O_3 粒子对应的选区电子衍射（SAED）图并未出现衍射环图样，而是呈现出衍射点阵，这是典型的单晶衍射特征，说明作为基本单元的小纳米粒子的组装具有高度的取向性，对应于介观晶体的典型特征。

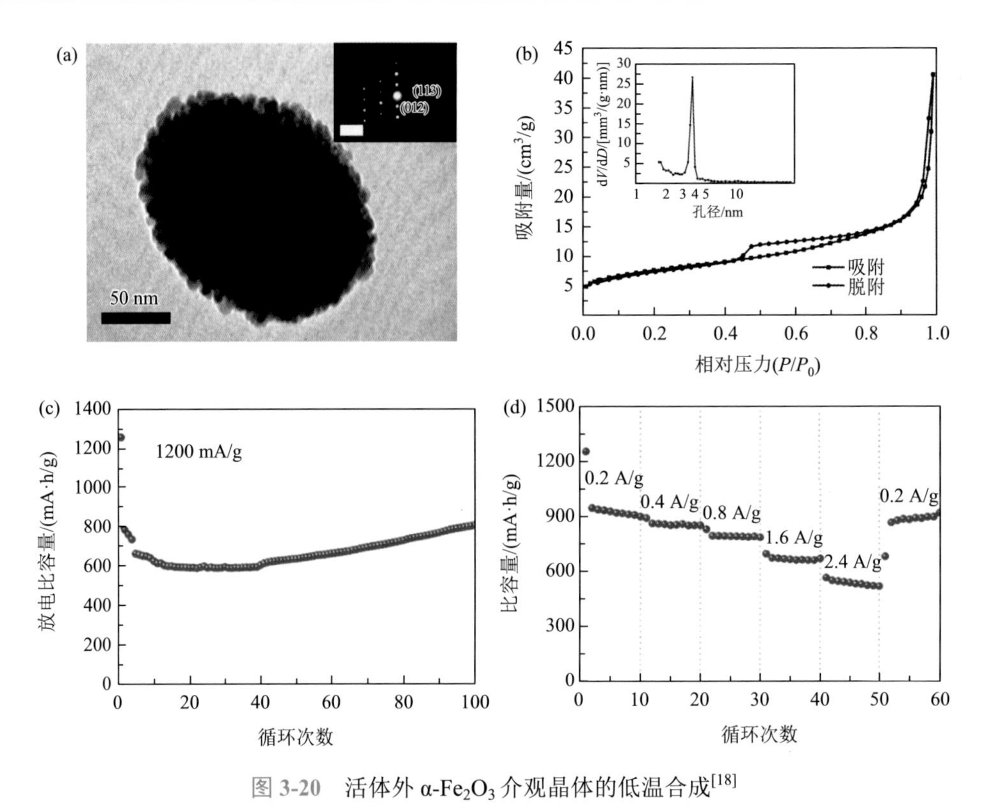

图 3-20　活体外 α-Fe_2O_3 介观晶体的低温合成[18]

（a）单个 α-Fe_2O_3 颗粒的透射电镜图和对应的选区电子衍射图，插图的标尺为 2 nm^{-1}；（b）α-Fe_2O_3 的氮气吸附-脱附等温线和对应的孔径分布；（c）在电流密度 1200 mA/g 条件下的循环性能；（d）倍率性能

基于该新的合成机制，体外成功制备出比表面积高的 α-Fe_2O_3 介观晶体。图 3-20（b）展示了 α-Fe_2O_3 的 N_2 吸附-脱附等温线，对应于第四类等温线。等温线上在 0.45～0.8 和 0.9～1.0 相对压力范围内的两个滞后环表明了样品中同时存在较多的介孔和少量的大孔。孔径分布曲线显示，α-Fe_2O_3 粒子的平均孔径约 3.5 nm。通过 BET 方法计算得到样品的比表面积为 26.1 m^2/g，由 BJH 方法计算的孔体积为 0.06 cm^3/g。均匀的纳米孔结构主要归因于初级 α-Fe_2O_3 纳米粒子的聚集组装所产生的空隙。较大的比表面积和多孔结构将有利于提升材料的电化学性能。如图 3-20（c）所示，电流密度为 1200 mA/g，在充放电循环 100 次后放电比容量可达到 807.5 mA·h/g，表明在大电流密度下的充放电循环过程中展现出良好的循环性能。为了表征倍率性能，在不同大小的电流密度下对电极进行了测试，结果如图 3-20（d）所示。在电流密度为 0.2 A/g、0.4 A/g、0.8 A/g、1.6 A/g 和 2.4 A/g 时，α-Fe_2O_3 电极在循环中对应的放电比容量可分别维持在 943 mA·h/g、857 mA·h/g、801 mA·h/g、673 mA·h/g、560 mA·h/g 左右，表现出了较高的比容量。在后续的循环过程中，当电流密度最终恢复到 0.2 A/g 时，放电比容量能够迅速恢复到

900 mA·h/g 以上，表明具有良好的电化学可逆性，展现了良好的倍率性能。该研究表明基于生物活体平台的材料制备有助于指导实验室内无机功能材料的室温制备。

3.3.3　SnO_2/石墨烯复合材料

在上述工作中，基于生物活体的材料合成工作大多数聚焦于单相材料，而生物矿物往往是具有完美有机-无机复合结构的一类材料。因此，傅正义院士团队扩展了可合成的材料种类，利用生物体在室温下直接合成复合材料。2021 年，池文昊等[19]将由锡盐和氧化石墨烯组成的前驱体作为珠核，植入到三角帆蚌淡水蚌体内，室温下在体内原位合成了具有均匀微观结构的二氧化锡/氧化石墨烯（bm-SnO_2/GO）复合材料。一般而言，bm-SnO_2/GO 复合材料的合成往往需要复杂的步骤和热处理条件。前驱体在蚌体内矿化得到 bm-SnO_2/GO 复合材料的过程如图 3-21 所示：一方面，蚌的外套膜与壳体之间存在少量的外套膜液，前驱体中的锡盐在该环境中缓慢溶解、水解，同时活体的代谢作用可以消耗水解过程产生的氢离子，促进水解的持续进行。Sn^{4+} 水解的同时，通过与 GO 的静电吸附作用以其为基底，SnO_2 非均质成核、生长，在微观上形成均匀的复合结构。另一方面，前驱体珠核植入后，活体蚌会分泌组织液、有机质将其包裹，进而形成具有一定强度的珍珠层将珠核包覆，在能够持续提供液体环境的同时，宏观上给予前驱体珠核一个限域的矿化空间，使其较为完整地保持整体结构，在室温下得到最终矿化产物。

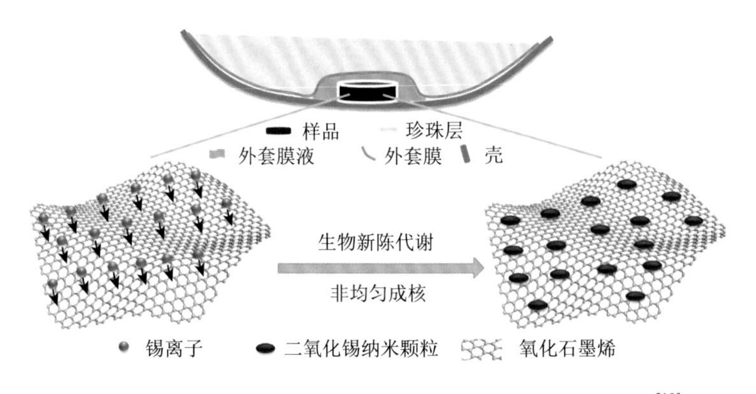

图 3-21　bm-SnO_2/GO 复合材料在体内形成过程的示意图[19]

如图 3-22（a）所示，bm-SnO_2/GO 样品的颗粒尺寸为 5～10 nm，说明负载在氧化石墨烯表面的锡盐在活体内转变为 SnO_2 纳米晶粒，且分布密集、均匀。能量色散 X 射线光谱结果进一步显示氧化石墨烯表面均匀且密集地负载了 SnO_2 纳米粒子，形成了均匀的复合结构，这种结构将有利于材料被应用于电池电极材料时电化学性能的提升［图 3-22（b）］。高分辨透射电镜（HRTEM）图显示，颗粒的边缘可以观测到氧化石墨烯片层，其表面负载的 SnO_2 纳米粒子粒径为 5～10 nm，晶面间距为 0.33 nm，对应于 SnO_2 的(110)晶面［图 3-22（c）］。对应的选区电子衍射图像呈现出清晰的衍射环，由内到外分别对应于 SnO_2 的(112)、(211)、(101)、(110)晶面。

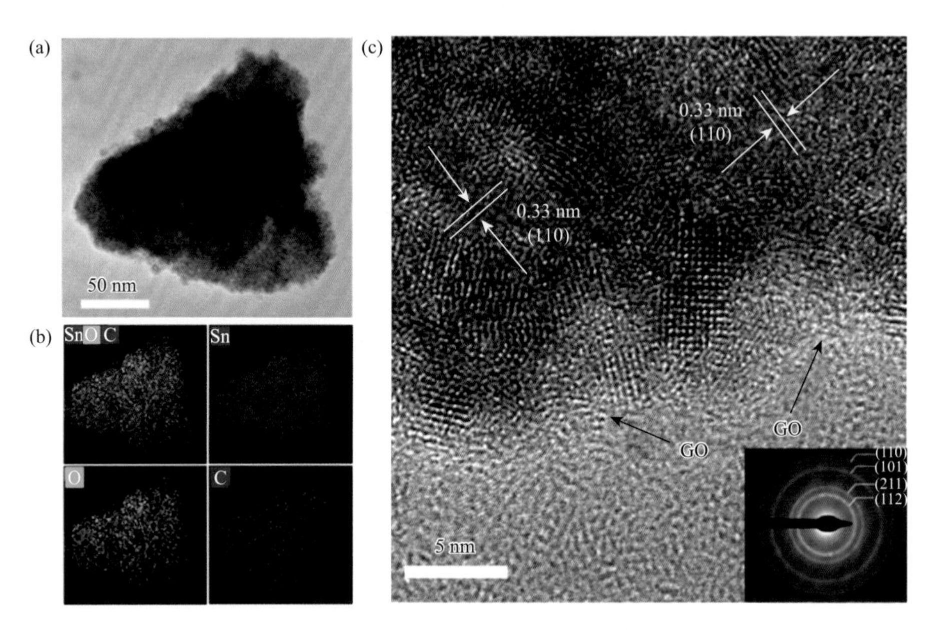

图 3-22 bm-SnO_2/GO 的结构[19]

（a）透射电镜图；（b）能量色散 X 射线光谱元素分布图；（c）高分辨透射电镜图和选区电子衍射花样

与传统的化学合成方法相比，这种新方法显著降低了 SnO_2 和氧化石墨烯复合材料的合成温度，实现了该材料的室温合成。另一方面，将体内合成的 SnO_2 和氧化石墨烯复合材料作为锂离子电池的负极材料，展现出优异的储锂性能。图 3-23 展示了电极的倍率性能测试结果。如图 3-23（a）所示，生物矿化合成的 bm-SnO_2/GO 电极在 0.1 A/g、0.2 A/g、0.5 A/g、1.0 A/g 和 2.0 A/g 阶梯式递增的电流密度下充放电循环时，对应的可逆放电比容量分别达到 1030.5 mA·h/g、908.2 mA·h/g、781.2 mA·h/g、661.4 mA·h/g 和 528.2 mA·h/g。bm-SnO_2/GO 电极的放电比容量能够快速恢复，达到 878.3 mA·h/g，展现出良好的倍率性能。相比之下，水中陈化产物和商业 SnO_2 纳米粒子电极不仅同电流密度下的比容量明显较差，优异的倍率性能更进一步地证实了 bm-SnO_2/GO 良好的储锂电化学可逆性。另一方面，在 100 mA/g 电流密度下循环 100 次，可逆的比容量可以达到 1099.2 mA·h/g，库仑效率保持在 95%以上［图 3-23（b）］。该研究证实了在生物体内合成功能复合材料的可能性和应用价值，有利于无机材料合成方法的拓展。

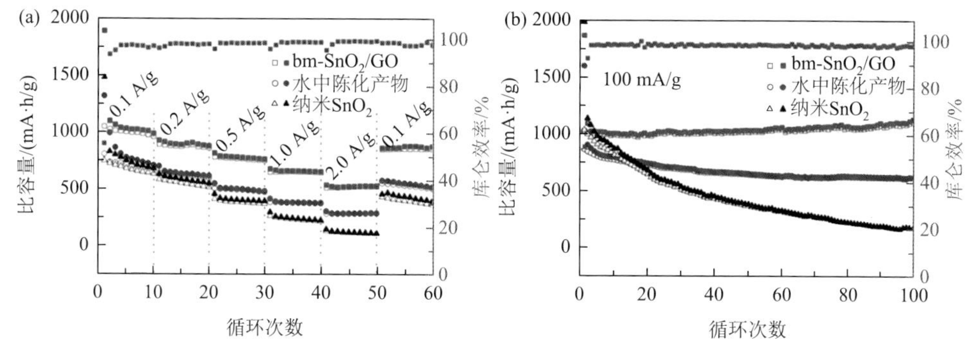

图 3-23　bm-SnO_2/GO、水中陈化产物和纳米 SnO_2 的电化学性能[19]

（a）倍率性能；（b）在电流密度 100 mA/g 下的循环性能

3.3.4　其他无机材料

该“生物活体平台制备技术”具有一定的普适性，傅正义院士团队发现并报道了在活体内指导合成宏观可见的具有核（Fe_2O_3）-壳（单晶文石 $CaCO_3$）结构的棒状复合材料［图 3-24（a）］。研究发现，该特殊结构是由有机质首先沉积在 Fe_2O_3 粉体上，逐步指导 $CaCO_3$ 包裹而形成。有机质与纳米 Fe_2O_3 的相互作用，改变了贝壳体内基因决定的 $CaCO_3$ 的生长方式，不再形成层状文石板块，而是沿着一定的方向逐步包裹 Fe_2O_3 纳米粒子[17]。

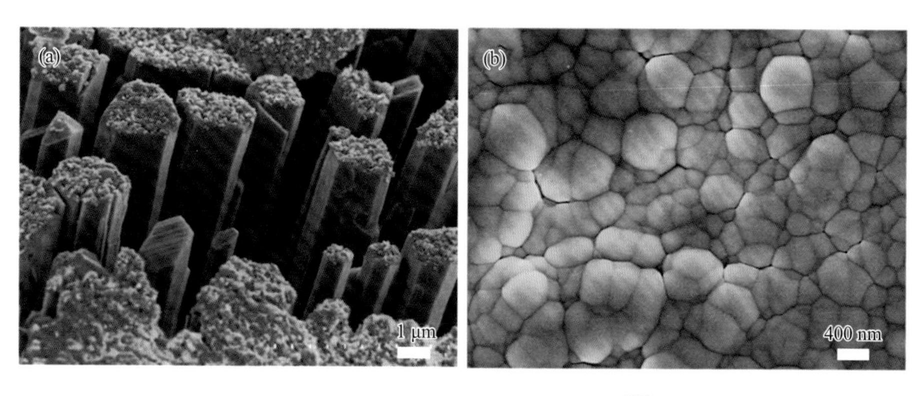

图 3-24　以贝壳作为生物矿化平台[17]

（a）核（Fe_2O_3）-壳（单晶文石 $CaCO_3$）；（b）SiO_x 粉体

此外，该团队将 SiO_x、ZrO_2、SnO_x、Al_2O_3 等多种纳米原粉作为珠核插入至淡水蚌中，蛋白质以单个氧化物纳米晶粒为基本单元，逐级动态包裹，形成精细的、有序的、多级包裹的有机-氧化物复合材料。如图 3-24（b）所示，包裹后的 SiO_x 粉体具有类似致密化陶瓷的结构形貌，其精细度是常规混合方法难以得到的，表明生命精细调控下的活性有机质与无机材料之间的确具有独特界面效应。生物矿化过程中，生物质与无机材料的界面效应是控制结构形成过程的关键因素。生物质的活性与多样性在材料合成中的优势已得到共识，但是两者之间的界面效应在材料结构形成过程中的作用仍不清晰，这也是未来工作中的一个重点。

以上工作表明直接利用生物活体构建天然合成平台可实现无机材料的体内室温制备，且通过研究生物系统中熟知材料的结构组成转变，有助于我们发现新现象，揭示新规律，为精准、全面的生物矿化理论的研究提供新的思路和重要实验数据。

参考文献

[1] 解晶晶. 学习生物矿化的无机材料的合成研究. 武汉：武汉理工大学，2015.

[2] Franceschi V. Calcium oxalate in plants. Trends in Plant Science，2001，6（7）：331.

[3] Kumar S，Natalio F，Elbaum R. Protein-driven biomineralization：Comparing silica formation in grass silica cells to other biomineralization processes. Journal of Structural Biology，2021，213（1）：107665.

[4] Hildebrand M. Diatoms，biomineralization processes，and genomics. Chemical Reviews，2008，108（11）：4855-4874.

[5] Simkiss K，Wilber K M. Biomineralization：Cell Biology and Mineral Deposition. San Diego：Academic Press，1989.

[6] Miyamoto H，Miyoshi F，Kohno J. The carbonic anhydrase domain protein nacrein is expressed in the epithelial cells of the mantle and acts as a negative regulator in calcification in the mollusc *Pinctada fucata*. Zoological Science，2005，22（3）：311-315.

[7] Wada K. Crystal growth of molluscan shells. Bulletin of the National Pearl Research Laboratory，1961，7：703-828.

[8] Weiner S，Traub W. Macromolecules in mollusc shells and their functions in biomineralization. Philosophical Transactions of the Royal Society of London B，Biological Sciences，1984，304（1121）：425-434.

[9] Gardea-Torresdey J L，Tiemann K J，Gamez G，et al. Gold nanoparticles obtained by bio-precipitation from gold(III) solutions. Journal of Nanoparticle Research，1999，1：397-404.

[10] Anderson C W N，Bhatti S M，Gardea-Torresdey J，et al. *In vivo* effect of copper and silver on synthesis of gold nanoparticles inside living plants. ACS Sustainable Chemistry & Engineering，2013，1（6）：640-648.

[11] Mukhoro O C，Roos W D，Jaffer M，et al. Very green photosynthesis of gold nanoparticles by a living aquatic plant：Photoreduction of Au^{III} by the seaweed *Ulva armoricana*. Chemistry：A European Journal，2018，24（7）：1657-1666.

[12] Gardea-Torresdey J L，Gomez E，Peralta-Videa J R，et al. Alfalfa sprouts：A natural source for the synthesis of silver nanoparticles. Langmuir，2003，19（4）：1357-1361.

[13] Bali R，Siegele R，Harris A T. Biogenic Pt uptake and nanoparticle formation in *Medicago sativa* and *Brassica juncea*. Journal of Nanoparticle Research，2010，12（8）：3087-3095.

[14] Parker H L，Rylott E L，Hunt A J，et al. Supported palladium nanoparticles synthesized by living plants as a catalyst for Suzuki-Miyaura reactions. PLoS One，2014，9（1）：e87192.

[15] Richardson J J，Liang K. Nano-biohybrids：*In vivo* synthesis of metal-organic frameworks inside living plants.

Small，2018，14（3）：201702958.

[16] Chen X，Liu L，Yu P Y，et al. Increasing solar absorption for photocatalysis with black hydrogenated titanium dioxide nanocrystals. Science，2011，331（6018）：746-750.

[17] Xie J，Xie H，Su B L，et al. Mussel-directed synthesis of nitrogen-doped anatase TiO_2. Angewandte Chemie International Edition，2016，55（9）：3031-3035.

[18] 池文昊. 活体蚌生物平台启示的功能材料合成研究. 武汉：武汉理工大学，2022.

[19] Chi W H，Zou Z Y，Wang W X，et al. Mussel directed synthesis of SnO_2/graphene oxide composite for energy storage. Materials Chemistry Frontiers，2021，5（23）：8238-8247.

第4章 天然生物质诱导无机材料的合成与制备

以天然生物系统为平台的材料合成非常有趣，理解其体内合成过程中有机质与无机质的相互作用对体外设计材料合成与制备系统有重要指导意义。研究有机基质与无机晶体之间的相互作用又是探索生物矿化机制的基础。为更便于理解生物系统、反应过程、合成材料之间的关系，许多工作借助天然生物质（天然生物大分子、微生物等）在体外诱导合成具有独特结构的无机材料，并广泛应用于生物、能源、环境等领域。与天然生物系统相比，这类天然生物质通常价格低廉、资源丰富、环境友好且可再生。因此，它们可用于材料的简易和大规模合成。

4.1 天然生物大分子

生物矿物是在有机质诱导下完成的矿化过程，这一过程是在温和反应条件下进行的。有机质在合成过程中会对无机材料的大小、形状、化学成分和晶体结构等进行精确控制。有机质的功能大致可以分为以下几类：①诱导无定形相的形成并促进其在限域环境中成型；②通过与无机晶体的特定晶面相互作用来控制晶体的形态和取向；③被包裹至无机晶体内部提升晶体机械性能[1]。这些有效原理现在正逐渐转移到人工合成材料系统中。天然生物大分子，如纤维素、几丁质和胶原等，最初被认为在矿物形成过程中只起到惰性支架的作用，但是它们的电荷分布、自组装和空间构型等特征逐渐被证实在调节材料形成过程中发挥着关键作用。此外，这些生物大分子的纳米限域空间、纤维取向和排列等多尺度的精细结构也决定着生物材料的机械强度和功能特性[2]。因此，本章主要总结纤维素、几丁质、胶原等有机质诱导材料的合成与应用工作。

4.1.1　纤维素

纤维素是自然界中分布最广、含量最丰富的生物大分子，广泛分布于高等植物、海洋动物、藻类、真菌和细菌中。纤维素是一种线型聚合物，由 β-1, 4-糖苷键连接而成的半结晶性大分子多糖。纤维素的主要结构包含许多氢键堆积而成的高度结晶的纳米域，这些结晶域又被沿微纤维长轴方向的无定形域隔开。纤维素这种结构贡献了其独特的性能，如可再生性、可加工性、自组装性等。迄今为止，利用纤维素的优势，人类已广泛将其用于纺织、造纸、能源、建筑等多种行业。

采用不同的处理手段从不同来源的组织中都可以获得纳米纤维素。根据所制备的产物形态可分为：纤维素纳米纤维（cellulose nanofiber，CNF）和纤维素纳米晶体（cellulose nanocrystal，CNC）。CNF 具有大长径比和可弯曲的特征，CNC 的长径比小且呈刚性短棒状。此外，细菌纤维素（bacterial cellulose，BC）是一种由细菌产生的特殊类型的纳米纤维素，具有高分子量、高结晶度和良好的机械稳定性[3]。纳米纤维素表面含有丰富的羟基，适合与不同的金属离子或者金属络合物结合，有利于材料的沉积[4]。此外，羟基还可以通过不同化学手段进行修饰，改变纤维素的化学性质，进而调节它们的应用范围。纳米纤维素自身还具备组装特性，根据反应条件变化能形成不同的液晶结构（向列相、近晶相、胆甾相），借助这些液晶结构能进一步诱导材料有序结构的合成。

从纤维素组织中分离和制备 CNC 的主要工艺是酸水解。在强酸作用下，纤维素中的无定形区域被水解，对酸侵蚀具有更高抵抗性的结晶区域被完整保留，形成纤维素棒状纳米晶体。不同种类的酸都可以用于制备 CNC，其中硫酸是最常用的。因为经过硫酸处理后的 CNC 表面形成带负电荷的硫酸半酯基团，会产生静电互斥作用，能很好地稳定 CNC 胶体溶液[5]。实验发现，当溶液中 CNC 浓度超过某一临界值时，会经历相分离形成各向同性相和各向异性相[6]，其中各向异性相会形成胆甾相结构（也称为手性向列相结构）。这类手性向列相结构的形成依赖于 CNC 的长径比和体积含量。溶液中 CNC 自组装形成手性向列相 CNC 膜会经历三个阶段：相分离、动力停滞、薄膜形成。CNC 在低浓度下由于空间间隔距离大，相互作用力微弱，从而随机取向表现为各向同性[7]。当溶液中水分逐渐蒸发，CNC 浓度约为 3 wt%时，会产生相分离和形成各向异性液滴。随着水分的蒸发，CNC 的浓度会逐渐增加，直到形成黏性液体或凝胶。当 CNC 浓度约为 8 wt%时，会发生动力阻滞，降低液滴在各向异性相中的迁移率，并保留其手性向列相结构。当水分蒸发完全后，就会形成具有手性向列相结构和鲜明彩虹色的 CNC 薄膜[5]。

本质上，手性向列相 CNC 薄膜表现为一维光子晶体。它反射光的波长取决于薄膜的平均折射率 n、螺距 P 和光波入射角 θ，即 $\lambda = nP\sin\theta$。当 λ 值在可见光范围内时，薄膜就会呈现肉眼可见的结构色[5]。瑞典皇家理工学院 Q. Zhou 等[8]报道了一种绿色且高效的两步法并制备了兼具柔性和响应特性的手性向列相 CNC 薄膜。首先对制备 CNC 的酸处理工艺进行优化，即控制 CNC 表面的电荷密度，以获得与可见光波长相匹配的手性向列相螺距。然后，在 CNC 溶液中加入聚乙二醇（polyethylene glycol，PEG），充分混合后缓慢干燥，形成具有手性向列相结构的彩虹色固体 CNC 薄膜［图 4-1（a）］。通过改变 CNC 与 PEG 的组分比，可以调节 CNC 薄膜的螺距，进而改变薄膜的颜色。当 CNC 溶液中不含 PEG 时，形成的薄膜主色为蓝色，也包含绿色和黄色的杂色区域。当添加 PEG 后，形成的复合薄膜显示出非常均匀的颜色；PEG 含量从 10 wt%增加至 30 wt%，螺距从约 320 nm 增加至约 665 nm，复合薄膜的颜色从蓝色到绿色再到红色，几乎跨越了整个可见光谱［图 4-1（b）］。同时，他们还发现该复合薄膜具有湿度响应特性。当相对湿度从

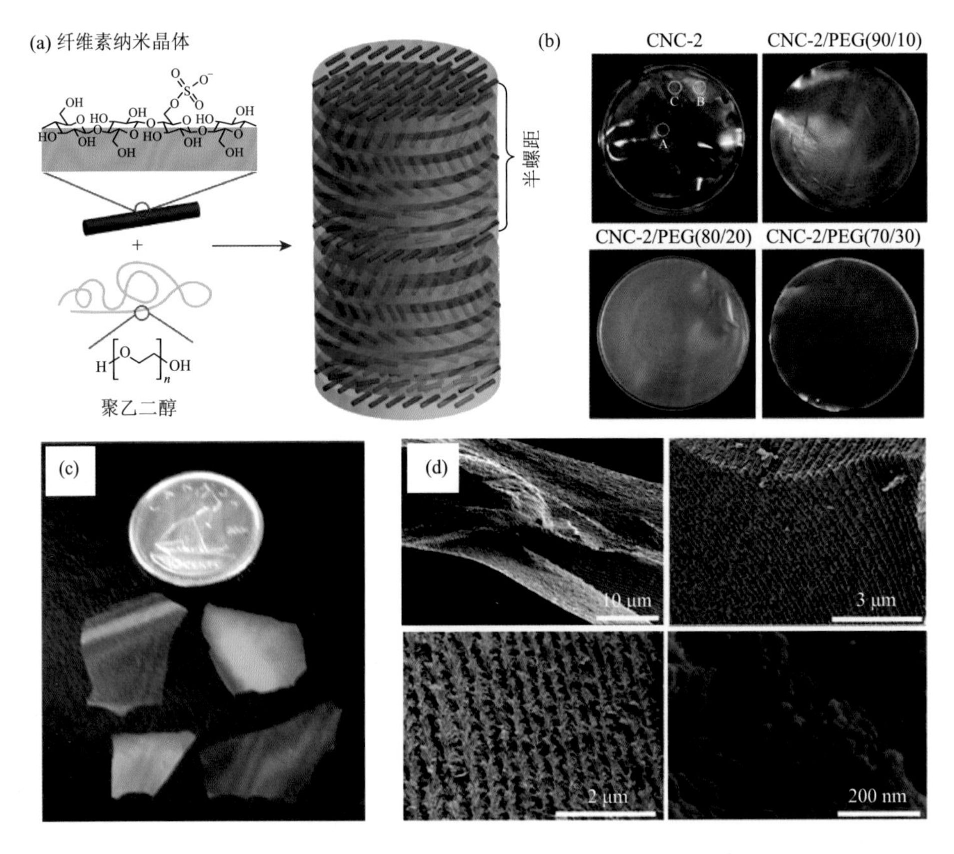

图 4-1　纤维素自组装特性与纤维素/二氧化硅复合物

（a）纤维素纳米晶体表面修饰及自组装成手性向列相结构示意图；（b）手性向列相半螺距变化影响结构色变化[8]；（c）纤维素/二氧化硅薄膜的实物图；（d）其断面显微结构图[9]

30%增加至 100%时，PEG 含量为 20 wt%的复合薄膜的反射光波长从约 495 nm 逐渐红移至约 930 nm。当相对湿度为 30%和 50%时，样品呈现相似的绿色；当相对湿度从 50%、75%、85%、90%、95%到 100%逐渐增大时，薄膜颜色分别由绿色、橄榄色、棕色、橙色、暗红色变为透明。这是因为具有吸湿性的 PEG 能自发地从潮湿的空气中吸收水分，使水分子易于进入手性向列相薄膜内，进而改变螺距调节光的反射。

借助纤维素的自组装形成液晶结构的特性，英属哥伦比亚大学 M. J. MacLachlan 教授团队最先合成了具有手性向列相结构的介孔二氧化硅[9]。采用硫酸处理针叶软木纸浆来制备 CNC。当溶液中 CNC 浓度为 3 wt%且 pH 为 2.4 时，添加正硅酸乙酯或正硅酸甲酯，CNC 不仅可以促进硅源的水解，还能保证干燥后形成稳定的手性向列相结构。在其他 pH 条件下，均无法形成手性向列相结构。调节硅源与 CNC 的质量比，可以改变复合薄膜结构的螺距，进而改变薄膜的颜色［图 4-1（c）］。通过高温热处理去除 CNC，不仅可以获得独立支撑的介孔二氧化硅薄膜（比表面积 300～800 m^2/g，孔径 3.5～4 nm），并且该薄膜还保留了手性向列相结构及彩虹色［图 4-1（d）］。同样选用 CNC 作为模板，并与有机硅源复合后形成了手性向列相结构[10]。将复合薄膜浸泡在 6 mol/L 硫酸溶液中，在高温 100 ℃下可以除去 CNC 而不破坏有机硅的结构，因此获得了具有手性向列相结构的介孔有机硅薄膜。他们还将银纳米粒子[11]、硫化镉量子点[12]等材料包裹在具有手性向列相结构的介孔硅中，使得复合材料具有独特的光学响应性或发光特性。

此后，他们将此策略拓展至其他无机材料，合成了大量多孔功能材料。CNC 的自组装特性除了赋予复合材料手性结构外，还可通过热处理形成具有高比表面积的介孔材料，或自身分解成碳层包裹在纳米粒子表面，这些特性均有助于提升材料的储能性能。首先制备手性向列相结构的 CNC/二氧化硅复合薄膜，然后去除二氧化硅形成介孔 CNC 薄膜，再将其浸泡在明胶溶液中使其表面修饰明胶分子[13]。由于明胶分子中富含胺基、羟基、羰基等基团能结合钛源，可使其均匀包裹在 CNC 表面。最后，在惰性气氛保护下热处理，形成手性的碳包覆二氧化钛介孔结构（比表面积 474 m^2/g，孔径约 40 nm）。为制备氧缺陷的黑二氧化钛（black TiO_{2-x}），他们将上述产物去除碳后再用抗坏血酸水热还原处理，获得了保留手性结构的黑二氧化钛。得益于氧空位提升材料导电性的优势，产物具有良好的储锂特性。同样地，他们采用溶胶-凝胶方法将二氧化锗纳米粒子沉积在具有手性向列相的 CNC 气凝胶中，所得复合材料的比表面积高达 705 m^2/g[14]。碳化后，手性结构被保留，且具有良好的结构稳定性。由于碳骨架能提供电化学双层电容，二氧化锗纳米粒子能贡献赝电容，该复合材料具有很好的电容器特性。

纤维素作为地球上含量最丰富的生物大分子之一，不仅具有柔韧性好、可再生、低成本等特征，还可用于指导无机材料在环境条件下的合成与制备。纤维素与无机材料的复合不仅提高了纤维素的热稳定性、机械强度、耐磨性等，还赋予了无机材料新结构和新功能。相信在未来通过不同制备技术将更多无机材料与纤维素复合，可开发出多种新型材料及具有应用前景的产品。

4.1.2 几丁质

几丁质，又称为甲壳素，是自然界中仅次于纤维素，含量第二丰富的天然多糖[15]。自然界中几丁质主要分布在甲壳纲动物的外壳、节肢动物的角质层和真菌的细胞壁中，主要起到骨架支撑和保护身体的作用。几丁质分子是由 *N*-乙酰-D-葡萄糖胺单体通过 β-1, 4-糖苷键连接聚合而成的长链聚合物，化学分子式为 $(C_8H_{13}O_5N)_n$。几丁质也被认为是由半晶化的几丁质纳米纤维组装而成，其中高度取向的晶化区域被无定形基质包裹。α-几丁质由反平行排列的链组成，β-几丁质的链是平行排列的；而 γ-几丁质中具有两条平行的链，相邻的一条链呈反平行排列[16]。与 α-几丁质相比，β-几丁质分子链支架减少了氢键的相互作用，易于形成柔软的纤维，容易水解和整体肿胀。因此，α-几丁质多存在于硬材料中，而 β-几丁质和 γ-几丁质存在于柔性结构中。

甲壳类动物外壳的角质层主要由几丁质、蛋白质和矿物组成。以龙虾 *Homarus americanus* 物种为例，德国马普学会钢铁研究所 D. Raabe 教授团队[17]系统研究了角质层的多级结构，总结了甲壳纲动物角质层的设计原理：①几丁质-蛋白纤维的布利冈组装体（螺旋堆叠）作为增强相；②蛋白-矿物基体材料进一步稳定增强纤维网络；③微观尺度上的结构不均匀性（0.1～100 nm）；④宏观尺度上的多层设计（0.1～1000 μm）。因此，螺旋堆积的几丁质纤维和矿物颗粒共同作用产生周期性模量失配的同时，能够传递微裂纹（使微裂纹发生扭转）进而耗散更多能量。此外，蜂巢状分布的通道结构不仅降低了材料密度，还能促进矿物离子的传输、加速矿物的沉积，利于角质层的生长。南洋理工大学 S. Amini 等[18]选用以磷灰石/几丁质为主要成分的螳螂虾棒槌为生物模型，分析了其蜕皮再生长的整个形成过程。研究发现，蜕皮后新生成的褶皱弹性膜会迅速膨胀形成棒槌的外壳薄膜。该薄膜主要成分是几丁质和蛋白质，蛋白质会诱导磷酸钙的成核与生长，并逐渐填满内腔。由于磷灰石的快速沉积，新生棒槌的弹性模量从最初的 0.12 GPa 在两天内能快速增加至 10.2 GPa，七天后达到 53.5 GPa（约成熟棒槌的 85%）。他们通过蛋白质组学分析出薄膜中诱导矿化的蛋白质主要为 CMP-1，包含 8.3 mol%（摩尔分数，后同）天冬氨酸和 4.1 mol%谷氨酸。在体外实验中，证实了该重组蛋白能促进无定形磷酸钙的形成和晶化。

几丁质可从甲壳类动物（如螃蟹、虾）的废壳中提取，分别用酸和碱处理壳去除矿物质和蛋白质可以制备纳米几丁质纤维。与纤维素纳米晶体类似，纳米几丁质纤维也具有液晶自组装特性。加拿大麦吉尔大学 J. F. Revol 等[19]从虾蟹的外壳中提取出几丁质，经高温和强酸溶液处理得到几丁质纳米晶体。当几丁质纳米晶体溶液达到临界浓度（约 5 wt%）时，会发生相分离形成各向同性相和手性向列相，其中手性向列相与甲壳类动物角质层中螺旋状组织结构相似。因为几丁质手性向列相薄膜的螺距在亚微米尺度，并且几丁质自身双折射率低，所以无法与纤维素薄膜一样显示出结构色。最近，有研究报道通过对几丁质碱性处理可以去除乙酰基团，不仅能减小螺距还能增加局部双折射率，从而制备出具有结构色的几丁质薄膜，而且颜色从蓝色到近红外可调[20]。

借助几丁质的自组装特性，日本东京大学 T. Kato 教授团队[21]合成了一种几丁质衍生物——几丁质苯氨基甲酸酯，并通过自组装形成溶致液晶结构。小角 X 射线散射结果表明，几丁质衍生物分子骨架平行于薄膜伸长方向排列。将该薄膜浸入氯化钙/聚丙烯酸溶液中，并通过气体扩散法在薄膜上沉积碳酸钙晶体。反应 10 h 后，在薄膜上会形成长度约 8 μm 的小棒状晶体；时间延长至 50 h，棒状结构逐渐变长至 80 μm。薄膜上的矿物为方解石介观晶体，且棒的长轴方向与薄膜伸长方向平行排列。他们推断聚丙烯酸添加剂吸附于薄膜并沿薄膜定向排列，作为模板调节方解石的取向生长。采用同样方法，还制备了结构各向异性的碳酸锶晶体沉积在取向排列的几丁质基质上[22]。

此外，他们制备了长径比为 28 的几丁质纳米晶体，并通过蒸发诱导自组装形成手性向列相[23]。与溶致液晶结构中定向排列的方式不同，手性向列相结构中几丁质呈螺旋状排列。为避免在矿化过程中产生碳酸钙晶体导致螺旋结构破坏，他们还将薄膜浸入 2 wt%聚丙烯酸（PAA）溶液中固定几丁质晶须。最后，将几丁质/聚丙烯酸复合薄膜浸入无定形碳酸钙（ACC）溶液中，无定形相逐渐渗入基质中并转变为晶体颗粒［图 4-2（a）～（c）］。矿化反应 1 天，得到了自支撑的半透明薄膜，半螺距为 2.4 μm；矿化 7 天后，薄膜的有序结构仍然保留，且半螺距不变，但无机晶体含量从 12 wt%增加至 23 wt%。最终获得的复合薄膜结构与甲壳类动物外骨骼的结构和组成相似。

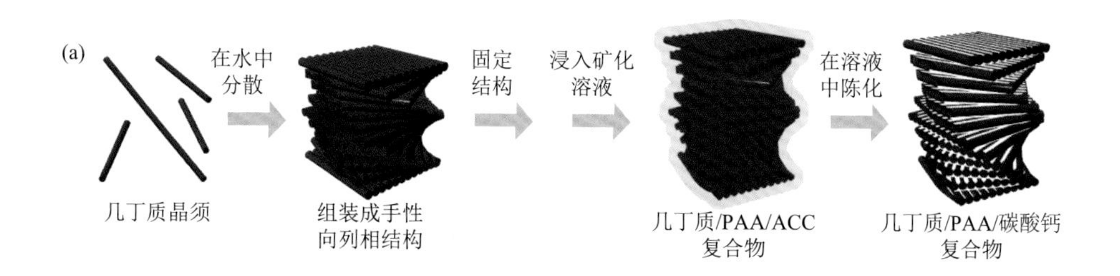

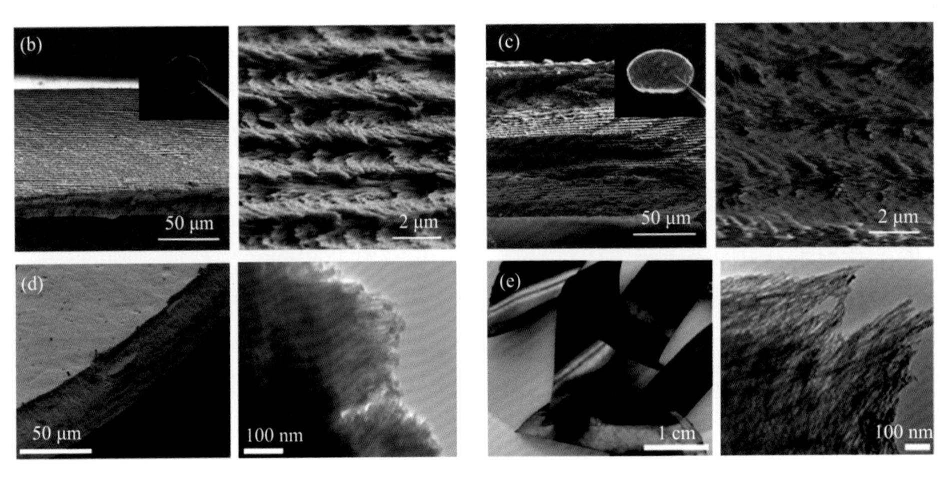

图 4-2 几丁质自组装及其诱导材料有序结构合成

（a）几丁质自组装成手性向列相及与碳酸钙形成复合物示意图[23]；（b）纯几丁质手性向列相结构；（c）几丁质/碳酸钙复合物结构[23]；（d）介孔二氧化硅[24]；（e）介孔碳[25]

除了合成碳酸盐等矿物外，M. J. MacLachlan 等借助几丁质组装体还合成了介孔氧化硅和介孔碳等无机材料[24, 25]。从帝王蟹壳中分离出几丁质纤维，并通过去乙酰化和水解等手段获得了纺锤状的几丁质纳米晶体（直径 10～18 nm，长度 300～500 nm）[24]。改变酸处理时间和温度可以调节几丁质纳米晶体表面的质子化程度，进而能影响形成手性向列相结构的有序度。再将几丁质悬浮液和硅源［正硅酸甲酯或 1, 2-二（三甲氧基甲硅烷基）乙烷］混合均匀，蒸发干燥后均可以获得手性向列相结构的复合薄膜。对上述产物进行热处理或酸处理去除几丁质骨架，分别得到了介孔氧化硅（比表面积 420～650 m^2/g，孔体积 0.48～0.7 cm^3/g）和介孔有机硅（比表面积 690～800 m^2/g，孔体积 0.32～0.4 cm^3/g）［图 4-2（d）］。在此基础上，将获得的氧化硅/几丁质薄膜在惰性气氛下热处理，使得几丁质转变为碳基质；再通过刻蚀去除氧化硅，就获得了介孔碳材料（比表面积 780～1130 m^2/g，孔体积 0.7～1.0 cm^3/g）［图 4-2（e）］[25]。这类碳材料作为超级电容器电极材料显示出较好的性能，在 230 mA/g、460 mA/g 和 920 mA/g 电流密度下，比容量分别为 183 F/g、154 F/g 和 138 F/g。在不考虑组装体诱导材料合成前提下，几丁质因其乙酰基形成的链间和链内氢键结构，使得几丁质纤维具有很好的高温稳定性和不溶性。因此，几丁质适合在苛刻条件下合成纳米复合材料。有研究工作利用几丁质的氢键和前驱体之间的螯合作用，通过水热方法合成了 Fe_2O_3/几丁质和 GeO_2/几丁质等三维纳米复合材料[26, 27]。

与几丁质手性组装体、薄膜指导材料合成不同，利用几丁质形成的有机框架可用于高性能复合材料的制备。生物结构形成过程中包含物质传输路径、无定形相晶型转变，以及有机质框架构建限域微环境等重要特征，设计体系结合这些特征可以有效指导材料的合成。以珍珠层为例，它的形成过程分为以下四步：①几丁质组装形成层状膜，丝蛋白水凝胶填充在层内，矿化相关蛋白质吸附在几丁质膜上；②无定形相被传输至几丁质层间，层间的丝蛋白、离子、酸性蛋白等调节无定形相的晶化过程；③文石晶体成核；④生长成片状晶体[28]。受此启发，研究人员不再局限于复制珍珠层“砖-泥”结构，而是构建结合矿化的平台，生长出相似的人造材料。中国科学技术大学俞书宏院士团队[29]提出一种新的“组装与矿化”（assembly and mineralization）法，从源头上模仿天然贝壳珍珠层的形成过程和化学组分，获得了与自然珍珠层结构和组分几乎相同的人造材料。首先制备层状的几丁质框架，然后采用蠕动泵不停地在基质框架中传输矿化溶液，矿化两周后产物逐渐填充满几丁质层间空隙，最后热压（80℃、200 MPa）获得文石含量为 91 wt%的人造珍珠母。同样地，茅瓅波教授等[30]也是采用“组装与矿化”法来制备层状材料。在设计实验过程中考虑引入预应力来提升材料的断裂韧性，主要手段是在文石晶体生长过程中引入了带负电荷的四氧化三铁纳米粒子（直径 10 nm）。尽管引入了异相颗粒，其含量为 5 wt%或 9 wt%，但是层状材料的结构并没有被改变。高分辨 X 射线衍射结果证实由于异相的引入，产物的晶胞在三维方向都是处于收缩状态。因此，与对照组相比，掺入 9 wt%异相颗粒的产物显示出明显的断裂韧性提升。根据他们的计算规则，该产物的韧性放大因子为 16.1，远超过对照组、陶瓷基复合材料和纤维增强陶瓷材料。即使在动态加载状态下，预应力增强的产物也显示出极好的耐磨性和抗冲击能力。

几丁质是一种存在于生物体的聚合物，具有生物相容性好、生物可降解和可再生等优点。但是它难以处理的结构和难以加工的特性，严重限制了几丁质的利用。目前，几丁质在苛刻条件下处理后可以形成几丁质纳米晶体，能自组装形成跨尺度的组装体；与无机材料复合后可保留组装体结构，从而赋予了复合材料的高机械性能和抗化学、生物腐蚀等能力，也能增加复合材料的适应性、可调性和多功能性等。相信在未来可以利用几丁质开发出更多绿色的、可持续的材料合成与产业化应用。

4.1.3 胶原

1. 胶原结构

胶原是动物体内普遍存在的一种蛋白质，广泛分布于骨骼、牙本质、皮肤、韧带、软骨等结缔组织中。到目前为止，胶原蛋白有 28 种亚型，其中 I 型、II 型和III型胶原蛋白占人体胶原蛋白的 80%～90%[31]。胶原家族的一般特征是：①富含氨基酸重复序列 $-[\text{Gly}-\text{X}-\text{Y}]_n-$，其中 X 和 Y 通常分别被脯氨酸和羟脯氨酸所占据；②三个不共轴的螺旋多肽链沿着一个共同的方向组成三螺旋的胶原分子[32]。

胶原分子的长度和直径分别约为 300 nm 和 1.5 nm。胶原分子在更大尺度上的组装是由静电作用和疏水相互作用驱动的。胶原分子会以四分之一交错排列的方式组装，使胶原纤维具有周期性的四级结构（图 4-3）。周期条带的轴向长度为 67 nm，由 40 nm 的空缺区域（gap zone）和 27 nm 的重叠区域（overlap zone）组成，且不同区域的电负性也存在差异。

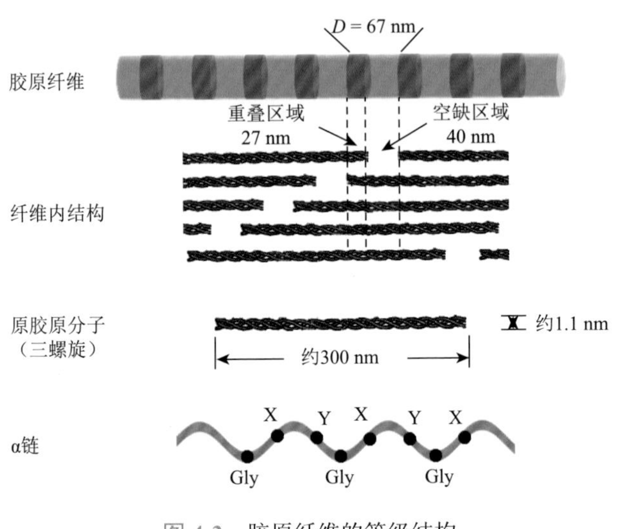

图 4-3　胶原纤维的等级结构

I 型胶原蛋白是人体骨骼中有机基质的主要成分。一般骨骼含有约 65 wt%的矿物相，约 25 wt%的有机基质和约 10 wt%的水。有机基质中 I 型胶原蛋白含量约为 90 wt%，其余为非胶原蛋白（non-collagenous proteins，NCP）。NCP 是一个功能蛋白家族，主要包含骨涎蛋白（sialoprotein）、骨联蛋白（osteonectin）、骨桥蛋白（osteopontin）及骨钙蛋白（osteocalcin）等。这类蛋白质富含天冬氨酸和谷氨酸等酸性残基，对钙离子有很强的亲和力，有利于胶原纤维的矿化。它们在矿化中的主要作用包括以下几点：①酸性蛋白捕获离子，同时抑制晶体成核，这样导致局部的离子浓度过高，从而诱导无定形相的分离；②酸性蛋白能有效稳定无定形相，抑制其溶解，并且能使最终晶体维持无定形相的形貌；③在液-液相分离过程中，酸性蛋白能增加水化程度，这样能有效抑制其固化，从而提高可控性[33]。

由于胶原纤维具有独特的限域环境，一般认为羟基磷灰石矿物分布在胶原基质内部。三十多年前，以色列魏茨曼科学研究所 S. Weiner 教授等[34]采用透射电镜直接观察到片状磷灰石晶体嵌入在火鸡肌腱组织中（胶原基质），并沿其长轴周期性排列。此后，磷灰石晶体在胶原空缺区域成核生长成为共识。许多研究工作推测，在骨生长过程中，NCP 首先吸附在空缺区域，然后调控磷灰石晶体在胶原内部的生长。在胶原内限域空间作用下，磷灰石晶体的 c 轴与胶原纤维长轴平行排列。得益于胶原分子与矿物在纳米尺度的相互作用，这使得骨骼具有优异的力学性能。

然而，骨骼中矿物在胶原纤维内部或外部分布仍有争议。麦克马斯特大学 H. P. Schwarcz 教授等[35]认为大部分矿物质沉积在胶原基质外。由于骨骼中矿物质的体积分数为 45%，而胶原中空缺区域的体积分数约为 12%，因此空缺区域没有足够的空间容纳所有矿物。他们通过研究高度矿化的人密质骨，发现空缺区域没有矿物沉积，而是数层片状磷灰石晶体堆垛着分布在胶原外部，并沿其长轴分布。根据实验观察的结果，提出了骨骼中矿物分布的简单模型：①矿物为片层状（宽度为 60 nm，厚度为 5 nm，长度为数百纳米）；②胶原纤维直径为(50±20)nm，被片状矿物隔开；③胶原纤维周围堆叠着四层矿物，矿物之间的间距小于 1 nm[36]。基于该模型计算的矿物体积分数与骨骼的矿物体积分数可以较好地吻合。

英国约克大学 R. Kröger 教授团队[37]从更大尺度及不同角度来观察骨骼中矿物与胶原的分布。采用扫描透射电镜断层成像技术以及三维重构等先进技术，通过对同一骨组织从不同方向的观察，可以得到丝状（filamentous）、蕾丝（lacy）花状（rosettes）结构。这些不同结构均可以与前人研究的不同报道结果相吻合。因此，他们认为矿物颗粒并非只存在于胶原纤维内部或者外部，当矿物颗粒融合起来的尺寸超过单根胶原纤维尺寸后，就会形成连续交织的矿物相。该研究结果提供了目前最全面和直接的证据来证实矿物在胶原基质中沉积位置，可以解决之前矿物沉积位置不同的争议。借助原子探针层析技术，也证实了矿物在胶原纤维内部和外部的共存[38]。

2. 胶原纤维的体内矿化过程

胶原基矿物组织结构高度复杂且内部细胞结构容易损伤破坏，因此要解析其本征结构来推断形成过程就需要借助先进的制样和表征技术。以色列魏茨曼科学研究所 S. Weiner 教授和 L. Addadi 教授等[39]以长鳍斑马鱼作为骨矿化模型，借助冷冻扫描电镜（Cryo-SEM）来研究其不断生长的鳍骨射线。他们证实了在新形成的鳍骨中存在丰富的无定形磷酸钙（ACP），在骨成熟过程中矿物结晶度逐渐增加。基于上述发现，判定这种无定形磷酸钙相可能是转变为成熟结晶矿物的前驱体相。在随后研究工作中，他们结合同步辐射 X 射线散射和 Cryo-SEM 技术发现在鳍骨矿化过程中亚微米尺度的 ACP 相从细胞内部传输至预先形成的细胞外胶原基质处；然后，逐渐进入胶原纤维内部转变成碳酸羟基磷灰石纳米晶体片，促进骨骼的成熟[40]。此外，他们还研究了海胆幼体骨针的形成过程，发现无定形碳酸钙（ACC）沉积在细胞囊泡内，由 20～30 nm 的纳米球聚集而成；最终矿物聚集体被引入到骨针隔室中，并逐渐整合到生长的骨针中[41, 42]。

美国威斯康星大学麦迪逊分校 P. Gilbert 教授等[43]以海胆幼体骨针为研究对象，探究骨针中矿物的晶型转变过程。借助 X 射线-光电子发射显微镜（X-PEEM）在纳米尺度的高空间分辨率下分析相转变和借助 X 射线吸收近边结构（XANES）在原子尺度分析矿物结构，证实了骨针中存在三种共存的相：初始相是水化的 ACC 相，中间相是 ACC 相，最终相是晶化的方解石相。无定形相与晶相是毗邻存在的，通常以几十纳米的尺度出现在相邻的位置，然后通过以下顺序实现晶型转变：水合无定形碳酸钙（ACC·H_2O）→脱水无定形碳酸钙（ACC）→方解石[44]。

德国马普胶体界面所 P. Fratzl 教授等[45]借助聚焦离子束-扫描电镜（FIB-SEM）技术结合先进的图像 3D 重构技术解析了正常矿化的火鸡腿肌腱中细胞、细胞外基质和矿物在三维空间结构中的相互作用，证实了在高度矿化的肌腱区域中存在一个复杂的腔隙-小管网络，其中从肌腱细胞腔发出的直径约 100 nm 的小管围绕着细胞外胶原纤维束，小管又与胶原纤维间直径约 40 nm 的较小通道相连［图 4-4（a）和（b）］。靠近肌腱矿化前端，富含钙的沉积物出现在胶原纤维之间，并且随着时间的推移，矿物会沿着纤维或者在它们内部传播［图 4-4（c）］。他们推测这类复杂的网络结构可以运输离子或矿物前驱体，然后沿着胶原纤维表面和内部转变为晶体。随后，他们借助先进透射电镜技术进一步对比分析了火鸡腿肌腱、牛股骨和人股骨中矿物与胶原基质的三维结构，提出了一种新的骨骼形成机制——类球形晶体的生长过程促进骨骼矿化[46]。首先，无序排列的晶体聚集在胶原纤维间，导致相邻纤维间的矿化。然后，矿物在胶原纤维间和纤维内逐渐蔓延，形成片层状的球状晶体。最后，球状晶体逐渐生长汇合形成矿物网络。此外，他们还探究了小鼠软骨、骨以及它们界面的细微结构，揭示了一种新颖而复杂的网络结构，

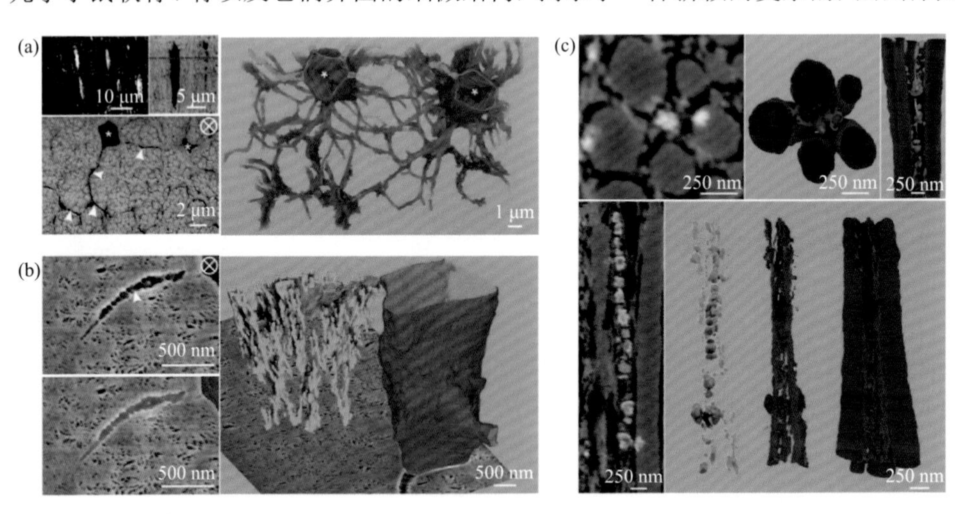

图 4-4　火鸡腿肌腱中细胞、细胞外基质、矿物等组分的空间三维结构[45]

（a）肌腱细胞周围腔隙与小管的分布；（b）小管周围二级通道的分布；（c）矿物在胶原纤维周围的分布

在钙化软骨和骨细胞外基质中存在密集的纳米通道（直径 10～50 nm），但是界面处却不存在通道。这些通道富含碳和磷元素，说明它们能提供离子和分子的传输路径，进入钙化软骨和骨骼的细胞外基质[47]。这些研究工作通过揭示胶原基矿物组织的形成过程，发现了体内无定形相的存在、物质传输通道结构及晶型转变与生长等过程，这对生物矿物的形成过程提供了基本见解，也对发展新的制备技术提供了指导思路。

3. 胶原内矿化驱动力

胶原作为具有限域空间的生物模板，通常被用于体外实验研究矿物渗入内部的过程，以此推断体内的骨骼矿化过程。尽管胶原纤维的矿化过程存在争议，但是大致的矿化路径可归纳为：①聚合物诱导液相前驱体的形成；②无定形前驱体进入胶原内部；③无定形相在胶原内部的晶型转变过程[48]。为什么前驱体会自发地渗入胶原纤维，以及渗透的主要驱动力是什么，仍然是悬而未决的问题。为了回答这些问题，研究人员精心设计实验并辅助先进的表征技术，根据实验现象和结果提出了不同的机制[49]。

因为胶原纤维含有 40 nm 的空缺区域，通常认为胶原纤维的内部矿化是由扩散机制主导，即聚合物或前驱体扩散至空缺区域指导晶体的成核与生长。但是，美国佛罗里达大学的 L. B. Gower 教授等[50]否定了扩散的作用，他们认为聚合物在溶液中扩散至胶原纤维的空缺区域是熵降低的过程，并不会自发发生。为排除研究对象中存在孔隙引起扩散作用干扰最终结果，他们选用致密的火鸡肌腱切片；并使用异硫氰酸荧光素标记聚天冬氨酸聚合物，通过荧光共聚焦显微镜评估荧光信号的渗透深度。密实的样品可以阻止聚合物或前驱体通过纤维间的通道扩散。当溶液中只存在聚合物时，荧光信号的深度仅为 100 μm。当溶液中同时存在聚合物和矿物离子时，无论是荧光的强度还是渗透深度都大幅增加。因为在后者情况下，会形成聚合物诱导液相前驱体（PILP）相，扩散作用不足以促进 PILP 相的浸润。而前驱体和孔隙之间的明显相边界会引起毛细作用力，将前驱体吸引入肌腱基质。因此，毛细作用力被认为是长程范围内渗透的主要驱动力［图 4-5（a）］[50]。

借助冷冻透射电镜等先进表征技术，荷兰埃因霍芬理工大学 N. Sommerdijk 教授团队[51]详细揭示了前驱体与胶原纤维之间的相互作用，以及无定形磷酸钙原位进入胶原纤维的过程。染色后的胶原纤维很清晰地显示出周期性条带，每个周期性条带内还包含从 a 带到 e 带的多个子带，宽度为 9 nm 的 a 带覆盖了空缺区域和重叠区域的结合处。矿化 24 h 后，无定形磷酸钙富集在空缺区域的 a 带进入胶原纤维。随反应时间延长，无定形相会转变为针状磷灰石晶体。尽管矿物晶体最终均匀地分布在空缺区域和重叠区域，但是会优先在空缺区域的 d 带处生长，这说明胶原纤维内带电氨基酸会作为成核位点来控制结晶过程。无定形相在胶原纤维特定部位的渗入说明两者之间存在特定的相互作用。由于无定形磷酸钙是带负

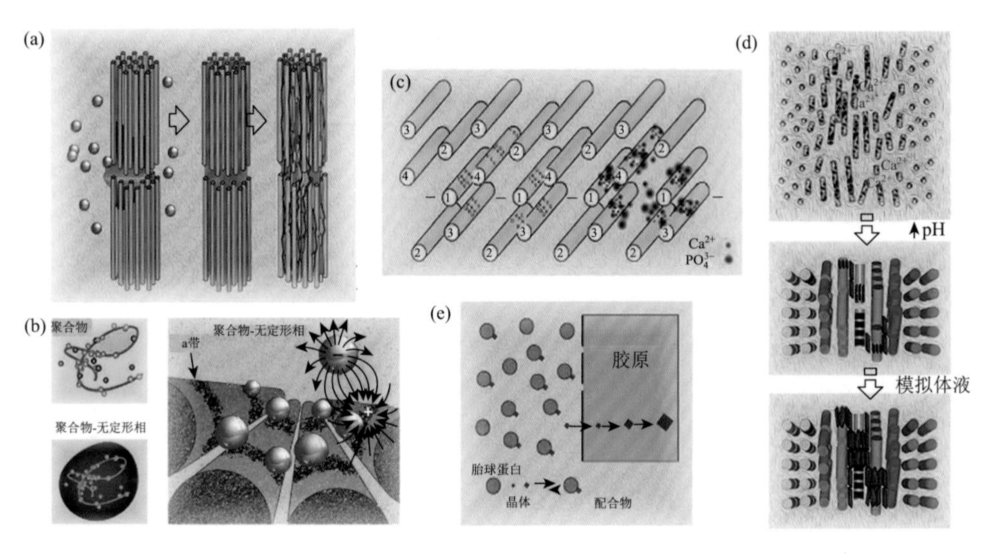

图 4-5 胶原纤维内矿化的主要机制[49]

（a）毛细作用[50]；（b）静电作用[51]；（c）离子间的静电作用；（d）胶原/磷灰石自组装[54]；（e）尺寸排阻效应

电荷的络合物，而 a 带是高正电荷区域，通过分子模拟，在渗透过程中 a 带位点的静电势能最低，有利于前驱体的渗入。研究结果表明，静电作用在胶原纤维内矿化中起着关键作用［图 4-5（b）］。

库仑吸引力为前驱体在胶原表面的吸附提供了一个很好的解释。然而，当前驱体靠近 a 带后发生了电中和，后续在纤维内的运输驱动力又是什么？实际上，胶原纤维内矿化是内部水分子被矿物取代的过程。这是一个脱水/干燥的过程，会引起渗透压的变化，进而诱导胶原分子的结构变化[52]。因此，渗透压的变化可能是前驱体在胶原内传输的一种驱动力。美国奥古斯塔大学 F. Tay 教授团队[53]采用聚阳离子和聚阴离子添加剂均实现了胶原纤维内矿化。他们认为除了静电相互作用外，应该还存在某种远程作用力促进纤维内矿化。他们借助冷冻透射电镜、改良液相色谱、计算机三维模拟和液相原子力显微成像等技术，对鼠尾胶原、重组的牛皮胶原、脱矿的牙本质胶原、脱矿的骨胶原等多种胶原模型进行矿化机制研究，认为胶原纤维具有半透膜性质，小于 6 kDa（$1\text{Da} = 1.66054\times10^{-27}\ \text{kg}$）的分子可以自由通过胶原纤维的内部间隙，而大于 40 kDa 的分子无法进入。矿化过程中，聚电解质与无定形复合物会在电荷作用下富集在胶原外部。由于聚电解质分子量较大，会被部分或者全部排出在胶原纤维之外。矿化溶液中的活性反离子、游离盐离子及带大量电荷的复合物会在胶原纤维内部与外部环境之间建立电中性和渗透平衡，促进无定形前驱体进入胶原内部。因此，他们提出了基于渗透压和电荷平衡的纤维内矿化机制吉布斯-唐南（Gibbs-Donnan）效应[53]。该理论的提出，补充了胶原纤维内矿化的机制，在生物矿化机制研究领域具有重要意义。

此外，在不采用任何添加剂的情况下，法国巴黎第六大学的 N. Nassif 等[54]专门研究了胶原纤维自身在矿化过程中的作用。研究发现，胶原本身也可以促进磷灰石晶体的生长，并调节它们的大小和方向。首先通过反透析的方法从低浓度胶原溶液制备出高浓度的胶原基质，同时在透析溶液中不断补充矿物离子。在胶原溶液浓度逐渐升高的过程中，它自身会呈现液晶状态并且形成螺旋结构；同时矿物离子被包裹在基质中形成随上述结构排列的状态。透射电镜结果显示该复合物的结构与成年人骨骼中密质骨的结构极其相似，矿物在胶原纤维内和胶原纤维间都有分布；核磁共振结果表明胶原会影响矿物离子周围的化学环境以及磷灰石晶体外部的水化状态。因为在此研究中，不存在前面提及的类非胶原蛋白添加剂，所以他们提出了不同的矿化机制——胶原/磷灰石自组装［图 4-5（d)］。

在研究胶原纤维矿化过程中，还有其他不同机制也被提出，包括离子间的静电作用和尺寸排阻效应等［图 4-5（c）和（e)］，并都解释了相应实验现象，在这里不一一赘述。随着表征技术的推陈出新以及模拟计算能力的不断提高，胶原矿化中的新现象不断被发现，同时新理论也不断被提出用于解释新现象和修正旧理论。尽管不同机制的合理性都存在局限性，但是从体外实验结果不断推断出体内的骨骼形成机制仍具有重要意义。

目前，前驱体相怎么进入胶原内部已被大量研究。但是前驱体进入内部后，怎么扩散以及晶型如何进行转变的过程鲜有人报道。这主要是因为前驱体的不稳定特性，容易在短时间内结晶，很难通过常规表征工具揭示转化过程。华盛顿大学 D. Kim 等[55]根据经典成核理论建立了简单的几何模型，并从理论上计算了胶原纤维内和纤维外矿化的能垒。他们报道了胶原纤维内限域环境可以降低磷灰石成核的能量势垒，促进具有片状结构晶体的生长。原位小角 X 射线散射（SAXS）结果证实了胶原纤维内矿化存在片层状结构和高成核速率，与理论分析吻合较好。此外，N. Sommerdijk 教授等[56]结合冷冻透射电镜和高分辨率电子断层扫描等先进技术揭示了矿物在胶原纤维内的分布，并证实了胶原分子间通道可以指导晶体沿胶原纤维长轴取向生长。他们指出天然骨骼中羟基磷灰石晶体只是单轴定向排列的。这是因为胶原纤维空缺区域的有机质晶体呈三斜结构，而重叠区域为准六方晶体结构。因此，空缺区域存在 2～3 nm 的通道与胶原纤维长轴平行排列。无定形相进入空缺区域后，沿通道方向结晶定向生长，并通过横向生长挤压周围有机质形成片状结构。在此生长过程中，伴随着的错位生长会导致矿物的扭曲变形，使得矿物大致呈单轴取向。在该研究方向的工作还有待进一步探讨与挖掘。

4. 胶原纤维的体外矿化过程

胶原纤维矿化是多步骤过程，包括前驱体渗入、晶型转变等。上述机制研究集中在前驱体渗入胶原纤维内部的驱动力，但是了解后续的前驱体在纤维内传输和相关的结晶过程等也很重要。同时，胶原纤维内部精细的限域空间会促进无机晶体的定向排列。因此，基于胶原纤维周期结构开发一种限域制备技术将非常有意义。通过实现不同矿物质沉积在胶原纤维内，还可以探索周期性结构与传输特性之间的应用关联。

大量研究集中在使用不同添加剂来实现胶原纤维内矿化。在了解非胶原蛋白基本特性后，美国匹兹堡大学 E. Beniash 和 A. S. Deshpande[57]使用聚天冬氨酸（PAsp）首次体外实现了羟基磷灰石在单根胶原纤维内的沉积［图 4-6（a）］。随反应时间延长，胶原纤维的矿化程度越高，矿物在内部逐渐由无定形相转变为片层状晶体，并且互相堆叠沿胶原纤维长轴取向排列。在矿化过程中，PAsp 通过羧基和钙离子的结合抑制磷灰石的成核和生长。他们推测结合钙离子的 PAsp 与胶原之间相互作用会增加局部钙离子浓度并影响矿化，但具体机制尚未提及。随后，他们分别使用蛋白质［釉原蛋白（amelogenin）[58]、牙本质基质蛋白（DMP1）和牙本质磷蛋白（DPP）[59]］来指导胶原纤维内部矿化，并研究蛋白质与胶原之间的相互作用在矿化过程中起到的作用。釉原蛋白在与胶原结合过程中，会沿着纤维的长轴自组装成长链状或者丝状结构。矿物在釉原蛋白作用下逐渐富集在胶原附近，并由最初的丝状转变为共排列的束，最终结晶形成有序排列的矿物阵列。但是，该研究结果并未证实矿物是否生长在胶原内部。在 DMP1 和 DPP 体系中，重组蛋白尽管在溶液中可以改变矿物的形貌、取向等，但是都无法实现内部的矿化；只有磷酸化之后其电负性增大，才能实现胶原内部矿化。

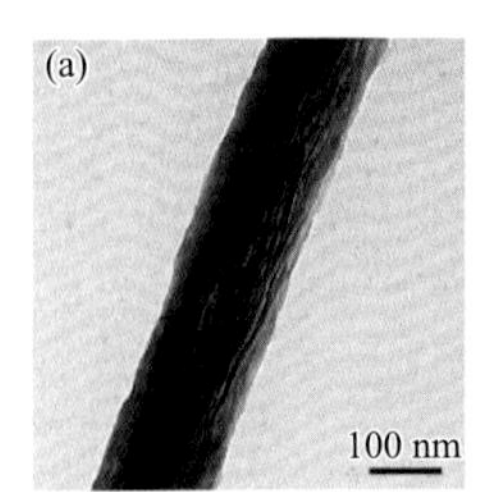

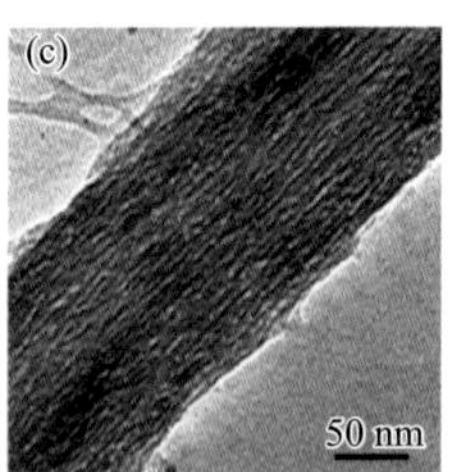

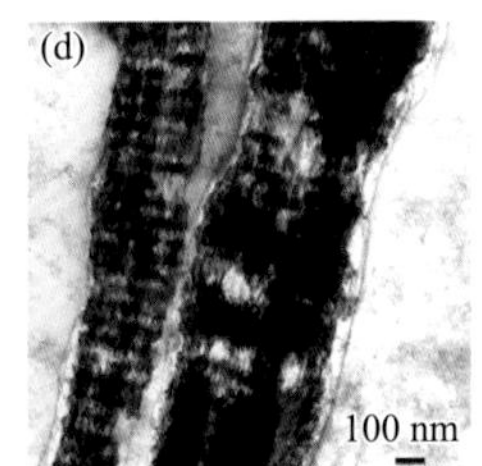

图 4-6 不同添加剂指导胶原纤维内矿化以及胶原内矿化过程

（a）聚阴离子大分子[57]；（b）重组酸性大分子[61]；（c）聚阳离子大分子[49]；（d）双分子体系[64]

同样地，酸性小分子也被用于指导胶原纤维的体外矿化。早前研究中证实了骨骼含有一定量柠檬酸，并且与胶原纤维紧密结合，可促进骨骼再生及治疗骨疾病。这些研究强调柠檬酸分子与羟基磷灰石晶体之间的相互作用，以及它对矿物形貌与尺寸的影响。很少有研究关注柠檬酸分子与胶原之间的结合对无定形磷酸钙成核与生长的影响。浙江大学唐睿康等[60]采用柠檬酸改变胶原纤维表面的润湿性并研究其促进内部矿化的原因。当矿化体系中只存在 PAsp 时，随着含量增加至

240 μg/mL，通过相应计算方法可换算出胶原矿化程度从 0 逐渐增加到 0.54；继续增加含量至 600 μg/mL，矿化程度并没有继续增加。但是，当矿化体系中出现柠檬酸后，在相同添加剂浓度（120 μg/mL）下，胶原矿化程度从 0.48 提高到 1.0。这是因为柠檬酸与胶原之间可通过氢键强烈结合在一起改变胶原与矿物之间的界面性质。当柠檬酸浓度达到 0.1 mol/L 时，无定形磷酸钙在胶原表面的润湿角约为 0°，可以自发地铺展在胶原表面，进而渗透进入胶原里面再矿化，以此来提高其矿化程度。

学习酸性聚合物指导胶原矿化原理，研究人员开始尝试设计具备上述功能的酸性大分子来实现胶原纤维内部矿化，并在体外研究矿化机制。武汉理工大学平航等[61]利用骨涎蛋白与羟基磷灰石结合蛋白的功能特性，设计并构建了一种命名为 BSP-HAP 的重组蛋白，其具有结合钙离子、胶原纤维、羟基磷灰石的功能。重组蛋白的设计思想是基于：①骨骼的所有非胶原蛋白中，骨涎蛋白的含量是最大的（15 wt%），并且含有两段酸性域［富含谷氨酸（Glu）和天冬氨酸（Asp）］，能与溶液中钙离子结合，同时还能与胶原作用促进羟基磷灰石结晶；②通过噬菌体展示技术筛选出了与羟基磷灰石粉体特异性结合的多肽羟基磷灰石，其氨基酸序列为 CMLPHHGAC。根据重组蛋白（BSP-HAP）各个片段的不同功能以及矿化的最终结果可以推测出，蛋白质对胶原纤维内的矿化过程具有明显的调控作用。BSP-HAP 与胶原之间的协同作用促进羟基磷灰石晶体沿[002]向生长，得到的胶原纤维内矿物尺寸为 30～50 nm 长，15～20 nm 宽，与骨骼中矿物尺寸近似［图 4-6（b）］。四川大学李建树教授等[62]也受非胶原蛋白功能的启示，设计了一种 PAMAM- COOH 树形分子，因为它的空间结构明确且分子量的单分散性好，可以被胶原的空缺区域所容纳。在胶原矿化过程中，聚合物的羧基作用会稳定介稳的无定形磷酸钙纳米前驱体，减缓其向晶体转变的速率。同时，聚合物会选择性地结合在胶原的特定位点，并通过尺寸排阻效应稳定在间隙区域，使得无定形磷酸钙进入胶原内部，在其模板作用下诱导纳米前驱体排列成有序结构。还有研究工作设计刷子状的酸性聚合物（PEG-COOH 和 PEG-PAA）用于模拟非胶原蛋白的功能，它们也能促进胶原纤维内磷灰石矿化[63]。相比线型聚合物聚丙烯酸（PAA），刷子状的聚合物合成的产物中矿物含量更高。

与聚阴离子大分子类似，聚阳离子大分子也能实现胶原纤维内部的矿化。第四军医大学牛丽娜教授等[49]采用聚丙烯酰胺（PAH，15 kDa）来诱导磷灰石的矿化［图 4-6（c）］。PAH 在溶液中可稳定无定形磷酸钙（PAH-ACP），抑制其晶型转变。通过动态光散射和 Zeta 电位分析表明，PAH-ACP 水化半径为 17.9 nm，表面电位为 21.5 mV。当胶原纤维浸泡在 PAH-ACP 体系中 24 h 后，部分胶原纤维开始矿化；72 h 后，胶原完全矿化，晶体的[002]沿胶原长轴排列。在冷冻透射电镜下观察其矿化中间过程，发现在最初阶段，胶原内只有无定形相的聚集体，空缺区域与重叠区域的界线变得不明显；随反应时间延长，无定形相逐渐向晶相转变，空缺区域的衬度加深，因为晶体主要富集在该区域。该研究工作首次实现了聚阳离子大分子指导胶原纤维内的磷灰石矿化，挑战了此前一直占据主流的聚阴离子大分子才能实现胶原纤维内矿化的共识，也为前面提到的吉布斯-唐南平衡机制提供了实验证据。

上述研究工作都集中在使用单一添加剂实现胶原纤维内矿化，但是骨骼的矿化是极其复杂的过程，在不同的矿化阶段会有不同的蛋白质进行主导。正是鉴于此原理，F. R. Tay 等[64, 65]在使用聚丙烯酸（PAA）实现胶原纤维内矿化的基础上，还加入了一种含有磷酸基团的化学添加剂，使得纤维内的矿物晶体分等级排列，从而让矿化胶原纤维的结构与骨骼中相似［图 4-6（d）］。其中，聚丙烯酸作为钙离子捕获剂，无机磷酸根作为模板剂。当矿化体系中只存在聚丙烯酸时，也能实现胶原纤维内矿化，但是晶体的排列没有等级结构。当矿化体系中只存在无机磷酸分子时，无法实现矿化在胶原内的生长，只有矿物球富集在胶原外部。他们研究了不同含磷酸基团添加剂［聚乙烯基膦酸（PVPA）和三偏磷酸钠（STMP）］对胶原纤维内矿化的影响[65]。PVPA 的非特异性结合，导致矿化胶原的等级程度没有 STMP 高。同样，三聚磷酸钠（TPP）也被用于实现胶原内的等级矿化[66]。TPP 与胶原之间可通过弱的离子键可逆地结合在间隙区域，并调控磷灰石的成核与生长。采用聚合物 EDC/sulfo-NHS 修饰胶原表面，然后再交联高分子链长的聚丙烯酸，通过这种处理也可进一步促进更多矿物沉积在胶原内部[67]。分子动力学模拟证实交联在胶原纤维表面的聚合物会促进预成核簇聚集成链状结构，进而渗透进入胶原纤维内部。相比对照组产物（未修饰的胶原），高矿物含量的产物具有更高的生物机械性能。

基于上述矿化过程的理解，不同无机材料也被尝试在胶原纤维内部沉积。牛丽娜等实现了二氧化硅[68]、二氧化硅/磷灰石[69]、氧化钇稳定氧化锆[70]等材料在胶原内矿化；武汉理工大学平航等实现了碳酸钙[71]、氟化钙[72]等材料在胶原内的沉积，并且清晰地揭示了矿化过程。迄今为止，很多报道胶原纤维体外矿化的工作都是通过透射电镜数据来判断无机材料是否在内部矿化。他们的判定标准很简单，就是通过比较矿化前后胶原纤维的衬度。如果衬度变深，则说明在内部矿化；反之，为胶原外矿化。但是，单纯通过普通透射电镜数据来分析是不够的。需要借助其他测试手段来协同证实，如提供矿化胶原纤维的断裂区域信息，这样可以很直接证实矿物沉积在纤维内部；也可以通过超薄切片处理样品，直接用透射电镜捕捉单根胶原暴露出来的内部信息。

5. 矿化胶原纤维的应用

矿化胶原纤维是骨骼组织的基本构造单元，通过体外研究矿化机制，再采用其原理可实现骨骼组织再生、组织修复等。北京大学刘燕教授等[73]采用聚丙烯酸作为钙离子捕获剂、三聚磷酸钠作为模板剂的双分子体系指导磷灰石在胶原内部生长［图 4-7（a）］。在纤维内矿化的过程中，胶原与矿物在原子尺度至纳米尺度的相互作用使得该矿化产物具有良好的机械性能。纳米力学测试结果显示，矿化胶原纤维的杨氏模量为(13.7±2.6)GPa，明显高于纯胶原［(2.2±1.7)GPa］和纤维外矿化胶原［(7.1±1.9)GPa］。此外，胶原内分等级排列的纳米碳酸磷灰石赋予了胶原基质优异的生物学特性，特别是细胞增殖、分化、黏附性和细胞骨架排列等［图 4-7（b）和（c）］。对于生物应用而言，等级排列矿化胶原纤维支架可以提供一个优化的微环境来调节干细胞的骨分化和新骨向内生长的降解率，并改善再生骨，使其具备与天然骨相似的纳米结构。二氧化硅与磷灰石共同矿化的胶原纤维为骨髓基质细胞的黏附、增殖和成骨分化提供了合适的条件。其开放的孔隙允许细胞在整个支架中迁移，同时保持其生存能力[74]。最终，这种方法能够制造具有高水平仿生性的类骨组织模型，这些模型可能对疾病建模、药物发现和再生工程具有广泛的影响。采用非胶原蛋白类似物指导纳米级磷灰石沉积在骨祖细胞、血管和神经细胞附近的胶原纤维内和纤维外空间中[75]。这一过程使骨模型能够复制骨细胞内和细胞外微环境的关键特征，包括蛋白质引导的生物矿化、纳米结构、脉管系统、神经支配、固有的骨诱导特性（无外源性补充剂）及细胞归巢对骨靶向疾病的影响等。

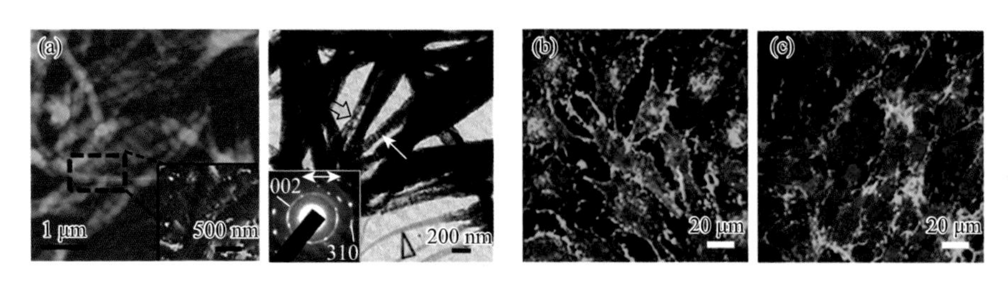

图 4-7　矿化胶原纤维的应用[73]

（a）磷灰石矿化胶原纤维；胶原外矿化（b）与胶原内矿化（c）薄膜的细胞增殖比较

6. 胶原矿化过程的新现象及启示

有报道证实牙齿中牙本质层内的矿化胶原纤维处于压应力状态[76]。同步辐射 X 射线散射表明人牙本质中羟基磷灰石晶体沿(002)晶面的压缩应变约 0.08%。羟基磷灰石弹性模量 E 为 114 GPa，换算后牙本质内晶体的压缩应力约 90 MPa。而人类咀嚼食物产生的应力一般不会超过 40 MPa，因此人牙在日常使用中几乎不会损坏。由此可见，矿物组织内部的预应力系统对机械性能的提升发挥了很大的作用。但是，预应力产生的来源一直无法得知。

最近，武汉理工大学平航[77]与合作者通过设计特定的力学测试装置，以具有胶原纤维连续定向排列的肌腱组织为研究对象，发现碳酸锶晶体在肌腱内矿化过程中会生成兆帕（MPa）级的收缩应力，首次室温制备出兆帕级预应力复合结构陶瓷微管（图 4-8）。原位拉曼光谱测试证实了前驱体在肌腱内部的传输、合成与结晶过程。改变矿化溶液化学组成和其他条件，可以人为调控碳酸锶在胶原纤维内或者胶原纤维外合成。在胶原纤维外的合成产物不形成收缩应力，证明胶原纤维内矿化是预应力形成的必要条件。调节矿化溶液 pH，可以改变胶原矿化速率，进而改变收缩应力形成的速率。采用同步辐射小角 X 射线散射原位证实了矿化过程中胶原的周期结构会收缩约 2%。其机制是胶原纤维内矿化是矿物取代水分子的脱水过程，从而导致胶原分子收缩。同步辐射广角 X 射线散射结果也证实晶体处于压应力状态。这表明晶体在胶原纤维内部的合成过程使胶原收缩，进而将收缩应力传递至碳酸锶晶体，使其处于压缩状态，类似于预应力混凝土。该研究还实现了一系列的矿物在胶原纤维内的沉积，并且这些矿物都会导致胶原纤维的收缩，达到兆帕级的应力，且应力的大小取决于矿物的种类和数量。该工作为揭示胶原基矿物中预应力的来源提供了直观的实验证据，也为发展新型材料提供了设计原理。

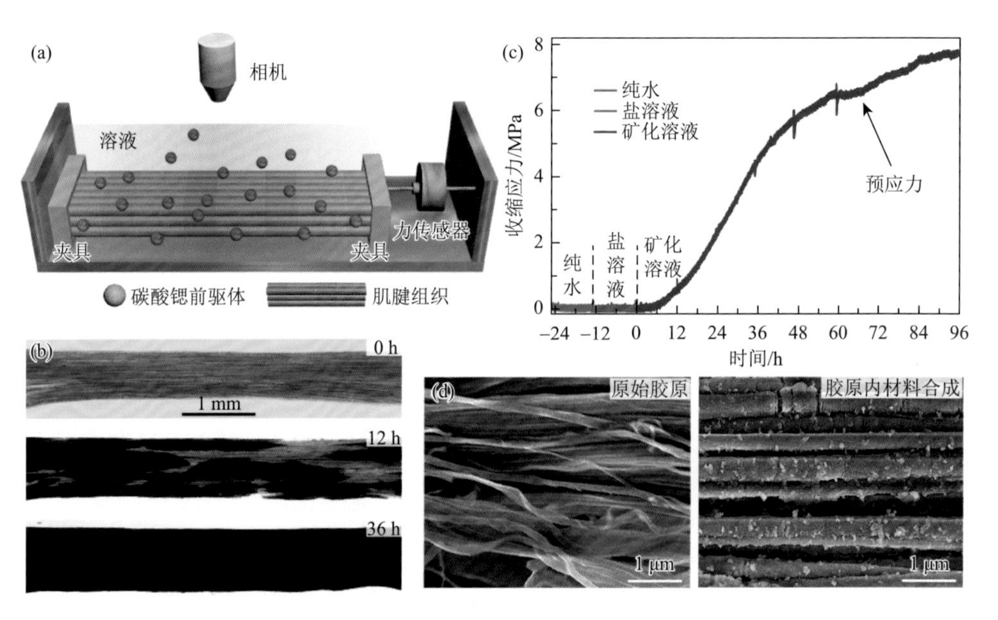

图 4-8 胶原纤维内材料合成生成兆帕级预应力[77]

（a）力学测试装置示意图；（b）矿化过程中肌腱表观形貌；（c）生成收缩应力的曲线；（d）原始胶原与胶原内材料合成后显微结构图

生物系统中预应力一直没有得到重视，有可能是因为系统中由不同机制引起的预应力会相互抵消，而表观表现出不存在预应力；也有可能是因为这些应力的产生都是在纳米尺度，需要借助先进的表征技术或者原位检测技术。随着科技的发展，生物系统中预应力的种类正逐渐被发现，它们产生的机制和对生物系统的力学贡献也被揭示出来。以色列理工学院 B. Pokroy 教授[78]通过高分辨粉末 X 射线衍射表征该物种背腕板的透镜结构，发现只存在单一的方解石相。但是，精修结果显示其晶格参数比纯方解石晶体的小，反而与镁取代方解石的晶体参数相近。借助电感耦合等离子体-发射光谱和电子探针微区分析证实晶体中确实包含约 15 mol%的镁离子。高分辨透射电镜结果显示晶体内部分布着很多纳米尺度的富镁方解石域，但是依然保留单晶的电子衍射斑点，说明这些富镁方解石域与基质保持相干关系。当然，这些纳米域富含镁元素是通过光发射电子光谱仪和飞行时间二次离子质谱等证实的。因为富镁域和周围的基质会存在一定程度的晶格不匹配，富镁域的较小晶格会促使周围基质产生压缩应变，而自身受到拉伸应变，这种结构类似冶金领域的 Guinier-Preston 区。通过近似计算，他们发现基质处于压缩状态，压应力约 170 MPa[79]。这种单晶结构的透镜沿[001]向的断裂韧性相比天然方解石有大幅提升（0.42 $MPa\cdot m^{1/2}$ *vs* 0.19 $MPa\cdot m^{1/2}$）。这种结构类似预应力混凝土一样，在基质中沉淀出相干的第二相，能有效提升材料的机械性能。

随着对胶原纤维体外矿化过程中渗入与转变等进行深入的研究，发现胶原纤维内可沉积各种无机材料。许多基于胶原基质的复合材料可以利用这些原理在体外制备。依据无机材料的理化性质和矿化胶原纤维的有序结构，未来将探索其在信号转导、光电探测器和忆阻器等方面的广泛应用。更进一步，通过对胶原内材料生长产生预应力的全面了解，会在不久的将来用于室温制备预应力增强材料，或发展微观预应力陶瓷。

4.1.4　其他有机质

自然界大多数生物矿化过程是在生物流体环境中进行的，这种环境能提供多种生物质参与调节过程，这些生物质包含蛋白质、酶、核酸、磷脂、多糖等[80]。有些生物分子作为硬模板能提供成核位点并控制晶体生长的外部环境；有些作为软模板控制晶体的晶型、尺寸和形态，并促进生成微乳液、胶束和在溶液中形成的其他聚集体。本节以淀粉样蛋白为例，介绍它从分子尺度控制材料成核、纳米尺寸控制材料生长组装、合成的结构赋予材料的功能特性等，以及基于淀粉样蛋白组装特性而衍生的生物质的矿化特性。

淀粉样蛋白在纳米尺度上呈纤维形态，而在分子尺度上具有蛋白质四级结构，由垂直于纤维长轴排列的β-折叠链组成，并借助致密的氢键网络结合在一起[81]。淀粉样蛋白纤维在原子与分子尺度上的结构及组装特性已通过实验和模拟手段被清晰揭示。但是在介观尺度上的结构特征尚未被揭示清楚，这在很大程度上是由于在这些系统中发现了多种形态，因为结构单元β-折叠链可以通过不同方式堆叠来形成具有各种几何图形的等级结构。尽管发现了淀粉样蛋白的多种形态，但是其核心特征是致密的氢键网络，这使得它显示出很强的刚性；再结合其手性、极性和带电性等特征，可以诱导材料在多尺度上的合成[81]。

苏黎世瑞士联邦理工学院 R. Mezzenga 教授团队在淀粉样蛋白诱导材料合成领域做了很多开创性工作。首先利用 β-乳球蛋白组装成直径约 5 nm 的纤维结构，然后与硅源正硅酸四乙酯混合，在纤维蛋白中碱性氨基酸（赖氨酸、组氨酸和精氨酸）作用下，促进二氧化硅在纤维表面的沉积，形成核壳纳米纤维结构［图 4-9（a）～（c）］[82]。与无机材料复合后的纤维直径约 20 nm，杨氏模量从原始纤维的 3.7 GPa 提升至 20 GPa。通过改变反应溶液 pH，观察产物的结构，证实了纤维蛋白与二氧化硅之间的静电作用是形成均匀的核壳结构的主要因素。在此基础上，他们还制备了自支撑的矿物水凝胶，其弹性模量比原始水凝胶高出 3 个数量级。通过连续的溶剂交换、超临界 CO_2 干燥和高温处理去除蛋白纤维，获得了二氧化硅气凝胶，比表面积高达 993 m^2/g［图 4-9（d）］。采用类似方法他们还制备了纤维/碳酸钙[83]、纤维 MOF 气凝胶[84]等。将淀粉样纤维与 MOF 材料（ZIF-18）复合的气凝胶，能有效去除污水中的重金属离子、合成染料和油性污染物等。ZIF-18 的复合使得该气凝胶具有高的机械强度、水稳定性、耐酸性和催化活性，大大延长了材料的循环使用寿命。

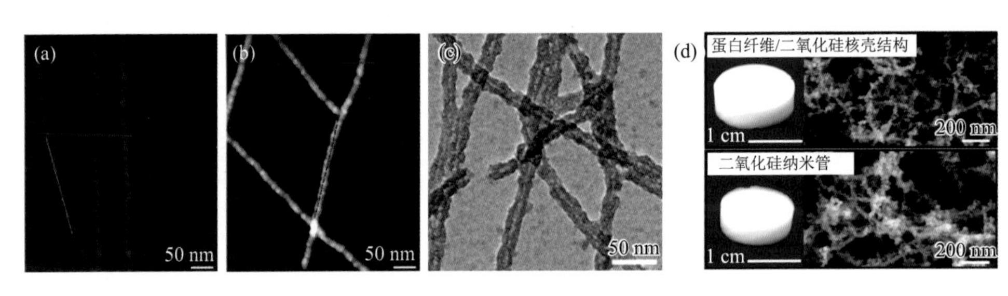

图 4-9　淀粉样蛋白的组装与材料合成[82]

（a）β-乳球蛋白在 pH＝4 条件下组装成纤维；（b）β-乳球蛋白纤维诱导二氧化硅在其表面沉积；（c）蛋白纤维/二氧化硅结构图；（d）蛋白纤维/二氧化硅核壳结构气凝胶与二氧化硅纳米管气凝胶

陕西师范大学杨鹏教授团队[85]另辟蹊径，深入解析了蛋白质构象转变和可控聚集的过程，发展了基于淀粉样蛋白聚集制备宏观尺寸材料的广义基础理论。利用三（2-羧乙基）膦盐酸盐（TCEP）还原天然溶菌酶中二硫键，使蛋白质结构展开获得亚稳的蛋白溶胶[86]。这种舒展的结构为蛋白质的组装提供了空间，β-折叠链结构在取向氢键作用下会形成 β-折叠带结构，β-折叠带在疏水作用下进一步形成 β-折叠骨架结构。蛋白溶胶在特定温度下静置三周会形成直径约 5 nm 的晶体，纳米晶体再进一步组装形成大尺寸的蛋白介观晶体。他们在理解 β-折叠带堆积组装机制基础上，还发展了一种链松弛-结晶机制在空气/水界面控制 β-折叠带蛋白晶体的形成[87]。更进一步，他们在牙釉质基质上形成溶菌酶的淀粉样蛋白薄膜来模拟牙釉蛋白的氮端功能，然后结合模拟牙釉蛋白碳端的多肽在溶液中协同控制羟基磷灰石晶体在薄膜上的取向生长[88]。由于蛋白薄膜能坚固地结合新生长的矿化晶体和牙釉质基质，最终合成的产物硬度和弹性模量分别为 4.5 GPa 和 86.3 GPa，与天然牙釉质机械性能（硬度 4.0 GPa，弹性模量 85.3 GPa）相当。

除了利用天然生物质诱导材料合成外，还有一些有意思的工作是直接在有机质基质中引入矿化反应来制备高机械性能或其他功能的材料。德国多特蒙德工业大学的 J. Tiller 教授团队[89]通过酶反应在聚合物水凝胶中诱导均匀分散的无定形磷酸钙的形成。该矿化水凝胶即使在溶胀平衡的状态下也能达到 1300 J/m^2 的断裂能，这是当时报道的最高值。他们还能调控矿化程度来控制水凝胶中矿物含量，使矿化水凝胶的刚度达到 440 MPa，远超过软骨和皮肤的刚度。此外，这种高度填充矿物的复合材料还可以设计成光学透明的，并且在开槽状况下也能保持较高的可拉伸性。还有工作利用聚合物诱导液相前驱体的可塑性，使其渗透并固化在多孔有机框架中形成生物矿物[90]。他们以去木质素木材为基质，在内部复合了超高含量（约 95 wt%）的二氧化硅，获得了一种矿物塑性水凝胶。该产物能塑造成任意形状，干燥后能很好地保留设计的形状，并具备高强、坚韧、阻燃等性能。还有工作报道利用 3D 打印聚合物支架内的细菌辅助矿化来制造复合材料的策略[91]。将打印的聚合物基质浸入 *S. pasteurii* 细菌的培养液中，培养液含有尿素和钙离子。细菌能分泌尿素酶催化尿素分解碳酸根离子并与溶液中钙离子反应生成碳酸钙，同时细菌还能作为成核位点诱导碳酸钙沉积在基质表面。借助这种微生物自矿化作用，样品的刚度急剧增加；通过设计不同结构的基质，矿化后可以实现失效强度和断裂韧性与天然生物矿物不相上下，且显示出更优的能量吸收能力。

英国利兹大学 F. Meldrum 教授团队[92]也设计实验，让碳酸钙材料在生长过程中包裹离子、分子、纳米粒子等，进而提升材料的力学性能。他们构建了一种阴离子型嵌段共聚物，在 pH＞7 时，会形成直径约 20 nm 的胶束。在方解石晶体生长过程中这些胶束会被包裹进去，含量达到 13 wt%。胶束的掺入会在有机/无机界面处产生局部无序结构，也导致预应力的产生，促使合成产物的硬度比天然方解石要高。他们在后续工作中同样是在方解石中包裹氨基酸分子[93]。其中，天冬氨酸和甘氨酸都是以单个分子的形式被包裹在晶体内，最大掺入量分别为 3.9 mol%和 6.9 mol%，并且方解石仍然保持单晶。这两组氨基酸的掺入都会对晶体的晶格产生各向异性的变形，沿 c 轴方向的膨胀比 a 轴高出一个数量级。随着氨基酸掺入量的增加，人工方解石晶体的硬度从 2.5 GPa 增加至 4.1 GPa，与天然方解石相当。这是因为氨基酸分子钉扎在晶格中，在外力作用下位错的移动需要破坏分子中共价键才能进行，这些会消耗更多能量，因此显示出更高的硬度。

天然生物质在生长过程中，外界环境的影响也是无处不在的，环境影响的过程中往往都会伴随着场（力场、电场、光场、磁场等）的作用。骨骼、木材、蚕丝等生物材料中广泛存在压电现象[94]。外界环境对这些生物组织刺激产生的压电信号促发细胞的生物学功能，进而调控组织的生长或吸收过程。例如，在外加荷载作用下，骨骼的外部电荷会重新分布。骨组织不同部位的细胞会对电流刺激做出独特的生理反应，进而调节骨组织的发育[95]。受骨骼压力刺激矿化过程的启发，美国约翰斯·霍普金斯大学 S. H. Kang 等[96]报道了一种具有自适应性的压电支架材料聚偏二氟乙烯（PVDF），能根据外界刺激大小来诱导沉积矿物的含量，进而实现功能梯度材料的制备。将 PVDF 膜放置在模拟体液中，膜的带负电荷侧始终处于静态的弯曲状态（压缩状态）。静置一周后，矿物主要沉积在带负电荷的一侧，其矿物形成速率比另一侧高一个数量级。他们还将薄膜设计成悬臂梁的模式，使一端固定，另一端可自由摆动。对自由端施加载荷，这样悬臂梁上的应力就呈梯度分布（固定端高应力，自由端低应力），从而促使矿物沿薄膜呈梯度沉积。他们还制备了多孔压电支架，并施加动态载荷，发现这种材料具有自适应性机械性能。随着载荷的增加，矿化薄膜的弹性模量也逐渐增加。

上述工作大多数使用一组生物分子来诱导材料的合成，这可以很直观地显示出生物质对材料合成的调控作用，也有利于清晰地揭示生物质与材料之间的界面作用。但是生物体内的矿化过程是在多组有机质的协同作用下完成的。与单一蛋白质或其类似物相比，生物体内的复合蛋白在促进物质形成方面表现出更高的效率，这是因为复杂组分之间的协同效应在生物系统中受到严格调控。武汉理工大学曾辉等[97]选用新鲜贻贝的天然外套膜液蛋白作为结构调控剂来控制功能纳米 TiO_2 材料的合成，设计了一种简单而高效的“一锅煮”方法来制备等级多孔氮掺杂 TiO_2，上述复合蛋白能同时控制材料的显微结构、晶相和光催化效率。合成的产物是由锐钛矿纳米晶体构建而成的三维网络结构，在长程范围内分布着周期性的网络孔（直径 200～500 nm），孔壁厚度 100～200 nm，介孔孔径约 10 nm。该产物显示出很好的可见光催化活性，能在 20 min 内完全分解罗丹明 B，产氢速率为 110 μmol/(h·g)。他们还发现很有意思的现象，从不同地区生长的同种贻贝中提取的外套膜液蛋白指导合成的 TiO_2 材料有着显著不同的光催化能力。这一结果证实了天然生物分子与材料的功能特性之间存在奇特的关联性，这值得进一步思考和研究。

4.2 微生物

微生物不仅种类繁多，而且具有复杂的生物化学结构。因此，在细胞水平上，微生物（病毒、细菌、真菌、藻类等）已被开发用于材料合成。这类微生物具有特定的形态（杆状、球状、纤维状等）和化学成分（蛋白质、磷脂等），且利用这些微生物已经实现了氧化物、硫化物、贵金属等纳米材料的合成。在微生物指导下合成的材料，因具有独特结构已被广泛用于能源、催化等领域。同时，基因工程技术的发展催生了细菌表面展示技术和噬菌体展示技术，使外源功能性蛋白和多肽能够展示在其表面，进而为微生物调控材料的合成带来了更多可能性。

4.2.1　细菌

细菌是分布最广的微生物之一，由于强大的生命力，甚至可以在恶劣的环境中生存。细菌主要由细胞壁、细胞膜、细胞质、核体甚至特殊结构如囊、鞭毛、菌毛、纤毛等组成。大多数细菌的直径在 0.5～5 μm 之间，通常具有各种奇异的形态，如梭形杆菌、芽孢杆菌、球菌、螺旋杆菌、方形菌和星形菌等。因此，这些复杂的结构可以作为在温和条件下合成多尺度材料的天然生物模板。与其他生物模板相比，细菌在指导无机材料合成方面有几个优势，包括：①细菌形态的高稳定性拓宽了反应的范围；②温和简单的反应条件有利于大规模合成；③表面展示技术可实现可控合成。

大肠杆菌是最常见的革兰氏阴性菌，外表面带负电荷，能通过静电作用吸引阳离子，进而诱导材料的合成。武汉理工大学朱成龙等[98]借助大肠杆菌首次合成了棒状 SnS_2，而该棒状结构又是由 SnS_2 纳米片相互连通而成[图 4-10（a）～（c）]。将大肠杆菌与氯化锡溶液混合，锡离子会吸附在细菌的膜上；离心洗涤后再与硫代乙酰胺（TAA）溶液混合，置于 180℃水热 12 h 就获得了上述产物。对水热反应过程中 SnS_2 纳米片组装成纳米棒的生长过程进行了探索。通过改变水热反应时间，发现先在细菌的膜上生成 SnS_2，形成中空棒状结构；然后 SnS_2 纳米片沿着膜逐渐往空腔内部生长，最终形成由纳米片相互交缠而成的棒状结构。在惰性气氛下对产物进行热处理，残留的细菌基质会原位分解成碳，并且均匀地包覆在 SnS_2 纳米片的边缘。碳包覆层的存在可以克服 SnS_2 导电性差的难题，因此该产物作为锂离子电池负极材料显示出较好的储锂性能，在 0.5 A/g 电流密度下，循环 200 次后比容量为 655 mA·h/g。

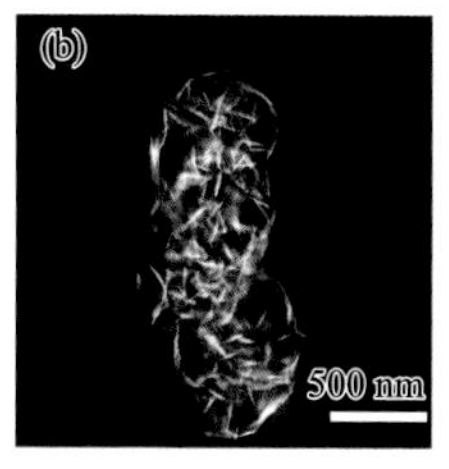

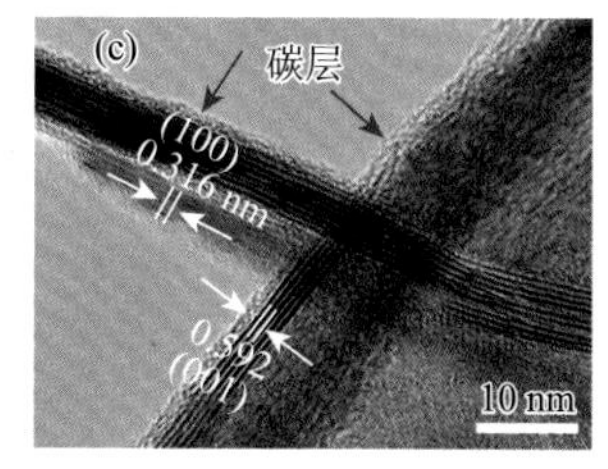

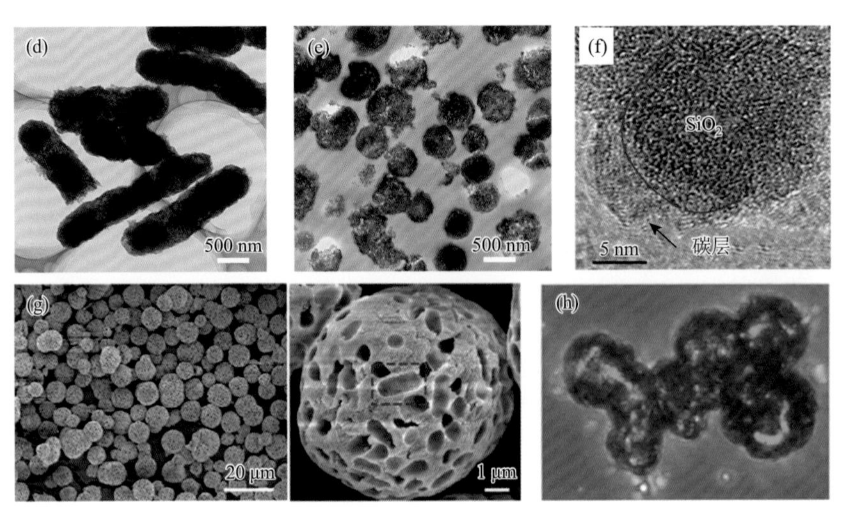

图 4-10 细菌诱导无机材料合成

(a) 棒状 SnS_2/C 结构；(b) 内部纳米片相互穿插；(c) 碳层包覆在纳米片表面[98]；(d) 杆状 SiO_2/C 结构；(e) 杆状结构切片透射电镜图；(f) SiO_2 纳米粒子表面被碳层包裹[99]；绿色荧光蛋白修饰细菌与碳酸钙的球形复合物扫描电镜图 (g) 和荧光显微镜图 (h)[100]

枯草芽孢杆菌作为典型的革兰氏阳性菌也被用于材料合成。湖南大学 T. Wang 等[101]以枯草芽孢杆菌为生物模板，制备了用于锂硫电池的电极材料。将细菌与硫化钠混合后，在惰性气氛下热处理形成生物质碳。因为细菌自身含有 N、P 元素，所以分解后会形成 N、P 共掺杂的碳源。同时细菌体内的硫源会在高温下形成硫单质而保留在细菌内腔，再经过进一步处理可将硫分子渗透至生物碳基质中。随后，将获得的含硫碳质与导电聚合物 PEDOT 和石墨烯复合，制备所需的产物。该复合结构可以：①有效固定硫源，极大地抑制聚硫化物的溶解，避免电化学性能的快速衰减；②提供足够的内部空隙空间来适应电化学过程中的体积变化和机械应力；③提升导电性。在这些协同效应下，该复合材料作为锂硫电池的正极材料，具有很高的比容量（0.5C 电流密度下 1193.8 mA·h/g）和超低容量衰减率（每圈损耗 0.045%）。此外，借助不同种类细菌还合成了很多其他无机材料（Fe_3O_4、SnO_2、Co_3O_4 等），并被广泛用于储能和催化等领域[102]。

与野生型细菌不同，基因改造细菌可以在其外膜上展示与矿化相关的特定功能蛋白，能实现材料的可控合成。武汉理工大学平航和谢浩等[99, 103]通过分子生物手段，在大肠杆菌外膜上展示了 5R5 蛋白。5R5 蛋白源自硅藻细胞壁中的亲硅蛋白，含有大量的赖氨酸和精氨酸，能在室温下快速促进二氧化硅的形成。为兼顾细菌兼容性和矿物形成活性，将亲硅蛋白的功能域（包含五个 R5 片段）展示在细菌外膜上。5R5 蛋白可以诱导硅化反应的发生，使得前驱体首先沉积在细菌表面，然后逐渐填充在内部，获得单分散的杆状颗粒［图 4-10（d）～（f）］[99]。密度泛函理论证实了 R5 肽与二氧化硅前驱体在原子尺度界面上的相互作用，并且硅化前后蛋白质的构象变化很大。蛋白质 N 端的 Lys4 残基会通过静电作用吸引硅源，然后在催化作用下促进硅源的水解。同时，蛋白质还能通过 Arg16、Arg17 和 Leu19 残基之间氢键作用吸引二氧化硅前驱体而形成杆状结构。碳化后，杆状的 SiO_2/C 由纳米粒子组成，且具有介孔结构和碳包覆等特点，它们能加速锂离子和电子扩散并保持结构稳定性，在 0.5 A/g 电流密度下循环 500 次后仍提供 975.8 mA·h/g 的放电比容量。同样地，在细菌表面展示酸性短肽（EEE），也可用于指导由超细纳米粒子组成的杆状 SnO_2 的合成[104]。高温热处理碳化后，杆状 SnO_2 不仅结构没有改变，也没有因为碳热还原生成 Sn 单质，最终该结构显示较好的锂电循环稳定性。

南京大学赵劲教授团队[105]也采用表面展示技术合成了全细胞的光驱动产氢系统。该理想系统包含三个关键要素：①具有生物相容性的光捕获无机半导体；②活性大肠杆菌作为生物催化剂；③具备可靠的外壳保护反应不受氧气的影响。首先在细菌外膜上展示 PbrR 蛋白，促进 CdS 纳米粒子在细胞表面沉淀。在厌氧条件下，细菌与 CdS 的复合产物在前 18 h 显示出逐步增加的产氢速率，从 0.56 μmol/10^8 细胞提升至 1.15 μmol/10^8 细胞。为了能够在有氧条件下也能实现细菌的产氢能力，他们继续在细菌表面沉积二氧化硅涂层，该杂化体系也能表现出很好的产氢能力。在有氧环境（约 95 μmol）下，反应 18 h 后产氢速率显著增加，并在随后 72 h 内稳步增加至 0.34 μmol/10^8 细胞[81]。这种基于细菌表面展示和仿生合成的封装技术所制备的生物/无机系统将为有效利用太阳能提供另一种途径。中国科学院深圳先进技术研究院钟超教授[106]将光诱导细菌生物膜的形成与羟基磷灰石的矿化结合制备了梯度生命复合材料。设计了能诱导磷灰石矿化的蛋白质 CsgA-Mfp3S-pep，然后通过分子生物手段将其转入细菌中，该细菌能通过光诱导形成生物菌膜。这样就获得了功能性生物菌膜，既可以感知光强促进生长，又可以表达蛋白质诱导矿化。通过调节光强可以控制菌膜的厚度，进而影响矿化产物的含量，能一步实现所合成复合材料的机械性能可调控性。借助这种材料的活性特征，还可以实现定点裂缝填补，即通过矿化作用沉积羟基磷灰石对裂缝进行填充和黏接，从而完成裂缝修复并提高力学强度。

细菌还可以作为功能单元被引入矿化产物中赋予复合材料的功能特性。武汉理工大学张梦琪等[100]通过基因改造大肠杆菌质粒，使其在细菌内表达绿色荧光蛋白，获得具有荧光特性的细菌［图 4-10（g）和（h）］。将该细菌与无定形碳酸钙混合后，碳酸钙结晶过程中会包裹大肠杆菌，含量达到 16 wt%。通过改变细菌表面的化学性质，证实了细菌表面与碳酸钙之间的强烈相互作用是实现大量包裹细菌的先决条件。荧光共聚焦图显示细菌/碳酸钙复合材料具有很强的荧光特性。这种荧光强度可以维持六个月以上，并且衰减很小，荧光寿命超过 1.2 μs。苏黎世瑞士联邦理工学院 A. Studart 教授团队[107]将具有独特功能的细菌与 3D 打印结合起来，制备了细菌衍生的活性功能材料。通过开发一种具有优化流变性的生物相容性水凝胶，能高精度地将细菌固定在 3D 打印的结构中。例如，将具有苯酚分解能力的细菌——恶臭假单胞菌打印出来后，可以将苯酚降解为生物质；将木霉菌固定在预先设计的三维基质中，可以原位形成细菌纤维素支架等。这种功能性细菌材料在生物技术和生物医学中有着广泛应用前景。同样是结合 3D 打印技术，南加利福尼亚大学王启名教授团队[108]先打印聚合物支架，然后在支架中沉积细菌，再借助细菌诱导碳酸钙矿化，制备了具有优异机械性能的复合材料。选用的 *S. pasteurii* 细菌能分泌尿素酶，可催化尿素分解形成碳酸根离子并与溶液中钙离子结合形成碳酸钙。同时，细菌还能附着在聚合物基质表面，促进周围碳酸钙的异相成核和晶体生长，并最终填满整个支架的内部空间。经过 10 天的微生物矿化作用，产物的刚度从约 1.8 MPa 增加至约 2 GPa，提升了三个数量级。

4.2.2 噬菌体

M13 病毒是丝状噬菌体，长度和直径分别约为 880 nm 和 6.6 nm。它主要由衣壳蛋白（2700 个 pVIII主蛋白和少量位于端部的 pIII、pVI、pVII 和 pIX 蛋白）和单链脱氧核糖核酸（ssDNA）组成，其中 ssDNA 被螺旋排列的 pVIII蛋白包裹［图 4-11（a）］[109]。通过合成生物学技术，M13 噬菌体的表面可以很容易被修饰，这也称为噬菌体展示[110]。该技术首次用于将天然或合成肽的外来序列融合到衣壳蛋白（pIII 和 pVIII）上，用于分子生物学或医学领域，如抗体选择、药物输送和

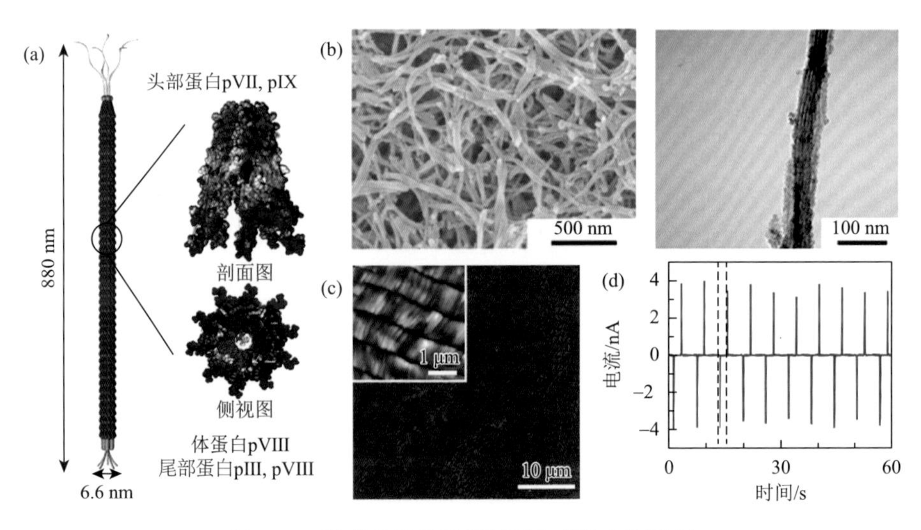

图 4-11 噬菌体诱导无机材料合成及功能应用

（a）噬菌体结构示意图[109]；（b）噬菌体/二氧化硅纳米线[114]；（c）噬菌体组装成薄膜；（d）柔性噬菌体薄膜的压电响应特性[116]

生物传感等。通过 M13 噬菌体展示技术构建多肽和蛋白质文库，还可筛选和识别能够结合特定材料的功能肽或蛋白质，进而促进材料的合成与制备。此外，通过共价或非共价的化学修饰方法扩大了 M13 噬菌体的应用范围。常用的四种化学修饰噬菌体表面的方法：①修饰 pVIII蛋白中氨基酸的反应基团；②将氮端胺修饰成醛，引入生物正交反应；③遗传前整合具有特定功能的非天然氨基酸；④引入静电相互作用的非共价修饰[111]。与前面提及的纤维素和几丁质类似，丝状噬菌体也具有液晶组装特性，能在特定浓度范围内自发形成有织构的结构，包括近晶相和手性向列相[112]。噬菌体单元的聚集和自组装是在熵驱使下最小化自由能的过程。因此，利用噬菌体的液晶形成特性可以将其作为构建有组织结构的理想载体，并能实现从纳米尺度到宏观尺度的结构可控。

M13 噬菌体有着长径比高、分散性好、容易制备等特点，作为生物质模板在无机材料合成领域广受青睐。美国麻省理工学院 A. Belcher 教授团队[113]利用 M13 噬菌体作为材料合成模板做了大量开创性新工作。他们利用噬菌体自身的化学特性构建了一种由氧化锰纳米线组装成的多孔网络新型催化剂电极。由于 pVIII 衣壳蛋白中含有两个谷氨酸残基，能通过静电作用吸引 Mn^{2+}，过夜反应后可得到均匀的 bio-MnO_x 纳米线。为了提高 bio-MnO_x 纳米线的氧还原反应活性，他们继续将贵金属纳米粒子均匀沉积在其表面。负载金属的 bio-MnO_x 纳米线电极在电流密度 0.4 A/g_c 时具有 13350 mA·h/g_c 的高比容量，在 1 A/g_c 时比容量为 400 mA·h/g_c，循环寿命可稳定至 50 次。

武汉理工大学万富强等[114]受生物硅化的启发，利用纤维状 M13 噬菌体作为基本构造单元，通过氨丙基三乙氧基硅烷（APTES）作为偶联剂诱导噬菌体“肩并肩”有序组装，合成了具有定向孔通道的二氧化硅纳米线［图 4-11（b）］。噬菌体表面的衣壳蛋白和 APTES 共同催化正硅酸四乙酯（TEOS）的水解。通过改变噬菌体、APTES 和 TEOS 的浓度比例以及溶剂的添加顺序，可制备出具有不同形貌的纳米二氧化硅：纳米线、纳米圆柱、纳米六棱柱等。经热处理去除噬菌体模板后可观察到平行排列的介孔通道结构，或在惰性气氛下热处理可实现碳包覆纳米粒子结构。将具备上述结构的二氧化硅纳米线作为锂离子电池负极材料，显示出较高的比容量和循环稳定性：当电流密度为 500 mA/g 时，比容量为 653 mA·h/g，经历 500 次循环后比容量为 618 mA·h/g；即使在大电流密度（1 A/g）下，充放电 1000 次以后，仍能保持原有结构。因为碳包覆层可明显提升电极导电性，介孔通道有利于增大与电解液的接触面积和减缓充放电过程中体积膨胀导致的材料粉化，这都有利于提升储锂性能。

此外，万富强等[115]还以 M13 噬菌体作为构造单元，通过毛细管的限域蒸发诱导作用，制备出了毫米尺度的手性向列相结构薄膜。通过小角 X 射线散射（SAXS）及高分辨透射电镜（HRTEM）解析了薄膜的微观结构，其半螺距约为

14.5 μm，层间距约为 9.1 nm，层内噬菌体分子之间平均间距约为 7.2 nm。通过在噬菌体溶液中引入二氧化硅前驱体，制备出了有机-无机复合的手性向列相薄膜。同时，还实现了该复合薄膜材料的结构和力学性能可调：当二氧化硅前驱体的含量从 0 vol%升高到 5 vol%时，薄膜半螺距从 14.5 μm 逐渐降低到 5.5 μm，而后又逐渐恢复到 8 μm；弹性模量和硬度分别从(492±104)MPa 和(6.2±2.7)MPa 提高至(920±163)MPa 和(20.6±5.9)MPa。除指导材料合成外，因噬菌体 pVIII蛋白具有 α 螺旋结构，且存在从氮端（负电荷）到碳端（正电荷）的偶极矩，可以显示出压电特性。美国加利福尼亚大学伯克利分校的 S. Lee 等[116]利用压电力显微镜在分子尺度上表征了噬菌体的压电响应性，还利用噬菌体自组装特性制备了薄膜，显示出高达 7.8 pm/V 的压电性能。通过基因修饰噬菌体的 pVIII蛋白还可以调节偶极子强度，进而调控压电响应。以此为基础，他们开发了一种基于噬菌体的压电发电机，能产生 6 nA 电流和 400 mV 电压，可用于操控液晶显示器［图 4-11（c）和（d)］。

与野生噬菌体相比，利用展示技术可对噬菌体的基因进行定制化修饰，用于指导特定材料的合成，使其具备预期的结构或功能。A. Belcher 团队[117]将特异性结合金颗粒的多肽（VSGSSPDS）展示于 pVIII蛋白，合成了直径均匀的 Au 纳米线。在此基础上，他们又合成了具有 Pt 壳层的 Au-Pt 核壳纳米线。由于 Au 核和 Pt 壳的协同作用，核壳纳米线的电催化活性高于商用 Pt-C 催化剂。采用同样的方法，基因修饰后的噬菌体还可用于磁性合金 FePt、CoPt 和半导体 ZnS、CdS 纳米线的合成[118]。除合成单一材料体系外，还有借助噬菌体用于双材料体系的。在 pVIII蛋白展示结合单壁碳纳米管的多肽（DSPHTELP），可使碳纳米管紧密贴合在噬菌体表面；再进一步在其表面沉积 TiO_2 纳米粒子，就形成了碳纳米管/TiO_2 核壳结构的复合材料[119]。碳纳米管的存在提高了纳米复合材料作为光阳极的电子收集效率，因此基于该复合材料的染料敏化太阳能电池的功率转换效率达到 10.6%。还有工作构建了一种双展示体系，将短肽（EEEE）与 pVIII 蛋白融合，碳管结合肽（DMPRTTMSPPPR）与 pIII 蛋白结合[120]。在酸性短肽作用下无定形磷酸铁被沉积在噬菌体表面，而碳管与噬菌体端部的 pIII 蛋白紧密结合，这样就形成了无定形磷酸铁/碳纳米管复合材料。该材料用于锂离子电池，在 0.1C 电流密度下的比容量为 170 mA·h/g，在 3C 高电流密度下的比容量为 80 mA·h/g。

M13 噬菌体由于突出的优势，如丝状结构、良好的单分散性、表面性质可调（化学修饰或基因工程）、浓度依赖的自组装特性以及通过寄主细菌的大规模生产，是用于构建有序结构的理想基元。此外，M13 噬菌体对人体无害，可生物降解，有助于其在疾病诊断和组织修复工程中的应用。基于这些生物、物理和化学特性，M13 噬菌体在材料合成与制备方面的潜力受到广泛关注，且合成的材料在能量转换、存储和生物医学应用方面显示出巨大潜力。

4.2.3　其他微生物

除细菌、病毒两大类常用于诱导材料合成外，自然界中大量存在的真菌和藻类等密切参与和支撑生物地球化学过程的微生物也被广泛用于合成无机材料。真菌在金属和矿物的生物转化过程中发挥着重要作用，它们在不同离子的共沉淀和不同沉淀的转化方面有着巨大潜能[102]。例如，在碳酸盐矿物的形成过程中，由于钙和锶具有相似的化学性质，因此真菌会调节锶取代钙，形成钙锶碳酸盐的沉淀。英国邓迪大学 G. Gadd 教授团队[121]从钙质土壤中分离得到脲酶阳性真菌 *Pestalotiopsis* sp.和 *Myrothecium gramineum*，将上述真菌孵化在含尿素、氯化钙或氯化锶的培养基中，可以合成多种矿物，包括方解石、菱锶矿、球文石[$(Ca_xSr_{1-x})CO_3$]等，并且在这些矿物表面可以观察到真菌的痕迹。他们还利用霉面包上的绿色真菌诱导碳酸锰在其表面沉积[122]。将真菌与含尿素和氯化锰的溶液混合，反应 12 天后菌丝表面包裹着不同形态的矿物，主相是碳酸锰。在 300℃热处理 4 h，生物质被碳化、碳酸锰被分解为氧化锰，但是产物整体形态没有改变。将氧化锰/碳复合材料用于电容器，在 1 mol/L 硫酸钠电解质中循环 200 圈容量保持率仍为 98.5%；用于锂离子电池，在 100 mA/g 电流密度下循环 200 圈容量保持率为 92%。

酵母是真核单细胞真菌，易于在含糖环境中繁殖。酵母因椭球形态以及在较宽 pH 和离子强度范围内都具有丰富的表面电荷等特征，而被广泛用作材料合成的结构导向剂或者作为碳源用于合成功能纳米材料。将培养的纯酵母真菌进行温和的水热处理及进一步的裂解处理，可以合成具有高比表面积的双亲性多孔中空碳球。碳质材料的形貌、化学成分、孔隙度和结构等可通过改变水热温度或热解处理方式来调节。最终制备的碳材料具有快速吸附能力和易再生等特性，可以有效吸附废水中有害化学物质[123]。此外，酵母能通过一系列基于代谢的物理化学过程（如生物质被吸附到细胞壁、细胞内吞噬、包埋到细胞囊泡、逐步吸收-消化和酶氧化-还原反应等），从水溶液中积累金属阳离子。受此启发，南开大学高学平教授团队[124]采用酵母作为成核剂、组装模板、碳源合成了碳包覆的磷酸铁锰锂电极材料（$LiMn_{0.8}Fe_{0.2}PO_4$/Carbon，LMFP/C）。酵母细胞表面含有丰富的亲水阴离子基团（—COO^-、—OH、—$CONH_2$、—OPO_3^{2-}），当在酵母培养液中同时加入氯化锰和氯化铁时，这些阳离子（Mn^{2+}、Fe^{3+}）会通过静电作用吸附在酵母表面，并原位生成 NH_4MnPO_4 和 $FePO_4$ 无机前驱体。最后，将上述产物与碳酸锂混合后在惰性气氛下热处理得到球形的 LMFP/C 材料，其中 LMFP 的直径为 100～300 nm，分布在酵母分解后的碳基质材料中。在这种独特结构的帮助下，该材料用于锂离子电池正极材料在 1C 电流密度下循环 600 圈容量没有明显衰减，而不含碳的对照组循环 400 圈后容量保持率仅约为 86%。还有大量工作借助酵母合成具有中空结构[125]、核壳结构[126]等纳米材料，并应用于电化学或光催化等。

硅藻是一类真核单细胞微藻，广泛分布于海洋和淡水生态系统，对地球的物质循环和能量流动起着极其重要的作用。这些单细胞藻类被包裹在一个由无定形二氧化硅构成的细胞壁内。硅壳不仅坚韧保护硅藻免受捕食者的伤害，还呈多孔状允许营养物质的传输，以及光线的透过以保证光合作用[127]。硅藻种类繁多，硅壳的形貌也千差万别，硅壳精细结构的对称性和复杂性超出了人工低温制造二氧化硅材料的能力。因此，很多研究工作直接使用硅藻作为模板来指导材料的合成，包括金属氧化物、金属硫化物、金属单质等。

美国佐治亚理工学院 K. H. Sandhage 教授团队[128]选用硅藻 *Aulacoseira* 物种进行镁热还原反应，将具有三维纳米结构的二氧化硅骨架转变为具有微孔纳米晶粒的硅材料［图 4-12（a）和（b）］。所合成的硅材料不仅复制了初始硅藻的三维网络结构，还具有高的比表面积（＞500 m^2/g）和大量的微孔（≤2 nm）。将其用于气敏传感器，可以检测出浓度变化仅为 1 ppm 级的 NO 气体，且响应时间和恢复时间仅分别为 6 s 和 25 s，优于当时其他同类工作报道水平［图 4-12（c）］。他们还在该硅藻表面进行一系列化学处理增加羟基官能团数量，然后通过表面自发的溶胶-凝胶过程沉积厚度约 50 nm 且共形和连续的 SnO_2 涂层[129]。即使在没有去除二氧化硅骨架的情况下，复合材料作为气敏器件也能很快地检测出 NO 气体 ppm 级浓度的变化。

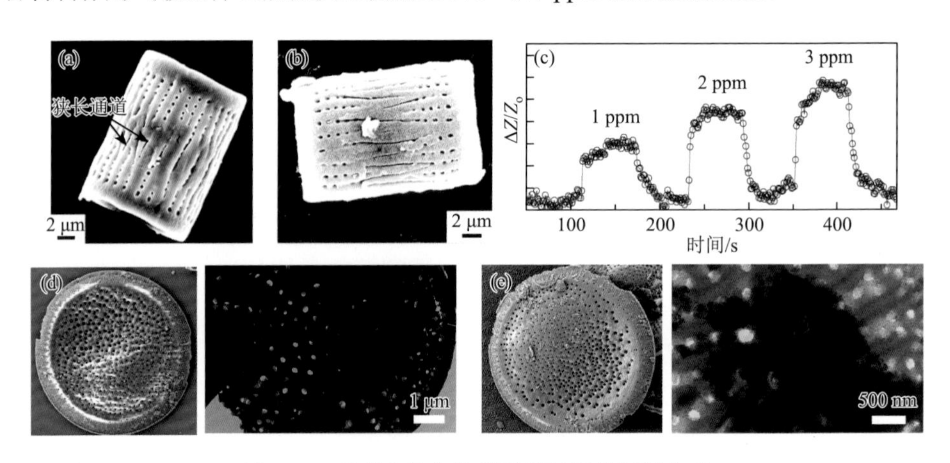

图 4-12　硅藻作为生物模板诱导无机材料合成

（a）硅藻 *Aulacoseira* 物种形貌；（b）复制结构的硅材料；（c）硅材料的气敏响应性[128]；（d）原始硅藻壳结构；（e）复制硅藻壳结构的硅材料[130]

中国科学技术大学姚宏斌教授团队[130]选用天然硅藻土（diatomite）作为模板，构建了具有等级结构的硅-锂基杂化电极材料［图 4-12（d）和（e）］。硅藻土的优势主要有：①资源丰富、成本低，其等级结构和高的孔隙率能有效容纳锂的沉积；②经过简易的镁热还原反应，合成的硅骨架可以完好地复制原先硅藻土结构；

③硅骨架的亲锂性有利于锂化反应形成刚性的 $Li_{4.4}Si$ 骨架结构。镁热还原生成的纯相硅骨架相比原始硅藻土具有更高的比表面积（271.6 m^2/g *vs* 100.3 m^2/g），因为高温去除骨架中氧的过程产生了更多的空隙。硅骨架与过量金属锂复合的过程中，金属锂会嵌入 $Li_{4.4}Si$ 骨架相互连接的孔隙中，形成具有等级结构的复合电极材料。这种结构有利于 Li 的均匀分布，使固体锂金属电极中锂离子通量更加均匀，传输速率也更快；同时还能增加电极-固体电解质界面接触面积，降低局部电流密度，抑制枝晶生长，提高界面稳定性。因此，基于硅藻土结构制备的复合电极显示出低过电位和良好的循环稳定性。同样借助硅藻土，采用四（二乙基二硫代氨基甲酸）钼作为前驱体可促进合成 MoS_2/硅藻土复合材料，厚度约 8 nm 的 MoS_2 纳米片随机分布在整个硅藻的骨架和内部孔隙中[131]。

目前已知硅藻种类超过 10 万种，可以提供丰富的各种形态的二氧化硅骨架作为生物模板诱导具有三维等级纳米结构材料的合成，并尝试用于传感器、光子器件或微流体等器件探索。基于硅藻的纳米技术正成为生物学家和材料科学家共同发展的研究领域。

参考文献

[1] Xie J J，Ping H，Tan T N，et al. Bioprocess-inspired fabrication of materials with new structures and functions. Progress in Materials Science，2019，105：100571.

[2] Ling S J，Kaplan D L，Buehler M J. Nanofibrils in nature and materials engineering. Nature Reviews Materials，2018，3（4）：18016.

[3] Klemm D，Kramer F，Moritz S，et al. Nanocelluloses：A new family of nature-based materials. Angewandte Chemie International Edition，2011，50（24）：5438-5466.

[4] Shchipunov Y，Postnova I. Cellulose mineralization as a route for novel functional materials. Advanced Functional Materials，2018，28（27）：1705042.

[5] Tran A，Boott C E，MacLachlan M J. Understanding the self-assembly of cellulose nanocrystals-toward chiral photonic materials. Advanced Materials，2020，32（41）：e1905876.

[6] Revol J F，Bradford H，Giasson J，et al. Helicoidal self-ordering of cellulose microfibrils in aqueous suspension. International Journal of Biological Macromolecules，1992，14（3）：170-172.

[7] 李淑芳，石珍旭，甘霖，等. 纤维素纳米晶材料构建策略的进展. 功能高分子学报，2022，35（3）：221-235.

[8] Yao K，Meng Q J，Bulone V，et al. Flexible and responsive chiral nematic cellulose nanocrystal/poly(ethylene glycol) composite films with uniform and tunable structural color. Advanced Materials，2017，29（28）：1701323.

[9] Shopsowitz K E，Qi H，Hamad W Y，et al. Free-standing mesoporous silica films with tunable chiral nematic structures. Nature，2010，468（7322）：422-425.

[10] Shopsowitz K E，Hamad W Y，MacLachlan M J. Flexible and iridescent chiral nematic mesoporous organosilica films. Journal of the American Chemical Society，2012，134（2）：867-870.

[11] Qi H，Shopsowitz K E，Hamad W Y，et al. Chiral nematic assemblies of silver nanoparticles in mesoporous silica thin films. Journal of the American Chemical Society，2011，133（11）：3728-3731.

[12] Nguyen T D，Hamad W Y，MacLachlan M J. CdS quantum dots encapsulated in chiral nematic mesoporous silica：

New iridescent and luminescent materials. Advanced Functional Materials，2014，24（6）：777-783.

[13] Nguyen T D，Li J，Lizundia E，et al. Black titania with nanoscale helicity. Advanced Functional Materials，2019，29（40）：1904639.

[14] Walters C M，Matharu G K，Hamad W Y，et al. Chiral nematic cellulose nanocrystal/germania and carbon/germania composite aerogels as supercapacitor materials. Chemistry of Materials，2021，33（13）：5197-5209.

[15] Rinaudo M. Chitin and chitosan：Properties and applications. Progress in Polymer Science，2006，31（7）：603-632.

[16] Bai L，Liu L，Esquivel M，et al. Nanochitin：Chemistry，structure，assembly，and applications. Chemical Reviews，2022，122（13）：11604-11674.

[17] Nikolov S，Petrov M，Lymperakis L，et al. Revealing the design principles of high-performance biological composites using *ab initio* and multiscale simulations：The example of lobster cuticle. Advanced Materials，2010，22（4）：519-526.

[18] Amini S，Tadayon M，Loke J J，et al. A diecast mineralization process forms the tough *Mantis* shrimp dactyl club. Proceedings of the National Academy of Sciences of the United States of America，2019，116（18）：8685-8692.

[19] Revol J F，Marchessault R H. *In vitro* chiral nematic ordering of chitin crystallites. International Journal of Biological Macromolecules，1993，15（6）：329-335.

[20] Narkevicius A，Parker R M，Ferrer-Orri J，et al. Revealing the structural coloration of self-assembled chitin nanocrystal films. Advanced Materials，2022，34（31）：e2203300.

[21] Nishimura T，Ito T，Yamamoto Y，et al. Macroscopically ordered polymer/$CaCO_3$ hybrids prepared by using a liquid-crystalline template. Angewandte Chemie International Edition，2008，47（15）：2800-2803.

[22] Nishimura T，Toyoda K，Ito T，et al. Liquid-crystalline biomacromolecular templates for the formation of oriented thin-film hybrids composed of ordered chitin and alkaline-earth carbonate. Chemistry：An Asian Journal，2015，10（11）：2356-2360.

[23] Matsumura S，Kajiyama S，Nishimura T，et al. Formation of helically structured chitin/$CaCO_3$ hybrids through an approach inspired by the biomineralization processes of crustacean cuticles. Small，2015，11（38）：5127-5133.

[24] Nguyen T D，Shopsowitz K E，MacLachlan M J. Mesoporous silica and organosilica films templated by nanocrystalline chitin. Chemistry：A European Journal，2013，19（45）：15148-15154.

[25] Nguyen T D，Shopsowitz K E，MacLachlan M J. Mesoporous nitrogen-doped carbon from nanocrystalline chitin assemblies. Journal of Materials Chemistry A，2014，2（16）：5915-5921.

[26] Wysokowski M，Motylenko M，Walter J，et al. Synthesis of nanostructured chitin-hematite composites under extreme biomimetic conditions. RSC Advances，2014，4（106）：61743-61752.

[27] Wysokowski M，Motylenko M，Beyer J，et al. Extreme biomimetic approach for developing novel chitin-GeO_2 nanocomposites with photoluminescent properties. Nano Research，2015，8（7）：2288-2301.

[28] Addadi L，Joester D，Nudelman F，et al. Mollusk shell formation：A source of new concepts for understanding biomineralization processes. Chemistry：A European Journal，2006，12（4）：980-987.

[29] Mao L B，Gao H L，Yao H B，et al. Synthetic nacre by predesigned matrix-directed mineralization. Science，2016，354（6308）：107-110.

[30] Meng Y F，Zhu Y B，Zhou L C，et al. Artificial nacre with high toughness amplification factor：Residual stress-engineering sparks enhanced extrinsic toughening mechanisms. Advanced Materials，2022，34（9）：e2108267.

[31] Bielajew B J，Hu J C，Athanasiou K A. Collagen：Quantification，biomechanics and role of minor subtypes in cartilage. Nature Reviews Materials，2020，5（10）：730-747.

[32] Sorushanova A，Delgado L M，Wu Z N，et al. The collagen suprafamily：From biosynthesis to advanced

biomaterial development. Advanced Materials，2019，31（1）：e1801651.

[33] Palmer L C，Newcomb C J，Kaltz S R，et al. Biomimetic systems for hydroxyapatite mineralization inspired by bone and enamel. Chemical Reviews，2008，108（11）：4754-4783.

[34] Traub W，Arad T，Weiner S. Three-dimensional ordered distribution of crystals in turkey tendon collagen fibers. Proceedings of the National Academy of Sciences of the United States of America，1989，86（24）：9822-9826.

[35] Schwarcz H P，McNally E A，Botton G A. Dark-field transmission electron microscopy of cortical bone reveals details of extrafibrillar crystals. Journal of Structural Biology，2014，188（3）：240-248.

[36] McNally E，Nan F H，Botton G A，et al. Scanning transmission electron microscopic tomography of cortical bone using Z-contrast imaging. Micron，2013，49：46-53.

[37] Reznikov N，Bilton M，Lari L，et al. Fractal-like hierarchical organization of bone begins at the nanoscale. Science，2018，360（6388）：eaao2189.

[38] Lee B E J，Langelier B，Grandfield K. Visualization of collagen-mineral arrangement using atom probe tomography. Advanced Biology，2021，5（9）：e2100657.

[39] Mahamid J，Sharir A，Addadi L，et al. Amorphous calcium phosphate is a major component of the forming fin bones of zebrafish：Indications for an amorphous precursor phase. Proceedings of the National Academy of Sciences of the United States of America，2008，105（35）：12748-12753.

[40] Mahamid J，Aichmayer B，Shimoni E，et al. Mapping amorphous calcium phosphate transformation into crystalline mineral from the cell to the bone in zebrafish fin rays. Proceedings of the National Academy of Sciences of the United States of America，2010，107（14）：6316-6321.

[41] Vidavsky N，Addadi S，Mahamid J，et al. Initial stages of calcium uptake and mineral deposition in sea urchin embryos. Proceedings of the National Academy of Sciences of the United States of America，2014，111（1）：39-44.

[42] Kahil K，Varsano N，Sorrentino A，et al. Cellular pathways of calcium transport and concentration toward mineral formation in sea urchin larvae. Proceedings of the National Academy of Sciences of the United States of America，2020，117（49）：30957-30965.

[43] Politi Y，Metzler R A，Abrecht M，et al. Transformation mechanism of amorphous calcium carbonate into calcite in the sea urchin larval spicule. Proceedings of the National Academy of Sciences of the United States of America，2008，105（45）：17362-17366.

[44] Gong Y U T，Killian C E，Olson I C，et al. Phase transitions in biogenic amorphous calcium carbonate. Proceedings of the National Academy of Sciences of the United States of America，2012，109（16）：6088-6093.

[45] Zou Z，Tang T，Macías-Sánchez E，et al. Three-dimensional structural interrelations between cells，extracellular matrix，and mineral in normally mineralizing avian leg tendon. Proceedings of the National Academy of Sciences of the United States of America，2020，117（25）：14102-14109.

[46] Macías-Sánchez E，Tarakina N V，Ivanov D，et al. Spherulitic crystal growth drives mineral deposition patterns in collagen-based materials. Advanced Functional Materials，2022，32（31）：2200504.

[47] Tang T，Landis W，Raguin E，et al. A 3D network of nanochannels for possible ion and molecule transit in mineralizing bone and cartilage. Advanced NanoBiomed Research，2022，2（8）：2100162.

[48] Cölfen H. A crystal-clear view. Nature Materials，2010，9（12）：960-961.

[49] Jiao K，Niu L N，Ma C F，et al. Complementarity and uncertainty in intrafibrillar mineralization of collagen. Advanced Functional Materials，2017，26（38）：6858-6875.

[50] Olszta M J，Cheng X G，Jee S S，et al. Bone structure and formation：A new perspective. Materials Science and Engineering，R：Reports，2007，58（3-5）：77-116.

[51] Nudelman F，Pieterse K，George A，et al. The role of collagen in bone apatite formation in the presence of hydroxyapatite nucleation inhibitors. Nature Materials，2010，9（12）：1004-1009.

[52] Masic A，Bertinetti L，Schuetz R，et al. Osmotic pressure induced tensile forces in tendon collagen. Nature Communications，2015，6：5942.

[53] Niu L N，Jee S E，Jiao K，et al. Collagen intrafibrillar mineralization as a result of the balance between osmotic equilibrium and electroneutrality. Nature Materials，2017，16（3）：370-378.

[54] Wang Y，Azaïs T，Robin M，et al. The predominant role of collagen in the nucleation，growth，structure and orientation of bone apatite. Nature Materials，2012，11（8）：724-733.

[55] Kim D，Lee B，Thomopoulos S，et al. The role of confined collagen geometry in decreasing nucleation energy barriers to intrafibrillar mineralization. Nature Communications，2018，9（1）：962.

[56] Xu Y F，Nudelman F，Eren E D，et al. Intermolecular channels direct crystal orientation in mineralized collagen. Nature Communications，2020，11（1）：5068.

[57] Deshpande A S，Beniash E. Bio-inspired synthesis of mineralized collagen fibrils. Crystal Growth & Design，2008，8（8）：3084-3090.

[58] Deshpande A S，Fang P A，Simmer J P，et al. Amelogenin-collagen interactions regulate calcium phosphate mineralization *in vitro*. The Journal of Biological Chemistry，2010，285（25）：19277-19287.

[59] Deshpande A S，Fang P A，Zhang X，et al. Primary structure and phosphorylation of dentin matrix protein 1（DMP1）and dentin phosphophoryn（DPP）uniquely determine their role in biomineralization. Biomacromolecules，2011，12（8）：2933-2945.

[60] Shao C Y，Zhao R B，Jiang S Q，et al. Citrate improves collagen mineralization *via* interface wetting：A physicochemical understanding of biomineralization control. Advanced Materials，2018，30（8）：1704876.

[61] Ping H，Xie H，Su B L，et al. Organized intrafibrillar mineralization，directed by a rationally designed multi-functional protein. Journal of Materials Chemistry B，2015，3（22）：4496-4502.

[62] Li J H，Yang J J，Li J Y，et al. Bioinspired intrafibrillar mineralization of human dentine by PAMAM dendrimer. Biomaterials，2013，34（28）：6738-6747.

[63] Yu L，Martin I J，Kasi R M，et al. Enhanced intrafibrillar mineralization of collagen fibrils induced by brushlike polymers. ACS Applied Materials & Interfaces，2018，10（34）：28440-28449.

[64] Liu Y，Kim Y K，Dai L，et al. Hierarchical and non-hierarchical mineralisation of collagen. Biomaterials，2011，32（5）：1291-1300.

[65] Liu Y，Li N，Qi Y P，et al. Intrafibrillar collagen mineralization produced by biomimetic hierarchical nanoapatite assembly. Advanced Materials，2011，23（8）：975-980.

[66] Dai L，Qi Y P，Niu L N，et al. Inorganic-organic nanocomposite assembly using collagen as a template and sodium tripolyphosphate as a biomimetic analog of matrix phosphoprotein. Crystal Growth & Design，2011，11（8）：3504-3511.

[67] Song Q，Jiao K，Tonggu L，et al. Contribution of biomimetic collagen-ligand interaction to intrafibrillar mineralization. Science Advances，2019，5（3）：eaav9075.

[68] Niu L N，Jiao K，Qi Y P，et al. Infiltration of silica inside fibrillar collagen. Angewandte Chemie International Edition，2011，50（49）：11688-11691.

[69] Niu L N，Jiao K，Ryou H，et al. Multiphase intrafibrillar mineralization of collagen. Angewandte Chemie International Edition，2013，52（22）：5762-5766.

[70] Zhou B，Niu L N，Shi W，et al. Adopting the principles of collagen biomineralization for intrafibrillar infiltration of yttria-stabilized zirconia into three-dimensional collagen scaffolds. Advanced Functional Materials，

2014，24（13）：1895-1903.

[71] Ping H，Xie H，Wan Y，et al. Confinement controlled mineralization of calcium carbonate within collagen fibrils. Journal of Materials Chemistry B，2016，4（5）：880-886.

[72] Fang W，Ping H，Wagermaier W，et al. Rapid collagen-directed mineralization of calcium fluoride nanocrystals with periodically patterned nanostructures. Nanoscale，2021，13（17）：8293-8303.

[73] Liu Y，Luo D，Kou X X，et al. Hierarchical intrafibrillar nanocarbonated apatite assembly improves the nanomechanics and cytocompatibility of mineralized collagen. Advanced Functional Materials，2013，23（11）：1404-1411.

[74] Heinemann S，Heinemann C，Jäger M，et al. Effect of silica and hydroxyapatite mineralization on the mechanical properties and the biocompatibility of nanocomposite collagen scaffolds. ACS Applied Materials & Interfaces，2011，3（11）：4323-4331.

[75] Thrivikraman G，Athirasala A，Gordon R，et al. Rapid fabrication of vascularized and innervated cell-laden bone models with biomimetic intrafibrillar collagen mineralization. Nature Communications，2019，10（1）：3520.

[76] Forien J B，Fleck C，Cloetens P，et al. Compressive residual strains in mineral nanoparticles as a possible origin of enhanced crack resistance in human tooth dentin. Nano Letters，2015，15（6）：3729-3734.

[77] Ping H，Wagermaier W，Horbelt N，et al. Mineralization generates megapascal contractile stresses in collagen fibrils. Science，2022，376（6589）：188-192.

[78] Polishchuk I，Bracha A A，Bloch L，et al. Coherently aligned nanoparticles within a biogenic single crystal：A biological prestressing strategy. Science，2017，358（6368）：1294-1298.

[79] Duffy D M. Coherent nanoparticles in calcite. Science，2017，358（6368）：1254-1255.

[80] Wang C Y，Jiao K，Yan J F，et al. Biological and synthetic template-directed syntheses of mineralized hybrid and inorganic materials. Progress in Materials Science，2021，116：100712.

[81] Knowles T P J，Mezzenga R. Amyloid fibrils as building blocks for natural and artificial functional materials. Advanced Materials，2016，28（31）：6546-6561.

[82] Cao Y，Bolisetty S，Wolfisberg G，et al. Amyloid fibril-directed synthesis of silica core-shell nanofilaments，gels，and aerogels. Proceedings of the National Academy of Sciences of the United States of America，2019，116（10）：4012-4017.

[83] Shen Y，Nyström G，Mezzenga R. Amyloid fibrils form hybrid colloidal gels and aerogels with dispersed $CaCO_3$ nanoparticles. Advanced Functional Materials，2017，27（45）：1700897.

[84] Jia X，Peydayesh M，Huang Q，et al. Amyloid fibril templated MOF aerogels for water purification. Small，2022，18（4）：e2105502.

[85] Liu Y，Tao F，Miao S，et al. Controlling the structure and function of protein thin films through amyloid-like aggregation. Accounts of Chemical Research，2021，54（15）：3016-3027.

[86] Tao F，Han Q，Liu K，et al. Tuning crystallization pathways through the mesoscale assembly of biomacromolecular nanocrystals. Angewandte Chemie International Edition，2017，56（43）：13440-13444.

[87] Han Q，Tao F，Xu Y，et al. Tuning chain relaxation from an amorphous biopolymer film to crystals by removing air/water interface limitations. Angewandte Chemie International Edition，2020，59（45）：20192-20200.

[88] Wang D，Deng J，Deng X，et al. Controlling enamel remineralization by amyloid-like amelogenin mimics. Advanced Materials，2020，32（31）：e2002080.

[89] Rauner N，Meuris M，Zoric M，et al. Enzymatic mineralization generates ultrastiff and tough hydrogels with tunable mechanics. Nature，2017，543（7645）：407-410.

[90] Zhang X，Wu B，Sun S，et al. Hybrid materials from ultrahigh-inorganic-content mineral plastic hydrogels：Arbitrarily shapeable，strong，and tough. Advanced Functional Materials，2020，30（19）：1910425.

[91] Pu X，Wu Y，Liu J，et al. 3D bioprinting of microbial-based living materials for advanced energy and environmental applications. Chem & Bio Engineering，2024，1（7）：568-592.

[92] Kim Y Y，Ganesan K，Yang P，et al. An artificial biomineral formed by incorporation of copolymer micelles in calcite crystals. Nature Materials，2011，10（11）：890-896.

[93] Kim Y Y，Carloni J D，Demarchi B，et al. Tuning hardness in calcite by incorporation of amino acids. Nature Materials，2016，15（8）：903-910.

[94] Sun Y，Zeng K，Li T. Piezo-/ferroelectric phenomena in biomaterials：A brief review of recent progress and perspectives. Science China Physics，Mechanics & Astronomy，2020，63（7）：278701.

[95] Marino A A，Becker R O. Piezoelectric effect and growth control in bone. Nature，1970，228（5270）：473-474.

[96] Orrego S，Chen Z Z，Krekora U，et al. Bioinspired materials with self-adaptable mechanical properties. Advanced Materials，2020，32（21）：e1906970.

[97] Zeng H，Xie J，Xie H，et al. Bioprocess-inspired synthesis of hierarchically porous nitrogen-doped TiO_2 with high visible-light photocatalytic activity. Journal of Materials Chemistry A，2015，3（38）：19588-19596.

[98] Zhu C L，Wan F Q，Ping H，et al. Biotemplating synthesis of rod-shaped tin sulfides assembled by interconnected nanosheets for energy storage. Journal of Power Sources，2021，506：230180.

[99] Ping H，Poudel L，Xie H，et al. Synthesis of monodisperse rod-shaped silica particles through biotemplating of surface-functionalized bacteria. Nanoscale，2020，12（16）：8732-8741.

[100] Zhang M Q，Ping H，Fang W J，et al. Particle-attachment crystallization facilitates the occlusion of micrometer-sized *Escherichia coli* in calcium carbonate crystals with stable fluorescence. Journal of Materials Chemistry B，2020，8（40）：9269-9276.

[101] Wang T，Zhu J，Wei Z X，et al. Bacteria-derived biological carbon building robust Li-S batteries. Nano Letters，2019，19（7）：4384-4390.

[102] Qin W，Wang C Y，Ma Y X，et al. Microbe-mediated extracellular and intracellular mineralization：Environmental，industrial，and biotechnological applications. Advanced Materials，2020，32（22）：1907833.

[103] Ping H，Xie H，Xiang M，et al. Confined-space synthesis of nanostructured anatase，directed by genetically engineered living organisms for lithium-ion batteries. Chemical Science，2016，7（10）：6330-6336.

[104] Wang M，Ping H，Xie H，et al. Confined-space synthesis of hierarchical SnO_2 nanorods assembled by ultrasmall nanocrystals for energy storage. RSC Advances，2016，6（85）：81809-81813.

[105] Wei W，Sun P，Li Z，et al. A surface-display biohybrid approach to light-driven hydrogen production in air. Science Advances，2018，4（2）：eaap9253.

[106] Wang Y，An B，Xue B，et al. Living materials fabricated *via* gradient mineralization of light-inducible biofilms. Nature Chemical Biology，2021，17（3）：351-359.

[107] Schaffner M，Rühs P A，Coulter F，et al. 3D printing of bacteria into functional complex materials. Science Advances，2017，3（12）：eaao6804.

[108] Xin A，Su Y，Feng S，et al. Growing living composites with ordered microstructures and exceptional mechanical properties. Advanced Materials，2021，33（13）：e2006946.

[109] Chung W J，Oh J W，Kwak K，et al. Biomimetic self-templating supramolecular structures. Nature，2011，478（7369）：364-368.

[110] Smith G P，Petrenko V A. Phage display. Chemical Reviews，1997，97（2）：391-410.

[111] Mohan K，Weiss G A. Chemically modifying viruses for diverse applications. ACS Chemical Biology，2016，11（5）：1167-1179.

[112] Lee S W，Wood B M，Belcher A M. Chiral smectic C structures of virus-based films. Langmuir，2003，19（5）：1592-1598.

[113] Oh D，Qi J，Lu Y C，et al. Biologically enhanced cathode design for improved capacity and cycle life for lithium-oxygen batteries. Nature Communications，2013，4：2756.

[114] Wan F Q，Wang W X，Zou Z Y，et al. Bioprocess-inspired preparation of silica with varied morphologies and potential in lithium storage. Journal of Materials Science & Technology，2021，72：61-68.

[115] Wan F Q，Wang K，Zhu C L，et al. Uniformly assembly of filamentous phage/SiO_2 composite films with tunable chiral nematic structures in capillary confinement. Applied Surface Science，2022，584：152629.

[116] Lee B Y，Zhang J，Zueger C，et al. Virus-based piezoelectric energy generation. Nature Nanotechnology，2012，7（6）：351-356.

[117] Lee Y，Kim J，Yun D S，et al. Virus-templated Au and Au-Pt core-shell nanowires and their electrocatalytic activities for fuel cell applications. Energy & Environmental Science，2012，5（8）：8328-8334.

[118] Mao C，Solis D J，Reiss B D，et al. Virus-based toolkit for the directed synthesis of magnetic and semiconducting nanowires. Science，2004，303（5655）：213-217.

[119] Dang X，Yi H，Ham M H，et al. Virus-templated self-assembled single-walled carbon nanotubes for highly efficient electron collection in photovoltaic devices. Nature Nanotechnology，2011，6（6）：377-384.

[120] Lee Y J，Yi H，Kim W J，et al. Fabricating genetically engineered high-power lithium-ion batteries using multiple virus genes. Science，2009，324（5930）：1051-1055.

[121] Li Q，Csetenyi L，Paton G I，et al. $CaCO_3$ and $SrCO_3$ bioprecipitation by fungi isolated from calcareous soil. Environmental Microbiology，2015，17（8）：3082-3097.

[122] Li Q，Liu D，Jia Z，et al. Fungal biomineralization of manganese as a novel source of electrochemical materials. Current Biology，2016，26（7）：950-955.

[123] Guan Z，Liu L，He L，et al. Amphiphilic hollow carbonaceous microspheres for the sorption of phenol from water. Journal of Hazardous Materials，2011，196：270-277.

[124] Hou Y K，Pan G L，Sun Y Y，et al. $LiMn_{0.8}Fe_{0.2}PO_4$/carbon nanospheres@graphene nanoribbons prepared by the biomineralization process as the cathode for lithium-ion batteries. ACS Applied Materials & Interfaces，2018，10（19）：16500-16510.

[125] Pan D，Ge S，Zhang X，et al. Synthesis and photoelectrocatalytic activity of In_2O_3 hollow microspheres *via* a bio-template route using yeast templates. Dalton Transactions，2018，47（3）：708-715.

[126] Liu S S，Bian W Y，Yang Z R，et al. A facile synthesis of $CoFe_2O_4$/biocarbon nanocomposites as efficient bi-functional electrocatalysts for the oxygen reduction and oxygen evolution reaction. Journal of Materials Chemistry A，2014，2（42）：18012-18017.

[127] Nassif N，Livage J. From diatoms to silica-based biohybrids. Chemical Society Reviews，2011，40（2）：849-859.

[128] Bao Z，Weatherspoon M R，Shian S，et al. Chemical reduction of three-dimensional silica micro-assemblies into microporous silicon replicas. Nature，2007，446（7132）：172-175.

[129] Weatherspoon M R，Dickerson M B，Wang G，et al. Thin，conformal，and continuous SnO_2 coatings on three-dimensional biosilica templates through hydroxy-group amplification and layer-by-layer alkoxide deposition. Angewandte Chemie International Edition，2007，46（30）：5724-5727.

[130] Zhou F，Li Z，Lu Y Y，et al. Diatomite derived hierarchical hybrid anode for high performance all-solid-state lithium metal batteries. Nature Communications，2019，10（1）：2482.

[131] Lewis E A，Lewis D J，Tedstone A A，et al. Diatom frustules as a biomineralized scaffold for the growth of molybdenum disulfide nanosheets. Chemistry of Materials，2016，28（16）：5582-5586.

第5章 重组蛋白调控材料的合成

生物体中与矿化相关的蛋白质在指导矿物的形成、形态、取向和晶型选择等方面起着重要的作用。利用现代生物技术与材料学手段，不同矿物中的功能蛋白被分离出来，并在体外实验中证实了它们调控材料合成的功能。例如，贝壳和骨骼中酸性蛋白、牙釉质中釉原蛋白、硅藻中硅蛋白和亲硅蛋白等。因此，受天然矿物形成过程的启发，利用这些蛋白质或其衍生物在体外指导无机材料的“自下向上”合成逐渐受到关注。利用蛋白质指导无机材料体外合成的优势主要有：①反应条件相对温和，在室温或低温以及水溶液和接近中性 pH 下完成合成；②可以对无机产物的尺寸、形貌、晶体结构等进行精准控制；③能赋予合成的产物具有多种功能特性的潜力[1]。

不同矿物体系中富含的矿化相关蛋白质具有自组装特性[2]、界面识别[3]及催化活性[4]等功能。这些功能的体现大多数是蛋白质中的功能片段或功能域的作用，因此合理设计重组蛋白来结合这些功能域，将会扩展利用蛋白质调控材料合成的范围。通过基因工程手段可以让多种功能片段融合在一起，并精确和高效地获得高纯度重组蛋白。利用重组蛋白的多功能性可以合成一系列具有新颖结构的功能材料，同时有利于揭示蛋白质与矿物之间的界面效应，有助于进一步理解体内的材料形成过程。

5.1 矿化相关蛋白质的功能

蛋白质是由多个氨基酸通过肽键连接而成的生物大分子。生物体内常见的氨基酸有 20 种，都含有氨基（$—NH_2$）和羧基（—COOH）。胺基和羧基在一定条件下会发生缩合反应，以肽键相连形成寡肽（2～10 个氨基酸）、多肽（11～50 个氨基酸）或蛋白质（50 个以上氨基酸）。因为氨基酸的侧基不同，使得它们具有不同的酸碱性、亲疏水性及其他生物化学功能，进而导致合成的蛋白质也具有不同的结构和功能。蛋白质的一级结构是指氨基酸在肽链中的排列顺序，还包括二硫键的数目和位置。一级结构包含了决定蛋白质高级结构的所有信息。二级结构是指肽链的主链部分在局部形成的有规律的结构，包括 α-螺旋、β-折叠、无规则卷曲等，这些结构的稳定性由氢键决定。肽链在二级结构基础上进一步盘绕、卷曲和折叠，形成的特定空间结构称为三级结构。由两条或两条以上具有三级结构的多肽链组成的蛋白质，则认为具有四级结构。四级结构的内容包括多肽链（亚基）的种类、数目、空间排布以及亚基之间的相互作用[5]。

生物体内蛋白质种类繁多，功能各异。具有丰富结构的蛋白质在调控材料形成的过程中会通过氨基酸基团的电荷作用吸引相反电荷的离子聚集，进而诱导无定形相的生成；也会通过特定空间构象中不同位点氨基酸之间的催化作用诱导水解聚合反应；也会通过氨基酸基团之间特有的间距结合在材料的特定晶面上，促进材料的择优生长；也会通过亚基之间的组装形成四级结构，诱导材料的组装形成或在限域空间中的定向生长等（图 5-1）。像贝壳、骨骼、硅藻等被广泛研究的矿物中，大量的蛋白质被人工分离和提取出来，除了用于研究蛋白质本身对矿物合成的影响外，还有部分蛋白质被用于指导合成非生物体材料，如 ZnO、TiO_2、$BaTiO_3$、$BaTiOF_4$ 等。

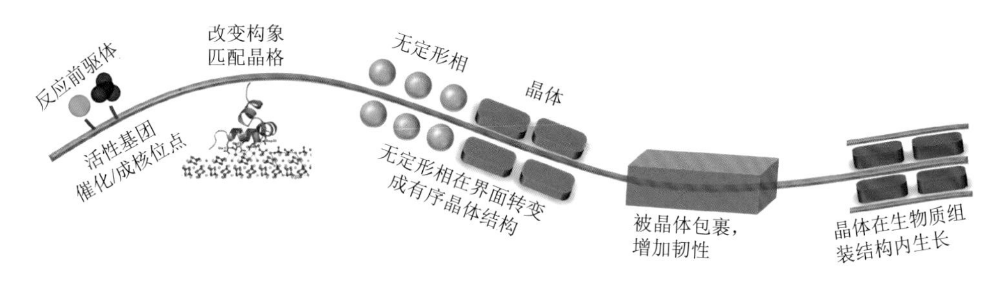

图 5-1　矿化相关蛋白质的基本功能

5.1.1　静电作用

骨骼、牙齿、贝壳等矿物中蛋白质大多数含有很多酸性氨基酸残基或磷酸化的基团，这些蛋白质在矿物形成过程中会通过静电作用吸引相反电荷的离子，形成无定形中间相，最终被传输至相应位置转变为特定结构的晶态。胶原基矿物的生长过程由胶原基质和非胶原蛋白相互结合形成的局域微环境所决定。骨骼中非胶原蛋白包含骨桥蛋白、骨联蛋白、骨涎蛋白、牙本质基质蛋白等，它们都呈酸性，大多数具有不明确或无规卷曲的结构[6]。一般认为，非胶原蛋白诱导无定形磷酸钙的形成，并调节其在胶原纤维内晶化和生长过程；胶原基质提供一个周期性的限域框架，诱导材料的定向生长[7]。在斑马鱼体内的骨骼中已清晰地发现了无定形磷酸钙相的存在以及在胶原内的晶化过程[8]。

伊利诺伊大学芝加哥分校 A. George 教授团队发现牙本质基质蛋白（DMP）在骨骼和牙本质中是高度磷酸化的，等电点为 3.95[9]。相比于牛血清白蛋白和钙调蛋白，DMP 显示出非常强的钙离子亲和能力。DMP 诱导磷酸钙形成过程中，先形成无特定形貌的前驱体颗粒，然后逐渐转变为片状羟基磷灰石晶体。为弄清 DMP 诱导晶体成核的机制，他们选取其中两段功能域（D1A 和 D1B）来分别研究矿化过程。在相同反应条件下，D1A 只能诱导无定形相的生成，而 D1B 却能促进小片状晶体的形成。研究发现在与钙离子结合过程中，D1B 和 DMP 都会形成寡聚体，而 D1A 不具备这一功能。更进一步，将 D1B 中两段酸性域 pA（ESQES）和 pB（QESQSEQDS）分别用于矿化实验。单独的 pA 与 pB 既不能诱导磷灰石晶化，也不能被钙离子诱导形成寡聚体。但是当 pA 与 pB 混合后，却可以聚合形成纤维状结构并诱导片状磷灰石晶体生成。这说明酸性蛋白通过静电作用与钙离子结合能自组装形成特定构象，并作为模板诱导磷灰石的定向生长。

贝壳珍珠层[10]、海胆骨针[11]等碳酸钙基矿物中都发现了无定形相的存在。无定形相的形成及稳定寿命等与酸性蛋白密切相关，它们在分子水平上调节碳酸钙的稳定性与同质多晶型。东京大学 H. Nagasawa 教授团队[12]在珍珠贝 *Pinctada Fuata* 物种中分离出一种特异性结合文石的酸性蛋白 Pif。Pif 含有 Pif97 和 Pif80 两段功能域，它们都呈酸性，等电点分别为 4.65 和 4.99。Pif97 有两个保守结构域，一个控制蛋白质与蛋白质间的相互作用，一个是几丁质结合区；由于含有很多可能形成二硫键的半胱氨酸残基，从而会形成刚性的三维构象。Pif80 含有大量的带电氨基酸残基（天冬氨酸 28.5%、谷氨酸 4.1%、赖氨酸 18.7%、精氨酸 10.9%），没有保守结构域，呈无序结构。他们在体内实验中证实了 Pif 会参与片层状文石的生长，在体外实验中也发现该蛋白质是诱导文石晶体形成的关键因素。浦项科技大学 H. J. Cha 教授团队[13]单独研究了 Pif80 蛋白质调节文石晶体形成的过程。研究发现当 Pif80 与钙离子溶液混合后，会发生相分离形成流体液滴［图 5-2（a）和（b）］。因为 Pif80 蛋白质中含有大量的酸性氨基酸，会通过静电作用吸引钙离子，同时蛋白质内在的无序结构及易于聚集的序列都会驱动液滴的形成。同样地，Pif80 会诱导无定形碳酸钙颗粒的形成，并且延长无定形相的寿命。在碳酸钙体外结晶实验中，不同浓度的 Pif80 会诱导不同形态的文石晶体沉积在几丁质膜上［图 5-2（c）和（d）］。他们的工作证实了酸性蛋白在珍珠层形成过程中稳定无定形相和控制文石结晶的作用，为揭示生物体内生物大分子控制无机晶体的形成过程提供了帮助。

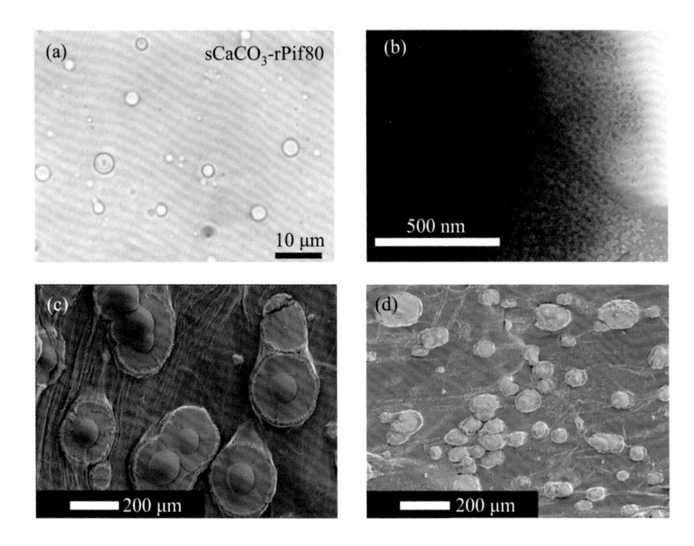

图 5-2 酸性蛋白 Pif80 调控碳酸钙的结晶过程[13]

无定形碳酸钙的光学显微镜图（a）和冷冻透射电镜图（b）；不同蛋白质浓度下碳酸钙在几丁质表面的形貌：（c）30 μg/mL，（d）150 μg/mL

5.1.2 催化作用

因催化作用而被广泛熟知的蛋白质包括海洋软体动物海绵中硅蛋白（silica protein，silicatein）和硅藻细胞壁中亲硅蛋白（silica affinity，silaffin）[14]。硅蛋白存在于海绵 *Tethya aurantia* 物种骨针中的中心蛋白丝上，含有三个蛋白质亚单元，分别命名为 silicatein α、silicatein β、silicatein γ。因为硅蛋白具有处于特定位点的丝氨酸和组氨酸残基，它们的侧基分别具有羟基及咪唑环，这样亲核的羟基就能与咪唑环上的氮原子形成氢键，构成催化活性位点[15]；不仅能自动催化正硅酸四乙酯的水解与缩聚而形成二氧化硅，还能催化其他前驱体来形成相应的金属氧化物[16]。

加利福尼亚大学圣芭芭拉分校 D. E. Morse 教授等[17]很巧妙地选用一种水溶性的含钛前驱体二（2-羟基丙酸）二氢氧化二铵合钛（TiBALDH）溶液，直接与海绵体内骨针混合来合成 TiO_2。研究结果表明在中性 pH 和 20℃下，蛋白丝表面能形成一层 TiO_2，包含无定形相及少量锐钛矿相。随后，他们采用骨针蛋白丝与氧化镓前驱体混合，在低温下合成了 GaOOH；同时当 Ga^{3+}浓度更低时，最终产物变成了纳米晶粒的 γ-Ga_2O_3［图 5-3（a）和（b）］[18]。研究还发现，在骨针蛋白丝表面的硅蛋白除了可以合成上述产物外，还可以影响材料的结晶取向。在使用骨针蛋白丝合成非生物体内二元氧化物后，他们选用 $BaTiF_6$ 作为前驱体，在低温 16℃且没有酸碱辅助的情况下，在蛋白丝表面合成了钙钛矿晶型的 $BaTiOF_4$[19]。在了解硅蛋白催化水解前驱体形成无机材料机制后，他们继续设计拟酶来替代硅蛋白，尝试合成金属氧化物半导体材料[20]。利用光刻技术制备平行排列的条状PDMS模具，并用烷烃硫醇（富含羟基）修饰模具，再与Au衬底接触转移修饰物；然后在剩余空白地方修饰另一种烷烃硫醇（富含咪唑基团），这样就制备了含有催化功能和模板功能的自组装单分子层膜。两组化学性质不同的结构域之间的界面存在催化反应所必需的亲核羟基和氢键，可以催化氧化镓前驱体的水解与聚合，最终形成GaOOH和γ-Ga_2O_3混合物［图5-3（c）和（d）］。

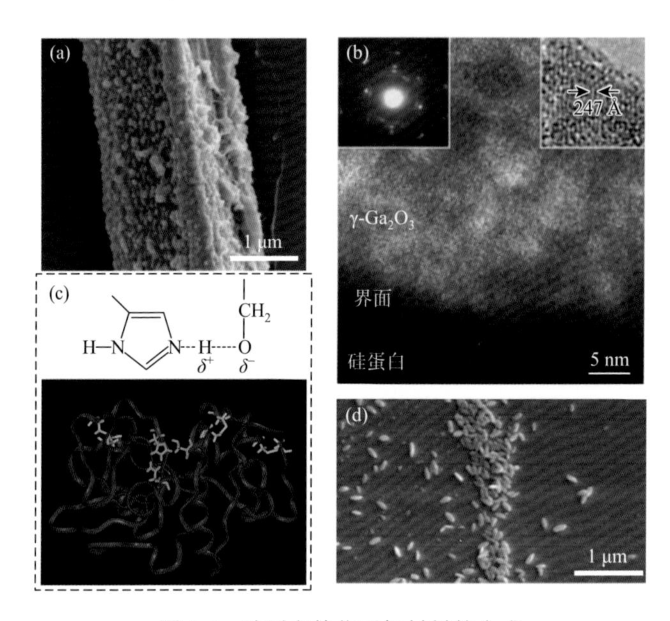

图5-3 硅蛋白催化无机材料的合成

（a）Ga_2O_3纳米粒子沉积在骨针蛋白丝表面；（b）表面的纳米粒子取向排列[18]；（c）硅蛋白催化示意图；（d）不同官能团修饰的基底界面处催化材料合成[20]

亲硅蛋白，大量存在于硅藻细胞壁中，含有丰富的赖氨酸和精氨酸，也能在室温下快速形成二氧化硅[21]。德国德累斯顿技术大学分子生物工程中心N. Kröger教授等[22]首次使用亲硅蛋白的碳端（rSilC）在室温下获得了金红石相。因为rSilC没有谷氨酸和天冬氨酸这样的酸性基团，而含有大量的带正电荷的赖氨酸和精氨酸；水溶性的钛源TiBALDH是带负电荷的，当蛋白质加入溶液中会立刻出现浑浊产物。他们推断rSilC分子能快速进入无定形二氧化钛内部，并调节无定形相转变为金红石晶体。因为它能降低TiO_6八面体排列的活化能，同时还能起到酸碱催化的作用。随后，他们将rSilC蛋白质通过层层自组装技术吸附在膜上，而rSilC分子本身聚集在一起形成纳米畴，这样就可以作为模板来形成以及稳定纳米尺度的TiO_2颗粒，还能有效阻止颗粒间的聚集[22]。亲硅蛋白本身还有很多重复片段，单个片段含有19个氨基酸，称为R5。它本身分子量小、易于操作，而且也能在室温下形成二氧化钛[23]，所以经常被用于与其他肽链或蛋白质连接在一起来获得复相材料。

5.1.3　界面识别

蛋白质作为基质调控晶体定向生长的主要原因是无机晶体的晶格间距与蛋白质中官能团的空间间距存在着几何匹配的关系。这不仅可以降低材料在蛋白质表面的形核能，也能控制晶体的择优生长。骨钙素是含量最丰富的非胶原蛋白之一，在溶液中呈无规则结构，与钙离子结合后会转变为折叠结构，主要包含 α-螺旋二级结构。伊利诺伊理工学院 D. Yang 团队解析了猪骨钙素的 X 射线晶体结构，分辨率为 2.0 Å[3]。研究发现紧密的球状晶体结构中含有三个 α-螺旋结构，其中酸性氨基酸（3 个谷氨酸、1 个天冬氨酸）位于螺旋结构与溶液中钙离子结合，5 个钙离子被“夹持”在 2 个骨钙素蛋白中形成三明治结构。骨钙素蛋白与钙离子结合后的空间结构与羟基磷灰石晶体的(100)面或(110)面非常匹配［图 5-4（a)］。这说明骨钙素蛋白会选择性地结合在羟基磷灰石的特定晶体表面，并调节晶体的形貌和生长路径。

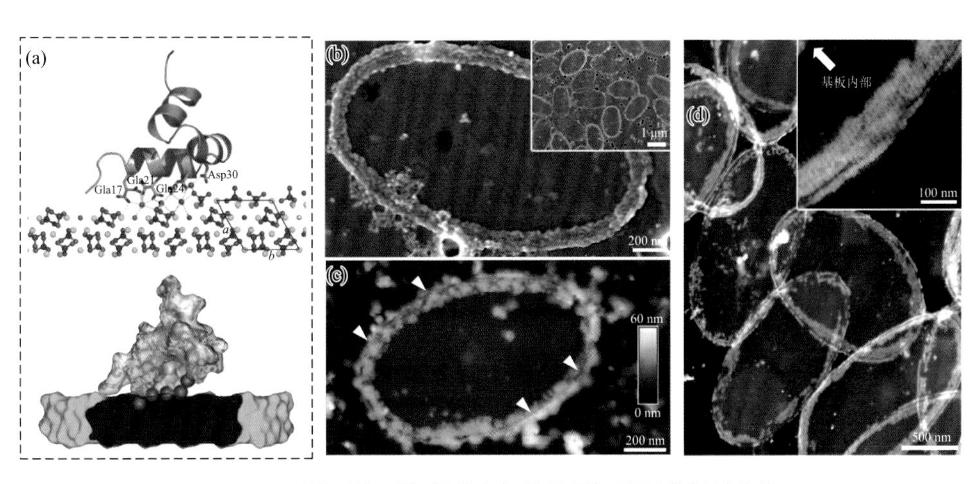

图 5-4　蛋白质与无机晶体之间的界面识别调控材料生长

（a）猪骨钙素蛋白与羟基磷灰石晶体之间的界面匹配[3]；（b）～（d）碳酸钙颗粒在颗石藻基板边缘处的定点沉积[24]

除蛋白质与无机矿物之间的界面识别外，有机基质还会与蛋白质或多糖之间产生相互作用将矿物成分引导至特定位点。德国马普学会分子植物生理学研究所 A. Scheffel 教授团队[24]研究了颗石藻 *Pleurochrysis carterae* 物种的基板边缘上定点矿化的过程。将新鲜的基板分离出来，去矿化后沉积在被正电荷修饰的云母基底上时，原本沉积矿物的一面特异性地朝上分布，说明基板两侧具有明显的电荷分布性质。基板中不溶的基质主要包含纤维素、多糖和尚未明确的蛋白质，可溶的大分子包含三种已知的酸性多糖和一些未知的蛋白质。在体外矿化实验中，溶液中只有基板时，方解石晶体随机沉积在容器底部，不与基板发生任何作用；当溶液中添加与颗石藻相关的可溶性大分子后，并未产生方解石的沉积，而是纳米粒子特异性地聚集在基板边缘，且仅限于基板的顶部边缘（即体内晶体生长的一侧）[图 5-4（b）～（d）]。将可溶性大分子进行荧光标记，通过原位追踪反应证实溶液中同时存在钙离子、基板时，大分子可在 3 min 内特异性聚集在基板边缘。这说明钙介导的生物大分子与基板边缘之间的识别是一个高度特异性的过程。有机模板与可溶性大分子的结合不仅为矿化构建了可控的生物化学环境，还能通过特定的分子间相互作用操控矿化位点，这为指导体外的可控合成提供了新思路。

5.1.4 组装诱导

蛋白质的自组装特性是矿物形成过程中的关键步骤，了解其自组装途径和潜在机制对发展组织修复工程很重要。釉原蛋白是牙釉质中含量最多的细胞外基质之一，能通过与矿物之间的相互作用调节矿物等级结构的形成。釉原蛋白富含脯氨酸、谷氨酰胺、组氨酸和亮氨酸，本质上是疏水的；且不同物种之间的保守性很强，氮端与碳端序列几乎一样。早期釉原蛋白的晶体结构解析不清楚；同时在溶液中倾向于形成聚集体，对其结构和功能方面的表征也存在困难。华南理工大学杜昶教授等选用全长的猪釉原蛋白（rP172），研究了其在体外自组装的过程，并探索了从纳米球形成更高级有序结构的机制[2]。rP172 分子在不同溶液中会组装形成丝状网络结构，然后继续组装成具有双折射的微米尺度彩带结构；但是缺少亲水碳端（含 25 个氨基酸）的蛋白质却无法实现组装。动态光散射分析表明 rP172 的水化半径在 13～27 nm 之间，且尺寸分布很窄。若在短时间内快速检测，发现溶液中存在半径小于 10 nm 的亚单元。结合透射电镜和原子力显微镜结果，他们推测在组装过程中：①蛋白质分子会折叠形成小球状结构，并呈现双极性特性，亲水的碳端暴露在表面；②小球与小球之间通过疏水作用聚集形成寡聚体，单体或寡聚体之间再结合形成纳米球；③球与球之间也会通过桥接或融合形式生成链状结构，链与链之间再组装成微米尺寸的彩带结构。这种由釉原蛋白组装而成的彩带结构会指导羟基磷灰石晶体沿其 c 轴取向生长。

匹兹堡大学 E. Beniash 教授团队[25]在此基础上借助冷冻透射电镜进一步原位观察了鼠釉原蛋白的自组装过程。全长的蛋白质分子（rM179）在 1 min 内会快速形成单体或寡聚体，其中直径约 3 nm 的颗粒定义为单体，直径在 3～10 nm 之间的环为寡聚体。10 min 后形成直径为 15～20 nm 的球形聚集体（纳米球）。但是，缺少碳端的 rM166 分子只能随机聚集形成 10～20 nm 的纳米球，缺少独特的内部结构。三维电子层析结构显示 rM179 单体的碳端会延伸出来形成钩状结构。钩状结构的存在会通过分子识别作用促使 rM179 单体结合形成二聚体，然后六组二聚体并行排列成环状结构。但是 rM166 因缺少碳端无法形成钩状结构，只能通过非特异性的疏水作用聚集，专一性低。在矿化反应中，rM179 形成的环状结构的亲水区域会通过静电作用与预成核簇结合，然后引导其组装成链状结构并融合成针状矿物颗粒，最终形成片状矿物晶体（图 5-5）。还有工作将釉原蛋白纳米带与牙釉质基质结合，浸泡在无定形磷酸钙前驱体溶液中，也证实了前驱体会沿着蛋白纳米带逐渐转变为定向排列的磷灰石纤维[26]。最近，太平洋西北国家实验室 J. Yoreo 教授团队[27]利用原位原子力显微镜和分子动力学模拟证实釉原蛋白会自组装成带状结构，通过构建低能界面来降低无定形磷酸钙的成核势垒。蛋白带状结构中周期性分布的带负电荷基团与无定形磷酸钙相中钙离子配位，最终导致晶型转变过程中晶体沿着蛋白质结构定向生长。

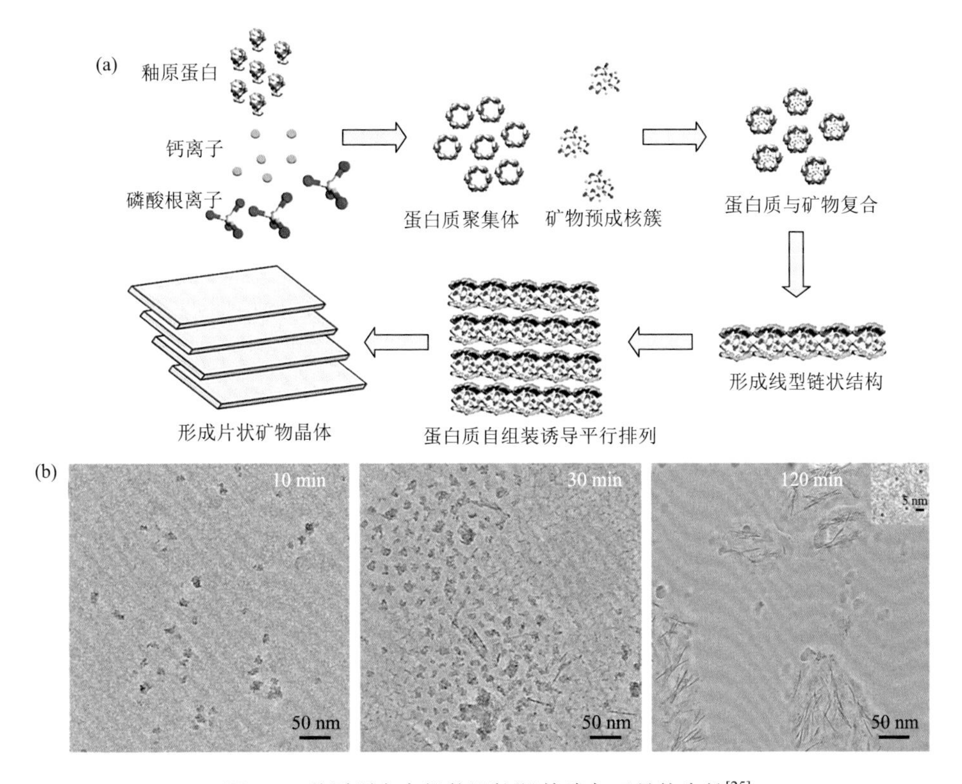

图 5-5　釉原蛋白自组装调控羟基磷灰石晶体生长[25]

（a）蛋白质自组装与调控材料生长示意图；（b）釉原蛋白调控羟基磷灰石晶体生长过程

5.2 重组蛋白的合成方法

重组蛋白是一种利用基因编码技术构建重组 DNA，并由特定的表达系统而获得的蛋白质。重组蛋白为生物医学技术提供了重要突破，不仅用于生物医学研究，还能用于药物治疗。对于材料科学研究而言，重组蛋白技术提供了新的平台可用于体外实验中直观地了解蛋白质与矿物形成之间的关系，并为更进一步理解体内矿物的形成过程提供证据。重组蛋白技术有利于获得高纯度、大产量的蛋白质，并且能人为修饰蛋白质使其满足不同的研究目的。

与提取生物矿物中天然蛋白相比，重组蛋白的生产相对容易。因为生物体内矿化相关的蛋白质提取步骤非常烦琐，且纯度和产率的提高也无法保障。在获得蛋白质的氨基酸序列后，采用基因工程手段借助蛋白质表达系统可以赋予蛋白质特异性标签，再选用与标签对应的纯化系统，可有效提高目标蛋白的纯度和产率。同时，如果需要结合不同蛋白质中功能域获得多功能性的蛋白质，也可以将编码相应蛋白质的 DNA 通过分子生物技术构建重组质粒，再转入可以表达目标蛋白的宿主细胞中，从而获得多功能重组蛋白。目前常用的蛋白质表达系统有原核细胞表达系统、真核细胞表达系统等。其中原核细胞表达系统主要是选用大肠杆菌作为宿主，不会对重组蛋白产生修饰；真核细胞表达系统主要采用酵母细胞，可以对重组蛋白产生磷酸化或糖基化的修饰作用。

大肠杆菌因遗传背景清晰、繁殖速度快、稳定性好、抗污染能力强等特点，是目前应用最广泛的蛋白质表达系统[28]。借助大肠杆菌的重组蛋白合成主要分两步：构建重组质粒、诱导表达与纯化。若已知目标蛋白的氨基酸序列，可将编码蛋白质的碱基序列通过聚合酶链式反应扩增出来，再经过限制性内切酶处理后，与载体质粒连接构建出重组质粒。将重组质粒转入感受态细胞，筛选出成功转入的大肠杆菌，然后诱导重组蛋白的表达，并选择合适的纯化技术获得目标蛋白。然而，大肠杆菌系统不能生产具有复杂二硫键的蛋白质以及需要翻译后修饰才能产生活性的哺乳动物蛋白，导致异源蛋白容易在细菌体内聚集为包涵体，使得蛋白质失去酶活性。为解决上述问题，研究人员开发了多种技术，包括使用不同启动子、不同菌株、改变培养环境等[28]，这些内容不在本章节赘述。

在微生物真核宿主系统中，酵母细胞工厂结合了单细胞生物的优点（生长快、易于遗传操作）、真核生物典型的蛋白质处理能力（蛋白质折叠、组装和翻译后修饰），以及没有内毒素和病毒 DNA[29]。酵母细胞表达与大肠杆菌表达有所区别，大肠杆菌是直接将重组质粒转入宿主体内，然后诱导表达纯化即可。酵母细胞表达系统相对复杂，首先需将重组质粒线性化，然后转至宿主细胞内，以同源重组的方式与宿主菌的染色体进行整合，再挑选出高表达的重组转化子进行表达与纯化[30]。酵母细胞表达系统也存在不足之处，包括发酵时间长、蛋白糖基化不正确、纯化困难等。此外，还有昆虫表达系统、哺乳动物表达系统等都可用于重组蛋白的合成，研究人员会根据它们的优缺点以及获得重组蛋白的目的来选择合适系统诱导蛋白质的表达。对于氨基酸数量较少的短肽，通过上述重组蛋白的表达方法会略显复杂，同时为方便纯化人为添加的标签蛋白也会影响最终短肽的生物化学性质。因此，多肽固相合成方法常被采用直接用于合成高纯度的短肽粉体[31]。

5.3 调控材料的合成与应用

重组蛋白的合成技术为蛋白质的定制化提供了平台，在获得高纯度蛋白质基础上，通过融合不同功能片段还能实现蛋白质生物化学性质的可调控性。借助重组蛋白的结构或功能特性，不仅合成了大量具有新颖结构的金属颗粒和无机材料，还为理解蛋白质调控材料合成过程中界面相互作用提供了直观实验证据。重组蛋白指导合成的材料已被用于催化、生物传感器、生物医学等领域。

5.3.1 金属/合金颗粒

蛋白质/多肽与材料之间的特异性结合已被广泛证实，这些生物分子被用作模板合成了大量的金属或合金材料[32, 33]。美国空军研究实验室 R. R. Naik 博士团队[34]长期致力于多肽调控材料合成的研究工作。他们开创性地构建了 FLg-A3 重组蛋白，并且指导了双金属 Pd@Au 纳米粒子的合成［图 5-6（a）和（b）］。FLg 片段能特异性结合 Pd 或 Pt 基质；A3 片段能促进生成尺寸均匀分布的球形 Au 纳米粒子，并且吸附在颗粒表面抑制聚集形成稳定的胶体悬浮液。首先将 FLg-A3 与金离子溶液混合以生成 Au 纳米粒子，用来构建杂化纳米结构。在合成这些 Au 纳米粒子后，结合在颗粒表面的 FLg 结构域被用来与 Pd 离子结合，随后被硼氢化钠还原，生成 Pd 纳米粒子的壳。相比之下，独立的 A3 多肽只能产生 Au 纳米粒子，因不能结合 Pd 离子无法控制 Pd 纳米结构在 Au 颗粒上的形成。在 FLg-A3 作用下合成的 Pd@Au 纳米结构在烯烃 3-丁烯-1-醇加氢过程中具有较强的催化活性和与 Pd 纳米粒子相似的转化效率。他们还构建了基于亲硅蛋白中 R5 多肽与聚酰胺-胺的树枝状大分子，用于调控金属 Pd 纳米粒子的合成[35]。研究发现 Pd 纳米粒子的形貌取决于树枝状大分子表面的 R5 多肽密度。当 R5 含量高时，形成球形颗粒；当 R5 含量低时，形成各向异性的纳米带结构；当对照组体系只存在 R5 时，纳米粒子呈线型聚集在一起。实验组中金属颗粒具有很好的催化烯丙醇加氢活性，其平均转化效率比对照组高约 1500 $mol^{-1}Pd \cdot h^{-1}$。还有工作将能特异性结合金属 Pd 的多肽与绿色荧光蛋白融合起来［$(Pd_4)_3$-GFP］，成功合成了尺寸分布均匀的 Pd

纳米粒子，直径约 2.4 nm[36]。将获得的产物直接用于偶联反应也有较高的转化效率，这为设计高效非均相催化剂提供了潜在降低成本的思路。

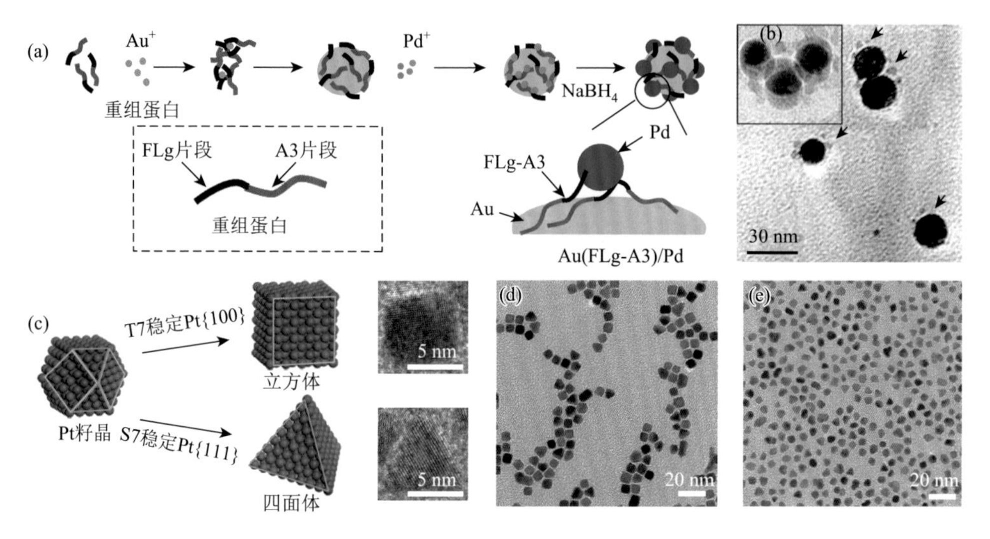

图 5-6 重组多肽/蛋白质调控金属颗粒的合成

（a）合成金属颗粒示意图；（b）Pd@Au 合金颗粒[34]；（c）控制金属颗粒暴露晶面示意图；（d）纳米立方体；（e）纳米四面体[39]

借助铁蛋白的自组装特性，R. R. Naik 等[37]还将具有诱导金属银生成功能的多肽（NPSSLFRYLPSD）与铁蛋白的亚基融合，再由 24 个重组亚基组装成笼状结构的重组铁蛋白。将上述组装好后的重组蛋白与硝酸银溶液混合，银纳米粒子限制性地沉积在重组铁蛋白的空腔内，平均直径约 5 nm。而只使用去铁铁蛋白的实验体系中，没有银颗粒的生成；只使用多肽的体系中，生成的银纳米粒子平均直径约为 102 nm。与此类似，蒙大拿州立大学 T. Douglas 教授团队[38]将特异性结合 CoPt 合金的多肽（KTHEIHSPLLHK）与热休克蛋白（MjHsp）融合在一起。MjHsp 也由 24 个亚基组装成八面体的对称笼结构，外部直径约 12 nm，内部含有 3 nm 的空腔。该重组蛋白也能特异性诱导尺寸均匀（约 6 nm）的 CoPt 合金颗粒生成。这表明构建重组蛋白，即结合具有材料合成功能的多肽和自组装特性的载体蛋白，能有效合成尺寸均匀的材料。

除了能有效控制合成金属颗粒的形貌和尺寸外，蛋白质/多肽还能特异性地控制产物的暴露晶面。美国加利福尼亚大学洛杉矶分校黄昱教授团队利用特异性识别 Pt 纳米晶体{100}和{111}晶面的多肽作为调控剂，高效且可控地合成了具有相应暴露晶面和特定形态的纳米粒子［图 5-6（c）］[39]。通过生物淘选技术，筛选出结合 Pt{100}晶面的多肽 T7 和结合 Pt{111}晶面的多肽 S7，氨基酸序列分别为

TLTTLTN 和 SSFPQPN。将上述多肽与氯铂酸和还原剂混合后即可制备出与预期一致的纳米晶体。在 T7 体系中，T7 特异性吸附在{100}晶面降低其表面能，抑制晶体沿〈100〉晶向生长，最终形成暴露 6 组{100}晶面的纳米立方体［图 5-6（d）］。同样地，S7 吸附在晶体{111}晶面，最终形成暴露 4 组{111}晶面的纳米四面体［图 5-6（e）］。他们推断多肽 T7 和 S7 的分子构象结构会与 Pt{100}或 Pt{111}晶面的原子排列间距存在选择性关系，但是深入机制还有待分析。此外，他们还使用只特异性结合 Pt 颗粒的多肽 P7A（TLHVSSY），在温和条件下生成了近球形的纳米粒子，且尺寸分布很窄（1.7～3.5 nm）[40]。随后，他们精准控制反应条件，能有效地合成具有多足状结构的 Pt 晶体[41]。在生长初期，Pt 纳米粒子呈球形；在后期生长过程中，因为多肽 P7A 选择性结合在晶体{110}晶面，最终颗粒的“多足”倾向于沿〈111〉和〈100〉生长。更进一步，他们使用不同多肽来控制 Pt 晶体的成核生长过程。同样是使用多肽 P7A，改变反应条件能在成核阶段促进具有单孪晶结构籽晶的生成。再使用多肽 T7 和 S7 调控后续晶体的生长过程，能精准合成具有单孪晶结构、右-双金字塔结构和{111}-双金字塔结构的金属颗粒[42]。

5.3.2 无机矿物

珍珠层中“砖-泥”结构的形成是生物大分子和矿物相互作用的典型例子。其普适性矿化模式是：①片层 β-几丁质作为限制性框架，凝胶状丝素填充在几丁质层内，矿化相关蛋白质吸附在几丁质膜上；②丝素与蛋白质协同调节矿物的形核、生长、晶型等，几丁质框架控制矿物的取向[43]。受这些相互作用的启发，武汉理工大学王小莉和谢浩等[44]设计并构建了一组多功能蛋白 ChiCaSifi，其中 Chi 为几丁质结合域、Ca 为钙离子结合蛋白、Sifi 为丝素蛋白［图 5-7（a）］。将吸附了 ChiCaSifi 的几丁质颗粒放置于碳酸钙矿化溶液中，会首先形成球形聚集体的球霰石晶体；随着反应时间增加，球形颗粒会先转变成中空球形结构，再转变成为米粒状结构［图 5-7（c）］。在对照组实验中，不含蛋白质的几丁质表面只沉积着菱形的方解石晶体［图 5-7（b）］。借助分子生物手段，调节上述蛋白质的功能域顺序，合成重组蛋白 ChiSifiCa。在相同实验条件下，吸附 ChiSifiCa 的几丁质颗粒表面生成了由纳米粒子组装而成的中空球形球文石晶体［图 5-7（d）］[45]。在上述两组实验体系中，矿物形成过程中重组蛋白的二级结构都从无规卷曲变成了 α-螺旋结构，这为蛋白质与矿物之间相互作用提供了直接证据。

骨骼的基本构造单元是矿化胶原纤维，其形成过程非常复杂。但也存在着简易矿化模型：非胶原蛋白诱导无定形前驱体的形成，胶原纤维作为限制性模板调控前驱体在其内部的结晶过程。受此启发，武汉理工大学平航等设计了多功能重组蛋白 BSP-HAP 来调节胶原矿化[46]。其中 BSP 是骨骼中非胶原蛋白含量最多之一骨涎蛋白的酸性功能片段，能有效结合胶原和钙离子；HAP 是羟基磷灰石结合

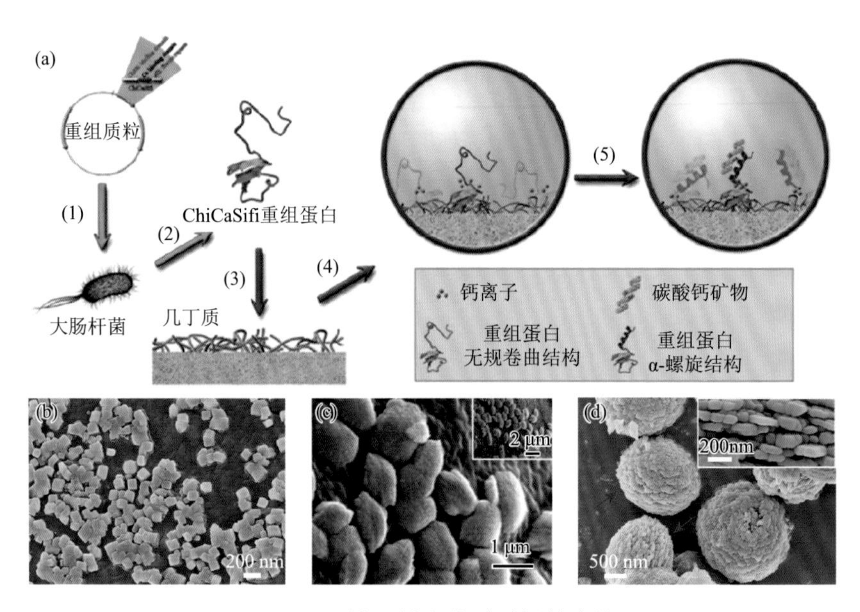

图 5-7 重组蛋白调控碳酸钙的生长

（a）重组蛋白 ChiCaSifi 的合成及其调控碳酸钙晶体生长示意图；（b）对照组；（c）重组蛋白 ChiCaSifi 在几丁质表面合成碳酸钙结构图[44]；（d）重组蛋白 ChiSifiCa 在几丁质表面合成碳酸钙结构图[45]

多肽，特异性结合磷灰石矿物。当矿化体系中只存在聚丙烯酸时，针状羟基磷灰石晶体沉积在胶原纤维内部。当聚丙烯酸与多功能蛋白 BSP-HAP 共存于矿化溶液时，也能实现矿物的内部矿化，但矿物晶体结构呈小片状。在矿化过程中，BSP-HAP 通过疏水作用吸附在胶原纤维的空缺区域。因 BSP 中特定氨基酸位点与无定形磷酸钙前驱体中钙离子之间会配位形成“钙三角”，这与羟基磷灰石晶体中(002)面相匹配。这会降低无定形相向晶型转变的能垒，有利于在胶原内晶化，并倾向于沿［002］向生长。受制于胶原纤维的限域环境，矿物的横向生长会受到抑制，最终矿物的尺寸（长 30～50 nm、宽 15～20 nm）与骨骼中相似。此外，华中科技大学张胜民教授团队基于白蛋白(ALB)和丝素蛋白(SF)构建重组蛋白 ALB-SF 来调控羟基磷灰石的合成，并研究晶体形状对大鼠间充质干细胞的影响[47]。在重组蛋白作用下，会诱导球形纳米粒子的生成；而单独的 SF 会促进纳米棒结构的生成。研究发现两组形态的颗粒对细胞的迁移与繁殖没有明显影响；但是相比于纳米棒结构，纳米球颗粒会快速被干细胞内化，并显著促进成骨细胞分化。日本癌症研究基金会 K. Shiba 教授团队[48]为探究骨骼中晶体生长过程，基于 DMP 蛋白中两端功能基序构建了一系列重组蛋白。这两段功能基序是前面提及的 pA（ESQES）和 pB（QESQSEQDS），重组蛋白中含有不同数量的 pA 和 pB 基序，且它们的排列顺序各异。通过与对照组实验中 pH 的变化相比，筛选出最快促进无定形相向晶型转变的重组蛋白，并利用该蛋白质研究晶型转变过程。在蛋白质作用下，先形成直径约 340 nm 的前驱体相，但在晶化过程中直径不变化，他们认为这是“直接转化”机制，与对照组中“非均相转化”机制不同。前者是指无定形颗粒内部结构的再组织形成有序的晶体，体积不变化；后者是指晶体在无定形颗粒内生长，最终尺寸逐渐超过原先无定形颗粒。该研究工作为揭示生物体内蛋白质调控结晶过程提供了独特视角。

自然界中硅藻、软体动物、卵等生物有机体会形成保护性矿物外壳，能有效维持壳内系统的耐热性和生理稳定性。受这一结构耐热性带来的启示，浙江大学唐睿康教授团队[49]将对磷酸钙材料具有亲和力的短肽（W6）与人肠道病毒疫苗（EV71）融合，获得重组蛋白 EV71-W6［图 5-8（a）］。W6 是牙本质蛋白的核心基序，富含酸性氨基酸，能结合钙离子诱导磷酸钙的形成。将 EV71-W6 浸置在矿化溶液中，会在疫苗表面形成 5～10 nm 厚的矿物壳［图 5-8（b）］；而对照组 EV71 因不含矿化相关多肽，无法诱导磷酸钙在其表面生成。疫苗表面包裹的矿物在生理环境（pH＞7）下非常稳定，而在弱酸性环境（pH＜6.5）下会快速溶解。矿化疫苗对 pH 敏感的特性非常适合用于生物医学，因为细胞处理内化颗粒的过程经常涉及微酸性环境。此外，矿化疫苗还具有很好的热稳定性，在室温 26℃存放超过 9 天也具有很好的活性，在生理温度 37℃保存 168 h 活性损失很少，即使在 42℃下存放 9 h 活性也很高。与此类似，受小龙虾碳酸钙/几丁质矿化外壳的启发，日本东京大学 T. Kato 教授团队[50]设计了重组蛋白 rCAP-1-CD 和 rCAP-1-CT。其中，CAP-1 是从小龙虾外壳中几丁质纤维中分离得到，不仅能结合几丁质，其 C 端还含有七个酸性氨基酸（EDDDDDD），能有效稳定无定形相。

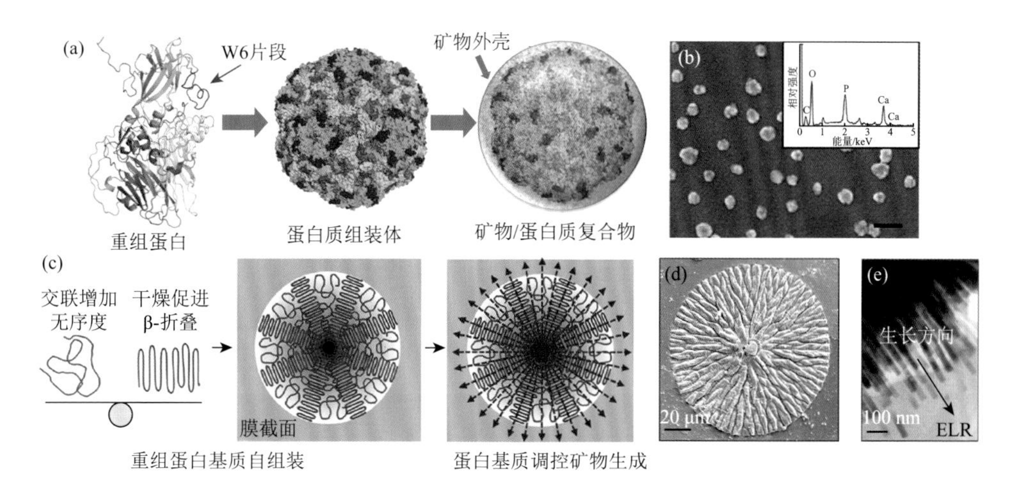

图 5-8　重组蛋白调控磷灰石的生长

（a）重组蛋白 EV71-W6 的构建及其调控磷灰石生长示意图；（b）疫苗被磷灰石晶体包裹结构图，插图是能谱图[49]；（c）类弹性蛋白重组体组装成膜及其调控磷灰石生长示意图；（d）磷灰石晶体在膜表面生长成圆盘状结构；（e）圆盘状结构由定向排列的纳米纤维构成[51]

CD 表示 rCAP-1-CD 的 C 端含有两组 EDDDDDD；相应地，CT 表示含有三组重复单元。在重组蛋白作用下，片状三足方解石晶体沉积在几丁质基质上。当矿化体系中蛋白质不含几丁质结合域时，碳酸钙纳米晶粒随机吸附在几丁质基底上。这说明矿化过程中重组蛋白与几丁质的特异性结合，以及酸性域与钙离子的相互作用对晶体的形成和形貌控制都起着非常关键的作用。

矿物形成过程中本征无序蛋白有助于蛋白质/矿物界面间分子相互作用，进而诱导矿物组织等级结构的构建。类弹性蛋白重组体（elastin-like recombinamer，ELR）是基于天然弹性蛋白重复基序（VPGXG）构建的重组大分子，它的有序度和无序度可被人为设计和控制以产生具有新功能的超分子基质。伦敦玛丽女王大学 A. Mata 教授团队[51]构建了一组同时包含本征无序域和带负电荷域的重组蛋白 ELR 来控制磷灰石的矿化[图 5-8（c）]。将 ELR 分子溶解在无水二甲基甲酰胺中，室温下干燥过程中使用六乙基二异氰酸酯交联，它们会自组装成 β-淀粉样纤维的密集网络基质，并且三维 ELR 球晶均匀分布在基质中。将上述 ELR 膜浸置在氟磷灰石矿化溶液中，反应一段时间后直径达数十微米甚至毫米，且呈放射状生长的圆形晶体沉积在表面［图 5-8（d）和（e）］。圆形晶体的主要成分是氟磷灰石，由长约 85 nm 的纳米晶粒有序组织而成，矿化基质的杨氏模量和硬度分别约为 33 GPa 和 1.1 GPa。观察矿化基质的横截面，也发现了大量类似的球晶结构，中心区域呈颗粒状，是氟磷灰石球晶生长的模板。这说明 ELR 基质不仅在其表面诱导矿物的生长，基质内部也提供了矿物生长的良好环境。若在溶剂蒸发过程中调节 ELR 的交联程度，可以改变 β-折叠和无规卷曲构象的程度，但是保持 β-反转和 α-螺旋构象恒定。当无规卷曲与 β-折叠的比值在 0.26 以下时，不能形成球晶；逐渐提高无规卷曲的比例，球晶的数量逐渐增加。无规卷曲含量高的基质更有利于沉积矿物，进而提高矿化基质的力学性能。将结构可调的 ELR 基质用于牙本质修复显示出很好的耐酸性和抗酶降解性。此外，还有工作重组构建了鱼耳石中本征无序蛋白 Stm-I，研究它与碳酸钙晶体之间的相互作用[52]。在诱导碳酸钙晶体形成过程中，Stm-I 蛋白被方解石晶体包裹，导致晶格的收缩。共聚焦荧光显微镜显示蛋白质主要集中在颗粒的中心形成环形，两侧则是贫蛋白区域。他们推断在早期生长过程中，蛋白质作为晶体生长的成核剂；在生长后期，蛋白质附着在方解石晶体的台阶处调控晶体的形貌并被晶体包裹。揭示 Stm-I 蛋白在体外调控材料合成的过程，可为未来设计多功能材料提供潜在的指导意义。

上面提及的海绵骨针中蛋白丝富含硅蛋白，很多工作直接用蛋白丝作为模板诱导无机材料的合成。但是蛋白丝需要从海绵骨针中分离出来，不仅步骤烦琐，而且产量低，这样就会限制最后合成产物的产量。于是研究人员开始转向使用分子生物技术通过原核细胞表达系统获得重组硅蛋白，调控多种无机材料的合成并探索功能特性。德国美茵茨约翰内斯·古腾堡大学 W. Tremel 教授团队[53]使用重组硅蛋白合成了具有极高弯曲强度的针状方解石晶体。将重新折叠的重组蛋白与氯化钙溶液混合，然后通过 CO_2 扩散法促进碳酸钙的形成。在室温反应 4 h 后，溶液中形成了长 10～300 μm 和直径 5～10 μm 的针状晶体。若溶液中不含硅蛋白，则只会形成菱形的方解石沉淀。通过红外光谱证实了针状晶体中硅蛋白与方解石共存，纳米热重分析表明产物中蛋白质含量为 10 wt%～16 wt%。通过缩短反应时间，发现溶液中首先生成直径约 5 nm 的颗粒，然后再逐渐定向组装和融合形成无定形针状结构，陈化 6 个月后转变成单晶结构，且长轴方向沿方解石[100]晶向生长。将产物一端固定在基底边缘呈悬臂梁结构，再通过原子力显微镜对另一端施加载荷，然后根据位移与载荷关系可计算出弹性模量。最终结果表明，新鲜针状产物和陈化 7 个月产物的弹性模量分别约为 3 GPa 和 19 GPa。在扫描电镜中原位弯曲陈化 1 个月的产物，即使变形成“U 形”也不会断裂，这归功于产物中较高的蛋白质含量和纳米单元在载荷作用下发生的结构重排。除了极好的力学性能外，针状产物还具有优异的光波导特性，即使在弯曲状态下也能保留光波导能力。他们还将重组硅蛋白和组氨酸标签融合在一起，并对玻璃基底进行多步修饰，使重组蛋白锚定在玻璃基底上[54]。再将蛋白质修饰后的玻璃放入水溶性的 Na_2SnF_6 中，在室温和中性 pH 条件下会形成致密的 SnO_2 膜，并且玻璃本身的颜色及可见光透过性都没有改变。

重组蛋白还被用于合成其他非生物复合材料，如碳纳米管复合材料等。R. R. Naik 等[55]选择单壁碳纳米管（SWNTs）特异性结合的多肽 P1（HSSYWYAFNNKT）和亲硅蛋白中具备硅化能力的多肽 R5（SSKKSGSYSGSKGSKRRIL）融合。在重组蛋白 P1R5 作用下，P1 多肽因富含芳香基团和羟基，能有效吸附在 SWNTs 表面使其分散在水中；R5 多肽诱导反应溶液中硅源或钛源转变为无定形二氧化硅或二氧化钛沉积在 SWNTs 表面。这是首次报道使用重组蛋白诱导无机材料合成来修饰碳纳米管。美国塔夫斯大学 D. L. Kaplan 教授团队[56]在此基础上，将蜘蛛丝中具有自组装功能的丝蛋白片段 MaSp1 与 R5 进行融合，所得重组蛋白能诱导直径 0.5～2 μm 二氧化硅颗粒的合成，比只存在 R5 作用下合成的产物尺寸（0.5～10 μm）更均匀。因重组蛋白有自组装特性，可加工成薄膜或纤维等结构，这对开发具有生物医学功能的复合材料提供了新的选择[57, 58]。

参与生物矿化过程的蛋白质的主要功能包括静电作用、催化作用、界面识别、自组装特性等。解析矿化相关蛋白质的功能单元，再利用重组技术将不同功能的多肽/蛋白质融合在一起构建新的重组蛋白，可获得超越单一蛋白作用的多功能特性。在这些重组蛋白调控作用下，仅在温和反应环境中就合成了大量金属/合金纳米粒子和无机矿物纳米材料，这类材料在不同应用场景中也都显示着独特的功能特性。但是，构建重组蛋白的操作复杂，还不能实现设计具有各种功能或形态可控的人造蛋白，因此也无法充分利用其在创制多功能复合材料方面的潜力。希望未来有更多的技术用于合成重组蛋白，并将其应用于合成具有复杂功能的无机材料，真正实现材料结构与功能的可定制化。

参 考 文 献

[1] Dickerson M B，Sandhage K H，Naik R R. Protein- and peptide-directed syntheses of inorganic materials. Chemical Reviews，2008，108（11）：4935-4978.

[2] Du C，Falini G，Fermani S，et al. Supramolecular assembly of amelogenin nanospheres into birefringent microribbons. Science，2005，307（5714）：1450-1454.

[3] Hoang Q Q，Sicheri F，Howard A J，et al. Bone recognition mechanism of porcine osteocalcin from crystal structure. Nature，2003，425（6961）：977-980.

[4] Kröger N，Lorenz S，Brunner E，et al. Self-assembly of highly phosphorylated silaffins and their function in biosilica morphogenesis. Science，2002，298（5593）：584-586.

[5] 杨荣武. 生物化学原理. 3 版. 北京：高等教育出版社，2018.

[6] George A，Veis A. Phosphorylated proteins and control over apatite nucleation，crystal growth，and inhibition. Chemical Reviews，2008，108（11）：4670-4693.

[7] Cölfen H. A crystal-clear view. Nature Materials，2010，9（12）：960-961.

[8] Mahamid J，Aichmayer B，Shimoni E，et al. Mapping amorphous calcium phosphate transformation into crystalline mineral from the cell to the bone in zebrafish fin rays. Proceedings of the National Academy of Sciences of the United States of America，2010，107（14）：6316-6321.

[9] He G，Dahl T，Veis A，et al. Nucleation of apatite crystals *in vitro* by self-assembled dentin matrix protein 1. Nature Materials，2003，2（8）：552-558.

[10] DeVol R T，Sun C Y，Marcus M A，et al. Nanoscale transforming mineral phases in fresh nacre. Journal of the American Chemical Society，2015，137（41）：13325-13333.

[11] Gong Y U T，Killian C E，Olson I C，et al. Phase transitions in biogenic amorphous calcium carbonate. Proceedings of the National Academy of Sciences of the United States of America，2012，109（16）：6088-6093.

[12] Suzuki M，Saruwatari K，Kogure T，et al. An acidic matrix protein，Pif，is a key macromolecule for nacre formation. Science，2009，325（5946）：1388-1390.

[13] Bahn S Y，Jo B H，Choi Y S，et al. Control of nacre biomineralization by Pif80 in pearl oyster. Science Advances，2017，3（8）：e1700765.

[14] Brutchey R L，Morse D E. Silicatein and the translation of its molecular mechanism of biosilicification into low temperature nanomaterial synthesis. Chemical Reviews，2008，108（11）：4915-4934.

[15] Cha J N，Shimizu K，Zhou Y，et al. Silicatein filaments and subunits from a marine sponge direct the polymerization of silica and silicones *in vitro*. Proceedings of the National Academy of Sciences of the United States of America，1999，96（2）：361-365.

[16] Andre R，Tahir M N，Natalio F，et al. Bioinspired synthesis of multifunctional inorganic and bio-organic hybrid materials. The FEBS Journal，2012，279（10）：1737-1749.

[17] Sumerel J L，Yang W J，Kisailus D，et al. Biocatalytically templated synthesis of titanium dioxide. Chemistry of Materials，2003，15（25）：4804-4809.

[18] Kisailus D，Choi J H，Weaver J C，et al. Enzymatic synthesis and nanostructural control of *Gallium* oxide at low temperature. Advanced Materials，2005，17（3）：314-318.

[19] Brutchey R L，Yoo E S，Morse D E. Biocatalytic synthesis of a nanostructured and crystalline bimetallic perovskite-like barium oxofluorotitanate at low temperature. Journal of the American Chemical Society，2006，128（31）：10288-10294.

[20] Kisailus D，Truong Q，Amemiya Y，et al. Self-assembled bifunctional surface mimics an enzymatic and templating protein for the synthesis of a metal oxide semiconductor. Proceedings of the National Academy of Sciences of the United States of America，2006，103（15）：5652-5657.

[21] Kröger N，Deutzmann R，Sumper M. Polycationic peptides from diatom biosilica that direct silica nanosphere formation. Science，1999，286（5442）：1129-1132.

[22] Kharlampieva E，Tsukruk T，Slocik J M，et al. Bioenabled surface-mediated growth of titania nanoparticles. Advanced Materials，2008，20（17）：3274-3279.

[23] Sewell S L，Wright D W. Biomimetic synthesis of titanium dioxide utilizing the R5 peptide derived from *Cylindrotheca fusiformis*. Chemistry of Materials，2006，18（13）：3108-3113.

[24] Gal A，Wirth R，Kopka J，et al. Macromolecular recognition directs calcium ions to coccolith mineralization sites. Science，2016，353（6299）：590-593.

[25] Fang P A，Conway J F，Margolis H C，et al. Hierarchical self-assembly of amelogenin and the regulation of biomineralization at the nanoscale. Proceedings of the National Academy of Sciences of the United States of America，2011，108（34）：14097-14102.

[26] Bai Y，Yu Z，Ackerman L，et al. Protein nanoribbons template enamel mineralization. Proceedings of the National Academy of Sciences of the United States of America，2020，117（32）：19201-19208.

[27] Akkineni S，Zhu C，Chen J，et al. Amyloid-like amelogenin nanoribbons template mineralization *via* a low-energy interface of ion binding sites. Proceedings of the National Academy of Sciences of the United States of America，2022，119（19）：e2106965119.

[28] Choi J H，Lee S Y. Secretory and extracellular production of recombinant proteins using *Escherichia coli*. Applied Microbiology and Biotechnology，2004，64（5）：625-635.

[29] Mattanovich D，Branduardi P，Dato L，et al. Recombinant protein production in yeasts//Lorence A. Recombinant Gene Expression. New York：Springer，2012：329-358.

[30] 郭雨刚. 毕赤酵母表达系统及其应用. 合肥：中国科学技术大学，2012.

[31] Jensen K J. Solid-phase peptide synthesis：An introduction//Jensen K J，Shelton P T，Pedersen S L. Peptide Synthesis and Applications. New York：Springer，2013：1-21.

[32] Iranmanesh H，Subhash B，Glover D J，et al. Proteins and peptides for functional nanomaterials：Current efforts and new opportunities. MRS Bulletin，2020，45（12）：1005-1016.

[33] Slocik J M，Naik R R. Probing peptide-nanomaterial interactions. Chemical Society Reviews，2010，39（9）：3454-3463.

[34] Slocik J M，Naik R R. Biologically programmed synthesis of bimetallic nanostructures. Advanced Materials，2006，18（15）；1988-1992.

[35] Bedford N M，Bhandari R，Slocik J M，et al. Peptide-modified dendrimers as templates for the production of highly reactive catalytic nanomaterials. Chemistry of Materials，2014，26（14）：4082-4091.

[36] Mosleh I，Shahsavari H R，Beitle R，et al. Recombinant peptide fusion protein-templated palladium nanoparticles for Suzuki-Miyaura and stille coupling reactions. ChemCatChem，2020，12（11）：2942-2946.

[37] Kramer R M，Li C，Carter D C，et al. Engineered protein cages for nanomaterial synthesis. Journal of the American Chemical Society，2004，126（41）：13282-13286.

[38] Klem M T，Willits D，Solis D J，et al. Bio-inspired synthesis of protein-encapsulated CoPt nanoparticles. Advanced Functional Materials，2005，15（9）：1489-1494.

[39] Chiu C Y，Li Y，Ruan L，et al. Platinum nanocrystals selectively shaped using facet-specific peptide sequences. Nature Chemistry，2011，3（5）：393-399.

[40] Li Y，Whyburn G P，Huang Y. Specific peptide regulated synthesis of ultrasmall platinum nanocrystals. Journal of the American Chemical Society，2009，131（44）：15998-15999.

[41] Li Y，Huang Y. Morphology-controlled synthesis of platinum nanocrystals with specific peptides. Advanced Materials，2010，22（17）：1921-1925.

[42] Ruan L，Chiu C Y，Li Y，et al. Synthesis of platinum single-twinned right bipyramid and {111}-bipyramid through targeted control over both nucleation and growth using specific peptides. Nano Letters，2011，11（7）：3040-3046.

[43] Addadi L，Joester D，Nudelman F，et al. Mollusk shell formation：A source of new concepts for understanding biomineralization processes. Chemistry：A European Journal，2006，12（4）：980-987.

[44] Wang X L，Xie H，Su B L，et al. A bio-process inspired synthesis of vaterite（$CaCO_3$），directed by a rationally designed multifunctional protein，ChiCaSifi. Journal of Materials Chemistry B，2015，3（29）：5951-5956.

[45] Ping H，Wan Y，Xie H，et al. Organized arrangement of calcium carbonate crystals，directed by a rationally designed protein. Crystal Growth & Design，2018，18（6）：3576-3583.

[46] Ping H，Xie H，Su B L，et al. Organized intrafibrillar mineralization，directed by a rationally designed multi-functional protein. Journal of Materials Chemistry B，2015，3（22）：4496-4502.

[47] Wang J，Yang G，Wang Y，et al. Chimeric protein template-induced shape control of bone mineral nanoparticles and its impact on mesenchymal stem cell fate. Biomacromolecules，2015，16（7）：1987-1996.

[48] Tsuji T，Onuma K，Yamamoto A，et al. Direct transformation from amorphous to crystalline calcium phosphate facilitated by motif-programmed artificial proteins. Proceedings of the National Academy of Sciences of the United States of America，2008，105（44）：16866-16870.

[49] Wang G，Cao R Y，Chen R，et al. Rational design of thermostable vaccines by engineered peptide-induced virus self-biomineralization under physiological conditions. Proceedings of the National Academy of Sciences of the United States of America，2013，110（19）：7619-7624.

[50] Kumagai H，Matsunaga R，Nishimura T，et al. $CaCO_3$/chitin hybrids：Recombinant acidic peptides based on a peptide extracted from the exoskeleton of a crayfish controls the structures of the hybrids. Faraday Discussions，2012，159：483-494.

[51] Elsharkawy S，Al-Jawad M，Pantano M F，et al. Protein disorder-order interplay to guide the growth of hierarchical mineralized structures. Nature Communications，2018，9（1）：2145.

[52] Różycka M，Coronado I，Brach K，et al. Lattice shrinkage by incorporation of recombinant starmaker-like protein within bioinspired calcium carbonate crystals. Chemistry：A European Journal，2019，25（55）：12740-12750.

[53] Natalio F，Corrales T P，Panthöfer M，et al. Flexible minerals：Self-assembled calcite spicules with extreme bending strength. Science，2013，339（6125）：1298-1302.

[54] André R，Tahir M N，Schröder H C C，et al. Enzymatic synthesis and surface deposition of tin dioxide using silicatein-α. Chemistry of Materials，2011，23（24）：5358-5365.

[55] Pender M J，Sowards L A，Hartgerink J D，et al. Peptide-mediated formation of single-wall carbon nanotube composites. Nano Letters，2006，6（1）：40-44.

[56] Wong Po Foo C，Patwardhan S V，Belton D J，et al. Novel nanocomposites from spider silk-silica fusion（chimeric）proteins. Proceedings of the National Academy of Sciences of the United States of America，2006，103（25）：9428-9433.

[57] Martín-Moldes Z，Ebrahimi D，Plowright R，et al. Intracellular pathways involved in bone regeneration triggered by recombinant silk-silica chimeras. Advanced Functional Materials，2018，28（27）：1702570.

[58] Martín-Moldes Z，López Barreiro D，Buehler M J，et al. Effect of the silica nanoparticle size on the osteoinduction of biomineralized silk-silica nanocomposites. Acta Biomaterialia，2021，120：203-212.

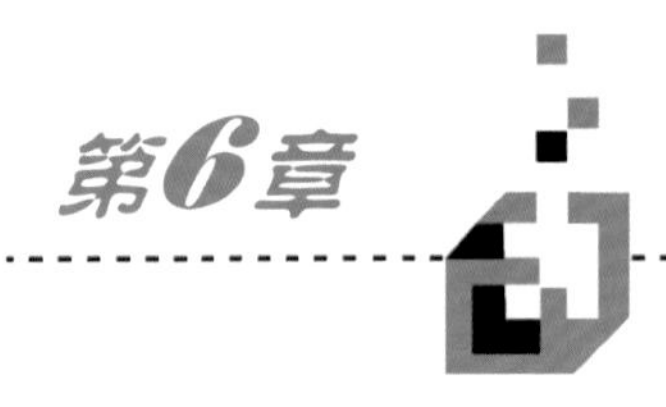

第6章 类蛋白物质诱导的合成与制备

在生物矿化过程中，生物体控制无机离子在特定的矿化位点沉积形成具有特殊形貌和复杂多级结构的生物矿物，小到细菌和单细胞藻类，大到软体动物的外壳和脊椎动物的骨骼，无一不体现出生物矿物优美的结构[1]。这些高度组织起来的生物矿物通常是无机矿物与生物大分子组装形成的有机-无机复合材料，因而有着超常的机械性能[2]。而这种将简单沉淀物变成复杂结构并且功能化的调控机制尚不明确。

在第 2 章中介绍了目前所揭示的一些生物矿化机制和方法，其中最重要的方法之一是使用蛋白质、多糖等生物大分子调控矿物晶体的成核、生长、形貌和尺寸。然而，生物体内蛋白质的结构非常复杂，其与无机离子结合情况、与矿物晶体之间的界面相互作用以及不同蛋白质之间的协同调控对晶体生长过程的影响机制等很难通过现有的技术手段直接解析。因此，科学家主要通过使用人工合成的类蛋白物质诱导矿物的合成，并通过改变类蛋白物质的结构和性质对矿物的生长过程进行调控[3, 4]。总体来讲，蛋白质的主要功能是通过其官能团与游离的无机离子或者晶体表面暴露出来的离子的静电或配位等相互作用，改变晶体成核和不同晶面的生长动力学过程，进而改变晶体的物相和形貌。目前，常用的类蛋白物质主要包括聚氨基酸、聚电解质、嵌段共聚物等，它们能在一定程度上模拟蛋白质的电负性和空间结构。此外，一些生物小分子和无机离子在生物矿物的形成过程中也会影响矿物的结晶热力学和动力学，其作用机制也可能与蛋白质相似。

6.1 人工合成聚合物诱导的合成与制备

6.1.1 聚氨基酸

氨基酸是蛋白质的基本结构单元。自然界中已经发现百余种氨基酸，但从蛋白质水解产物中分离出来的氨基酸通常只有 20 种。除脯氨酸外，这些氨基酸都属于 α-氨基酸，即其结构上与羧基相邻的 α-碳原子上都有一个氨基。与生物矿物有关联的蛋白质多为高酸性、富含天冬氨酸和（或）谷氨酸的蛋白质[3]。生物矿物的生长过程主要由蛋白质进行调控，也可视为一种具有精确控制序列的氨基酸共聚物，又称为聚氨基酸。聚氨基酸由单个氨基酸之间的氨基（$—NH_2$）和羧基（—COOH）缩聚聚合而成，如聚天冬氨酸、聚谷氨酸、聚亮氨酸、聚赖氨酸等。这些聚氨基酸主链上含有多个羧基，能够与 Ca^{2+}、Fe^{3+}、Si^{4+}、Sr^{2+}等离子螯合[5, 6]，从而影响生物矿物的结晶生长过程。与其他合成高分子相比，它具有能自组装形成各种复杂且高度有序结构的特性。这种结构特性能够诱导生物矿物形成具有特殊形貌和结构的晶体。

为了能在实验室模拟蛋白质在生物矿化过程中的作用，通常使用人工合成的聚氨基酸来调控无机矿物的生长过程。聚氨基酸的本征结构性质、浓度和链长等能对矿物的结晶生长过程起到极大的调控作用。在非经典结晶理论中，添加剂对于无定形前驱体的形成、纳米粒子的稳定性、介晶的取向组装过程、高表面能晶面的保留及最终晶体形貌等起决定性作用。因此，研究聚氨基酸对矿化的影响机制有助于人们进一步理解蛋白质在生物矿物形成过程中的调控机制，同时为聚合物调控复杂结构材料的人工合成提供理论基础。

首先，Gower 和 Odom[5]发现，当聚天冬氨酸的浓度达到 10～30 μg/mL 时，它能诱导碳酸钙溶液通过液-液相分离形成一层具有类似液体性质的碳酸钙沉积膜，称为“聚合物诱导液相前驱体”（polymer-induced liquid-precursor，PILP）。所形成的碳酸钙膜在溶液中脱水，并经历从无定形到晶态的转变。进一步研究表明，这些聚合物诱导形成的液滴本质上是碳酸钙和有机添加剂形成的团簇[7]，这些团簇通过聚集和结构重排等方式再结晶形成晶体。在此过程中，有机聚合物会被排出并最终吸附在晶体的表面，可以起到稳定后期生成的晶体形貌和结构的作用。

邹朝勇等[8]研究了聚天冬氨酸的浓度和链长对无定形碳酸钙结晶过程的影响，发现链长为 30 的聚天冬氨酸能够诱导无定形碳酸钙转化为不同晶型的碳酸钙晶体，且最终的晶体形貌也与纯溶液中生成的碳酸钙晶体不一致。从图 6-1 可以看出，随着聚天冬氨酸浓度的升高，方解石从具有光滑表面和棱角分明的菱面体逐渐变成包含多个小尺寸方解石晶体的聚集体，其晶体表面不光滑，且表现为纳米粒子聚集的形式。这表明，聚天冬氨酸的引入改变了方解石在晶体生长过程中的基本组装单元，从单个离子或团簇的形式变成纳米粒子的形式。此外，碳酸钙晶体的物相也取决于聚天冬氨酸的浓度。一方面，当聚天冬氨酸的浓度低于 1.5%时，球霰石的含量随着聚天冬氨酸浓度的升高而降低，这表明其抑制了球霰石晶体的生长。而当聚天冬氨酸的浓度高于 1.5%时，球霰石的含量随着聚天冬氨酸浓度的升高而增多，这表明其促进了球霰石晶体的生长。另一方面，随着聚天冬氨酸浓度的逐步升高，无定形碳酸钙在溶液中的稳定性也逐步升高，说明该聚合物对方解石和球霰石晶体的成核和生长都有抑制作用。

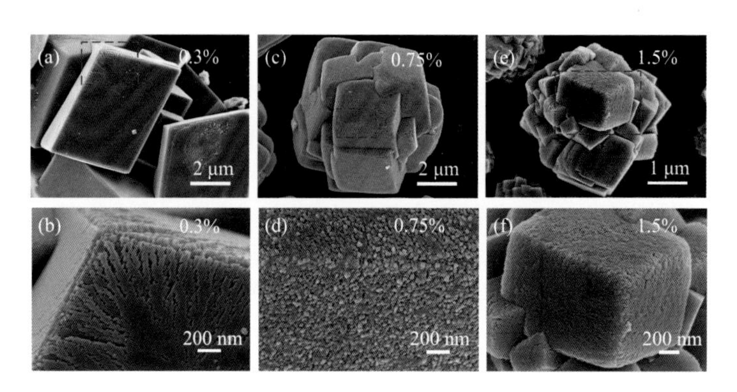

图 6-1 不同浓度的聚天冬氨酸对碳酸钙方解石晶体形貌的调控[8]

（a）0.3%；（c）0.75%；（e）1.5%；（b）、（d）、（f）分别为（a）、（c）、（e）的局部放大图

如图 6-2 所示，在不同浓度的聚天冬氨酸作用下，无定形碳酸钙会通过不同的结晶转变机制进行相转变。在低浓度（0.3%）时，无定形碳酸钙通过典型的溶解再结晶机制转变为方解石和球霰石的混合物。此时，聚天冬氨酸通过带负电荷的羧基与晶体表面 Ca^{2+}的相互作用，抑制了球霰石的聚集生长以及方解石的成核和生长。动力学方面，由于聚天冬氨酸对球霰石生长的抑制效果比对方解石生长

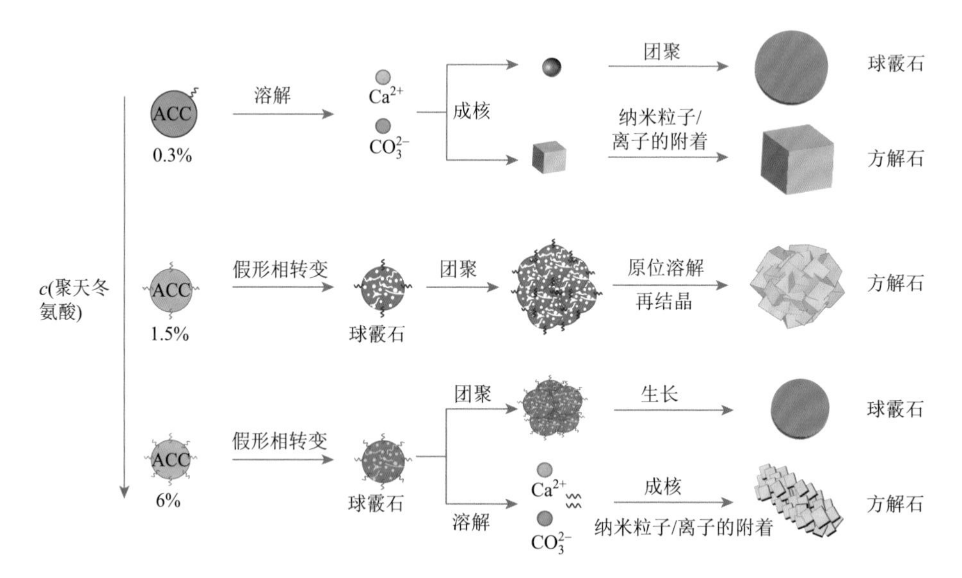

图 6-2 无定形碳酸钙在不同浓度聚天冬氨酸作用下的结晶机制示意图[8]

的抑制效果更显著，导致结晶产物中的球霰石相对含量较低。在中等浓度（1.5%）时，方解石的成核和生长过程也受到了极大抑制。此时，无定形碳酸钙首先通过假形相转变生成纯球霰石，随后这些球霰石纳米粒子聚集成球并通过局部溶解再结晶机制转变为方解石。进一步增加聚天冬氨酸的浓度（6%）后，球霰石纳米粒子的聚集被抑制，导致再次形成方解石和球霰石的混合物。因此，聚天冬氨酸可以有效调控无定形碳酸钙的结晶过程，对于碳酸钙的晶型选择和形貌影响极大。

当使用链长为200的聚天冬氨酸作为添加剂时，它对无定形碳酸钙的稳定性和结晶过程有更显著的调控效果[9]。例如，当聚天冬氨酸的浓度相同时，链长的增加能更好地稳定无定形碳酸钙。当聚天冬氨酸在无定形碳酸钙形成之前引入到反应体系中时，无定形碳酸钙的形貌和尺寸会受到添加剂的显著影响。一方面，聚天冬氨酸可以诱导碳酸钙从溶液中发生液-液相分离反应，形成含有聚天冬氨酸的无定形纳米粒子。无定形纳米粒子中聚天冬氨酸的含量随着加入量的增加而增加。在不同的浓度下，无定形碳酸钙的粒径也不同。无添加剂时无定形碳酸钙的平均粒径为 200 nm，添加 0.3%的聚天冬氨酸后，无定形碳酸钙的平均粒径显著下降到 92 nm，聚天冬氨酸的浓度增加到6%之后，无定形碳酸钙的平均粒径进一步下降到 56 nm 左右。此外，无定形碳酸钙的形状也随着聚天冬氨酸浓度的增加变得更加不规则，不再是球形并进一步聚集。由此可见，聚天冬氨酸对无定形碳酸钙的形成和结晶转化过程都能起到很好的调控作用。

邹朝勇等[10]进一步研究了聚天冬氨酸的添加顺序对无定形碳酸钙稳定性的影响。无定形碳酸钙的溶液结晶机制通常是溶解和再结晶，高稳定性的无定形碳酸钙通常归因于添加剂抑制无定形碳酸钙的溶解或结晶转变的能力。研究发现，当聚天冬氨酸在无定形碳酸钙形成之前加入时，它们主要富集在纳米粒子内部，不能有效地阻止无定形碳酸钙的溶解再结晶，对无定形碳酸钙在水溶液中的稳定性没有明显作用。而当聚天冬氨酸在无定形碳酸钙形成之后加入时，它们会与无定形碳酸钙表面的 Ca^{2+} 发生螯合，从而吸附在无定形碳酸钙的表面，阻止其溶解和失水，从而起到稳定无定形碳酸钙的作用。在热稳定性方面，1.5%的聚天冬氨酸可将无定形碳酸钙的结晶温度从 141℃显著提高到 350℃。

这些结果表明，聚天冬氨酸对碳酸钙的结晶生长具有极大的影响，会诱导生成液相前驱体，稳定溶液中的无定形碳酸钙及提高其热稳定性，影响无定形碳酸钙的粒径、相变机制和晶型选择等。聚天冬氨酸对于磷酸钙和其他生物矿物也具有相似的效果，利用这些特性便能制备一些功能材料。例如，聚天冬氨酸诱导形成的无定形磷酸钙前驱体可有效地诱导胶原矿化和骨组织修复[11]，聚天冬氨酸也可以稳定无定形羟基氧化铁前驱体并使其在胶原内部矿化[12]。

除链长较长的聚天冬氨酸以外，链长较短的多肽也可认为是一种聚氨基酸，可用于功能材料的仿生制备。Ryu 等[13]使用一种芴基甲氧基羰基-二苯丙氨酸肽

［fluorenylmethoxycarbonyl(Fmoc)-diphenylalanine peptide］构建水凝胶，然后进行原位矿化生长 $FePO_4$，再进行 350℃碳化，制备得到中空的 $FePO_4$ 纳米纤维，这为电极材料的制备提供了一种新思路。多肽在形成水凝胶后可以通过其结构中的羧基官能团吸附废水中重金属离子[14]，或者作为一种模板，诱导 Au、Pb 等金属颗粒的生长[15-17]，从而提升相应材料的性能。

6.1.2 聚电解质

聚电解质又称高分子电解质，为合成或天然水溶性高分子，其结构单元上含有能电离的基团，具有较好的离子导电能力。通常，带负电的聚电解质能与 Ca^{2+}、Fe^{3+}、Ba^{2+}、Co^{2+}等阳离子通过静电作用或螯合作用相互结合，而带正电的聚电解质能与 CO_3^{2-}、PO_4^{3-} 等阴离子通过静电作用或螯合作用相互结合。聚氨基酸本质上也是一种聚电解质。

聚丙烯酸（PAA）是研究生物矿化过程中最常用的阴离子聚电解质，其结构中含有大量的带负电的羧基官能团，具有与聚天冬氨酸相似的作用效果。例如，PAA 具有很强的 Ca^{2+}螯合能力，形成聚电解质-Ca 复合体，随后进一步吸引 PO_4^{3-} 或 CO_3^{2-}，形成聚电解质稳定的无定形磷酸钙或无定形碳酸钙液相前驱体。例如，Yao 等[18]使用 PAA 和 pAsp 两种聚合物，制备了一种具有较好稳定性的高浓度无定形磷酸钙（ACP）胶体。其中，pAsp 分子量较小，用来稳定其中的无定形磷酸钙胶体。PAA 分子量较大，除了稳定无定形磷酸钙胶体外，另一个重要作用是形成稳定均一的无定形磷酸钙胶体。从无定形磷酸钙胶体材料的宏观图片可以看出，该材料是淡黄色透明的凝胶状液体，有流动性，可以用注射器注射［图 6-3（a）］。从冷冻透射电镜结果可以看出，无定形磷酸钙胶体的粒径大约为 1 nm［图 6-3（b）］，选区电子衍射图显示其为无定形相［图 6-3（b）］。这些 PAA 诱导的液相前驱体材料都具有很高的塑性，可以固化成任意形状，固化后的晶型为羟基磷灰石。此外，该方法制备的液相前驱体能够促进胶原的矿化，适合作为骨修复材料[19]。

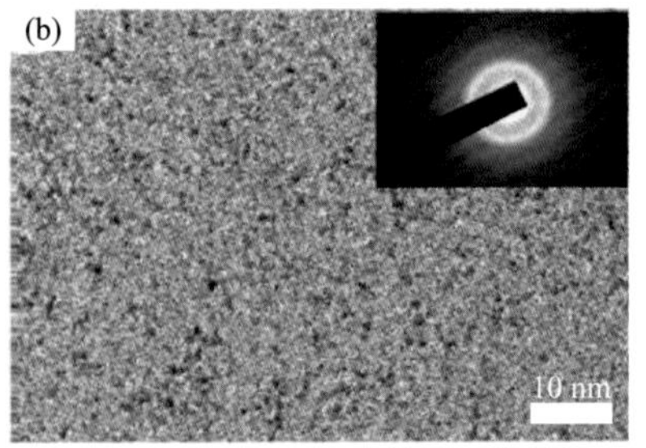

图 6-3 PAA 和 pAsp 诱导的 ACP 胶体光学图（a）及相应的冷冻透射电镜图和选区电子衍射图（b）[18]

除了诱导生成液相前驱体外，PAA作为一种类蛋白聚电解质，含有丰富的—COOH基团，能够与金属阳离子通过静电作用形成配合物或者与晶体表面的金属阳离子发生相互作用，进而影响晶体的成核、生长速率及形貌。在Li_2CO_3的生长过程中，PAA会抑制晶体的生长，且对不同的晶面抑制效果不同，这种生长抑制作用的程度也与PAA的分子量有关[20]。

聚丙烯胺盐酸盐（PAH）是一种正电性聚电解质，但也能像pAsp一样诱导形成液相前驱体和碳酸钙薄膜[21]。这主要得益于PAH与CO_3^{2-}之间强烈的相互作用。研究表明，PAH的引入会首先形成Ca^{2+}/PAH/CO_3^{2-}液滴，随后融合、失水、结晶形成方解石晶体。此外，一些其他带侧胺基的正电性聚电解质不仅能提高球霰石的稳定性，而且还可以调控方解石的形貌[22, 23]。

聚苯乙烯磺酸盐（PSS）是另一种常用的负电性聚电解质。Cölfen等[24]在研究PSS对碳酸钙晶体生长的影响中发现，随着PSS浓度的增加，方解石晶体的形貌逐渐向圆形变化，且出现凹槽，其结构不再是单晶，而是由多个小晶体结构组装而成，将其命名为介观晶体。基于对方解石形成过程的观察，他们认为介晶的形成是由有机添加剂诱导形成初始的纳米级基本单元，再经过自组装形成尺寸更大的晶体[25]。然而，无论是原位原子力显微镜、低温透射电镜还是光散射数据，都不能提供无定形或晶态碳酸钙纳米粒子附着在生长中晶体上的证据。Meldrum等[26]认为介观晶体最终的形态也可以通过经典的晶体生长机制形成。Smeets等[27]的研究表明，PSS的加入使得方解石晶体的（001）面逐渐暴露出来，且临近的三个面的边缘变得粗糙，形成类似介观晶体的形貌（图6-4）。通过对方解石在PSS诱导

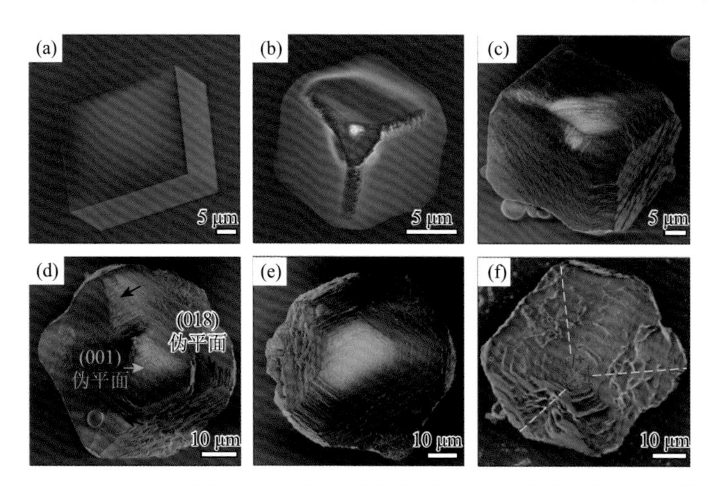

图6-4　方解石晶体在PSS作用下的生长过程中不同阶段的形貌[27]

（a）未添加PSS生成的方解石单晶；（b）～（e）在0.5 g/L PSS下生长不同天数的PSS-方解石：（b）1天，（c）2天，（d）3天，（e）5天，（d）中表示(018)伪平面（pseudo plane，黑色箭头）和(001)伪平面（橙色箭头）；（f）在单晶方解石种子上再生长4天得到的PSS-方解石晶体，黄色虚线表示滑移面，钝角（+/+）或锐角（–/–）台阶为红色

下的原位生长观察发现，这种类似介观晶体的形貌不是由非经典的纳米粒子附着机制形成，而是通过 PSS 吸附在晶体的生长位点，稳定新的台阶方向，产生极端的表面粗糙化及扩大晶体边缘的伪平面。

聚电解质除了用于研究晶体生长的调控机制外，也广泛应用于功能材料的制备中。例如，在一定条件下，聚丙烯酸（PAA）和 2～3 nm 的无定形碳酸钙（ACC）交联在一起［图 6-5（a）］，可以制备透明、稳定、无裂纹的复合薄膜，是一类新的玻璃状功能材料[28]。其中，无定形碳酸钙与 PAA 和水分子的络合显著抑制了其进一步结晶。通过将羧化纤维素（CACell）浸泡在无定形碳酸钙胶体分散体中并干燥，可以制备纳米纤维素纤维增强的独立复合薄膜（CACell/ACC/PAA）［图 6-5（b）］[29]。该复合薄膜模拟了甲壳类动物外骨骼的有机/无机/有机纳米复合结构，其中无定形碳酸钙组分通过酸性几丁质结合在界面上并与几丁质纳米原纤维结合［图 6-5（b）］。羧化纤维素与 Ca^{2+} 相互作用可以增强原纤维直接与无定形碳酸钙的结合，从而增强原纤维与无定形碳酸钙的界面结合。最终，制备所得的透明 CACell/ACC/PAA 独立复合薄膜具有与天然甲壳类外骨骼相似的弹性灵活性。在此基础上，将水溶性的羧甲基纤维素（CMC）和表面修饰的纤维素纳米纤维（CNF）掺入复合材料中可以进一步得到透明且坚韧的 CMC/CNF/ACC 复合薄膜［图 6-5（c）］[30]。CMC 和 ACC 之间通过羧基和 Ca^{2+} 之间的相互作用可以提高复合薄膜的刚度和硬度。当 CMC、CNF 和 ACC 的含量分别为 40 wt%、40 wt%和 20 wt%时，复合薄膜的

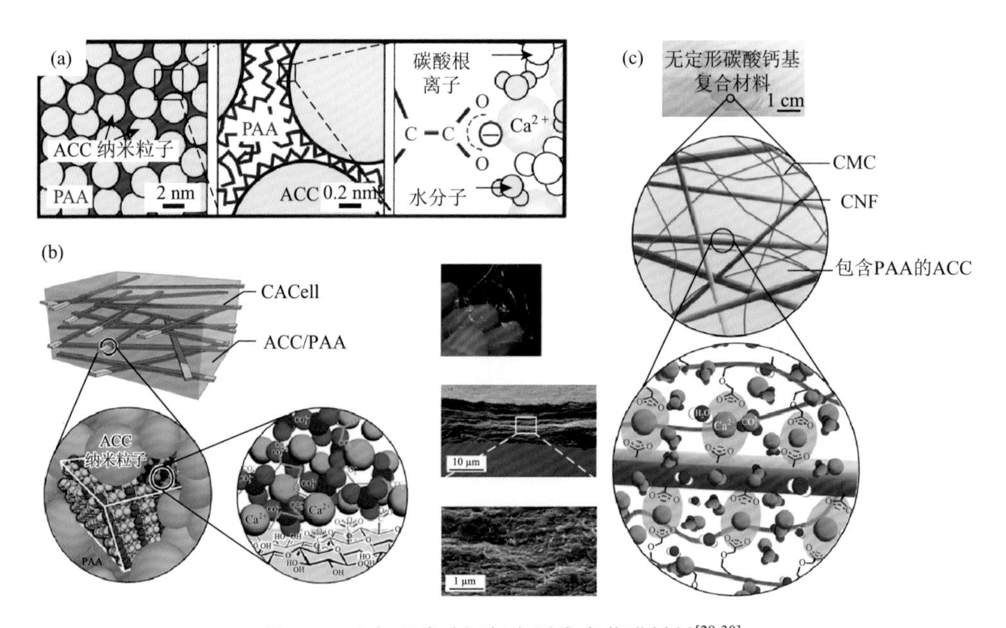

图 6-5 无定形碳酸钙复合纤维素薄膜材料[28-30]

（a）ACC/PAA 复合薄膜；（b）CACell/ACC/PAA 复合薄膜；（c）CMC/CNF/ACC 复合薄膜

杨氏模量为（15.8±0.93）GPa，拉伸强度为（268±20）MPa。这是由于适量的ACC 与聚合物相互作用，填补了有机基质之间的空间，从而进一步提高了复合材料的性能。

聚丙烯酰胺（PAM）是一种水溶性且带有氢键的高分子电解质，由丙烯酰胺通过加热和添加引发剂快速聚合形成。Liu 等[31]基于无机离子聚合，利用 PAM 与磷酸钙寡聚体共聚合达到分子尺度有机-无机的均匀复合，共聚材料没有相与相的界面，从而形成了一个完整而连续的杂化网络。这种分子尺度的复合大幅提高了材料的力学性能与光学透过性，其杨氏模量和硬度分别为（35.14±1.91）GPa 和（1.34±0.09）GPa，远远优于其他 PAM 基复合材料。

6.1.3　嵌段共聚物

嵌段共聚物（block copolymer）是将两种或两种以上性质不同的聚合物链段连在一起制备而成的一种特殊聚合物。具有特定结构的嵌段共聚物可以表现出与简单线型聚合物、无规共聚物甚至均聚物混合物不同的性质，作为热塑性弹性体、共混相容剂、界面改性剂等广泛应用于生物医药、建筑、化工等各个领域。嵌段共聚物由于含有多种活性官能团，能够选择性吸附并稳定特定晶面，以便于晶体定向性生长，为晶体形貌修饰及低维形貌晶体的衍生提供一种强有力工具。例如，$BaSO_4$ 晶体在聚乙二醇-*b*-聚谷氨酸（PEG-*b*-PGlu）的作用下能够生成哑铃状的形貌，而不是常见的片状和球形[32]。

传统“两亲”嵌段共聚物常含一个既亲水又疏水的模块（图 6-6），因此可用作大分子的表面活性剂。在双亲水嵌段共聚物（double-hydrophilic block copolymer，DHBC）中，一个亲水模块可与矿物表面强烈作用，另一个亲水模块与矿物的反应则较弱，但可以增强共聚物在水中的溶解度，降低晶体-水分子间的界面能。由于分子间的结合组装和溶解完全隔离，DHBC 可被视为聚电解质的升级版，在矿物的结晶控制上非常有效。如果模块太大或太长，附着的纳米矿物粒子将会远不止一个，或许可由此引发粒子聚集并导致絮凝现象发生。此外，太长的嵌入模块还可能引起 DHBC 与一些二价离子等通过静电作用形成聚集[33]。因此，组成 DHBC 的聚合物的分子量通常不大，嵌段大小一般为 10^3～10^4 g/mol。

文石的可控合成一直是当今碳酸钙晶体生长调控研究的挑战。室温下合成文石通常需要在母液中加入大量的 Mg^{2+}，且文石在水溶液中不稳定，容易转化形成方解石。Cölfen 等使用 DHBC 作为添加剂成功合成了在溶液中稳定存在的文石晶体（图 6-7）[34]。该嵌段共聚物由聚（甲基丙烯酸二乙氨基乙酯）-*b*-聚（*N*-异丙基丙烯酰胺）-*b*-聚甲基丙烯酸组成，其中聚甲基丙烯酸核心由 1, 3-二异丙烯苯交联。这种“双亲水嵌段共聚物”由两个亲水块组成：一个是聚电解质，

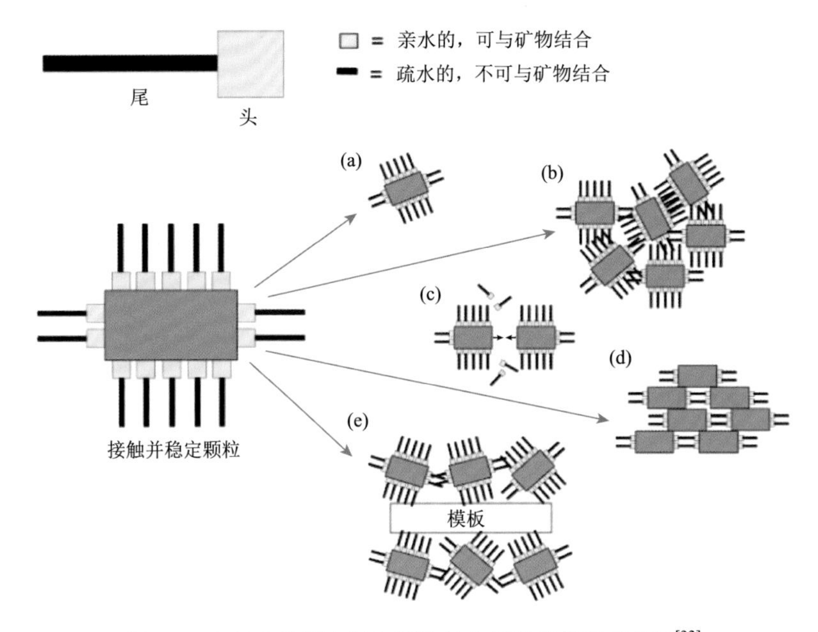

图 6-6 DHBC 的概念及与矿物结合诱导自组装示意图[33]

（a）DHBC 稳定的颗粒；（b）无规则团聚；（c）定向团聚；（d）表面选择吸附定向自组装；（e）由模板作用诱导的自组装

与晶体表面的相互作用强烈，另一个是非离子块，提供水溶性但不与晶体相互作用。这种嵌段共聚物可以充当离子海绵，使纳米晶体成核和稳定，再进一步构建晶体超结构。

图 6-7 嵌段共聚物诱导生成的文石扫描电镜图[34]

嵌段共聚物在溶剂中的自组装研究可追溯到 20 世纪 60 年代，传统的自组装技术通常需要将嵌段共聚物溶于共溶剂中和加入选择性溶剂驱动相分离两个步骤。然而，嵌段共聚物的低浓度（＜1.0%）限制了所制备纳米自组装体的潜在应用。研究者近十多年来开发的聚合诱导自组装（polymerization-induced self-assembly，PISA）技术可在同一个体系中同时实现聚合物的聚合和自组装过程，即随着单体的聚合，所生成的第二嵌段逐渐变长且溶解性逐渐降低，驱动嵌段共聚物原位自组装，可合成分子量分布相对较窄的二嵌段共聚物链（M_w/M_n＜1.30）。PISA 技术因较高的固含量、“一锅法”的简便操作及可调控的自组装体形貌而受到了研究者的青睐。这种方法聚合得到的二嵌段共聚物的形态取决于两个嵌段的相对体积分数，形态可以是球体、蠕虫或囊泡，如图 6-8 所示。该方法可以制备各种有机纳米粒子模型，包括具有明确链长、可变阴离子电荷密度、可调表面密度和可调化学功能的空间稳定剂来制备不同大小的空间稳定二嵌段共聚物纳米材料。

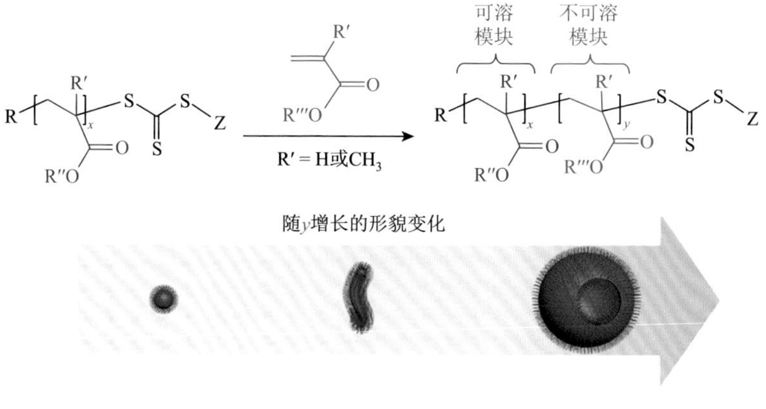

图 6-8　用可逆加成-断裂链转移聚合的聚合诱导自组装的基本原理[35]

聚合反应使用基于有机硫的链转移剂，当使用恒定平均聚合度的空间稳定剂（蓝色）时，产物的形貌会随着不可溶模块（红色）的平均聚合度的增加而变化

最近，Ning 和 Armes[35]利用聚合诱导自组装合成一系列二嵌段共聚物纳米粒子，并将其用于碳酸钙晶体对纳米粒子的包覆机制研究。研究表明，客体纳米粒子的大小（5～500 nm）或形态（对称球体、囊泡和不对称蠕虫）对是否能被晶体包覆的影响不大。例如，聚甲基丙烯酸-聚甲基丙烯酸苄酯（M_x-B_y）二嵌段共聚物纳米粒子可以通过可逆加成-断裂链转移（RAFT）介导的 PISA 技术在甲醇/水或甲醇/乙醇混合物中制备［图 6-9（a）］。在前一种情况下，由于离子化的聚甲基丙烯酸稳定剂链的阴离子特性，只能形成动力学捕获的球体，从而防止球体-球体融合。相反，当使用甲醇/乙醇混合物时，会产生囊泡。然而，两种类型的二嵌段共聚物纳米粒子均实现了均匀的包覆［图 6-9（b）～（g）］。此外，高度不对称

的蠕虫状 M_{71}-B_{98} 二嵌段共聚物也可以有效地掺入方解石中。因此，纳米粒子的形态对其是否容易被晶体包裹影响不大。然而，空间稳定剂（嵌段共聚物的另一端）链长可以发挥关键作用：链长相对较短的稳定剂会导致表面受限的包覆，而足够长的链可以在整个晶格中实现均匀的纳米粒子包覆。与由磷酸盐、硫酸盐或磺酸盐基团组成的空间稳定剂链相比，包含羧酸盐基团的空间稳定剂链会形成更大的封闭囊泡系统。因此，客体纳米粒子的表面化学性质在决定它们与宿主晶体生长表面的相互作用中起着关键作用。

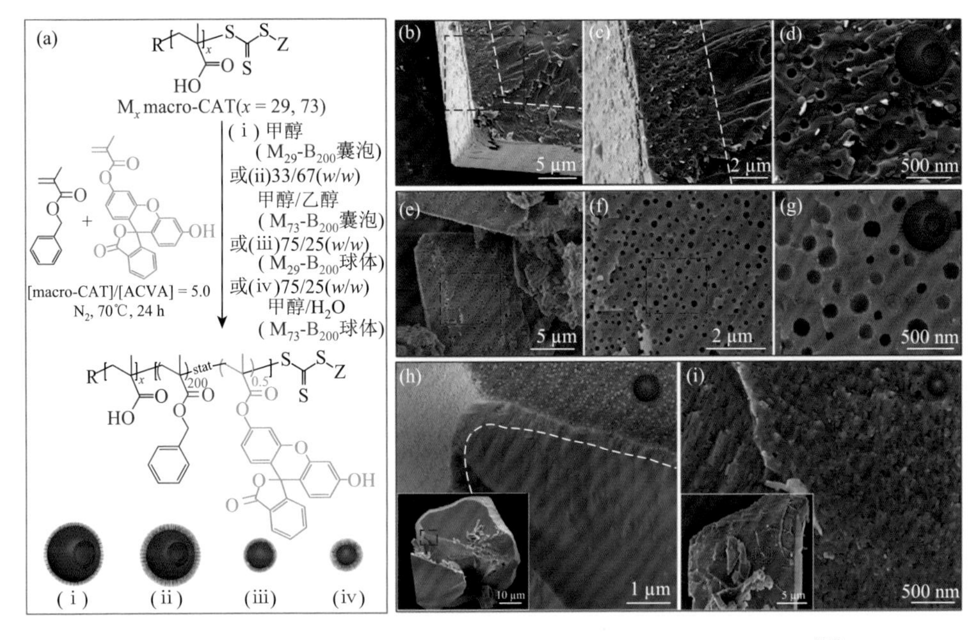

图 6-9 聚合物纳米粒子的链长和类别对其嵌入方解石单晶的影响[35]

(a) 通过 RAFT 控制的 PISA 合成聚甲基丙烯酸-聚甲基丙烯酸苄酯（M_x-B_y）二嵌段共聚物纳米粒子；在 0.1 wt% M_{29}-B_{200}［(b) ～ (d)］，0.1 wt% M_{73}-B_{200}［(e) ～ (g)］，0.01 wt% M_{29}-B_{200} (h)，0.01 wt% M_{73}-B_{200} (i) 存在时合成方解石的扫描电镜图

表面受限包覆表明纳米粒子仅在结晶的后期阶段才结合到晶体中。在方解石晶体的生长过程中，溶液中 Ca^{2+}的浓度逐渐降低。原则上，这会导致相邻聚甲基丙烯酸稳定剂链上羧酸酯基团之间的离子交联较少，使稳定剂获得更多的构象自由度，进而增强了纳米粒子吸附到晶体上的能力。此外，在晶体生长后期，方解石表面包含更长的台阶边缘和更多的扭折点，这也将促进晶体对纳米粒子包覆[36]。

除机制之外，嵌段共聚物诱导的生物矿化多见于载药研究。例如，Min 等[37]通过以嵌段共聚物（聚乙二醇-聚天冬氨酸）为模板，利用聚天冬氨酸螯合 Ca^{2+}，然后负载上阿霉素（DOX），原位矿化构建了碳酸钙负载 DOX 的纳米粒子（DOX-$CaCO_3$-MNPs）。由于肿瘤处 pH 不同，矿化纳米粒子在肿瘤处会产生 CO_2 气泡，同时触发 DOX 的释放，达到靶向治疗的效果。

6.2　无机离子或小分子化合物诱导的合成与制备

除蛋白质、多糖等生物大分子外，生物体内矿物的形成过程也易受到无机离子或小分子化合物的影响。例如，海胆棘刺中的方解石含有大量的 Mg^{2+}，一些非脊椎动物的牙齿和下颚中存在 Cu^{2+}、Zn^{2+}、Fe^{2+}等金属阳离子以及 CO_3^{2-} 、PO_4^{3-} 、F^-等阴离子，骨骼、牙本质等矿化胶原组织中存在大量的柠檬酸（$C_6H_8O_7$），它们不仅能调控晶体的形貌和结构，而且能够增强生物矿物与有机质之间的交联，进而提升复合材料的韧性和机械强度。

6.2.1　金属阳离子

生命起源于海洋，而海水中存在着许多金属阳离子，包括含量较多的 Na^+、K^+、Mg^{2+}、Ca^{2+}、Sr^{2+}等，以及含量较少的 Ba^{2+}、Cu^{2+}、Zn^{2+}、Co^{2+}、Fe^{2+}、Cd^{2+}等[37]。其中，一些特定的金属离子能与生物体内的有机分子和无机阴离子形成较强的化学键，对生物矿物的形成和性能调控起着至关重要的作用。Mg^{2+}是海水中大量存在的金属阳离子，且在多种生物矿物中都发现了 Mg^{2+}的身影。在碳酸钙溶液中引入 Mg^{2+}能显著改变方解石晶体的成核速率，但对文石晶体的成核生长影响很小，进而改变不同晶型的生长动力学，形成不同的晶型[38]。例如，当 Mg/Ca＞2 时，溶液中能形成文石。Mg^{2+}抑制方解石成核的主要理论有两方面：一是方解石的溶解度随着晶格中 Mg^{2+}含量的增加而增加，从而降低了其在给定的 Ca^{2+}和 CO_3^{2-} 浓度下的过饱和度；二是当 Mg^{2+}在方解石晶核中的含量升高时，方解石成核的表面能会上升［图 6-10（a）］，从而导致方解石成核变得困难。随着过饱和度的升高，溶液中 Mg/Ca 比例也需要进一步升高，才能达到生成文石的需求［图 6-10（b）］[39]。

Mg^{2+}除了能对无水碳酸钙晶体成核和生长过程起调节作用外，对无定形碳酸钙的形成和含水碳酸钙的结晶过程也有着非常显著的调控作用。在含有 Ca^{2+}、CO_3^{2-} 和 Mg^{2+}的高度过饱和溶液中形成的无定形碳酸钙通常含有大量的 Mg^{2+}[40-42]，其水含量显著高于不含 Mg^{2+}的无定形碳酸钙[43-45]。这是由于 Mg^{2+}的离子半径比 Ca^{2+}的小，电荷密度比 Ca^{2+}的高[46]，因而具有更高的水合能力。Mg^{2+}的引入降低了无定形碳酸钙的表面自由能和溶解度，因此能延缓其溶解再结晶过程。另一方面，Mg^{2+}的掺入又能降低方解石的成核速率。因此，Mg^{2+}的引入可以显著提高无定形碳酸钙在水溶液中的稳定性[47]。

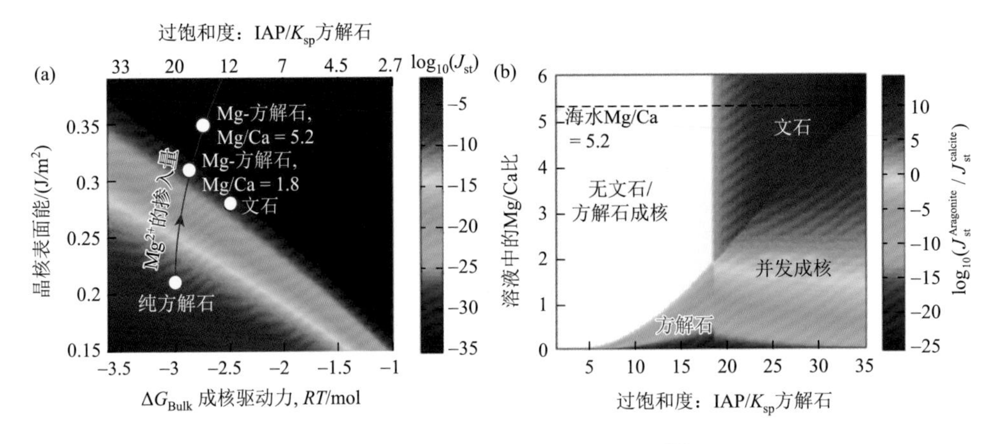

图 6-10 碳酸钙晶体的成核动力学[39]

（a）在25℃下碳酸钙晶体的稳态成核率与晶核表面能和成核的体积驱动力的关系图；（b）方解石和文石之间的相对成核率与溶液中的Mg/Ca比和过饱和度之间的动力学相图，IAP表示离子活度，K_{sp}表示溶度积常数，J表示成核率，下角标st表示稳态，上角标Aragonite表示文石，上角标Calcite表示方解石

此外，Mg^{2+}与水强大的结合作用甚至能阻止水从无定形碳酸钙中失去。在高浓度Mg^{2+}的作用下，无定形碳酸钙通常会首先形成亚稳态的含水碳酸钙晶体，如一水碳酸钙。邹朝勇等[48]在研究Mg^{2+}对无定形碳酸钙结晶过程的影响时发现了一种全新的半水碳酸钙物相。其中，无定形碳酸钙作为前驱体及合适的Mg^{2+}浓度对半水碳酸钙物相的形成至关重要（图6-11）。研究结果表明，影响无定形碳酸钙稳定性及结晶转化的关键是溶液中的Mg^{2+}，这与聚天冬氨酸的作用机制是一致的。Mg^{2+}和无定形相的协同调控，可以制备一种全新的含水碳酸钙新材料，为纳米材料的制备提供了一种新的思路。

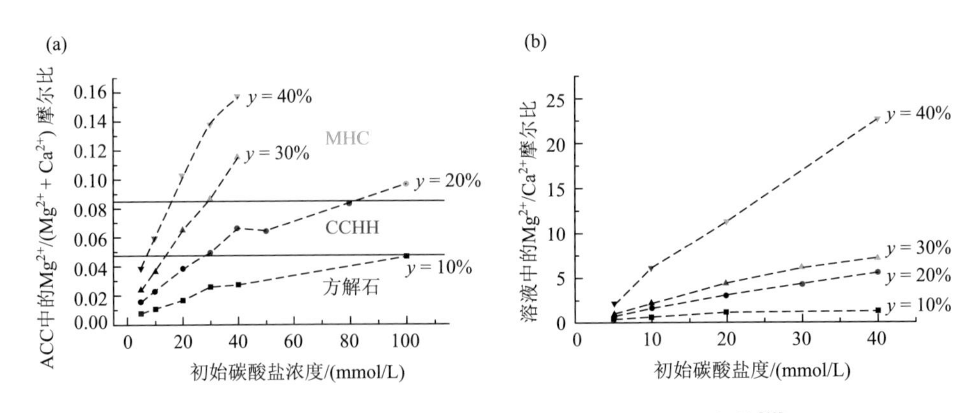

图 6-11 不同条件下半水碳酸钙（CCHH）的形成条件[48]

不同初始Mg^{2+}含量[$y = Mg^{2+}/(Mg^{2+}+Ca^{2+})$]和碳酸盐浓度下合成的ACC中的$Mg^{2+}/(Mg^{2+}+Ca^{2+})$摩尔比（a）及形成ACC后溶液中的$Mg^{2+}/Ca^{2+}$摩尔比（b）；黑色、红色和绿色分别代表方解石、CCHH和MHC

除 Mg^{2+}外，其相同主族元素锶离子（Sr^{2+}）和钡离子（Ba^{2+}）也被用来调控碳酸钙的结晶过程。研究表明，Sr^{2+}能够抑制方解石的形成，且在无定形碳酸钙中的溶解度是方解石中的 60 倍[49]。研究人员发现，Ba^{2+}也可以与 Ca^{2+}共沉淀形成无定形相。当无定形碳酸钙中钡替代钙高达 55 mol%时会产生无定形碳酸钡钙（ACBC）[50]。计算机模拟表明，无水 ACBC 存在三种结构，其稳定性随着钡含量的增加而降低。随着钡含量的增加，ACBC 的短程和中程结构变得更加有序，逐渐类似于结晶方解石，但没有发展出长程有序。这种有序结构不伴随水含量的变化，也没有显著的能量损失，但与碳酸根阴离子方向变化导致的阳离子配位差异有关。当钡含量超过 50 mol%时，ACBC 中阳离子-阳离子的最近邻有序结构出现，且局部有序结构与方解石相似。ACBC 可以转化为高度钡取代的“方解石”，是一种具有高硬度的方解石高温改性体。将 ACBC 的结构-性能关系扩展到其他无定形前驱体，可能会提供一条将材料固溶体组合的设计扩展到热力学溶解度极限之外的潜在途径。

与 Mg^{2+}相比，锌离子（Zn^{2+}）的离子半径小，且同样具有很强的水合能力。研究表明，Zn^{2+}能显著改变无定形碳酸钙纳米粒子的形成过程，得到大约 60 nm 的球形纳米粒子[51]。由于 Zn^{2+}与碳酸根离子的结合比 Ca^{2+}强，因此大部分 Zn^{2+}被并入到无定形碳酸钙纳米粒子中，而溶液中游离的 Zn^{2+}不足以有效稳定无定形碳酸钙。因此，初始的无定形纳米粒子首先发生部分溶解，形成更小的纳米粒子（大约 20 nm），进一步降低了颗粒聚集和颗粒附着结晶的自由能势垒。另一方面，Zn^{2+}缓慢的脱水速度，使其难以进入无水方解石晶格中，而 Zn^{2+}与方解石晶体表面碳酸根离子的强力结合，使得吸附在方解石表面的 Zn^{2+}难以去除，进而抑制了方解石以离子为生长基元的经典结晶途径生长。这些因素使得方解石晶核更容易以无定形纳米粒子为生长基元在其表面通过颗粒附着方式生长，进而形成介观晶体。该研究表明，除有机大分子外，少量的阳离子也能调控介观晶体的形成，对加深理解生物矿化过程中介观晶体的形成机制有重要意义，为生物过程启示的无机离子调控材料的合成提供了新的灵感。

6.2.2　阴离子

无机阴离子（PO_4^{3-}、SO_4^{2-}、SiO_3^{2-}、F^-等）在生物矿物中广泛存在，在生物矿化过程中可能起到与蛋白质相似的作用，如稳定无定形物相、调控晶体的形貌和结构、提升晶体的机械性能等。

磷酸根离子（PO_4^{3-}）通常存在于无定形生物矿物中，在控制无定形碳酸钙的稳定性和结晶途径中起关键作用。例如，在螯虾的胃石中存在 PO_4^{3-} 和一些生物大分子稳定的无定形碳酸钙，其作为生物体外壳形成所需的钙源保存，在生物体需要的时候，可以进一步溶解成离子转移到新的矿化位点进行成核和结晶。然而，PO_4^{3-} 在无定形碳酸钙稳定性和转化过程中的作用仍不明确。研究表明[52]，PO_4^{3-} 的引入可以显著减小无定形碳酸钙的颗粒尺寸，其作用效果甚至比聚天冬氨酸还要好。通过这种方法制备出的无定形碳酸钙中含有大量的 PO_4^{3-}，其 P/Ca 比也显著高于初始反应溶液中的 P/Ca 比。这是由于 PO_4^{3-} 与 Ca^{2+} 具有很强的螯合能力，能迅速诱导碳酸钙溶液的相分离。然而，即使添加高达 5%（初始碳酸盐溶液中的摩尔分数）的 PO_4^{3-} 也不能有效阻止溶液中无定形碳酸钙的相转变，但能显著延长转化过程[图 6-12（a）～（c）][53]。这归因于在转变过程中形成了更稳定的富含 PO_4^{3-} 的无定形相，导致溶液中的 PO_4^{3-} 浓度显著下降。在没有足够高浓度的 PO_4^{3-} 情况下，溶液中的无定形碳酸钙首先会通过溶解再结晶过程形成球霰石和方解石。在此过程中，无定形碳酸钙中的 PO_4^{3-} 会逐步释放到溶液中并吸附在方解石和球霰石晶体的表面。因此，由于 PO_4^{3-} 能抑制碳酸钙晶体的生长，无定形碳酸钙在溶液中能够稳定存在更长的时间。

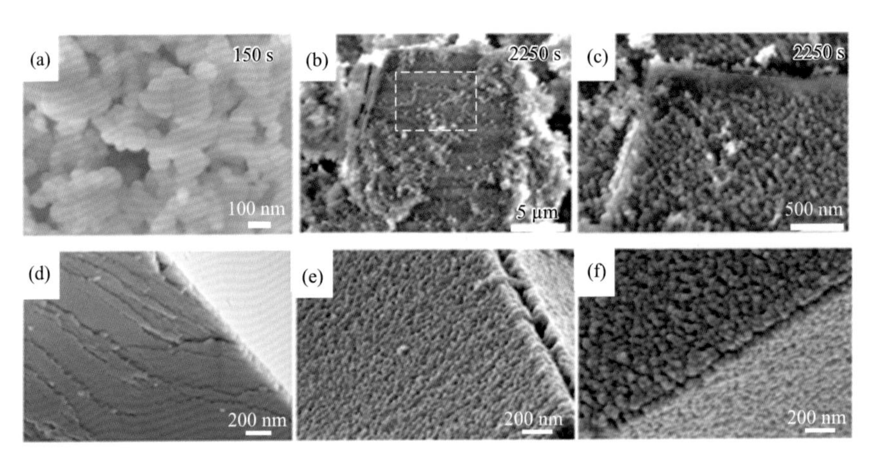

图 6-12　PO_4^{3-} 对无定形碳酸钙结晶的影响[53, 54]

不同时间点 PO_4^{3-} 诱导的无定形碳酸钙相变：（a）150 s，（b）和（c）2250 s；（d）～（f）低浓度 PO_4^{3-} 诱导方解石形成介观晶体的形貌

PO_4^{3-} 可以促进方解石通过纳米粒子聚集的非经典结晶机制生长，形成表面为纳米短棒定向排列的组装结构。在这一过程中，无定形相会在嵌入方解石晶体后结晶，进而得到纳米多孔方解石单晶[53]。Gal 等[54]发现，低浓度的 PO_4^{3-} 吸附在方解石核的表面，便能诱导方解石颗粒聚集在核的表面持续生长，并最终生长成为大的晶体，形成类似生物介观晶体的形貌结构［图 6-12（d）～（f）]。

SiO_3^{2-} 在稳定无定形碳酸钙中的作用已通过植物叶片的皮质细胞中无定形碳酸钙的长期稳定存在得到证明。由于 SiO_3^{2-} 与 Ca^{2+} 间的强烈相互作用，Si 也能进入到无定形碳酸钙内部[55]。高 Si 含量的无定形碳酸钙比低 Si 含量的无定形碳酸钙具有更高的结晶温度和热力学稳定性，这是由于带负电的四面体 SiO_3^{2-} 会通过阻止平面型 CO_3^{2-} 规则的结构堆积和扰乱电荷平衡来阻碍方解石的形成。

氟离子（F^-）对磷酸钙的结晶过程具有显著的调控作用，即使是少量的 F^- 也能显著改变磷酸钙的物相和形貌。F^-可以诱导磷酸八钙（OCP）转化为羟基磷灰石（HAP）[56]。HAP 晶格中的羟基很容易被 F^-取代，形成比 HAP 溶解度更低且热力学更稳定的 F-HAP。在高浓度的 F^-作用下，HAP 晶格中的羟基可以被完全取代，形成氟磷灰石（FAP）。尽管 F^-对无定形磷酸钙的形成过程及颗粒尺寸并无明显影响，但却可以显著提升无定形相在溶液中的稳定性，抑制无定形纳米粒子的团聚和晶体的成核（图 6-13）[57]。在以无定形相为前驱体的晶体生长过程中，磷酸钙晶体会优先在纳米粒子的表面成核，进而一方面吸收溶液中的离子向外发散生长，另一方面促进无定形相的溶解并以此为离子来源向纳米粒子内部生长。在此过程中，F^-主要是改变磷酸钙晶体的形貌和结晶动力学。此外，在人类牙釉质的体外再矿化实验中，F^-的引入可以使晶体的形态和组织结构从板状松散的晶体转变成密集排列的纳米晶体阵列，其晶体结构也从 OCP 变成 F-HAP[58]。

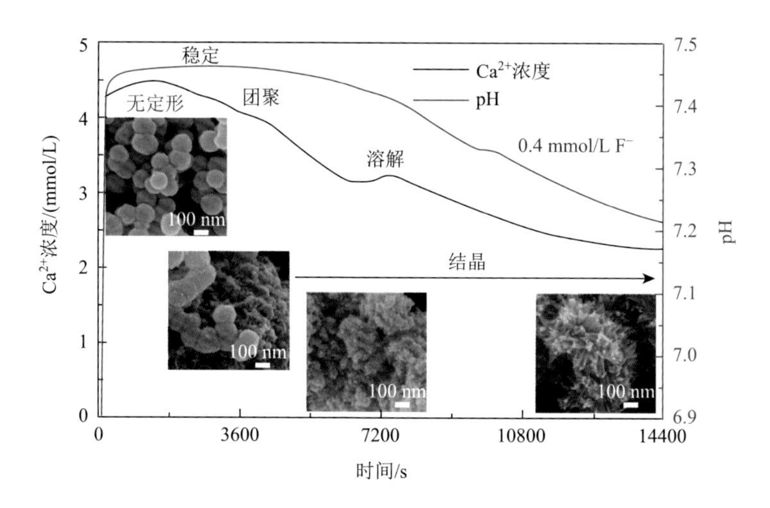

图 6-13　在 0.4 mmol/L F^-条件下 Ca^{2+}浓度和 pH 滴定曲线，以及对应时间点的磷酸钙形貌[57]

6.2.3　小分子

在生物矿化过程中，蛋白质通常是通过静电作用结合溶液中的离子或吸附在晶体的特定晶面，进而影响晶体的成核和生长。由于蛋白质结构复杂，很难在实验室合成或从生物体中大量提取，因此研究人员最早探索类蛋白物质所使用的模型是氨基酸，即蛋白质的基本组成单元，以及其他含羧基、氨基、羟基等官能团的小分子。

通过比较不同氨基酸对碳酸钙晶体生长的影响，研究人员发现 L-胱氨酸能抑制球霰石的形成，而 L-酪氨酸、DL-天冬氨酸和 L-赖氨酸都促进球霰石的形成[59]。其中，天冬氨酸是带负电的酸性氨基酸，通过静电作用吸引 Ca^{2+}并提供结合位点促进碳酸钙的成核。另一方面，天冬氨酸能吸附在特定的晶面，进而抑制碳酸钙晶体的生长，形成球形的形貌。赖氨酸是带正电的氨基酸，能对 CO_3^{2-} 产生很强的吸引力，进而促进碳酸钙的成核。Borukhin 等[60]进一步研究了常见的 20 种氨基酸进入方解石晶体内的能力，发现氨基酸的电负性、尺寸、刚度及羧基和氨基的电离常数等因素都很重要。其中，半胱氨酸、天冬氨酸、谷氨酸、天冬酰胺和甘氨酸在方解石中的含量呈逐渐降低的趋势。天冬氨酸是酸性蛋白中最常见的氨基酸，它对碳酸钙晶体的成核、生长速率及形貌具有显著的调控作用。

氨基酸除了可以单独调控碳酸钙晶体的生长之外，还能影响其他添加剂在碳酸钙内的含量。研究表明，在没有有机分子的情况下，以无定形碳酸钙为前驱体形成的碳酸钙晶体中 Mg^{2+}的含量最高可达 21%，而当珊瑚藻和酸性聚合物的蛋白质提取物存在时，Mg^{2+}含量增加到了 34%[61]。此外，Wang 等[62]发现，酸性氨基酸和一些其他带羧基的小分子可以提高 Mg^{2+}在无定形碳酸钙中的含量，达到与高镁钙石和白云石相当的水平。例如，无定形碳酸钙中 Mg/Ca 摩尔比随着加入天冬氨酸和谷氨酸的浓度升高而增加，且均显著高于没有加入有机分子的实验组（图 6-14）。当天冬氨酸和谷氨酸浓度较低时，Mg/Ca 摩尔比增加与溶液组成呈近似线性相关。随着天冬氨酸或谷氨酸浓度的增加，这些化合物促进 Mg^{2+}进入无定形碳酸钙的效果降低，进而对溶液中的 Mg/Ca 摩尔比呈亚线性依赖关系。进一步通过比较不同类型的有机小分子发现，酸性有机小分子都能够影响 Mg^{2+}在无定形碳酸钙中的含量，且无定形碳酸钙中 Mg/Ca 摩尔比和有机分子与 Ca^{2+}和 Mg^{2+}之间的结合常数之比呈正相关。

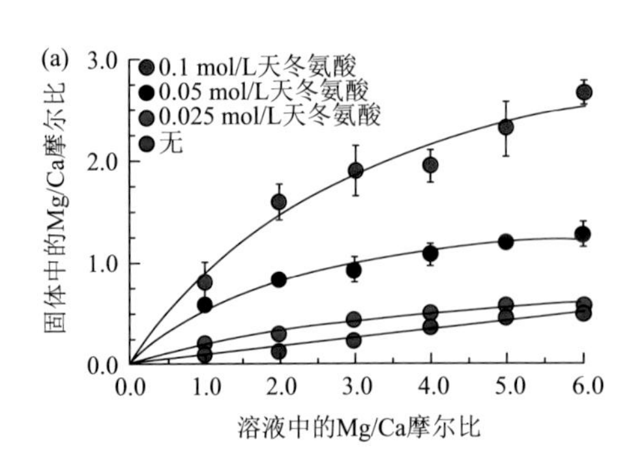

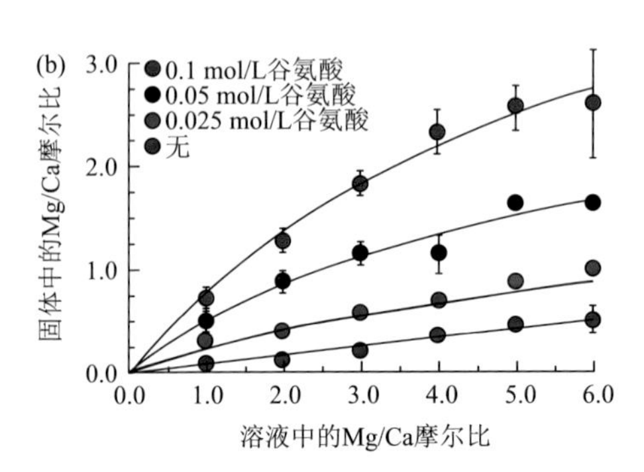

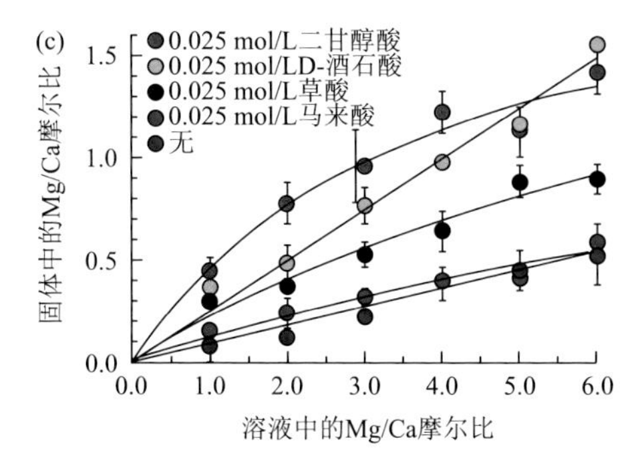

图 6-14　不同氨基酸和酸性小分子诱导下无定形碳酸钙中 Mg/Ca 摩尔比与初始溶液中 Mg/Ca 摩尔比之间的关系[62]

（a）天冬氨酸；（b）谷氨酸；（c）其他酸性小分子

氨基酸除了能调控 Mg^{2+}在无定形碳酸钙中的含量外，也能调控染料分子在方解石晶体中的含量和分布[63]。单独的染料分子由于没有能与矿物结合的基团，无法影响碳酸钙的生长和形貌，所形成的方解石晶体表现为无色。单独加入天冬氨酸(Asp)使得方解石沿着(104)晶面的 c 轴生长(图 6-15)。然而，将亮蓝色 R(brilliant blue R，BBR）染料分子和天冬氨酸一起加入后，方解石将天冬氨酸和 BBR 一同封装进了晶体里，呈现出亮蓝色。此外，含染料分子的方解石晶体只有在甘氨酸、

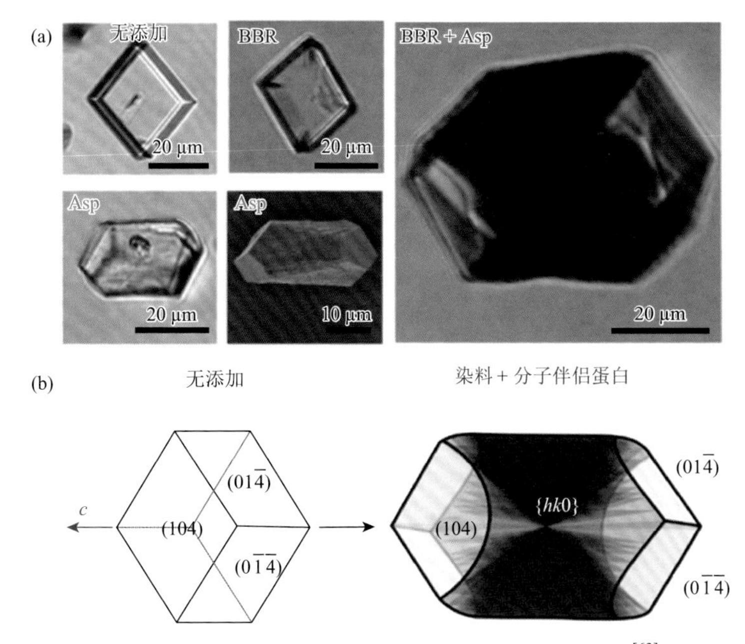

图 6-15　在 BBR 和氨基酸调控下形成的碳酸钙晶体[63]

（a）在 BBR 和 Asp 存在下沉淀的方解石晶体的光学照片和扫描电镜图；（b）BBR 和氨基酸封装进方解石的机制示意图

谷氨酸、天冬酰胺和天冬氨酸这四种氨基酸存在的情况下才会形成。由于这些活性氨基酸本身就可被有效地包覆在方解石中，它们可以作为单个分子或染料分子聚集的伴侣，为生成具有特定功能的材料提供了新的思路。

天冬氨酸和谷氨酸等氨基酸通常具有手性，这些手性可以被生物矿物识别并用于制造手性材料。Jiang 等[64]发现，球霰石在手性氨基酸的诱导下可以形成具有手性的表面超结构。如图 6-16 所示，在 L-Asp 的调控下，生成了具有左旋表面结构的球霰石；在 D-Asp 的调控下，生成了具有右旋表面结构的球霰石。通过对球霰石生长过程的观察发现，手性结构的出现是由于氨基酸诱导球霰石生长单元之间形成了一定的角度，后续的生长单元继续沿着这个角度生长，最终形成左旋或右旋的表面结构。这一研究可在一定程度上解释蜗牛壳等具有螺旋结构的碳酸钙矿物的形成机制。此外，可以通过在生长过程中更换另一种手性氨基酸而使螺旋方向发生反转。

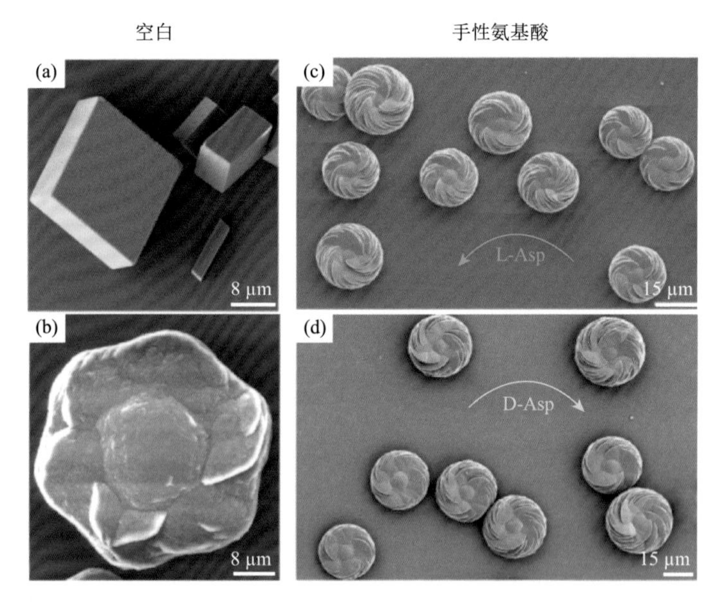

图 6-16 （a）未加入有机质生成的方解石；（b）未加入有机质生成的球霰石；（c）加入 L-Asp 生成的左旋球霰石；（d）加入 D-Asp 生成的右旋球霰石[64]

除了酸性氨基酸外，大部分含有羧基基团的有机小分子都能够调控碳酸钙的结晶过程，如柠檬酸等。研究表明，柠檬酸的引入可以显著提升无定形碳酸钙在水溶液中的稳定性，且稳定时间随柠檬酸浓度的升高而延长[65]。随着柠檬酸浓度的升高，无定形碳酸钙的尺寸会先增加后减小。在对方解石晶体形貌调控方面，随着柠檬酸浓度的增加，方解石由六方立体逐渐改变为类球形，并且粒径会随之下降。此外，柠檬酸还能改变无定形磷酸钙与胶原之间界面的润湿性，进而显著提升磷酸钙进入胶原的能力[66]。

碳酸钙和磷酸钙等化合物虽然属于无机材料，但是关于非经典晶体生长机制的研究以及预成核团簇或复合物的发现，使得无机物与有机物在形成机制方面的界限越来越模糊。在高分子塑料的制备过程中，当“一团物质”形成后，各个分子先各自就位然后一起聚合构建出大块材料。塑料形成过程的调控主要是封端剂的作用，它会先抢占分子用于相互连接的位置，阻止它们的相互“牵手”。这个戴上封端剂的物质被称为单体或寡聚体。基于此，研究人员开始设想，无机材料是否可以像聚合物一样，通过快速聚合的方式形成均匀的块体碳酸钙材料。Liu 等[67]首先提出用三乙胺（TEA）有机小分子作为无机离子反应的“终止符”。三乙胺和碳酸钙离子寡聚体的相互结合有一个媒介——氢键，而这些氢键在实验常用的水溶液中不易形成。于是他们把碳酸钙水溶液换成了碳酸钙乙醇溶液，并加入大量三乙胺分子。通过氢键的牵线搭桥，三乙胺分子以快于其他碳酸根离子的速度跑向某处的高浓度碳酸钙离子聚集体，抢先占领它们继续聚集或长大的有利位置，阻断它与外界其他碳酸钙的联系。这个过程让三乙胺分子占据原定的钙离子位置，阻止碳酸钙离子继续相互“牵手”，从而形成无机离子寡聚体。图 6-17（a）显示了无机离子寡聚体聚合成型的示意图。因为三乙胺和乙醇均属于易挥发物质，离子寡聚体在三乙胺和乙醇一起挥发后开始直接聚合相连，进而可像塑料一样的方式进行聚合生长。通过这种新方式制造的碳酸钙是结构连续、完全致密的，硬度等力学性能可以更加接近材料的理想状态。碳酸钙无机寡聚体还有一个重要特性就是流动性，能做出胶状物，这样就能通过模具得到各种形状的碳酸钙材料［图 6-17（b）］，而过去认为碳酸钙这类无机矿物由于硬度和脆性很难实现可塑制备。这也意味着无机聚合反应克服了传统无机材料可加工性差的缺点，使得碳酸钙这类无机矿物也可以获得形式多样的形状。

有机-无机复合材料是一类结合有机物柔韧性和无机物刚性的复合物，在结构材料、光电材料等领域有重要用途。这种无机聚合的方法也可应用在磷酸钙体系中，制备新型有机-无机复合材料。通常，有机-无机复合材料是由有机高分子和无机颗粒组成。其中，有机高分子的合成可以通过聚合与交联反应实现，而无机物往往通过经典成核过程制备。基于无机离子聚合，可以让有机和无机的聚合/交联在同一体系中发生，得到近分子尺度复合的有机-无机复合材料。例如，通过将磷酸钙寡聚体与聚乙烯醇（PVA）和海藻酸钠（SA）共混形成均匀胶体，然后将三乙胺挥发，形成均匀的有机-无机复合薄膜。把干燥的薄膜裁剪成长条并进行单轴湿拉伸和扭曲，可以得到性能超过蜘蛛丝的材料[68]、仿生湿度响应材料[69]等。这些薄膜也可进行层层叠加热压制成仿贝壳材料，得到高韧性和抗冲击性的块体材料（图 6-18）[70, 71]。这些研究表明，有机小分子在材料的合成与制备方面具有非常重要的作用。

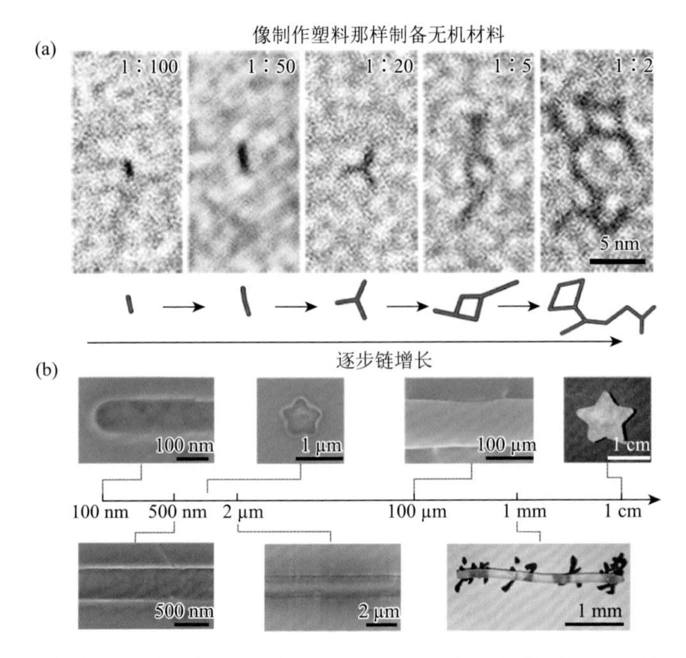

图 6-17 （a）无机离子寡聚体聚合成型的示意图；（b）由寡聚体制备的各种形状块体碳酸钙的光学照片[67]

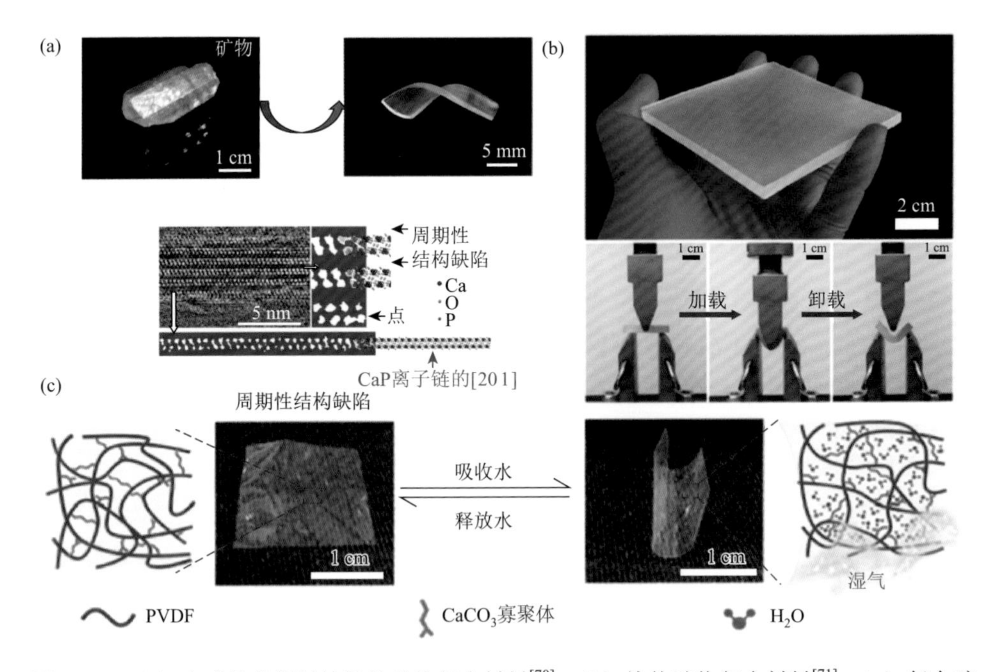

图 6-18 （a）合成具有塑料特性的矿物复合材料[70]；（b）块体矿物复合材料[71]；（c）复合矿物薄膜材料水结合示意图[69]

参考文献

[1] Gal A，Wirth R，Kopka J，et al. Macromolecular recognition directs calcium ions to coccolith mineralization sites. Science，2016，353（6299）：590-593.

[2] Skrtic D，Antonucci J M，Eanes E D，et al. Dental composites based on hybrid and surface-modified amorphous calcium phosphates. Biomaterials，2004，25（7-8）：1141-1150.

[3] Zhao D，Zhuo R X，Cheng S X. Alginate modified nanostructured calcium carbonate with enhanced delivery efficiency for gene and drug delivery. Molecular BioSystems，2012，8（3）：753-759.

[4] Gilbert P，Bergmann K D，Boekelheide N，et al. Biomineralization：Integrating mechanism and evolutionary history. Science Advances，2022，8（10）：eabl9653.

[5] Gower L B，Odom D J. Deposition of calcium carbonate films by a polymer-induced liquid-precursor（PILP）process. Journal of Crystal Growth，2000，210（4）：719-734.

[6] Bewernitz M A，Gebauer D，Long J，et al. A metastable liquid precursor phase of calcium carbonate and its interactions with polyaspartate. Faraday Discussions，2012，159：291-312.

[7] Xu Y F，Tijssen K C H，Bomans P H H，et al. Microscopic structure of the polymer-induced liquid precursor for calcium carbonate. Nature Communications，2018，9：2582.

[8] Huang W Y，Wang Q H，Chi W H，et al. Multiple crystallization pathways of amorphous calcium carbonate in the presence of poly(aspartic acid)with a chain length of 30. CrystEngComm，2022，24（26）：4809-4818.

[9] Zou Z Y，Bertinetti L，Politi Y，et al. Control of polymorph selection in amorphous calcium carbonate crystallization by poly(aspartic acid)：Two different mechanisms. Small，2017，13（21）：1603100.

[10] Zou Z Y，Yang X F，Albéric M，et al. Additives control the stability of amorphous calcium carbonate *via* two different mechanisms：Surface adsorption versus bulk incorporation. Advanced Functional Materials，2020，30（23）：2000003.

[11] Zhou Z，Zhang L，Li J，et al. Polyelectrolyte-calcium complexes as a pre-precursor induce biomimetic mineralization of collagen. Nanoscale，2021，13（2）：953-967.

[12] Oosterlaken B M，Van Rijt M M J，Joosten R R M，et al. Time-resolved cryo-TEM study on the formation of iron hydroxides in a collagen matrix. ACS Biomaterials Science & Engineering，2021，7（7）：3123-3131.

[13] Ryu J，Kim S W，Kang K，et al. Mineralization of self-assembled peptide nanofibers for rechargeable lithium ion batteries. Advanced Materials，2010，22（48）：5537-5541.

[14] Basak S，Nandi N，Paul S，et al. A tripeptide-based self-shrinking hydrogel for waste-water treatment：Removal of toxic organic dyes and lead（Pb^{2+}）ions. Chemical Communications，2017，53（43）：5910-5913.

[15] Paul S，Basu K，Das K S，et al. Peptide-based hydrogels as a scaffold for *in situ* synthesis of metal nanoparticles：Catalytic activity of the nanohybrid system. ChemNanoMat，2018，4（8）：882-887.

[16] Xing B G，Choi M F，Xu B. Design of coordination polymer gels as stable catalytic systems. Chemistry：A European Journal，2002，8（21）：5028-5032.

[17] Jin B，Yan F，Qi X，et al. Peptoid-directed formation of five-fold twinned Au nanostars through particle attachment and facet stabilization. Angewandte Chemie International Edition，2022，61（14）：e202201980.

[18] Yao S S，Xu Y F，Zhou Y Y，et al. Calcium phosphate nanocluster-loaded injectable hydrogel for bone regeneration. ACS Applied Bio Materials，2019，2（10）：4408-4417.

[19] Qi Y，Ye Z，Fok A，et al. Effects of molecular weight and concentration of poly(acrylic acid)on biomimetic mineralization of collagen. ACS Biomaterials Science & Engineering，2018，4（8）：2758-2766.

[20] Watamura H，Sonobe Y，Hirasawa I. Polyacrylic acid-assisted crystallization phenomena of carbonate crystals. Chemical Engineering & Technology，2014，37（8）：1422-1426.

[21] Cantaert B，Kim Y Y，Ludwig H，et al. Think positive：Phase separation enables a positively charged additive to induce dramatic changes in calcium carbonate morphology. Advanced Functional Materials，2012，22（5）：907-915.

[22] Nan Z，Shi Z，Yan B，et al. A novel morphology of aragonite and an abnormal polymorph transformation from calcite to aragonite with PAM and CTAB as additives. Journal of Colloid and Interface Science，2008，317（1）：77-82.

[23] Matahwa H，Ramiah V，Sanderson R D. Calcium carbonate crystallization in the presence of modified polysaccharides and linear polymeric additives. Journal of Crystal Growth，2008，310（21）：4561-4569.

[24] Wang T，Cölfen H，Antonietti M. Nonclassical crystallization：Mesocrystals and morphology change of $CaCO_3$ crystals in the presence of a polyelectrolyte additive. Journal of the American Chemical Society，2005，127（10）：3246-3247.

[25] Cölfen H，Antonietti M. Mesocrystals：Inorganic superstructures made by highly parallel crystallization and controlled alignment. Angewandte Chemie International Edition，2005，44（35）：5576-5591.

[26] Kim Y Y，Schenk A S，Ihli J，et al. A critical analysis of calcium carbonate mesocrystals. Nature Communications，2014，5：4341.

[27] Smeets P J M，Cho K R，Sommerdijk N A J M，et al. A mesocrystal-like morphology formed by classical polymer-mediated crystal growth. Advanced Functional Materials，2017，27（40）：1701658.

[28] Oaki Y，Kajiyama S，Nishimura T，et al. Nanosegregated amorphous composites of calcium carbonate and an organic polymer. Advanced Materials，2008，20（19）：3633-3637.

[29] Saito T，Oaki Y，Nishimura T，et al. Bioinspired stiff and flexible composites of nanocellulose-reinforced amorphous $CaCO_3$. Materials Horizons，2014，1（3）：321-325.

[30] Kuo D，Nishimura T，Kajiyama S，et al. Bioinspired environmentally friendly amorphous $CaCO_3$-based transparent composites comprising cellulose nanofibers. ACS Omega，2018，3（10）：12722-12729.

[31] Yu Y D，Mu Z，Jin B，et al. Organic-inorganic copolymerization for a homogenous composite without an interphase boundary. Angewandte Chemie International Edition，2020，59（5）：2071-2075.

[32] Kašparová P，Antonietti M，Cölfen H. Double hydrophilic block copolymers with switchable secondary structure as additives for crystallization control. Colloids and Surfaces A：Physicochemical and Engineering Aspects，2004，250（1-3）：153-162.

[33] Cölfen H，Yu S H. Biomimetic mineralization/synthesis of mesoscale order in hybrid inorganic-organic materials *via* nanoparticle self-assembly. MRS Bulletin，2005，30（10）：727-735.

[34] Nassif N，Gehrke N，Pinna N，et al. Synthesis of stable aragonite superstructures by a biomimetic crystallization pathway. Angewandte Chemie International Edition，2005，44（37）：6004-6009.

[35] Ning Y，Armes S P. Efficient occlusion of nanoparticles within inorganic single crystals. Accounts of Chemical Research，2020，53（6）：1176-1186.

[36] Lu C H，Qi L M，Cong H L，et al. Synthesis of calcite single crystals with porous surface by templating of polymer latex particles. Chemistry of Materials，2005，17（20）：5218-5224.

[37] Min K H，Min H S，Lee H J，et al. pH-controlled gas-generating mineralized nanoparticles：A theranostic agent for ultrasound imaging and therapy of cancers. ACS Nano，2015，9（1）：134-145.

[38] Berg J K，Jordan T，Binder Y，et al. Mg^{2+} tunes the wettability of liquid precursors of $CaCO_3$：Toward controlling mineralization sites in hybrid materials. Journal of the American Chemical Society，2013，135（34）：12512-12515.

[39] Sun W，Jayaraman S，Chen W，et al. Nucleation of metastable aragonite $CaCO_3$ in seawater. Proceedings of the National Academy of Sciences of the United States of America，2015，112（11）：3199-3204.

[40] Zhu F，Nishimura T，Sakamoto T，et al. Tuning the stability of $CaCO_3$ crystals with magnesium ions for the formation of aragonite thin films on organic polymer templates. Chemistry：An Asian Journal，2013，8（12）：3002-3009.

[41] Yang H，Chai S，Zhang Y，et al. A study on the influence of sodium carbonate concentration on the synthesis of high Mg calcites. CrystEngComm，2016，18（1）：157-163.

[42] Huang Y C，Gindele M B，Knaus J，et al. On mechanisms of mesocrystal formation：Magnesium ions and water environments regulate the crystallization of amorphous minerals. CrystEngComm，2018，20（31）：4395-4405.

[43] Radha A V，Fernandez-Martinez A，Hu Y，et al. Energetic and structural studies of amorphous $Ca_{1-x}Mg_xCO_3 \cdot nH_2O$（$0 \leqslant x \leqslant 1$）. Geochimica et Cosmochimica Acta，2012，90：83-95.

[44] Ihli J，Kim Y Y，Noel E H，et al. The effect of additives on amorphous calcium carbonate（ACC）：Janus behavior in solution and the solid state. Advanced Functional Materials，2013，23（12）：1575-1585.

[45] Koishi A，Fernandez-Martinez A，Ruta B，et al. Role of impurities in the kinetic persistence of amorphous calcium carbonate：A nanoscopic dynamics view. The Journal of Physical Chemistry C，2018，122（29）：16983-16991.

[46] Oaki Y，Hayashi S，Imai H. A hierarchical self-similar structure of oriented calcite with association of an agar gel matrix：Inheritance of crystal habit from nanoscale. Chemical Communications，2007（27）：2841-2843.

[47] Du H，Amstad E. Water：How does it influence the $CaCO_3$ formation？. Angewandte Chemie International Edition，2020，59（5）：1798-1816.

[48] Zou Z Y，Habraken W J E M，Matveeva G，et al. A hydrated crystalline calcium carbonate phase：Calcium carbonate hemihydrate. Science，2019，363（6425）：396-400.

[49] Schmidt I，Zolotoyabko E，Lee K，et al. Effect of strontium ions on crystallization of amorphous calcium carbonate. Crystal Research and Technology，2019，54（6）：1900002.

[50] Whittaker M L，Sun W，DeRocher K A，et al. Structural basis for metastability in amorphous calcium barium carbonate（ACBC）. Advanced Functional Materials，2018，28（2）：1704202.

[51] Wang Q H，Yuan B C，Huang W Y，et al. Bioprocess inspired formation of calcite mesocrystals by cation-mediated particle attachment mechanism. National Science Review，2023，10（4）：nwad014.

[52] Zou Z，Polishchuk I，Bertinetti L，et al. Additives influence the phase behavior of calcium carbonate solution by a cooperative ion-association process. Journal of Materials Chemistry B，2018，6（3）：449-457.

[53] Zou Z，Xie J，Macías-Sánchez E，et al. Nonclassical crystallization of amorphous calcium carbonate in the presence of phosphate ions. Crystal Growth & Design，2021，21（1）：414-423.

[54] Gal A，Kahil K，Vidavsky N，et al. Particle accretion mechanism underlies biological crystal growth from an amorphous precursor phase. Advanced Functional Materials，2014，24（34）：5420-5426.

[55] Gal A，Weiner S，Addadi L. The stabilizing effect of silicate on biogenic and synthetic amorphous calcium carbonate. Journal of the American Chemical Society，2010，132（38）：13208-13211.

[56] Brown W E，Smith J P，Lehr J R，et al. Octacalcium phosphate and hydroxyapatite：Crystallographic and chemical relations between octacalcium phosphate and hydroxyapatite. Nature，1962，196（4859）：1050-1055.

[57] Song H，Cai M，Fu Z，et al. Mineralization pathways of amorphous calcium phosphate in the presence of fluoride. Crystal Growth & Design，2023，23（10）：7150-7158.

[58] Iijima M，Onuma K. Roles of fluoride on octacalcium phosphate and apatite formation on amorphous calcium phosphate substrate. Crystal Growth & Design，2018，18（4）：2279-2288.

[59] Xie A J，Shen Y H，Zhang C Y，et al. Crystal growth of calcium carbonate with various morphologies in different amino acid systems. Journal of Crystal Growth，2005，285（3）：436-443.

[60] Borukhin S，Bloch L，Radlauer T，et al. Screening the incorporation of amino acids into an inorganic crystalline host：The case of calcite. Advanced Functional Materials，2012，22（20）：4216-4224.

[61] Raz S，Weiner S，Addadi L. Formation of high-magnesian calcites *via* an amorphous precursor phase：Possible biological implications. Advanced Materials，2000，12（1）：38-42.

[62] Wang D B，Wallace A F，De Yoreo J J，et al. Carboxylated molecules regulate magnesium content of amorphous calcium carbonates during calcification. Proceedings of the National Academy of Sciences of the United States of America，2009，106（51）：21511-21516.

[63] Bartosz M，David C G，Mark A H，et al. Amino acid-assisted incorporation of dye molecules within calcite crystals. Angewandte Chemie International Edition，2018，57（28）：8623-8628.

[64] Jiang W G，Pacella M S，Athanasiadou D，et al. Chiral acidic amino acids induce chiral hierarchical structure in calcium carbonate. Nature Communications，2017，8：15066.

[65] Tobler D J，Rodriguez-Blanco J D，Dideriksen K，et al. Citrate effects on amorphous calcium carbonate（ACC）structure，stability，and crystallization. Advanced Functional Materials，2015，25（20）：3081-3090.

[66] Shao C，Zhao R，Jiang S，et al. Citrate improves collagen mineralization *via* interface wetting：A physicochemical understanding of biomineralization control. Advanced Materials，2018，30（8）：1704876.

[67] Liu Z M，Shao C Y，Jin B，et al. Crosslinking ionic oligomers as conformable precursors to calcium carbonate. Nature，2019，574（7778）：394-398.

[68] Yu Y D，He Y，Mu Z，et al. Biomimetic mineralized organic-inorganic hybrid macrofiber with spider silk-like supertoughness. Advanced Functional Materials，2020，30（6）：1908556.

[69] He Y，Kong K R，Guo Z X，et al. A highly sensitive，reversible，and bidirectional humidity actuator by calcium carbonate ionic oligomers incorporated poly（vinylidene fluoride）. Advanced Functional Materials，2021，31（26）：2101291.

[70] Yu Y D，Guo Z X，Zhao Y Q，et al. A flexible and degradable hybrid mineral as a plastic substitute. Advanced Materials，2022，34（9）：2107523.

[71] Yu Y D，Kong K R，Tang R K，et al. A bioinspired ultratough composite produced by integration of inorganic ionic oligomers within polymer networks. ACS Nano，2022，16（5）：7926-7936.

第7章 基于矿化机制的制备新技术

7.1 以无定形相为前驱体的材料制备新技术

自然界的生物体通过生物矿化过程形成具有各种重要功能的硬组织，称为生物矿物。生物矿化的本质是发生在生物环境下的结晶过程，它由生物系统控制，最终得到具有各种特定功能的生物矿物也将服务于生物体。通过对溶液的离子浓度、温度和物质的传输等因素进行研究，传统结晶学建立了晶体生长模型，主要涉及晶体的成核和生长过程。其中，应用最为广泛的经典结晶理论认为晶体的生长来自原子、离子或分子等单体在初始晶核上的层层生长。然而，在生物矿化过程中，生物系统提供的过饱和溶液介质、细胞外基质、非胶原蛋白和囊泡等微观反应条件造就了极其复杂的生物微环境，这些特殊生物微环境使得矿物晶体的成核和生长过程与其在同等条件下的体相溶液中相差甚远，此时经典结晶理论已不足以解释人们在生物矿物形成过程中观察到的某些现象。由此发展了多种非经典结晶理论来解释生物矿化过程，其中包括以组装聚集为基础的结晶理论、以预成核团簇为基础的结晶理论及以无定形相为前驱体的结晶理论。

近几十年来的研究发现，许多生物矿物的形成是通过一种以无定形相为前驱体的方式进行。早在 1967 年 Termine 和 Posner[1]就提出过无定形磷酸钙是骨矿物钙化过程中沉积的第一种矿物，并且发现在骨成熟过程中无定形磷酸钙的含量逐渐降低，结晶磷灰石的含量逐渐增加。随着测试表征技术的进步，研究人员可以利用更加直观、分辨率更高的测试方法进行结构表征。例如，Mahamid 等[2]在 2008 年利用冷冻扫描电镜和透射电镜等仪器对处于发育中的斑马鱼鳍骨进行结构表征，发现在斑马鱼不断形成的鳍骨中，可以提取出大量的无定形磷酸钙颗粒，这些无定形矿物颗粒随着时间延长逐渐结晶为成熟的骨矿物，鳍骨的结晶程度在成熟过程中逐渐增加。由此可知，无定形磷酸钙是晶化矿物在鳍骨发育过程中的前驱体相。

除了在骨矿物中发现无定形磷酸钙作为前驱体相存在外，在牙齿中同样也发现了无定形相的存在。La Fontaine 等[3]和 Gordon 等[4]利用原子探针层析技术发现，在人牙和啮齿动物牙的釉质晶体之间存在富镁的无定形磷酸钙，该发现支持了釉质晶体的形成是由无定形磷酸钙前驱体发育而来的理论。同样，利用 X 射线吸收光谱（XAS）和红外光谱（IR）监测海胆骨针的发育过程，Politi 等[5]发现了无定形碳酸钙前驱体向方解石转变的过程，并且利用 XAS 在原子水平上对此无定形前驱体相进行结构表征，发现其短程结构更加类似于方解石。除此之外，无定形碳酸钙前驱体同样存在于软体动物幼虫甲壳、棘皮动物骨骼和甲壳类动物的外壳中，且在以上生物的矿化过程中先于结晶相出现。总而言之，无定形相作为前驱体广泛存在于生物矿物的形成过程中，并且对这类亚稳相的探索也是近年来人们关注的热点。

无定形相与结晶相最主要的差异在于原子尺度的有序结构不同。在结晶相结构中，原子的平衡位置按长程有序周期性排列，原子排列既有周期性又有平移性。而在无定形相中则缺乏长程周期性，原子的排列是无序的。无定形相的结构往往用径向分布函数表示，其原子的排列状态介于晶相和溶液之间。这种结构特性使得无定形相在偏光显微镜下表现出各向同性，同时对 X 射线也没有明显的衍射峰，只存在衍射峰包。值得一提的是，虽然长程上表现出来的是一种无序的状态，但是无定形相在短程上可以存在一定的有序程度，并且对应于特定的晶相结构。例如，上述提到的海胆骨针中发现的无定形碳酸钙原子排列短程有序，且排列方式与方解石相似。除此之外，无定形相具有优异的可塑性，更容易被塑造成生物所需的各种形状，然后通过固相转变形成具有相同形状的结晶相。这也许就是我们在自然界中能够观察到千姿百态的生物矿物的原因。

某些情况下，无定形前驱体在结晶转化过程中会形成精细的微观组织结构，赋予矿物意想不到的宏观性能。例如，Polishchuk 等[6]在海蛇尾的背臂板中发现了大量的脆性方解石凸起结构，这些凸起结构在形成初期由富镁的无定形纳米粒子组成，并在结晶过程中存在偏析行为，最终纳米尺度的层析相赋予了脆性方解石增强增韧的效果。同样，在虾的下颌骨中存在复杂的多相共存结构[7]，包括无定形碳酸钙、无定形磷酸钙以及结晶相的方解石、磷灰石等，各物相特定的分布模式使得下颌骨的机械强度堪比哺乳动物的牙齿。

由此可知，无定形相一方面在生物矿物的形成过程中具有重要调控作用，另一方面对最终形成的生物矿物的性能具有显著的提升作用。因此，以无定形相为前驱体的材料结构设计及制备是生物矿化启示的制备技术中的一个重要研究方向，值得我们开展更深入的研究。

7.1.1 基于无定形相的新结构设计

碳酸钙作为参与全球碳循环的矿物质，在气候重建、海洋酸化及生物矿化方面起到重要的作用，常被用作研究离子溶液的成核与结晶机制的模型。近一个多世纪以来，自然界中已经发现的碳酸钙晶型包括三种无水结晶相——方解石（calcite）、文石（aragonite）和球霰石（vaterite），以及两种水合结晶相——一水碳酸钙（$CaCO_3 \cdot H_2O$，monohydrocalcite，MHC）和六水碳酸钙（$CaCO_3 \cdot 6H_2O$，ikaite）。此外，在碳酸钙晶体生长过程中，尤其是在高浓度的碳酸钙溶液中，首先形成的沉淀是不稳定的无定形碳酸钙（ACC）。ACC 作为前驱体在合适的条件下可以转化成所有类型的碳酸钙晶体。

过去 ACC 常被报道可以用作以上五种经典碳酸钙结晶相的前驱体相。邹朝勇等的一项研究发现，在 Mg^{2+}存在的情况下，利用体外合成的 ACC 作为前驱体相，可以合成一种从未报道过的水合结晶相碳酸钙——半水碳酸钙（$CaCO_3 \cdot 1/2\ H_2O$，calcium carbonate hemihydrate，CCHH）[8]。对其进行形貌分析显示，CCHH 由直径约为 30 nm 的针状纳米晶体取向排列形成，晶体束的直径约为 200 nm，长度为 1～5 μm（图 7-1）。与其他碳酸钙相比，CCHH 的红外光谱和拉曼光谱谱图的峰型及峰位显现出很大的不同。例如，对于方解石晶体的拉曼光谱而言，最显著的特征峰位为碳酸根基团的对称伸缩振动峰 v_1，波数为 1085 cm^{-1}；而在 CCHH 的拉曼光谱中，则是在波数为 1102 cm^{-1} 的位置显示出一个半峰宽仅有 4 cm^{-1} 的非常尖锐的特征峰，该特征峰处的波数值远远高于方解石晶体及其他碳酸钙晶体。利用高分辨 X 射线粉末分析技术对 CCHH 粉末进行结构分析，

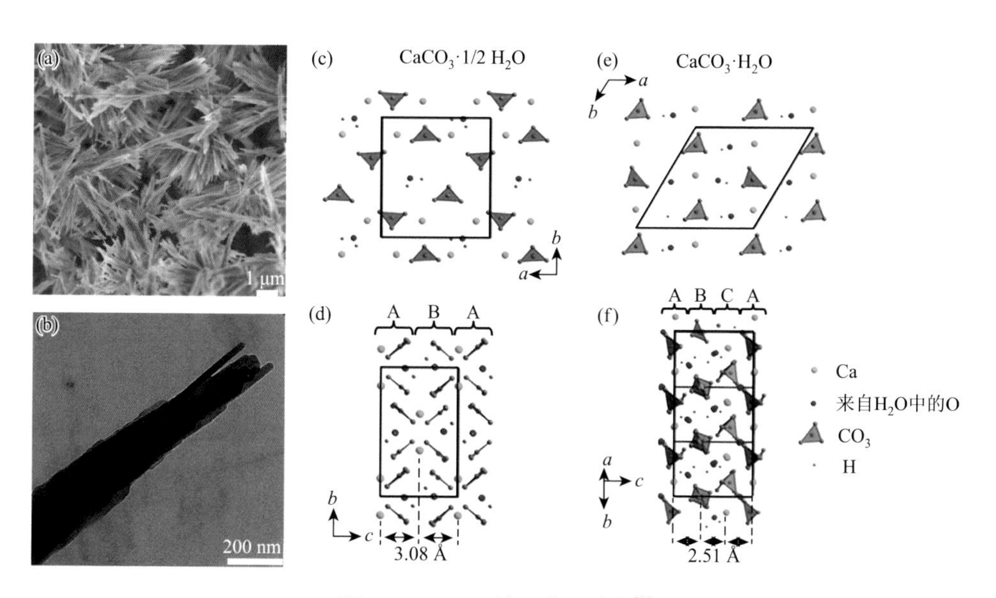

图 7-1　CCHH 的形貌及结构[8]

（a）针状 CCHH 晶体的扫描电镜图；（b）针状 CCHH 晶体的透射电镜图；（c）和（d）CCHH 晶体结构中的层状结构示意图；（e）和（f）MHC 晶体结构中的层状结构示意图

发现在晶面间距（d）等于 5.31 Å（$2\theta = 5.36°$）、5.22 Å（$2\theta = 5.45°$）、3.03 Å（$2\theta = 9.39°$）和 2.50 Å（$2\theta = 11.37°$）处出现高强度衍射峰与已知的碳酸钙相的衍射峰不匹配。此外，在 Ca K-edge 处的 X 射线吸收近边结构（XANES）谱和对分布函数图（PDF）显示，CCHH 与 ACC 和 MHC 的结构存在相似性，但与无水碳酸钙的结构显著不同。利用光电发射电子显微镜（PEEM）在 O K-edge 和 Ca L-edge 处获取的 XANES 谱图与无定形碳酸钙相或任何其他碳酸钙相的谱图也不同。

对针状 CCHH 晶体的自动电子衍射层析成像（ADT）数据进行三维重建，得到 CCHH 的空间群为 $P2_1/C$，具有单斜结构，晶格参数 $a = 9.33$ Å，$b = 10.44$ Å，$c = 6.16$ Å，以及 $\alpha = 90°$，$\beta = 90.5°$，$\gamma = 90°$。CCHH 可以通过两种方式得到：一种为一定比例的 Mg^{2+}预先加入混合溶液体系，直接参与 ACC 相的沉淀，随后结晶成为 CCHH；另一种是预先合成纯的 ACC 前驱体，随后在溶液体系中加入一定比例的 Mg^{2+}，继而结晶形成 CCHH。值得注意的是，无论是哪一种加入方式，溶液体系中 Mg^{2+}与 Ca^{2+}的摩尔比例必须在约 5∶1 的范围内才能得到 CCHH。值得注意的是，即使溶液体系中 Mg^{2+}的浓度如此之高，最后得到的 CCHH 晶体中 Mg 元素含量依旧可以保持在 2%以下。Ca 在方解石中的配位数为 6，而在 CCHH 中的配位数为 8。与利用同样方法合成的方解石相比，由于阳离子配位数的差异，Mg^{2+}进入 CCHH 受到阻碍，因此，晶体内部 Mg 含量保持较低的浓度。

实验结果还表明，溶液中 Mg^{2+}的存在抑制了 ACC 的脱水，从而控制了结晶相的水化程度。研究人员对反应溶液的 pH 和 Ca^{2+}活度进行实时监测，发现反应过程可以分成以下几个阶段：①反应溶液混合后，形成 Mg 含量约为 6.5 mol%的 ACC 纳米球，并且稳定存在约 20 min，此时的水含量约为每个 $CaCO_3$ 分子对应一个 H_2O 分子；②Ca^{2+}活度的陡然下降意味着无定形相转变为 CCHH，在此过程中 Mg 含量降低到约为 1.5 mol%，ACC 中的碳酸镁溶解，导致镁离子和碳酸根离子释放回溶液中，溶液 pH 异常升高；③CCHH 逐渐向 MHC 转变，并伴随着 pH 和 Ca^{2+}活度的缓慢降低，此过程大概持续 11 h（图 7-2）。这三个阶段包含了水分子的释放和再获取，ACC 相和 MHC 相都属于含一水相，而 CCHH 则是含半水相。在 ACC 向 CCHH 转变的过程中，ACC 纳米粒子依附在针状的 CCHH 晶体上。因此，可以认为 CCHH 在热力学上是由无定形前驱体形成的一种亚稳相，在溶液中，它逐渐转化为 MHC，但在真空环境则可以得到稳定储存（至少几个月）。

总之，这种水合结晶碳酸钙相 CCHH 的发现，强调了无定形前驱体和 Mg^{2+} 在控制碳酸钙结晶过程中的重要作用。而且，在此过程中，关于 CCHH 的发现、合成途径的确定及完整晶相结构的表征都丰富了我们对于碳酸钙系列矿物的认识。

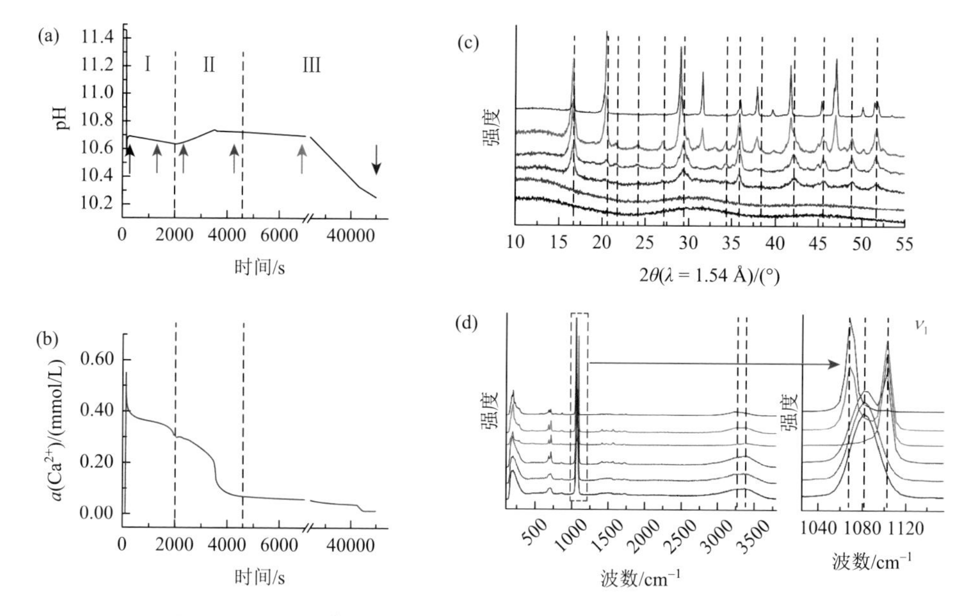

图 7-2　CCHH 在溶液中形成和转化过程中的化学及结构变化[8]

（a）pH 随时间变化，Ⅰ：ACC 沉淀阶段，Ⅱ：ACC 向 CCHH 转变阶段，Ⅲ：CCHH 向 MHC 转变阶段；（b）Ca^{2+}活度随时间变化；CCHH 形成过程中各阶段形成的沉淀的 X 射线粉末衍射图谱变化（c）和 Raman 光谱图变化（d）

正磷酸钙（CaPs）族中的化合物拥有着不同 Ca/P 原子比和结构水含量，其中常见的晶体结构包括羟基磷灰石［$Ca_{10}(PO_4)_6(OH)_2$，hydroxyapatite，HAP］，磷酸八钙［$Ca_8H_2(PO_4)_6·5H_2O$，octacalcium phosphate，OCP］，二水合磷酸氢钙/透钙石［$CaHPO_4·2H_2O$，brushite，DCPD］，磷酸氢钙/三斜磷酸钙［$CaHPO_4$，monetite，DCP］及磷酸三钙［$Ca_3(PO_4)_2$，tricalcium phosphate，TCP］。早在 19 世纪，DCPD 和 DCP 就已经受到较多关注，但是还没有工作报道过结构水含量介于无水和二水之间的物相。

2020 年，Lu 等[9]发现利用无定形磷酸氢钙（ACHP）作为前驱体可以合成一种具有中间结构水含量的新磷酸氢钙晶型——一水合磷酸氢钙（$CaHPO_4·H_2O$，dicalcium phosphate monohydrate，DCPM）（图 7-3）。首先，将磷酸氢二钠（Na_2HPO_4）和十二水磷酸三钠（$Na_3PO_4·12H_2O$）的混合水溶液与氯化钙（$CaCl_2$）水溶液混合搅拌，立刻生成 ACHP 白色沉淀，3 s 后将整个反应溶液猝灭在甲醇（CH_3OH）溶液中，随后使用甲醇离心洗涤得到 ACHP 沉淀。此 ACHP 的 Ca/P 原子比为 1.02。以此 ACHP 作为前驱体，在水和甲醇以一定比例混合的溶剂中陈化一定时间，或者在潮湿的空气中陈化相应的时间，均得到晶相 DCPM。总而言之，ACHP 需要在水含量较小的环境下才能完全结晶成 DCPM。新晶相 DCPM 呈现层状结构，拥有单斜对称的晶体结构。

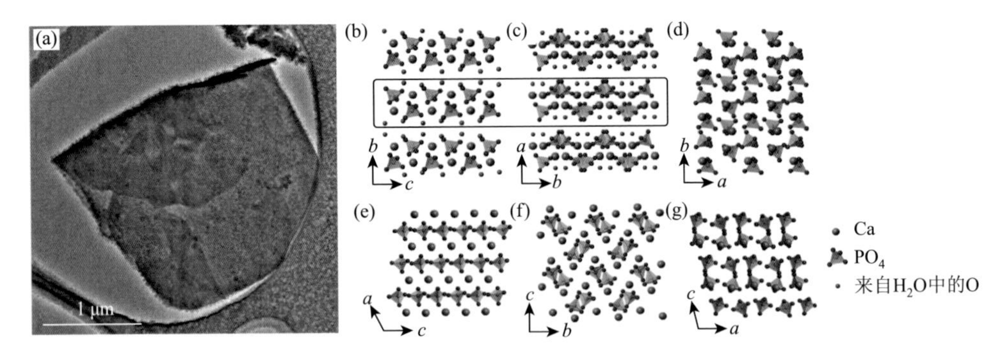

图 7-3 DCPM 的形貌及 DCPD、DCPM 和 DCP 的晶体结构对比[9]

（a）DCPM 的透射电镜形貌图；（b）沿 *a* 轴观察的 DCPD 的晶体结构；（c）沿 *c* 轴观察的 DCPM 的晶体结构，方框明显标出 DCPD 与 DCPM 层间结构的不同；（d）沿 *c* 轴观察的 DCP 的晶体结构；沿垂直于层间结构方向观察的 DCPD（e）、DCPM（f）和 DCP（g）的晶体结构

研究发现，ACHP 是能够合成 DCPM 的唯一前驱体。DCPM 热力学并不稳定，会转变成 DCP 或 DCPD，但可以通过添加柠檬酸盐和聚电解质这类有机物延长这种中间晶相的稳定时间。值得注意的是，DCPM 对甲基蓝、刚果红、抗癌药物盐酸阿霉素和镇痛药布洛芬等有机分子的吸附能力明显高于 DCP 和 DCPD。此外，DCPM 具有较好的生物相容性。因此，结合了生物相容性和较高吸附能力的 DCPM 相较于 DCP 和 DCPD，在改善给药载体或是处理污染材料方面更加具有优势。这些突出的特性意味着 DCPM 可能显著改善或延长磷酸钙（CaP）材料在体内的应用，因此在生物医学方面可以进行广泛的研究，如作为金属植入物的涂层和骨修复的合成替代品。

液晶材料可以形成具有周期性结构排列的液体，这种液体可以在电场、磁场或机械应力的作用下形成组装结构，从而具备特殊的功能。液晶大多数是由具有棒状或盘状的有机分子构成，而具有各向异性的形貌和尺寸的胶体粒子也可以作为液晶的组装单元。羟基磷灰石是一种生物环境友好型的材料，无论是生物来源还是体外合成的都未被报道其具有液晶性质。

直到 2018 年，Nakayama 等[10]利用酸性聚电解质聚丙烯酸（PAA）稳定的无定形磷酸钙（ACP）胶体为前驱体，通过自组装并结晶形成了含 PAA 的棒状羟基磷灰石（HAP）胶体粒子。合成过程中引入的 PAA 分子，可以控制最终 HAP 纳米棒的形态，从而成功地将液晶性质引入到 HAP 的水胶体分散液中（图 7-4）。具体的合成方法较为简单，通过将氯化钙（$CaCl_2$）和 PAA 的混合水溶液与等体积且等物质的量的磷酸钾（K_3PO_4）水溶液混合，在 60℃下持续搅拌一定时间后即可得到具有液晶性质和介晶结构的 HAP 纳米棒。通过一系列的测试表征发现，在反应前期首先形成了直径为 10～30 nm 的带负电的球状 ACP，其中包含 17.6 wt% 的 PAA 分子。PAA 分子的存在促使 ACP 前驱体颗粒在水溶液中发生水化，形成具有无定形结构和胶体性质的粒子。随后这些带负电的前驱体粒子定向组装形成具有一定取向结构的有机-无机杂化 HAP 纳米棒，相邻 HAP 纳米晶体的取向方向非常接近，一个晶体通过无定形有机层连接到另一个晶体。综合测试结果表明，HAP 纳米棒内包含 13.7 wt%的 PAA 分子，且包裹在 HAP 纳米棒表面的 PAA 分子促使纳米棒产生静电斥力，从而具有分散性良好的特征。这些具有液晶性质的 HAP 纳米棒材料在外部磁场和机械力的刺激下表现出宏观取向响应，因而有望成为生物友好型功能材料，应用于光学器件、生物传感器、人工骨、种植体及细胞培养支架的制造。

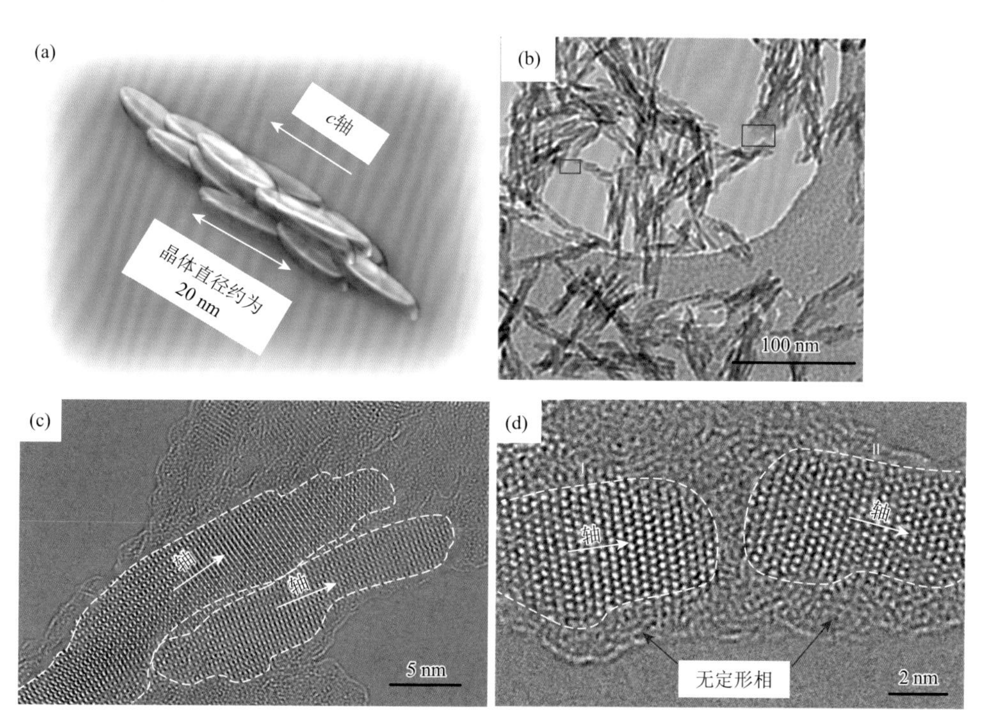

图 7-4　具有液晶性质的 HAP 基本单元的结构[10]

（a）HAP 介晶纳米棒的结构示意图；（b）HAP 纳米棒的低倍 TEM 图；（c）为（b）中蓝色框处的 HRTEM 图；（d）为（b）中红色框处的 HRTEM 图

7.1.2　基于无定形相的新材料制备

碳酸钙和磷酸钙作为最常见的生物矿物，主要存在于软体动物壳、珊瑚、海胆刺、骨骼和牙齿等硬质矿物中。一般，无定形相在这些生物矿物的形成过程中有三个主要作用。首先，它们是碳酸钙晶体和磷酸钙晶体的瞬态、可成型的无定形前驱体[1-4, 11]。其次，无定形相在水中具有较高的溶解度，是一种离子存储相，在需要时很容易溶解，以满足钙的需求，此类情况发生在蚯蚓和节肢动物等生物体内形成钙质晶体的过程中[12, 13]。最后，由于无定形相具备各向同性和对高浓度微量元素的吸收能力，因此可以作为一种结构材料。例如，甲壳类动物的无定形碳酸钙可用于硬化外骨骼角质层[14]。由于无定形前驱体不仅具备优异的可塑性，而且在生物矿物复杂结构中还提供着相关的力学性能支撑，因而将无定形相作为前驱体应用于新材料的制备，成为近年来大量关注的热点。

自然界中经常可以见到形状复杂的生物矿物，它们是晶体，但往往不具有晶体典型的形貌特征。生物体在形成此类矿物过程中，通常是通过快速沉淀无定形前驱体构成预制形状，随后结晶成最终相。在这一过程中，有机大分子往往可以通过改变无定形前驱体的结晶过程，从而影响最终矿物的形状。多数情况下，残留在矿物内部的生物大分子还可以吸收应力和阻止裂纹扩展，从而改变矿物的固有脆性特征，增加其整体韧性。同时，生物大分子也会通过阻止矿物某些晶面的生长，从而形成具有独特形状的矿物。尽管大自然可以轻而易举地制造出复杂结构，但想在人工条件下合成类似结构仍然是一个挑战。为此，科学家引入可塑性更强的无定形相作为前驱体，在外加添加剂的辅助下，制备出在常规溶液沉淀法中难以得到的具有特定形状的矿物。

Natalio 等[15]将重组 α-硅蛋白与氯化钙（$CaCl_2$）的混合溶液置于干净的云母片上，并将其暴露在$(NH_4)_2CO_3$分解的 CO_2 气体环境下。随着反应时间的延长，发现反应初始得到 ACC 纳米粒子在重组 α-硅蛋白指导下自组装成针状聚集物，陈化数月后，无定形相针状体完全转变成方解石晶体（图 7-5）。在成熟阶段，这些针状体是由取向排列的方解石纳米晶体组成，重组 α-硅蛋白包裹在晶畴边界。力学分析结果表明，合成的方解石针状体能承受的断裂应力约为天然针状体的三倍，并且没有任何断裂迹象。同样地，Kim 等[16]通过利用聚［（环氧乙烷）-嵌段-（甘油单甲基丙烯酸酯）］的酯化聚酸二嵌段共聚物（PEO_{45}-2SA:$PGMA_{48}$）稳定 ACC 前驱体，随后在方解石和文石衬底上进行定向自组装，得到单晶方解石纤维。Mao 等[17]也提出了一种以 ACC 为前驱体制备各相异性的单晶方解石纳米线的方法。方解石纳米线由纳米粒子的自组装开始，通过 ACC 纳米液滴在其顶端的连续沉淀而生长。随后，由部分结晶的纳米液滴在顶端形成结晶畴并且与内部结晶区域合并形成单晶芯。ACC 结构域被保留在外，自发形成一个保护壳，以阻止碳酸钙在纳米线的侧面沉淀，从而作为模板引导纳米线的高度各向异性生长。

各向同性的 ACC 除了有利于形成具有较大长径比的一维材料外，也可以在二维方向伸展形成薄膜材料。早在 1998 年，Kato 等[18]就观察到在不溶性几丁质基底上，可溶性多元酸可以促进碳酸钙薄膜的形成。最初研究人员认为，可以形成薄膜的根本原因在于基底与溶液中酸性聚合物添加剂之间的相互作用，即不溶性

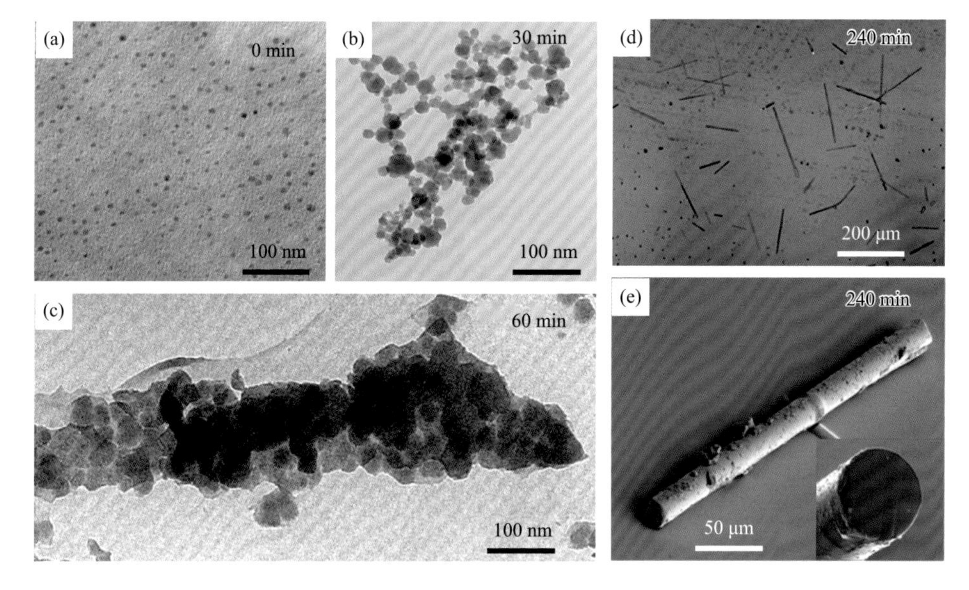

图 7-5　α-硅蛋白调控下针状方解石的制备[15]

（a）纳米粒子的 TEM 图，反应 0 min；（b）纳米粒子组装的分型结构的 TEM 图，反应 30 min；（c）无定形颗粒聚集的棒状结构的 TEM 图，反应 60 min；致密且成熟的棒针状方解石的光学照片（d）与 SEM 图（e），陈化 240 min

有机质的功能基团，如羟基和氨基等，可以使含羧基的可溶性添加剂聚集在基底表面，进而将溶液中的钙离子组装在基底表面，随后通过矿化形成复合薄膜。但是实验结果表明此机制似乎并不适用于碳酸钙薄膜的形成。Gower 和 Tirrell[19]的研究发现，在仅存在聚天冬氨酸（pAsp）而无不溶性有机基底的情况下，同样可以形成碳酸钙薄膜。由此，研究人员提出了一种基于聚合物诱导液-液相分离过程的薄膜形成机制。溶液中的矿物离子与聚合物添加剂的带电基团相互作用形成无定形液滴，这些无定形液滴具有很高的水合度，以及可成型的特性。当这些液滴沉降并被吸附到基底上时，它们结合成一层薄膜或涂层。这种初始的无定形薄膜随后结晶成具有双折射性质的碳酸钙薄膜，并且保留了前驱相的膜形状。此外，通过在聚合物相中加入具有各向同性的 ACC 作为填充材料，可以产生具有光学透明度和高力学性能的复合薄膜材料。通过将大小为 2～3 nm 的 ACC 纳米球与聚丙烯酸（PAA）混合，可以得到透明、稳定且内部无裂纹的 ACC/PAA 复合薄膜[20]。在室温环境下，PAA 和 ACC 杂化混合，形成由 ACC、PAA 和水组成的 ACC/PAA 薄膜。与大量 PAA 和水分子的络合作用，导致 ACC 的进一步结晶被有效抑制。ACC/PAA 薄膜具有纳米分级结构，是一类具有玻璃特性的新型功能材料。最近，Zhang 等[21]研究报道了一种控制结晶的方法，在 ACC 薄膜的基础上实现向单晶相转换的精确控制（图 7-6）。该方法通过独立控制成核和生长过程，在特定的时间点和生长位点生成盘状、方形或蛇形等形态的亚毫米级的方解石单晶。ACC 具有强可塑性，在 Mg^{2+}和 PAA 的参与下，通过聚合物诱导液-液相分离形成预成型的 ACC 薄膜，随后使用加热探针触发 ACC 薄膜结晶，且在较低的温度下进行孵育即可维持单晶的持续生长。

图 7-6 任意形状单晶方解石的制备[21]

（a）合成的 ACC 薄膜的光学照片，合成条件［Ca^{2+}］=［Mg^{2+}］= 10 mmol/L，［PAA］= 4 μg/mL；（b）ACC 薄膜的 TEM 明场像和对应的选区电子衍射（SAED）图；（c）ACC 薄膜在 150℃下处理 5 h 后得到的方解石单晶畴的偏光光学显微镜照片；（d）方解石单晶畴的 TEM 明场像和对应的 SAED 图；（e）～（h）通过两步法合成的具有任意形状的方解石大单晶的显微镜照片

自然界中，许多材料通过构建有序结构来实现新的功能，这可以为新型功能材料的设计和开发提供灵感。例如，骨骼、牙齿和贝壳等生物材料由生物大分子和无机矿物组成且具有各向异性的等级结构，从而具有单向抗压、抗弯、抗拉等特殊性能。在光学性能方面，各向异性材料可以产生特定的颜色，这是由亚微米周期结构的干涉现象或双折射材料的色偏振引起的。而对于材料中各向异性单元的构建，则存在多种方式，其中一种是通过引入无定形相作为前驱体，在基质中自组装并结晶形成各向异性的晶体结构，同时与基质复合以满足生物体特殊的生物功能需求。

Shao 等[22]利用在室温下易于挥发的有机小分子三乙胺（TEA）作为添加剂，乙醇作为溶剂，合成了尺寸为（1.6±0.6）nm 磷酸钙离子团簇（CPIC）。随着乙醇的挥发，带走混合体系中的 TEA，形成无定形磷酸钙（ACP）块体。与其他条件下形成的 ACP 块体相比，CPIC 诱导得到的 ACP 没有颗粒感，也没有颗粒边界线，整个 ACP 材料呈现出结构连续性。此种 ACP 前驱体的内部结构连续性可以延伸到 HAP-ACP 的界面上，随后形成的新生结晶相在原始晶体上进行外延生长，且与原始晶体之间达到晶格的连续。因此，CPIC 可作为 HAP 晶体的一个矿化前沿层进行牙釉质晶体的原位无痕修复，修复后的牙釉质与健康牙釉质的硬度和弹性模量相当（图 7-7）。此外，利用 CPIC 作为无机单元构建结晶相羟基磷灰石的前驱体，并将其与作为弹性基质的聚乙烯醇（PVA）和作为交联剂的海藻酸钠（Alg）混合，得到有机-无机复合薄膜[23]。在薄膜形成过程中，无定形 CPIC 自组装形成 ACP，随后结晶为 HAP 纳米线。利用 CPIC 作为前驱体组装形成的 ACP 在进一步组装结晶过程中不会与有机基质之间产生明显的相分离。同时，PVA 和 HAP 之间通过 Alg 分子桥接，在仅几纳米尺度上的强烈相互作用下可以产生完美的结构完整性。该薄膜表现出较高的强度（12.1 MPa）和韧性［（48.3±5.2）MJ/m^3］，在循环应力和聚合物链的驱动作用下，嵌入在聚合物网络中的 HAP 纳米线能够可逆地排列成高度有序的晶体阵列。在交叉偏振光下可以清晰地观察到拉伸薄膜的双折射现象，因此该复合薄膜能够快速且简单地测量施加的应力大小。

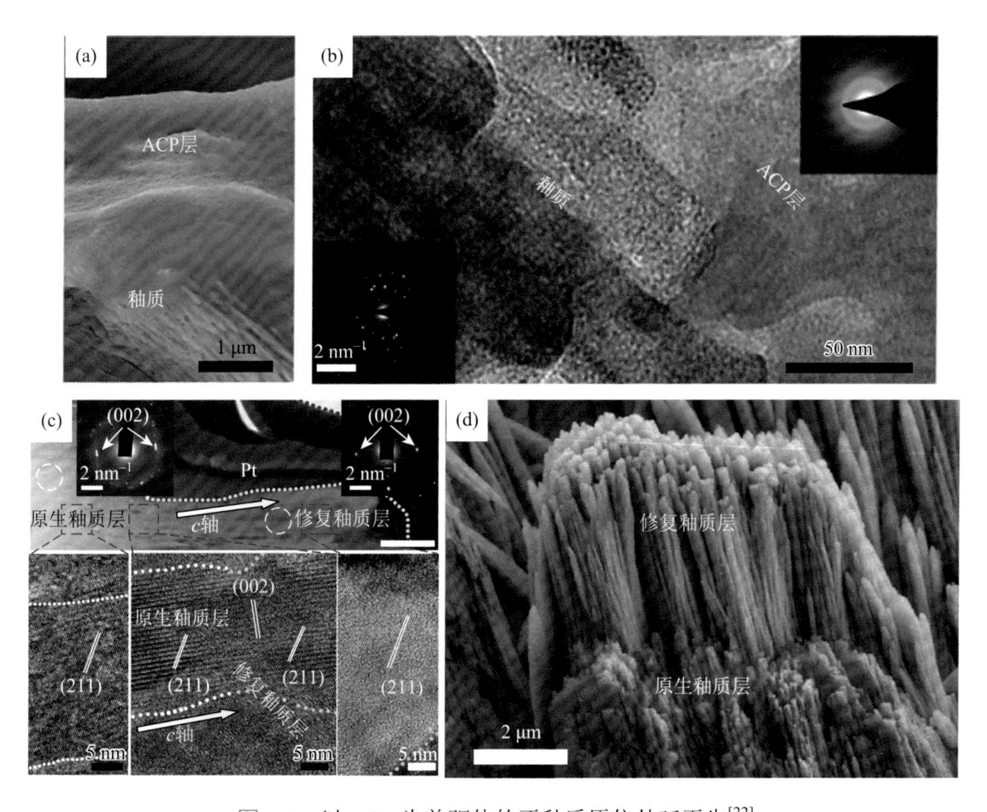

图 7-7　以 ACP 为前驱体的牙釉质原位外延再生[22]

（a）ACP 层在原生釉质上初始形成的扫描电镜图；（b）ACP 层在原生釉质上形成初始的结构交接处的 TEM 图，显示新生 ACP 层与原生釉质晶体层之间无间隙连续；（c）ACP 层结晶后的修复釉质层与原生釉质层连接处的高分辨透射电镜图，显示修复后界面处的晶格连续；（d）外延生长的原生釉质层和修复釉质层交界处的扫描电镜图

以无定形相为前驱体，不仅可以促进合成具有特殊形貌的一维结构和二维铺展的复合薄膜类材料，还可以促进三维功能材料的合成。在陶瓷材料的制备过程

中，许多无机材料最初都是以粉体形式存在，随后通过加压和烧结的方式致密化。然而，在烧结过程中，颗粒之间的物质传输程度往往不完全，块体材料的内部不能实现颗粒与颗粒之间的完全融合，颗粒边界仍然存在。这种内部结构的不连续可以显著降低材料的机械强度。在自然界中，海胆和颗石藻这类生物有机体的无机骨架不仅形态复杂而且结构连续。这类无机骨架的整体结构连续性使其许多性能都优于人造骨架。越来越多的证据表明，这些生物有机体使用无定形粒子作为前驱体，通过颗粒与颗粒之间的融合形成骨架。基于此类生物过程的启发，Mu 等[24]提出可以通过提供压力使无定形颗粒之间达到融合效果，从而制备内部物质连续的无机块体材料。ACC 作为一种典型的无定形前驱体，在压力作用下可以发生颗粒的完全融合，得到透明的碳酸钙块体。该块体具有优异的力学性能，硬度为 2.739 GPa，杨氏模量为 49.672 GPa。这些性能优于普通水泥材料，几乎能媲美单晶方解石。通过控制无定形前驱体内部的水含量和外部施加的压力，可以让物质在无定形相中的动态水通道内进行传输，从而实现块体材料内部的颗粒融合。

在现代材料工程中，最重要的目标之一是开发兼具高韧性和其他优良力学性能的新材料。鲍鱼壳、哺乳动物的骨骼和釉质这类典型的天然生物材料，利用无机矿物和有机物质精巧地形成复杂的异质矿物微结构，实现了特殊机械性能的独特组合。例如，贝壳的韧性比纯文石高三个数量级，这个现象对工程材料设计具有重要启示意义。有机-无机复合形成的块体材料是研究人员关注的热点。值得注意的是，复合块体材料中刚性的无机填料和软基质有机物之间的界面是否牢固直接影响材料的最终性能。虽然无定形相的硬度和弹性模量比结晶相更低，但与烧结而成的羟基磷灰石（HAP）块相比，无定形磷酸钙（ACP）块本身更具有抑制裂纹形成的优势，这种抑制特性可能来自 ACP 本身的无序结构和较低的密度[25]。此外，对口足动物趾指的研究发现，趾指基底中含有甲壳素（chitin）和无定形碳酸钙（ACC），此复合结构导致其抗压屈服强度较低，但具有较高的屈服应变强度。这种复合结构的设计能够有效地吸收额外的冲击能量。基于此类研究，我们认为将无定形相引入到复合材料的结构设计中，将显著提升材料的相关机械性能。

利用无定形相与有机分子之间更加容易结合的性质，Chen 等[26]制备了一种无定形相增强杂化界面的仿贝壳块体材料（图 7-8）。首先，合成厚度约为 5 nm 的超薄无定形氧化铝片，并通过与聚乳酸的界面相互作用形成聚乳酸修饰的无定形氧化铝片。随后，以此为结构单元通过连续自旋辅助逐层组装技术制备几乎透明的仿珍珠层材料。这种无定形相增强杂化界面的材料表现出极高的韧性（约为 103.5 MJ/m^3）和超强的可塑性（约为 500%），优于相应的结晶相铝基增强复合材料和聚乳酸基材料。该材料的原位拉伸测试和有限元分析表明，无定形相增强杂化界面的高效能量耗散和多尺度下较大界面塑性变形的共同作用使该材料在抗断裂损伤方面具有明显优势。在此无定形相增强杂化界面的概念下，Chen 等[27]还将一种无定形/晶相的六角叶状二氧化锰纳米片与氧化石墨烯纳米片在分子水平上形成较强的异相界面相互作用，使得异相结构单元具有韧性大强度高的性质。通过引入交联剂海藻酸钠和再生丝素纤维可以进一步增强组装单元之间的纳米级界面相互作用，且在外力加载时吸收更大的机械能，从而阻止裂纹的产生。因此，无定形相的引入实现了不同界面相互作用的最佳平衡。同样，Zhao 等[28]将无定形二氧化锆均匀且紧密地包裹在结晶 HAP 纳米线上，使插入相和晶相之间形成强的相互作用，从而增强界面连贯性，达到通过引入无定形相实现材料增韧的效果，使得仿牙釉质块体材料的韧性得到极大提升。

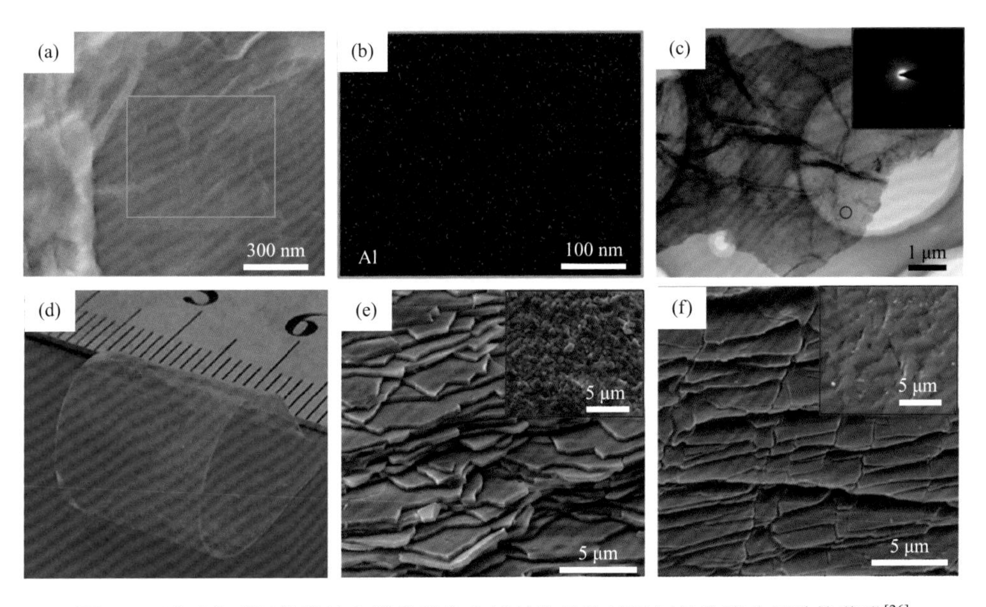

图 7-8　以无定形氧化铝片和聚乳酸杂化材料为组装基元制备仿珍珠层结构薄膜[26]

（a）超薄无定形氧化铝片的扫描电镜图；（b）为（a）方框区域的元素能量色散 X 射线谱面扫描图，显示 Al 元素的均匀分布；（c）超薄无定形氧化铝片的透射电镜图及选区电子衍射图，显示其为无定形；（d）数码照片显示成型后的复合薄膜样品的透明性和韧性；红鲍鱼珍珠层（e）和无定形仿珍珠层（f）结构材料的断面和表面的扫描电镜图比较

7.2　基于限域空间的材料新结构设计

通过学习生物矿化过程，在材料的设计与合成上可以得到源源不断的灵感。生物通过控制离子或前驱体的传输以及与可溶性有机大分子或者不溶性有机基质的相互作用可以改变生物矿物的结晶动力学过程、晶型、形貌和取向等。生物矿化过程的另一显著特征是其通常发生在由细胞、囊泡和有机基质等构建的微纳尺度限域空间内。限域空间是指在一个、两个或三个方向上限制系统的尺寸，从而改变结晶动力学或热力学。与体相溶液相比，表面自由能和界面自由能对限域空

间内晶体的成核和生长驱动力的影响更加明显。虽然生物矿化不可避免地发生在限域空间内，但是大多数模拟这些生物矿化过程的实验都是在体相溶液中进行。近年来，研究人员逐渐认识到限域空间在生物矿化过程中的重要作用，并通过在体外搭建人工限域系统研究其对晶体生长的调控机制。人工限域系统可以通过设计特定的几何形状和尺寸提供特殊的溶液环境，从而有效调节材料的合成。根据几何空间的复杂程度的不同，人工限域系统可分为圆柱形孔、介孔固体、楔形孔和液滴反应室等。在理解限域空间内晶体的成核和生长机制的基础上，可以进一步开展基于限域空间的材料新结构设计，发展材料合成与制备新技术。

7.2.1 限域空间对反应动力学的调控原理

限域空间的尺寸范围一般从数纳米到数百微米，其几何形状以及晶体与限域介质之间的界面能将直接决定限域空间内晶体的成核和生长动力学过程。晶体形成的最初阶段称为成核，是包含原子或分子的结合与解离的动态过程。限域空间通常会导致成核速率的降低，其原因主要包括：①限域空间通常排除了大多数可能存在于体相溶液中的杂质，这些杂质会促进体相溶液中的非均相成核。即使限域系统并不能完全消除所有的界面，但可以使得内部的成核速率接近均相系统。②成核概率随着反应体积的增大而增大，其中球形液滴体积减小 90%，平均成核时间将会减慢 99.9%。③在较小的反应空间内部，随着晶核的形成不断消耗离子，溶液的过饱和度持续降低，进而减少了形成临界晶核的驱动力[29]。

限域空间可以稳定早期形成的亚稳态物相，抑制其进一步转化成热力学更稳定的相。物质的对流传输在晶体的生长过程中具有重要作用，而限域空间能显著抑制这一物质传输过程，导致新生长的晶体和溶解的亚稳相之间的运输速率减慢。在一定尺寸的限域空间内，可参与溶解的亚稳相的数量必定会随着限域空间尺寸的减小而减少，最终导致结晶转化速率的降低，即延长了亚稳相的存在时长。因此，与体相溶液相比，限域空间可以直接影响晶体的晶型选择，更容易得到亚稳态的晶型。

晶体在刚性的限域空间内生长时其形貌、尺寸和取向往往取决于所处的限域环境。当限域空间在某个方向的尺寸与晶体的尺寸相当时，晶体在这一方向的生长就会受到限制。这一现象在由纳米棒孔道构建的限域空间内表现尤为明显。例如，β-甘氨酸在孔径为 20～200 nm 的多孔阳极氧化铝膜中结晶时，其快速生长轴［010］轴与孔轴平行[30]。磷酸钙在孔径为 25～300 nm 的多孔刻蚀膜中结晶时，首先会形成由无定形磷酸钙纳米粒子组成的纳米棒，随后结晶转变成单晶磷酸八钙或多晶羟基磷灰石[31, 32]。羟基磷灰石纳米棒沿［001］轴取向在孔隙长轴方向上快速生长，其在 200 nm 和 50 nm 孔道内形成的纳米棒的取向角度偏差分别为

±15°～25°和±15°～20°，而在 20 nm 孔道内形成的纳米棒具有更高的取向性，取向角度偏差为±5°～12°。

7.2.2　生物体限域空间的构建及其在材料制备中的应用

脊椎动物骨骼的基本组成单元是胶原纤维和羟基磷灰石晶体。其中，胶原纤维是由胶原分子以四分之一交错排列的方式组装而成，具有周期性的排列结构。胶原纤维周期条带的轴向长度为 67 nm，由 40 nm 的空缺区域和 27 nm 的重叠区域组成，且不同区域的电负性也存在差异。在骨骼的形成过程中，细胞首先会合成具有特定取向排列的胶原纤维，随后调控磷酸钙晶体在胶原纤维内、外矿化，形成具有多级有序排列结构的复合物。因此，胶原纤维独特的限域环境对磷酸钙晶体的形貌和组装结构的形成具有至关重要的调控作用。目前，胶原纤维的体外矿化实验表明，胶原纤维内的矿化过程主要分为：①聚合物诱导液相前驱体在溶液中形成；②前驱体渗入胶原纤维内部；③前驱体在胶原纤维限域空间的约束下转变为取向排列的晶体[33]。然而，前驱体渗透进入胶原纤维的驱动力、前驱体在胶原内部的转变过程等矿化机制尚未完全被揭示。

首先，如果矿化体系中没有聚合物，磷酸钙矿物会直接在溶液中成核生长，并随机沉积在胶原纤维外部。因此，形成稳定的前驱体是实现胶原纤维内矿化的第一步。一般，酸性聚合物添加剂在诱导无定形碳酸钙和无定形磷酸钙等液相前驱体中起着关键作用。聚天冬氨酸和聚丙烯酸等酸性聚合物可以通过羧基官能团与溶液中的钙离子结合，然后通过静电作用不断吸引带相反电荷离子。当达到临界值时，会触发液-液相分离形成无定形相，这一过程通常称为“聚合物诱导液相前驱体”（PILP）[34]。除带负电的酸性聚合物外，一些带正电的聚合物，如聚丙烯胺盐酸盐，也能通过与 PO_4^{3-} 结合诱导形成液相前驱体，进而实现胶原纤维内的矿化。然而，这些前驱体进入胶原纤维内 40 nm 空缺区域的驱动力目前尚未完全揭示清楚。目前，主流的观点包括远程毛细吸引力、静电吸附作用力、尺寸排阻效应以及基于渗透压和电荷平衡的吉布斯-唐南平衡机制。尽管这些机制并不能完全解释目前所观察的实验现象，但对于理解胶原纤维这种限域空间内的矿化机制仍具有重要的意义，并为基于胶原纤维的材料制备提供了理论指导。

在了解胶原纤维内矿化的基本要素后，大量研究开始将胶原作为限域空间的模板，实现不同无机材料的制备。由于硅在骨生成方面的潜在应用，研究人员很早便尝试以胶原作为模板矿化二氧化硅，但二氧化硅通常在胶原纤维附近沉积。此外，胶原组装动力学与二氧化硅聚合不完全兼容，通过自组装胶原和二氧化硅原位反应也无法实现硅化胶原纤维的制备。牛丽娜等[35]巧妙使用氯化胆碱来稳定硅酸（正硅酸四乙酯水解），形成直径大约 9.7 nm 的硅酸无定形颗粒，可稳定 72 h

而不转变为凝胶。随后，将聚丙烯胺处理后的胶原浸泡在上述硅酸溶液中，成功实现了纤维内硅化，且矿化的胶原纤维仍然显示出周期性结构。在经过1000℃的高温煅烧后，纤维状的二氧化硅形貌与煅烧前一致，结构依然保持完整，并且具有较好的机械性能。随后，他们实现了二氧化硅与磷灰石同时在胶原纤维内的矿化，矿物的含量高达78.7 wt%。将胶原分别浸泡在通过聚丙烯胺稳定的硅酸溶液和聚天冬氨酸稳定的无定形磷酸钙溶液中可观察到两者的共存及分布[36]。当硅化两天后，胶原几乎被渗透完全，选区电子衍射结果表明其为无定形。随后的钙化过程中，无定形磷酸钙逐渐渗透进入胶原，七天后完全转变为沿纤维长轴排列的晶体，并且占据了硅酸在胶原内的间隙。此外，他们还将非自然界材料——氧化钇稳定氧化锆（yttria-stabilized zirconia，YSZ）沉积在胶原内部[37]。通过乙酰丙酮稳定氧化锆无定形前驱体，并逐渐渗透进入带相反电荷的由聚丙烯胺修饰的胶原基质中；原胶原分子表面的聚电解质层会促进YSZ纳米粒子融合形成较大尺寸的液相聚集物；在胶原纤维内水分子作用下，YSZ聚集物会水解聚合形成纳米粒子；热处理后可获得四方相的YSZ纳米纤维。

除此之外，碳酸钙、氟化钙等矿物也可在胶原纤维内部生长。平航等[38]借助胶原纤维内部独特的限域空间，合成了碳酸钙颗粒有序排列的碳酸钙/胶原纤维复合材料。在聚丙烯酸作用下，首先形成无定形碳酸钙并沉积在胶原纤维表面，随后逐渐渗透进入胶原内部。无定形相在胶原内部先转变为球霰石，然后转变为方解石晶体。他们推断胶原分子内部特定的氨基酸位点可以促进方解石晶体的取向排列。他们还首次在体外实现了氟化钙纳米晶体在胶原纤维内的周期性有序矿化（图7-9）[39]。在该矿化过程中，酸性聚合物诱导形成液相无定形氟化钙前驱体；无定形相吸附在空缺区域并逐渐渗透到胶原纤维中，沿胶原长轴方向转变为取向排列的纳米晶体；随后，重叠区域被无定形相填充并通过固相二次成核机制转变为有序排列的晶体。原子探针层析结果表明，空缺区域和重叠区域均被矿物充填，矿物在空缺区域/重叠区域的单位体积原子比为1.3∶1。借助单根胶原纤维矿化的原理，还可以实现火鸡腿肌腱切片的矿化。氟化钙晶体在肌腱中也具有一定的取向性，并且矿化结构整体均匀。纳米晶体与原胶原分子在纳米尺度上的相互作用使得矿化胶原纤维具有良好的柔韧性，并且矿化的肌腱也具有很好的力学性能[弹

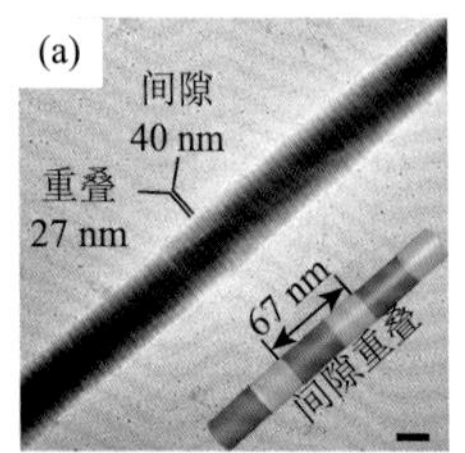

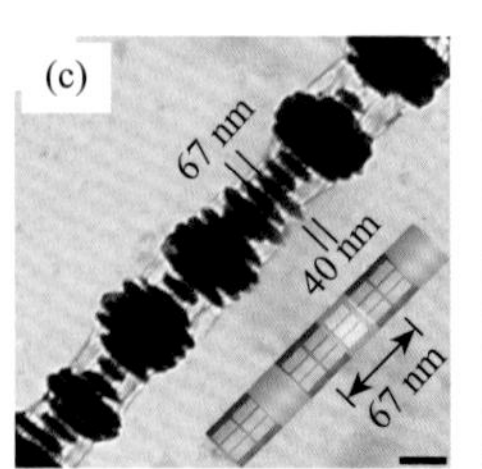

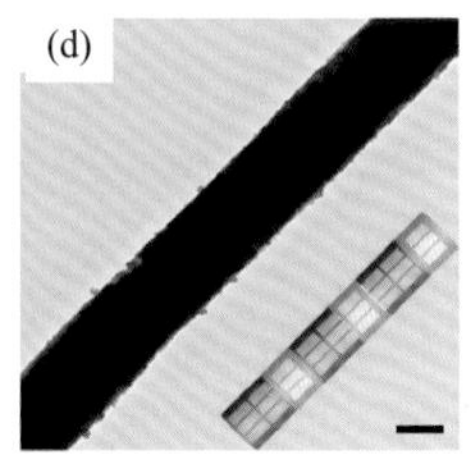

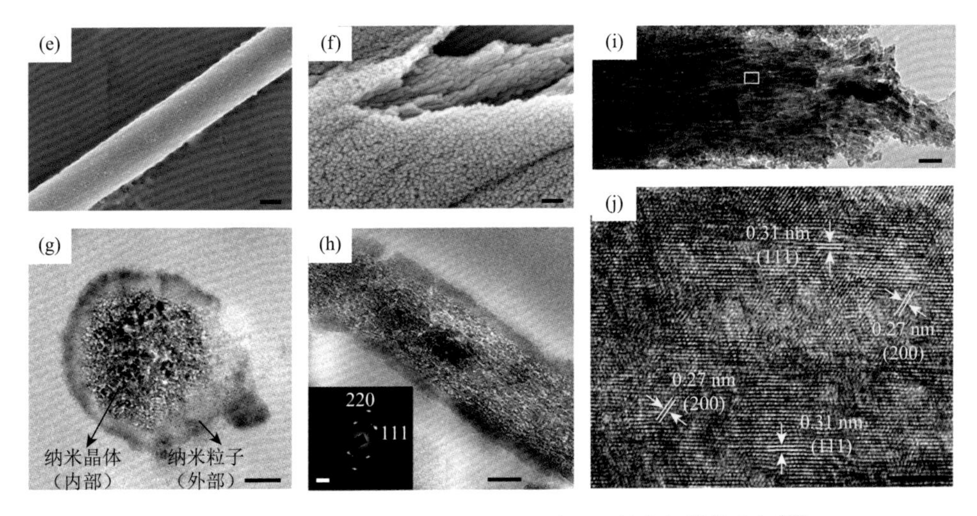

图 7-9　氟化钙在胶原纤维内的矿化过程及其内部结构表征[39]

原始胶原（a），矿化 10 min（b）、矿化 30 min（c）和矿化 120 min（d）的透射电镜图（标尺 200 nm）；（e）单根胶原纤维的扫描电镜图（标尺 200 nm）；（f）矿化胶原纤维断裂区域的扫描电镜图（标尺 100 nm）；（g）单根胶原纤维纵截面的透射电镜图（标尺 100 nm）；（h）单根胶原纤维的纵截面透射电镜图（标尺 100 nm）和选区电子衍射图（标尺 2 nm^{-1}）；（i）超声处理后暴露尖端的透射电镜图；（j）为（i）中黄色区域的高分辨透射电镜图（标尺 5 nm）

性模量为(25.1±4.1)GPa，硬度为(1.5±0.5)GPa]。在未来的研究中，可以借助胶原纤维这类具有限域空间的生物模板来合成具有不同有序结构的无机体系，进一步研究其结构与功能的关系。

骨的压电性在 20 世纪 60 年代首次被认识到，一般认为外部刺激产生的电流会影响组织生长[40]。纯胶原蛋白的压电信号可通过施加剪切应力触发，基于胶原蛋白基质的柔性器件已被用于压电传感器[41]。最近，方微渐等[42]使用带有定向碳酸锶晶体的矿化胶原组装了一种柔性生物压电装置（图 7-10）。研究发现无定形碳酸锶前驱体从空缺区域进入胶原，随后逐渐向重叠区域扩散并转变为共取向的结晶相。矿化胶原纤维表现出良好的逆压电响应（约 3.5 pm/V），是原始胶原纤维的 3 倍（约 1.1 pm/V）。无机晶体与有机基质之间的有序结构决定了它们具有较高的压电响应。这是因为在胶原纤维内沉积的定向纳米晶体会引起胶原分子构象的改变，从而在外力作用下放大矿化胶原的压电信号。由矿化胶原薄膜组装成的柔性器件在低频压应力下分别具有稳定的开路电压（约 1.2 V）和短路电流（约 30 nA）。此外，该器件在弯曲模式下还表现出稳定的循环短路电流（约 80 nA）。

生物矿化过程往往发生在复杂的环境中，而生物体可以精确确定和定位矿化发生的地方，并对矿化施加控制。例如，通过在不同的时间点引入不同的可溶性添加剂。矿物在胶原基质中的沉积主要有两种模式：①通过与胶原间隙带相关的带电非胶原蛋白作用，使晶体从溶液中自主成核，整个过程无细胞内进程的干预；

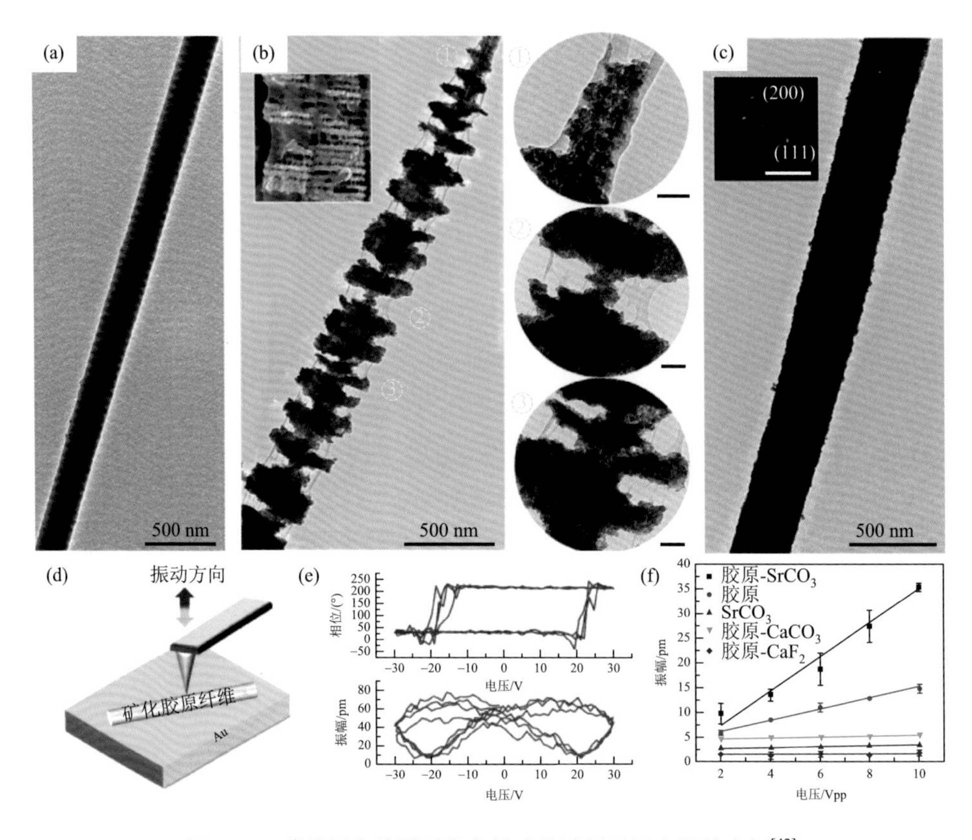

图 7-10 碳酸锶在胶原纤维内的矿化过程及压电性能表征[42]

（a）原始胶原的透射电镜图；（b）部分矿化胶原纤维的透射电镜图和扫描电镜图（插图，标尺为 10 nm）；（c）完全矿化的胶原纤维透射电镜图及选区电子衍射图（插图，标尺 5 nm^{-1}）；（d）压电力显微镜测试示意图；（e）碳酸锶矿化胶原纤维振幅-电压蝶形曲线（底部）和相位-电滞回线（顶部）；（f）碳酸锶矿化胶原纤维、原始胶原纤维和纯碳酸锶晶体的振幅-电压曲线

②从质膜上萌芽的基质囊泡在大分子成分的作用下在细胞外积累矿物离子。这两种模式可能在同一组织的发育过程中同时存在。此外，还有人提出了第三种替代模式，即无定形矿物前驱体在胶原纤维的间隙区短暂形成并沉积，随后结晶成羟基磷灰石。在生物过程中，无定形前驱体的沉积为离子的封装、运输和细胞外沉积提供了特殊的优势。生物体内的囊泡在矿化过程中就起到了至关重要的作用，它可以稳定结构高度无序的矿化相，达到离子储存的效果，随后运输到需要进行矿化的目标位点处，再次溶解并释放目标离子，从而促进矿化的进行。

骨骼作为脊椎动物中最广泛的矿化组织，在成骨细胞的协调下形成。Mahamid 等[43]利用冷冻电子显微镜观察天然的骨组织，证实了在发育中的小鼠颅骨和长骨的矿化过程中，骨内衬细胞将矿物颗粒聚集在细胞内的囊泡中（图 7-11）。通过元素分析和电子衍射表征发现，囊泡内的颗粒由高度亚稳的无序磷酸钙前驱体组成。在直径约为 1 μm 的囊泡内，矿物以圆形小球的形式聚集，且大多数与囊泡膜接触，并常以纤维状的结构相互连接。囊泡稳定无定形相也出现在碳酸钙矿物体系中[44, 45]。在海胆骨骼形成的过程中，海胆从周围液体环境中获取用于生物矿化的离子，随后运输到负责矿化的细胞中。离子的运输途径很复杂，运输方式包括细胞膜上的特定通道、泵细胞的参与、细胞之间的直接通信、细胞内的囊泡运输、随着体液运输或是通过血管运输。在海胆幼虫中[45]，海水被动地渗透到体液环境与海水 pH 相同的囊胚腔中，主要的间充质细胞（PMCs）负责骨针的矿化，上皮细胞和间充质细胞均会产生含矿物质的囊泡。含矿物质的囊泡也存在于分支丝状的网络中，并且可以在丝状网络中快速移动。囊泡内的无定形碳酸钙矿物随着囊泡从间充质细胞转移到骨针室后转化成结晶相。

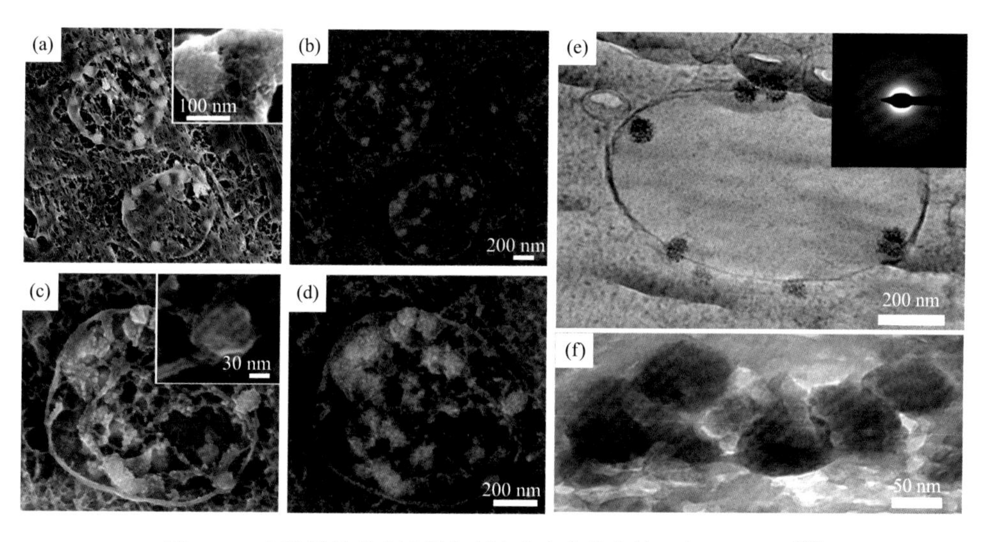

图 7-11　小鼠颅骨形成过程中囊泡内存在稳定的无定形相矿物[43]

（a）新生小鼠颅骨的冷冻切片的冷冻扫描电镜图；（b）为（a）对应的背散射图；（c）新生小鼠胚胎长骨的冷冻切片的冷冻透射电镜图；（d）为（c）对应的背散射图；（e）新生小鼠颅骨的冷冻切片的冷冻透射电镜图及矿物囊泡的选取电子衍射图，显示囊泡内存在大量高电子密度且与膜结合的无定形球状矿物；（f）含矿物囊泡的高倍冷冻透射电镜图，显示由小球体组成的若干高电子密度矿物颗粒

除了上面提到的可以稳定无定形相的球状囊泡，Sasagawa[46, 47]在白斑星鲨鱼牙釉质形成过程中也发现了囊泡的存在。该囊泡呈现管状结构，称为管状囊泡，是初始釉质晶体矿化的场所（图 7-12）。这些管状囊泡最初出现在靠近牙尖和基膜的釉质基质区域，大多数聚集在近尖部。管状囊泡厚度为 15～20 nm，横切面呈圆形，整体呈纤维状。在釉质晶体的形成阶段，这些管状囊泡内形成了氟磷灰石晶体，呈长条状，宽度为 15～20 nm，形状与管状囊泡相似，晶体的横截面呈现六边形结构。类似地，在硬骨鱼的基质囊泡中也发现了形状规则且结晶良好的

细长釉质晶体。这些囊泡一方面可以为釉质晶体的形成提供特殊的溶液微环境，另一方面可以限制晶体的生长，得到棒状形貌。

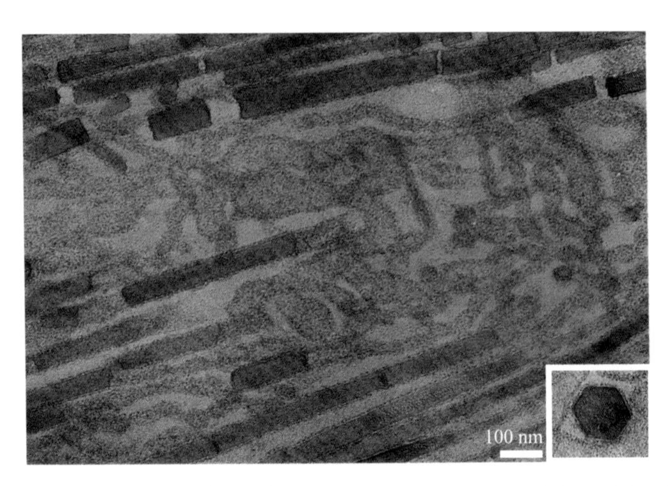

图 7-12 发育中鲨鱼牙釉质切片的 TEM 图，显示纳米晶体生长于管状囊泡内[46]

受生物体囊泡内矿化过程的启示，研究人员尝试在实验室使用脂质体，一种由磷脂膜包围的囊泡，作为限域空间研究晶体在其中的生长过程，包括碳酸钙、氧化铁和磷酸钙等。以碳酸钙为例[48]，阳离子通常被包裹在脂质体内，通过将碳酸铵分解产生的气体扩散穿过脂质双分子层，或者通过改变液体介质 pH 的方式进行沉淀反应（图 7-13）。脂质体内形成的沉淀明显不同于在同等条件下体相溶液中的沉淀，这归因于脂质体提供的限域空间的作用以及反应物与脂质体之间的相互作用。

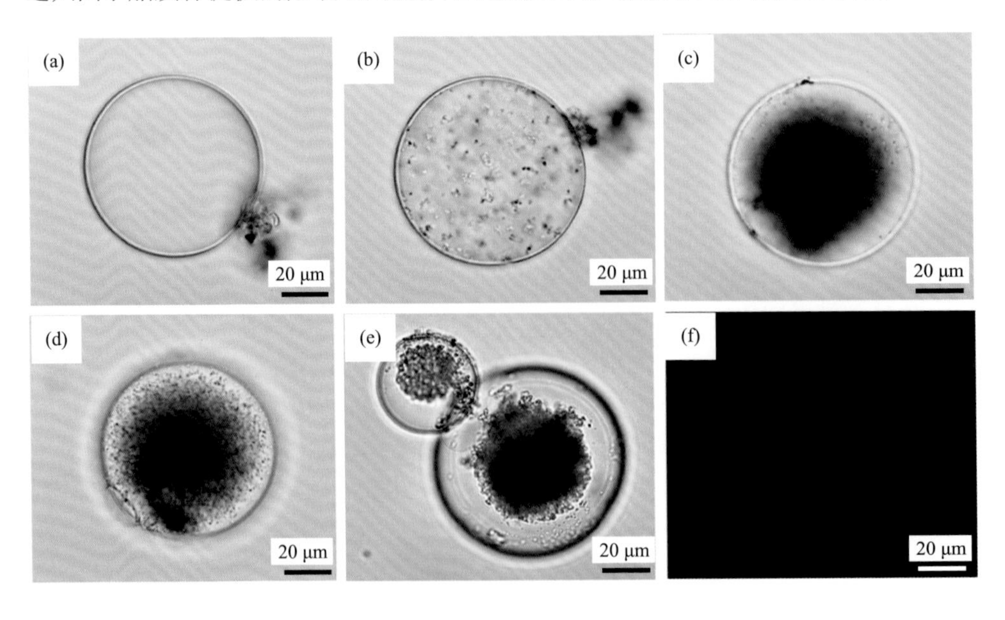

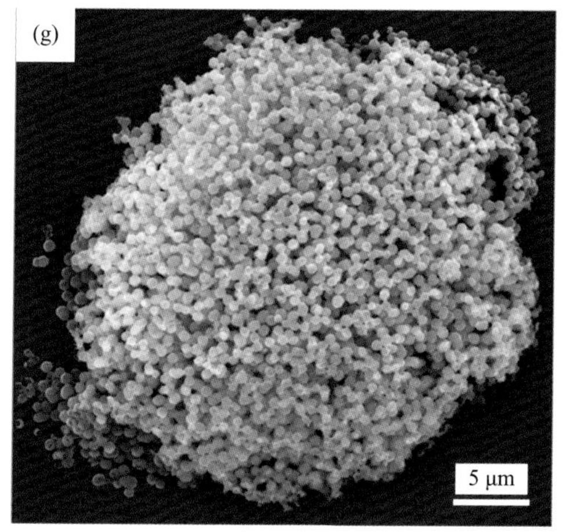

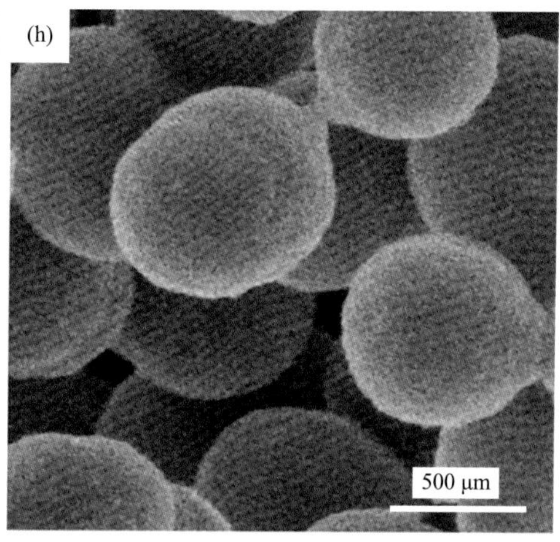

图 7-13　脂质体内限域矿化碳酸钙[48]

负载 Ca^{2+}的脂质体在碳酸铵分解扩散环境下的光学显微镜照片：（a）扩散开始前；（b）扩散发生 5 min 后；（c）和（d）扩散发生 2 h 内，颗粒状逐渐聚集且下沉到底部；（e）和（f）扩散发生 24 h 内，颗粒逐渐聚集致密化且呈现粗糙的表面，但在偏振光图（f）中不发生折射；分离得到的一个 ACC 聚集体的扫描电镜图（g）和局部放大图（h）

7.2.3　人工限域空间的构建方法及其在材料制备中的应用

人工限域空间可以通过在油相或者空气中形成不同尺寸的液滴进行构建。液滴系统可以避免在体相系统中遇到的许多问题，如混合不均匀、温度不均匀、反应容器本身的影响及杂质的影响等。实验室条件下制备的水溶液通常每毫升含有 10^6～10^8 个杂质颗粒[49]，它们可以诱导晶体的异相成核，从而展现出与均相成核完全不同的结晶动力学过程以及结晶产物的形貌和结构。当溶液被分成许多小液滴时，这些杂质会分布在液滴中。如果液滴的数量显著多于杂质的数量，那么大多数液滴将是无杂质的，进而可以通过统计学方法排除杂质对晶体生长的影响。根据构建方式的不同，液滴可分为悬浮液滴、微注射液滴、微流控液滴、微细管液滴和表面液滴等。

悬浮液滴是指通过静电、电磁、超声波和空气动力学等技术形成的只与周围空气接触的液滴，液滴的体积一般为 50 pL～5 μL（相当于液滴直径为 50 μm～2 mm）[50]。悬浮液滴可以在一定温度和湿度下保持稳定，也可以通过改变温度或蒸发调控液滴的过饱和度和结晶进程。液滴中晶体形成的完整过程可以通过高速照相机观察，也可以使用红外光谱、紫外光谱、拉曼光谱和同步 X 射线衍射等技术进行原位表征（图 7-14），进而计算得到晶体的成核和生长速率。悬浮液滴系统可用于研究多晶型化合物的晶体形成过程以及一些在体相溶液中难以捕捉的结晶过程。

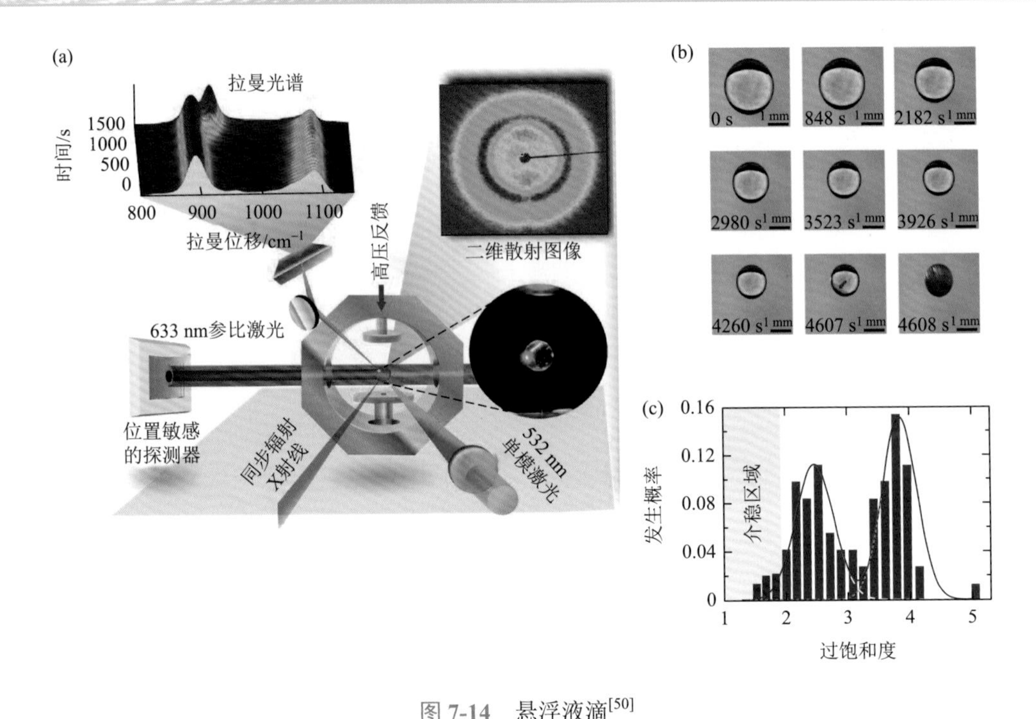

图 7-14 悬浮液滴[50]

（a）结合实时原位显微拉曼和同步辐射 X 射线散射的静电悬浮液滴装置示意图；（b）蒸发过程中 KH_2PO_4 液滴的收缩和结晶现象的光学显微镜照片，标尺为 1 mm；（c）液滴内结晶发生概率与过饱和度的关系

微注射液滴[51]是指利用微注射器制作的悬浮在油相中的液滴。微注射器可以在无表面活性剂的参与下制备浸没在油相中分散性良好的液滴，液滴体积大小范围可以控制在皮升到飞升之间。类似地，通过使用微流控装置可以快速生成大量尺寸均一的液滴[52]。与悬浮液滴相比，微流控液滴可以同时进行数百个实验，且液滴的体积可以得到精准控制，因此广泛应用于成核动力学方面的研究[52]。在微流控系统中，研究人员不仅可以通过改变管道的直径和液体的流速精确控制液滴的形状和尺寸，还能通过芯片设计控制不同溶液的混合方式。例如，在相同浓度的碳酸钙溶液体系中[53]，通过直行通道混合的溶液中生成的沉淀主要为球霰石，而通过蛇形通道混合的溶液中沉淀主要为方解石。此外，通过在模板化的自组装单层膜上形成表面液滴阵列可用于研究限域空间对非均相成核和生长过程的影响[54]。

单晶形貌通常反映晶体结构的形态学特征，但是刚性限域环境会改变晶体的生长。当在同等条件的体相溶液中形成的晶体尺寸超过限域空间的尺寸时，就可以产生模板效应，进而可以制备具有简单或复杂形貌的单晶，其形貌往往与对应体相溶液中的晶体形貌相差甚远。生物可以在细胞和难溶有机基质等构建的限域空间内合成具有复杂形貌的单晶材料。例如，海胆的骨骼具有独特的海绵状多孔结构，主要由直径约为 15 μm 的大孔隙和非晶体学对称的曲面方解石单晶组成[55]。在这种生物矿物的双连续结构中注入聚合物单体，固化并溶解碳酸钙可以形成一种由聚合物构成的孔道限域模板。研究表明，在这种聚合物模板内形成的碳酸钙晶体结构与溶液过饱和度有很大的关系，在高过饱和度时生成多晶方解石颗粒，而在低过饱和度时得到完美复刻了原始海胆骨骼形态的方解石单晶（图 7-15）。有趣的是，与模板接触的表面是与模板形状匹配的曲面，而在不受限制的生长前沿为正常平面晶体。因此，通过对限域空间的尺寸和形状的控制可以产生具有复杂形貌的单晶。

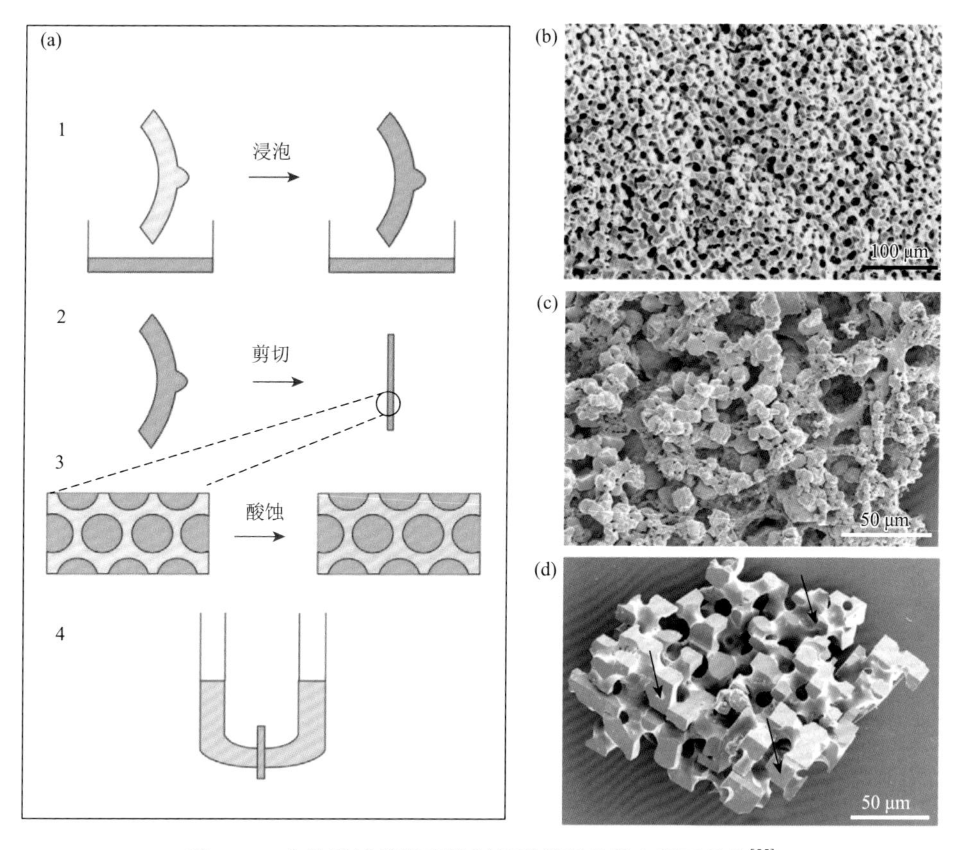

图 7-15　生物限域模板直接制备形貌复杂的方解石晶体[55]

（a）模板法合成方解石晶体的图解：1. 将海胆骨骼浸在聚合物单体中固化，2. 将海胆骨骼进行剪切得到的薄片，3. 将薄片暴露在酸性溶液中以去除海胆骨骼原生 $CaCO_3$，4. 使用双扩散法在聚合物模板中沉淀 $CaCO_3$；（b）海胆骨骼横截面的扫描电镜图；利用生物限域模板法在 0.4 mol/L Ca^{2+}溶液体系中得到的多晶方解石的扫描电镜图（c）和在 0.02 mol/L Ca^{2+}溶液体系中得到的方解石单晶的扫描电镜图（d）

除使用天然生物材料作为刚性模板外，具有圆柱形孔道的材料也被广泛作为刚性硬模板用于研究限域空间内的结晶过程。例如，碳纳米管的直径为 1～2 nm，其尺寸与许多化合物的单个晶胞尺寸相当[56]。在碳纳米管内部形成化合物时，限域空间对化合物的结构会产生很强的影响，可能会出现在体相溶液中无法形成的结构甚至是新晶相。在碳纳米管提供的限域空间内形成的材料可以用高分辨透射电镜进行清晰表征［图 7-16（a）］。除碳纳米管外，商业售卖的圆柱形多孔材料包括可控微孔玻璃（CPGs）[57]、阳极氧化铝（AAO）膜[58]、刻蚀（TE）膜[59, 60]等。CPGs 是一种具有耐火性质的二氧化硅材料，由相互连接的孔隙组成海绵状网络，平均直径最小可达 3 nm，最大可达数百纳米［图 7-16（b）］。AAO 膜具有精确的孔结构和均匀的孔分布，每个孔之间没有横向交叉，孔密度极高。AAO 膜由于制备工艺简单，具有较高的热稳定性、化学稳定性及高密度的圆柱形孔隙，目前已广泛应用于金属、金属氧化物及半导体等纳米棒或者纳米管的制备。TE 膜是用径迹刻蚀法制备的一种微孔滤膜，常用的有聚碳酸酯（PC）、多孔聚对苯二甲酸乙二醇酯（PET）、聚酰亚胺（PI）、聚偏二氟乙烯（PVDF）、聚环己基乙烯（PVCH）等［图 7-16（c）］。这些薄膜在高能粒子流（质子、中子等）辐射下可以形成均匀且密度适当的径迹，然后经碱液刻蚀后，可生成孔径单一的贯通圆柱状多孔膜，孔直径从 10 nm 到几十微米。与 AAO 膜相比，TE 膜的孔隙率相对较低。TE 膜可以完全溶解于有机溶剂中，因此可以很容易释放孔内形成的无机晶体。

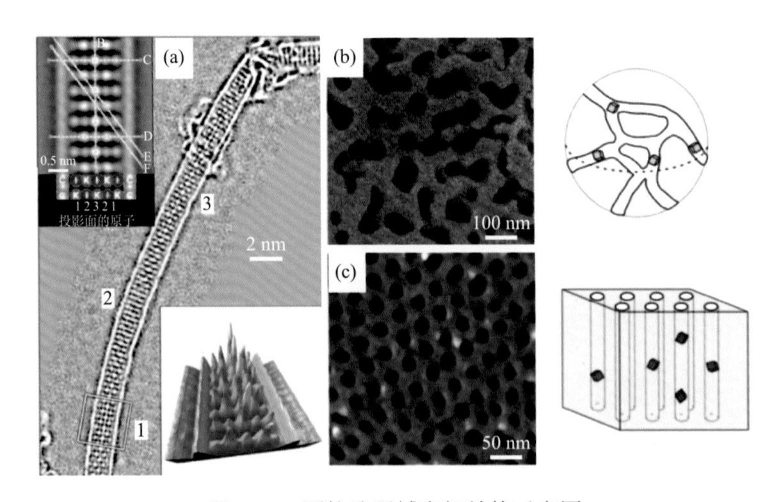

图 7-16　圆柱孔限域空间结构示意图

（a）直径约 1.6 nm 碳纳米管内沉积碘化钾的透射电镜图[56]；（b）直径约 55 nm 的商用 CPGs 的扫描电镜图及孔道示意图[57]；（c）直径约 30 nm 的圆柱形多孔聚环己基乙烯刻蚀膜的扫描电镜图及孔道示意图[59]

方解石和文石构成的生物矿物通常是由无定形碳酸钙（ACC）转化形成，将低温合成的稳定 ACC 完全填充到 TE 膜的纳米孔之后再结晶可以生成复刻了孔道形状的方解石单晶，而 ACC 预先填充的效果取决于 TE 膜孔道直径的大小[61]。在整个纳米通道内部，不受阻碍的生长只可能是平行于孔道长轴方向。Cai 等[62]发现，在以孔径为 200 nm 的 TE 膜为模板制备氟磷灰石（FAP）纳米棒的过程中，无定形磷酸钙（ACP）纳米球首先沉积的纳米孔道内，随后逐渐堆积形成的纳米棒。最后，具有不同晶体取向的纳米晶域通过固相转变过程逐渐融合成沿［002］晶轴取向生长的大尺寸晶粒（图 7-17），且 ACP 纳米棒的稳定时间随着纳米孔道直径的减小而增加。此外，添加剂在限域空间内对矿物结晶动力学的影响与在体相溶液内的影响存在较大差异。在 50 nm 纳米孔道内部，阳离子添加剂 Mg^{2+}、Sr^{2+} 以及带负电的聚电解质聚丙烯酸钠均对结晶动力学过程展现出两面性，即在添加剂含量较低时，会促进 ACP 纳米棒向结晶相转变，而当添加剂含量较高时，则会抑制 ACP 纳米棒的结晶转变过程。这种两面性可能与添加剂在形成 ACP 纳米粒子过程中作用机制的变化有关。当添加剂的含量较低时，主要掺入方式为镶嵌于 ACP 纳米粒子内部，并且有利于形成尺寸较小的 ACP 纳米粒子，为后期晶体成核提供更大的表面积，增加成核速率，从而促进结晶进程。当添加剂浓度高于一

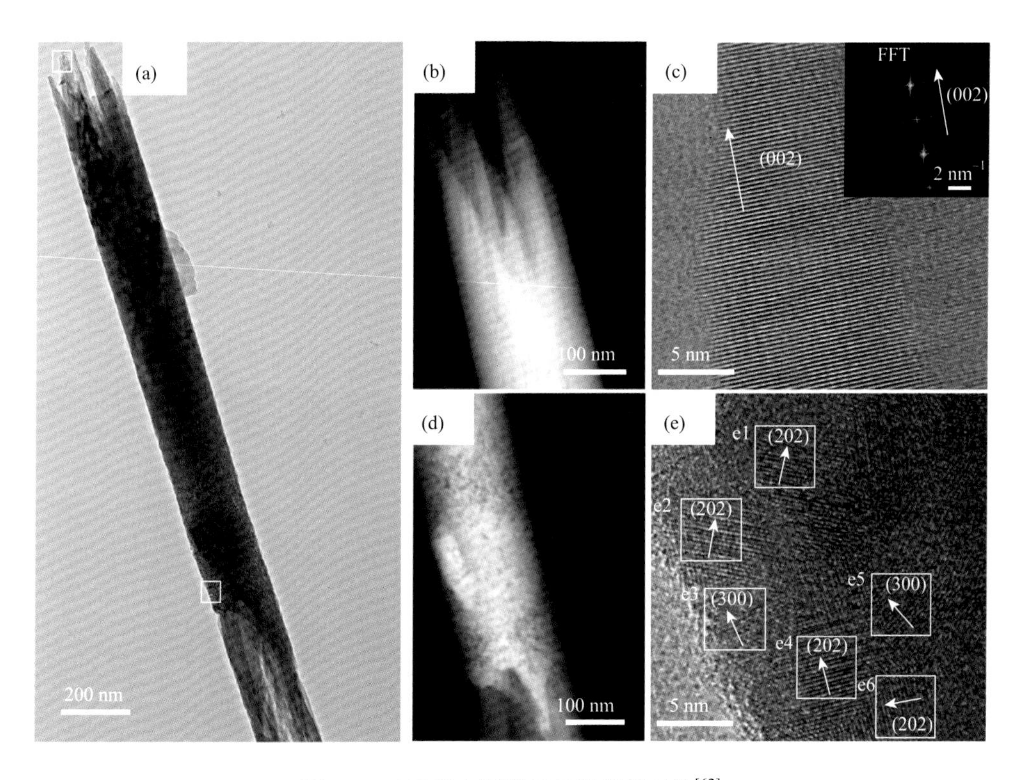

图 7-17　TE 膜内沉淀 FAP 纳米棒晶体[62]

（a）TE 膜内沉积 24 h 后提取的 FAP 纳米棒的 TEM 图；（b）和（d）为（a）中方框所对应区域的暗场像；（c）和（e）分别为（b）和（d）的局部 HRTEM 图，显示 FAP 纳米棒成熟部分由纳米细棒沿(002)晶面取向排列致密堆积形成，成熟初期 FAP 纳米棒由取向不一的纳米晶畴堆积形成

定程度时，过量的添加剂将吸附在ACP纳米粒子的表面或是存在于溶液中，从而抑制了FAP在ACP纳米粒子表面的成核过程，延缓晶体的生长过程。除了形成简单的纳米棒之外，还可以通过真空抽滤法使无定形相填充聚苯乙烯胶态晶体，溶解聚苯乙烯球，得到形貌更加复杂的方解石单晶[63]。

纳米尺度的限域空间还可以通过楔体形状的装置构建，其尺寸范围从埃（Å）级尺度连续增长到宏观水平。目前，构建一个楔体形状限域空间的方法包括：①将球体放置在平面基板上；②将两个半圆柱体交叉放置。例如，在交叉圆柱体装置中，离圆柱体接触点越远的位置两个圆柱体表面之间的分离距离也越远，由此可以得到尺寸连续增加的限域空间，即圆柱体每一处相对于接触点的位置都对应着相应的表面分离距离和限域空间尺寸（图7-18）。在碳酸钙体系中，当表面分离距离为毫米级时形成了大量的方解石晶体，其取向和形态均与体相溶液中方解石晶体相同[64]。当表面分离距离约为10 μm时，形成的方解石具有不规则的形貌，且表面覆盖着许多具有不规则形貌的颗粒。随着表面分离距离的减小，晶体形貌变得更加不规则。当表面分离距离小于0.5 μm时，形成了由无定形纳米粒子组成的团聚物。这些无定形纳米粒子随着反应时间的延长会逐渐转变成方解石晶体。由此可知，限域空间可以显著提升亚稳态无定形相在溶液中的稳定性，抑制晶体的成核和生长。

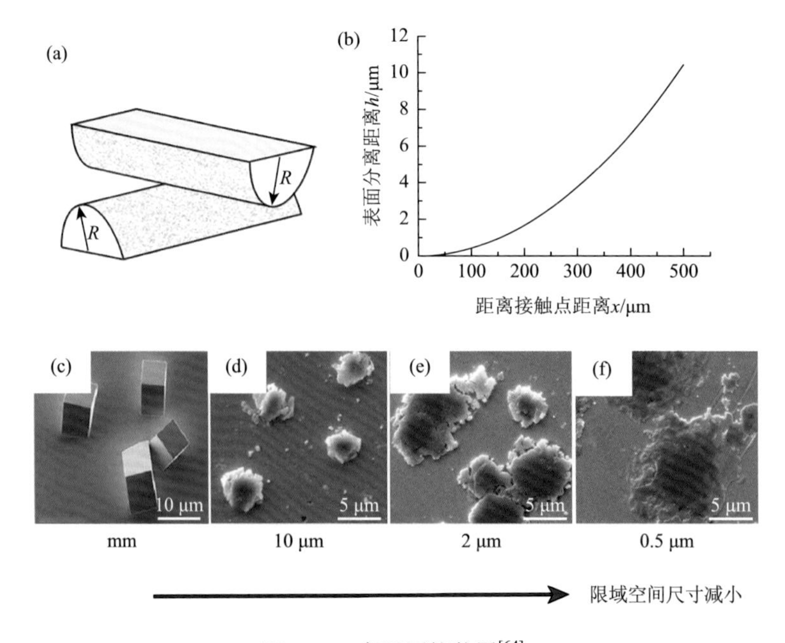

图7-18 交叉圆柱装置[64]

（a）曲率半径为R的交叉圆柱体结构示意图；（b）距离接触点距离为x的点与其对应表面分离距离h之间的函数关系；（c）～（f）交叉圆柱体装置之间的碳酸钙沉淀的扫描电镜图，分别具有表面分离距离（c）毫米级别，（d）10 μm，（e）2 μm，（f）0.5 μm

类似地，在磷酸钙体系中，ACP 纳米粒子通常在体相溶液中反应 1 h 可以形成，且在 5 h 内会完全转变成片状的 HAP 晶体[65]。而在交叉圆柱装置提供的限域环境中，反应产物取决于表面分离距离。反应 3 天后，在表面分离距离为 2～5 μm 的位置形成花簇状 HAP 晶体，在表面分离距离为 1.5 μm 处形成扁平 HAP 晶体。当表面分离距离进一步减小至约 1 μm 时，得到平板状的磷酸八钙（OCP），而在表面分离距离为 0.5 μm 时，得到了 ACP 纳米粒子和 OCP 板片的混合相。在表面分离距离为 0.2 μm 处，仅仅得到 ACP 纳米粒子。这些研究表明，限域空间不仅通过物理约束控制晶体的生长和形貌，也可以通过约束物质在空间的交换来直接控制晶体的本征形貌。值得注意的是，超小尺寸的限域空间不仅可以在一定程度上稳定无定形相，还可以促使形成体相溶液中很难得到的晶型和形貌。

利用微加工技术可以制造研究结晶过程的特殊微环境反应室。例如，利用光刻技术将聚二甲基硅烷（PDMS）和玻璃相结合，得到一系列具有限定的反应体积，明确的形状、大小及内部结构的“晶体房”。该圆形“晶体房”结构直径为 120 μm，高度为 3 μm，体积为 23 pL，各“晶体房”之间相互连接（图 7-19）[66]。每个“晶体房”

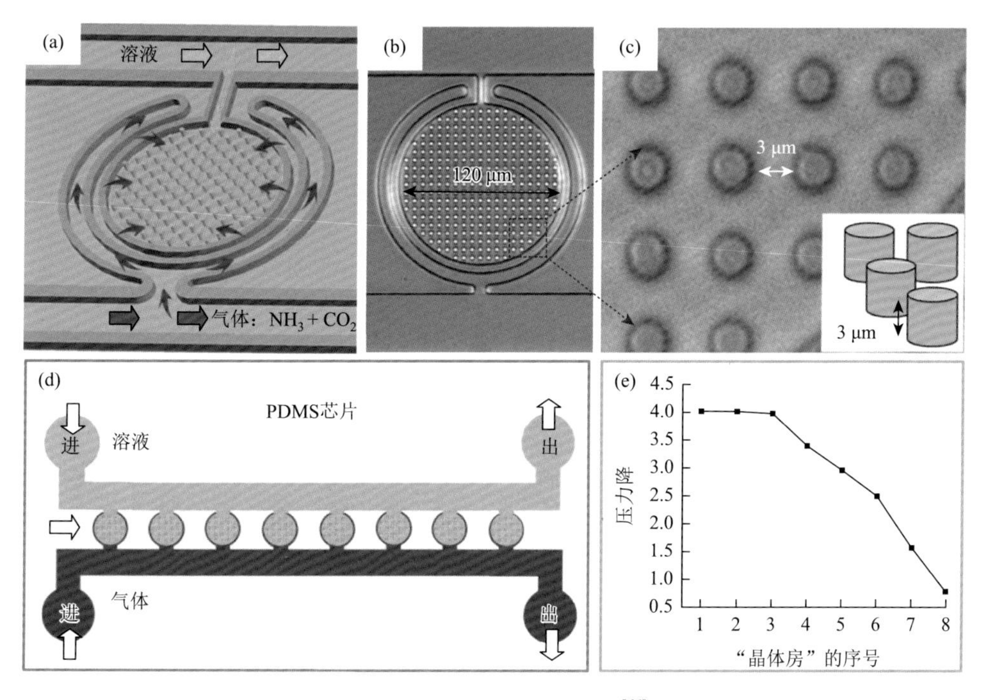

图 7-19　“晶体房”示意图[66]

（a）由圆形“晶体房”组成的 PDMS 装置示意图，每个“晶体房”周围都有一个圆形通道，被 PDMS 膜隔开，用于为“晶体房”内提供流动的气体和溶液；（b）和（c）每个“晶体房”内部都有柱子图形；（d）将该装置安装在倒置显微镜上，通过两个注射泵分别提供 $CaCl_2$ 溶液和 $(NH_4)_2CO_3$ 粉末释放的蒸气来实现结晶；（e）“晶体房”室的数量与供气压力的关系，8 个“晶体房”的存在使得供气压力下降了 86%

内都有一组垂直的柱状阵列和一个可以为“晶体房”直接供应溶液的通道，每个“晶体房”又被 PDMS 薄膜隔开的圆形通道包围。在碳酸钙沉淀体系中，首先向“晶体房”内注入 $CaCl_2$ 溶液，然后向圆形通道连续通入碳酸铵分解释放的气体，通过扩散到达“晶体房”室内，最终形成碳酸钙沉淀。在此过程中，可以通过控制气体流速或向溶液中加入可溶性添加剂来控制结晶过程。气体流速的增加将导致“晶体房”室内形成的晶体数量增加，而 Mg^{2+}或聚丙烯酸（PAA）的增加则会降低晶体的生长速率。除此之外，在透射电镜中还用到一种由对电子束透明的氮化硅构成的液体反应腔，其间隔区域尺寸在 0.1～0.5 μm 之间。通过透射电镜可以对腔体内溶液环境变化和晶体生长过程进行实时监测。

参考文献

[1] Termine J D，Posner A S. Amorphous/crystalline interrelationships in bone mineral. Calcified Tissue Research，1967，1（1）：8-23.

[2] Mahamid J，Sharir A，Addadi L，et al. Amorphous calcium phosphate is a major component of the forming fin bones of zebrafish：Indications for an amorphous precursor phase. Proceedings of the National Academy of Sciences of the United States of America，2008，105（35）：12748-12753.

[3] La Fontaine A，Zavgorodniy A，Liu H，et al. Atomic-scale compositional mapping reveals Mg-rich amorphous calcium phosphate in human dental enamel. Science Advances，2016，2（9）：e1601145.

[4] Gordon L M，Cohen M J，MacRenaris K W，et al. Amorphous intergranular phases control the properties of rodent tooth enamel. Science，2015，347（6223）：746-750.

[5] Politi Y，Levi-Kalisman Y，Raz S，et al. Structural characterization of the transient amorphous calcium carbonate precursor phase in sea urchin embryos. Advanced Functional Materials，2006，16（10）：1289-1298.

[6] Polishchuk I，Bracha A A，Bloch L，et al. Coherently aligned nanoparticles within a biogenic single crystal：A biological prestressing strategy. Science，2017，358（6368）：1294-1298.

[7] Bentov S，Zaslansky P，Al-Sawalmih A，et al. Enamel-like apatite crown covering amorphous mineral in a crayfish mandible. Nature Communications，2012，3：839.

[8] Zou Z Y，Habraken W J E M，Matveeva G，et al. A hydrated crystalline calcium carbonate phase：Calcium carbonate hemihydrate. Science，2019，363（6425）：396-400.

[9] Lu B Q，Willhammar T，Sun B B，et al. Introducing the crystalline phase of dicalcium phosphate monohydrate. Nature Communications，2020，11：1546.

[10] Nakayama M，Kajiyama S，Kumamoto A，et al. Stimuli-responsive hydroxyapatite liquid crystal with macroscopically controllable ordering and magneto-optical functions. Nature Communications，2018，9：568.

[11] Beniash E，Aizenberg J，Addadi L，et al. Amorphous calcium carbonate transforms into calcite during sea urchin larval spicule growth. Proceedings of the Royal Society of London，Series B：Biological Sciences，1997，264（1380）：461-465.

[12] Raz S，Testeniere O，Hecker A，et al. Stable amorphous calcium carbonate is the main component of the calcium storage structures of the crustacean *Orchestia cavimana*. The Biological Bulletin，2002，203（3）：269-274.

[13] Gago-Duport L，Briones M J，Rodríguez J B，et al. Amorphous calcium carbonate biomineralization in the earthworm's calciferous gland：Pathways to the formation of crystalline phases. Journal of Structural Biology，

2008，162（3）：422-435.

[14] Addadi L，Raz S，Weiner S. Taking advantage of disorder：Amorphous calcium carbonate and its roles in biomineralization. Advanced Materials，2003，15（12）：959-970.

[15] Natalio F，Corrales T P，Panthöfer Y M，et al. Flexible minerals：Self-assembled calcite spicules with extreme bending strength. Science，2013，339（6125）：1298-1302.

[16] Kim Y Y，Kulak A N，Li Y T，et al. Substrate-directed formation of calcium carbonate fibres. Journal of Materials Chemistry，2009，19（3）：387-398.

[17] Mao L B，Xue L，Gebauer D，et al. Anisotropic nanowire growth *via* a self-confined amorphous template process：A reconsideration on the role of amorphous calcium carbonate. Nano Research，2016，9（5）：1334-1345.

[18] Kato T，Suzuki T，Amamiya T，et al. Effects of macromolecules on the crystallization of $CaCO_3$ the formation of organic/inorganic composites. Supramolecular Science，1998，5（3-4）：411-415.

[19] Gower L A，Tirrell D A. Calcium carbonate films and helices grown in solutions of poly(aspartate). Journal of Crystal Growth，1998，191（1-2）：153-160.

[20] Oaki Y，Kajiyama S，Nishimura T，et al. Nanosegregated amorphous composites of calcium carbonate and an organic polymer. Advanced Materials，2008，20（19）：3633-3637.

[21] Zhang S，Nahi O，He X，et al. Local heating transforms amorphous calcium carbonate to single crystals with defined morphologies. Advanced Functional Materials，2022，32（41）：2207019.

[22] Shao C，Jin B，Mu Z，et al. Repair of tooth enamel by a biomimetic mineralization frontier ensuring epitaxial growth. Science Advances，2019，5（8）：eaaw9569.

[23] Yu Y，Kong K，Mu Z，et al. Chameleon-inspired stress-responsive multicolored ultratough films. ACS Applied Materials & Interfaces，2020，12（32）：36731-36739.

[24] Mu Z，Kong K，Jiang K，et al. Pressure-driven fusion of amorphous particles into integrated monoliths. Science，2021，372（6549）：1466-1470.

[25] Saber-Samandari S，Gross K A. Amorphous calcium phosphate offers improved crack resistance：A design feature from nature？. Acta Biomaterialia，2011，7（12）：4235-4241.

[26] Chen K，Ding J，Li L，et al. Amorphous alumina nanosheets/polylactic acid artificial nacre. Matter，2019，1（5）：1385-1398.

[27] Chen K，Tang X，Jia B，et al. Graphene oxide bulk material reinforced by heterophase platelets with multiscale interface crosslinking. Nature Materials，2022，21（10）：1121-1129.

[28] Zhao H，Liu S，Wei Y，et al. Multiscale engineered artificial tooth enamel. Science，2022，375（6580）：551-556.

[29] Meldrum F C，O'Shaughnessy C. Crystallization in confinement. Advanced Materials，2020，32（31）：e2001068.

[30] Jiang Q，Hu C，Ward M D. Stereochemical control of polymorph transitions in nanoscale reactors. Journal of the American Chemical Society，2013，135（6）：2144-2147.

[31] Cantaert B，Beniash E，Meldrum F C. Nanoscale confinement controls the crystallization of calcium phosphate：Relevance to bone formation. Chemistry：A European Journal，2013，19（44）：14918-14924.

[32] Cantaert B，Beniash E，Meldrum F C. The role of poly(aspartic acid)in the precipitation of calcium phosphate in confinement. Journal of Materials Chemistry B，2013，1（48）：6586-6595.

[33] Cölfen H. A crystal-clear view. Nature Materials，2010，9（12）：960-961.

[34] Gower L B，Odom D J. Deposition of calcium carbonate films by a polymer-induced liquid-precursor（PILP）process. Journal of Crystal Growth，2000，210（4）：719-734.

[35] Niu L N，Jiao K，Qi Y P，et al. Infiltration of silica inside fibrillar collagen. Angewandte Chemie International

Edition，2011，50（49）：11688-11691.

[36] Niu L N，Jiao K，Ryou H，et al. Multiphase intrafibrillar mineralization of collagen. Angewandte Chemie International Edition，2013，52（22）：5762-5766.

[37] Zhou B，Niu L N，Shi W，et al. Adopting the principles of collagen biomineralization for intrafibrillar infiltration of yttria-stabilized zirconia into three-dimensional collagen scaffolds. Advanced Functional Materials，2014，24（13）：1895-1903.

[38] Ping H，Xie H，Wan Y，et al. Confinement controlled mineralization of calcium carbonate within collagen fibrils. Journal of Materials Chemistry B，2016，4（5）：880-886.

[39] Fang W，Ping H，Wagermaier W，et al. Rapid collagen-directed mineralization of calcium fluoride nanocrystals with periodically patterned nanostructures. Nanoscale，2021，13（17）：8293-8303.

[40] Bassett C A，Becker R O. Generation of electric potentials by bone in response to mechanical stress. Science，1962，137（3535）：1063-1064.

[41] Kim D，Han S A，Kim J H，et al. Biomolecular piezoelectric materials：From amino acids to living tissues. Advanced Materials，2020，32（14）：e1906989.

[42] Fang W J，Ping H，Li X H，et al. Oriented strontium carbonate nanocrystals within collagen films for flexible piezoelectric sensors. Advanced Functional Materials，2021，31（45）：2105806.

[43] Mahamid J，Sharir A，Gur D，et al. Bone mineralization proceeds through intracellular calcium phosphate loaded vesicles：A cryo-electron microscopy study. Journal of Structural Biology，2011，174（3）：527-535.

[44] Beniash E，Addadi L，Weiner S. Cellular control over spicule formation in sea urchin embryos：A structural approach. Journal of Structural Biology，1999，125（1）：50-62.

[45] Vidavsky N，Addadi S，Schertel A，et al. Calcium transport into the cells of the sea urchin larva in relation to spicule formation. Proceedings of the National Academy of Sciences of the United States of America，2016，113（45）：12637-12642.

[46] Sasagawa I. The fine structure of initial mineralisation during tooth development in the gummy shark，*Mustelus manazo*，Elasmobranchia. Journal of Anatomy，1989，164：175-187.

[47] Sasagawa I. Mineralization patterns in elasmobranch fish. Microscopy Research and Technique，2002，59（5）：396-407.

[48] Tester C C，Whittaker M L，Joester D. Controlling nucleation in giant liposomes. Chemical Communications，2014，50（42）：5619-5622.

[49] Selzer D，Frank C，Kind M. On the effect of the continuous phase on primary crystal nucleation of aqueous KNO_3 solution droplets. Journal of Crystal Growth，2019，517：39-47.

[50] Lee S，Wi H S，Jo W，et al. Multiple pathways of crystal nucleation in an extremely supersaturated aqueous potassium dihydrogen phosphate（KDP）solution droplet. Proceedings of the National Academy of Sciences of the United States of America，2016，113（48）：13618-13623.

[51] Grossier R，Hammadi Z，Morin R，et al. Predictive nucleation of crystals in small volumes and its consequences. Physical Review Letters，2011，107（2）：025504.

[52] Cavanaugh J，Whittaker M L，Joester D. Crystallization kinetics of amorphous calcium carbonate in confinement. Chemical Science，2019，10（19）：5039-5043.

[53] Li S，Zeng M，Gaule T，et al. Passive picoinjection enables controlled crystallization in a droplet microfluidic device. Small，2017，13（41）：1702154.

[54] Stephens C J，Kim Y Y，Evans S D，et al. Early stages of crystallization of calcium carbonate revealed in picoliter

droplets. Journal of the American Chemical Society，2011，133（14）：5210-5213.

[55] Park R J，Meldrum F C. Synthesis of single crystals of calcite with complex morphologies. Advanced Materials，2002，14（16）：1167-1169.

[56] Meyer R R，Sloan J，Dunin-Borkowski R E，et al. Discrete atom imaging of one-dimensional crystals formed within single-walled carbon nanotubes. Science，2000，289（5483）：1324-1327.

[57] Hamilton B D，Hillmyer M A，Ward M D. *Glycine* polymorphism in nanoscale crystallization chambers. Crystal Growth & Design，2008，8（9）：3368-3375.

[58] Chen Z，Miao Z，Zhang P，et al. Bioinspired enamel-like oriented minerals on general surfaces：Towards improved mechanical properties. Journal of Materials Chemistry B，2019，7（34）：5237-5244.

[59] Jiang Q，Ward M D. Crystallization under nanoscale confinement. Chemical Society Reviews，2014，43（7）：2066-2079.

[60] Tovani C B，Oliveira T M，Soares M P R，et al. Strontium calcium phosphate nanotubes as bioinspired building blocks for bone regeneration. ACS Applied Materials & Interfaces，2020，12（39）：43422-43434.

[61] Loste E，Park R J，Warren J，et al. Precipitation of calcium carbonate in confinement. Advanced Functional Materials，2004，14（12）：1211-1220.

[62] Cai M，Song H，Wang Q，et al. Biomimetic formation of fluorapatite nanorods in confinement and the opposite effects of additives on the crystallization kinetics. Materials Chemistry Frontiers，2022，6（18）：2678-2689.

[63] Li C，Qi L. Bioinspired fabrication of 3D ordered macroporous single crystals of calcite from a transient amorphous phase. Angewandte Chemie International Edition，2008，47（13）：2388-2393.

[64] Stephens C J，Ladden S F，Meldrum F C，et al. Amorphous calcium carbonate is stabilized in confinement. Advanced Functional Materials，2010，20（13）：2108-2115.

[65] Wang Y W，Christenson H K，Meldrum F C. Confinement increases the lifetimes of hydroxyapatite precursors. Chemistry of Materials，2014，26（20）：5830-5838.

[66] Gong X，Wang Y W，Ihli J，et al. The crystal hotel：A microfluidic approach to biomimetic crystallization. Advanced Materials，2015，27（45）：7395-7400.

第8章 光合作用启示的材料合成

8.1 概述

太阳能是多数地球生物生存的能量基础，然而光合作用是唯一能够捕获和对太阳能进行转换的过程，其重要性更是不言而喻。光合作用作为地球上最重要的化学反应，被称为地球的发动机，是生命发展不可或缺的关键一环。可以毫不夸张地说，几乎一切生物都离不开光合作用，更是地球生物圈形成、运转和繁荣的关键环节。

随着人类知识的不断扩充，对于光合作用的原理也更加清晰，明白了将光能转化为可以供给地球上所有生命利用的化学能是如何一步一步实现的，充分认识到光合作用对于整个地球生态环境的意义。同时，正是因为对于光合作用了解得不断深入，其中的电子传输方式、能量转换等对于材料的制备方法等都具有一定的指导意义，可以实现绿色高效制备。在当前的研究中，光合作用不仅作为生物的基础能量来源，更是地球未来绿色能源的理想载体和传递转换方式。

光合作用通常是指绿色植物在受到外界光照的刺激后，将二氧化碳和水转化为有机物和氧气的过程，并在该过程中经历了一系列能量形式变化、电子迁移等缺一不可的关键步骤。光合作用对于生物圈的运转、维持大气的碳-氧平衡起到了不可或缺的作用。

不同类型的光合生物体中的光合作用机制是有所不同的，本书作者以高等绿色植物为例阐释光合作用的机制。光合作用一般是在叶绿体中进行的反应，如图 8-1 所示，通常分为两个阶段，分别是光反应和暗反应，其中光反应使得水分子氧化产生氧气，暗反应则将二氧化碳固定为有机物。

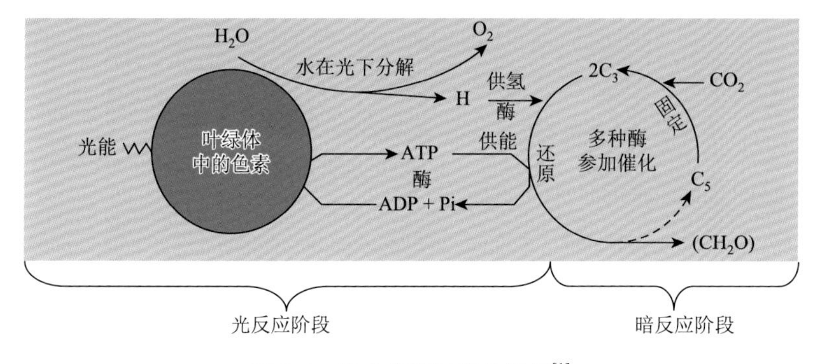

图 8-1　光合作用过程的图解[1]

光反应的发生始于绿色植物的两套光系统［光系统Ⅰ（PSⅠ）和光系统Ⅱ（PSⅡ）］的光捕获和光激发。PSⅠ和 PSⅡ是由一系列叶绿素分子和蛋白质组成的复合体，在外界光照的刺激下，光敏复合体会在刺激下进行能量的捕获进而传递到反应中心产生电荷分离，通过植物自身的 Z 型结构高效分离光生电子和空穴，实现光能转化为腺苷三磷酸（ATP）和还原型烟酰胺腺嘌呤二核苷酸磷酸（NADPH）。暗反应发生在叶绿体基质中，利用光反应产生的 ATP 和 NADPH，将来自空气中的 CO_2 转化为生物体内的糖等有机物，开始碳循环，进入地球生物圈内的碳循环。

作为世界上规模最大的化学反应，几乎所有的绿色植物甚至包括部分单细胞生物都可以进行光合作用，但这并不是一个简单的化学反应，而是由多种酶、介质、化学物质共同参与的复杂物理化学过程。光合作用的简化方程为

$$(CO_2)_n + (H_2O)_n \xrightarrow[\text{叶绿体}]{\text{太阳光}} (CH_2O)_n + (O_2)_n$$

当今人类最主要的能量来源依然是化石燃料，包括煤、石油、天然气等，是亿年前植物与动物的尸体在长时间的高温高压作用下分子结构发生改变演变而成。追溯其根本，这些化石燃料都是植物经过光合作用将光能转化为化学能而保存下来的。光合作用作为一种古老的反应，最新的证据显示，在距今 30 亿年前的地球上就已经出现了。

绿色植物通过光合作用制造有机物的数量巨大。据估计，地球上的绿色植物每年大约制造数千亿吨有机物，这远远超过了地球上每年工业产品的总产量（图 8-2）。所以，人们把地球上的绿色植物比作庞大的绿色工厂。绿色植物离不开自身通过光合作用制造的有机物，人类和动物的食物来源也都直接或间接来自光合作用制造的有机物。

在地球上，无论是什么样的能量形式追溯其源头都是太阳能，是能量的唯一来源，除了那些能够化能自养的生物外，所有形式的生命都直接或间接利用光合作用生产的能量。并且光合作用对于调节大气的成分、碳-氧平衡有着重要作用。

图 8-2 吸收光能制造有机物的植物[2]

因此，光合作用是地球上一切生命生存的基础，一旦停止，地球上所有的生命都将走向终结。

8.2 光合作用的能量转化机制

地球上，能够进行光合作用的生物有千千万万种，虽然都是将光能转换为化学能，但是进行反应的场所会随着生物的变化而发生变化。因此，在本书中，根据反应类型的不同，将其分为高等植物、低等植物、光合细菌等。在本节中以绿色植物、藻类和细菌为例，简单介绍它们的光合作用转化机制。

高等植物主要包括苔藓、蕨类和种子植物，大多数是陆生植物，是具有不同组织和根、茎、叶、花及果实等不同器官的多细胞生物。

低等植物一般分为藻类和地衣，常生活在水中或阴湿的地方，构造上一般无组织分化，不形成胚。地衣是真菌与藻类的共生联合体，共生体由藻类进行光合作用制造营养物质供给全体，而菌类主要吸收水分和盐。藻类是含有叶绿素和一些辅助色素的低等植物，有细胞核和叶绿体。

光合细菌是一类没有形成芽孢能力的革兰氏阴性菌，以光作为能源能够进行光合作用的微生物。根据其所含电子色素和反应的不同分类为不产氧光合菌（紫色细菌）和产氧光合菌（蓝细菌）。紫色细菌是一类能够进行光合作用的自养型细菌，因含有不同类型的类胡萝卜素，细胞培养液呈紫色、红色、橙色等，所以被称为紫色细菌。蓝细菌是一类可以进行放氧的光合细菌，与绿色植物更为相近，过去被称为蓝绿藻，没有细胞核、叶绿体的原核生物，多为单细胞。

8.2.1 绿色植物及藻类

高等绿色植物的光合作用是在叶绿体中进行的，可以分为光反应和暗反应两个阶段，两个反应的场所分别是叶绿体的类囊体膜和叶绿体基质。

在此类光合作用的光反应过程中，通过非循环电子传递及其偶联的光合磷酸化形成同化力 NADPH 和 ATP 的过程，是在两个光系统的协同作用下完成的。如图 8-3 所示，在受到外界的光照（680 nm、700 nm）激发后，PS Ⅰ 和 PS Ⅱ 开始运转，逐步将光能转化为电化学能。PS Ⅰ 反应中心 P700 激发产生的电子经铁-硫蛋白和铁氧还蛋白的传递进入叶绿体基质并将 $NADP^+$ 还原为 NADPH。PS Ⅱ 反应中心 P680 激发出的电子则经由质体醌、细胞色素 b_6f 复合体和质体蓝素传递给激发态的 PS Ⅰ，使其恢复基态[3]。水分子在 PS Ⅱ 靠近类囊体内侧的锰簇复合体作用下产生氧气并释放出质子和电子，该部分电子被运输至激发态 PS Ⅱ 的反应中心，使其恢复到基态[4]。在 PS Ⅱ 的激发电子向 PS Ⅰ 传递过程中，叶绿体中的质子通过传递中间体转运到内腔，这些质子之后会顺着电化学梯度扩散，从内腔跨膜运输到基质中合成 ATP。

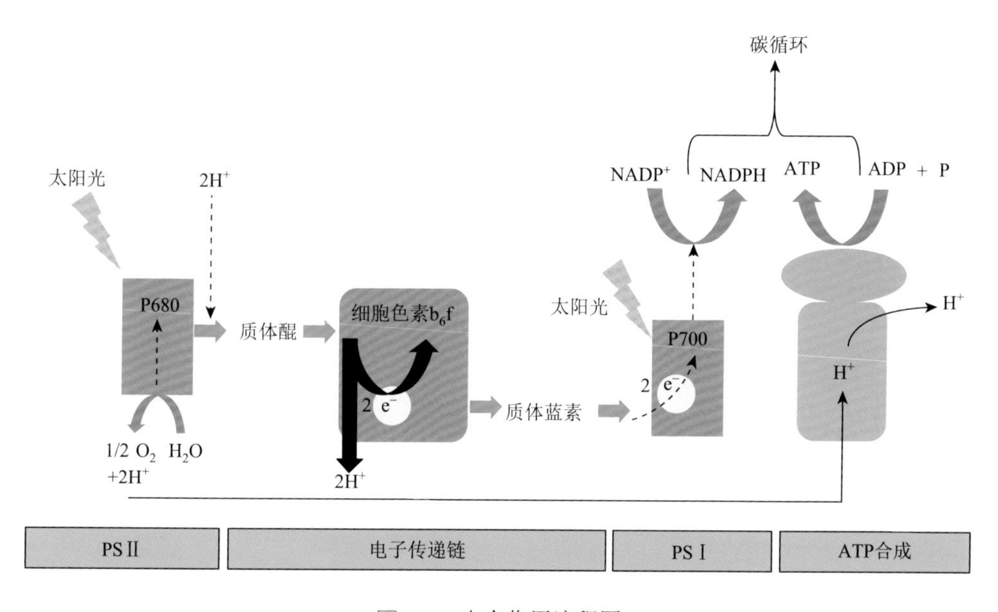

图 8-3　光合作用流程图

光反应过程涉及的三个要素是：PS Ⅰ 及 PS Ⅱ 的光捕获及其反应中心的光激发（要素一）；光生电子、空穴在传递中间体辅助下的空间分离（要素二）以及氧化还原反应位点上的生物化学反应（要素三）。要素一提供了发生化学反应的原始驱动力，要素二提高了光电转换的量子效率，这些都为要素三的高效进行提供了保障。如图 8-4 所示，光合作用通过一系列循序渐进的电子转移过程来产生足够的能量进行水分解，这一过程被称为 Z 型结构[5]。电子经中间体传递的过程同时也是光生电荷的空间分离过程，这种逐步的空间分离使得载流子的复合变得越来越困难，提高了光生电荷的利用率，是保证光合作用过程中高效光能-化学能转换量子产率的关键[6, 7]。

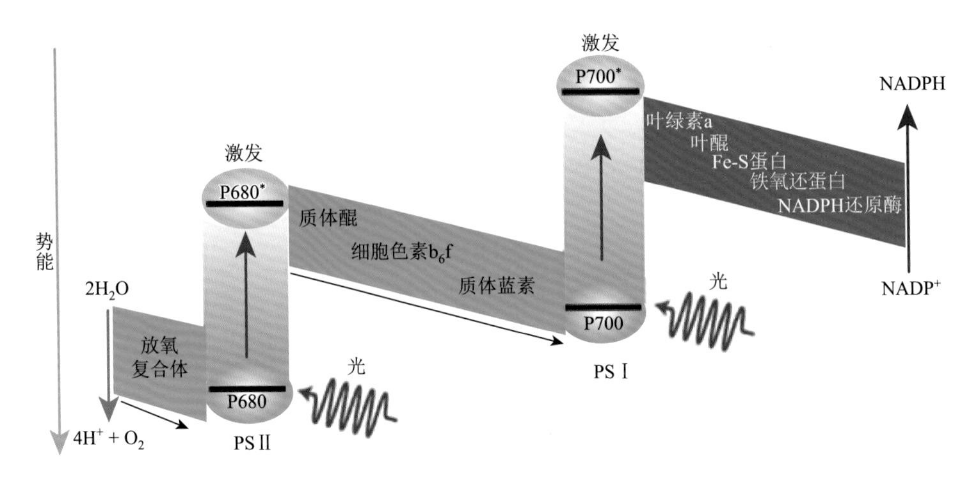

图 8-4　Z 型传递结构[5]

光反应过程中产生的 NADPH 和 ATP 会进一步参与到暗反应的卡尔文循环中，将 CO_2 还原为有机物。此反应过程是在 20 世纪 50 年代被卡尔文提出的，所以称为卡尔文循环。这个途径中，CO_2 被固定的最初形式是一种三碳化合物，故称为 C_3 途径。卡尔文循环具有合成淀粉等产物的能力，是植物光合作用固定 CO_2 的基本途径，是放氧光合生物同化 CO_2 的共有途径。如图 8-5 所示，卡尔文循环大致分为三步，分别是二磷酸核酮糖（RuBP）羧化、磷酸甘油酸还原和 RuBP 再生[8]。首先在羧化酶（Rubisco）的催化下，来自空气中的 CO_2 与 RuBP 结合形成 2 分子含有 3 个碳原子的中间物 3-磷酸甘油酸（PGA）。这步反应实现的前提条件是 Rubisco 对于 CO_2 的吸引力足够大，保证即使在低浓度下也可实现快速羧化。之后是在酶的催化下，实现 3-磷酸甘油酸被 3-磷酸甘油酸激酶、NADPH 还原成 3-磷酸甘油醛。最后一步为了实现反应的不断进行，实现 RuBP 的不断再生，将 5 个 3-磷酸甘油醛分子再生成 3 分子羧化反应的底物和 CO_2 受体 RuBP，构成了一个循环。至此完成了一次完整的光合碳循环，其反应方程式如下：

$$3CO_2 + 9ATP + 6NADPH + 5H_2O \longrightarrow \text{3-磷酸甘油醛} + 6NADP^+ + 3H^+ + 9ADP + 8Pi$$

由上式可见，每同化 1 分子 CO_2，要消耗 3 分子 ATP 和 2 分子 NADPH。还原 3 分子 CO_2 可输出一个磷酸丙糖。磷酸丙糖在细胞质基质中进一步转化为葡萄糖磷酸和蔗糖。一个碳原子将会被用于合成葡萄糖而离开循环，因此，循环每进行六次会产生一分子葡萄糖。

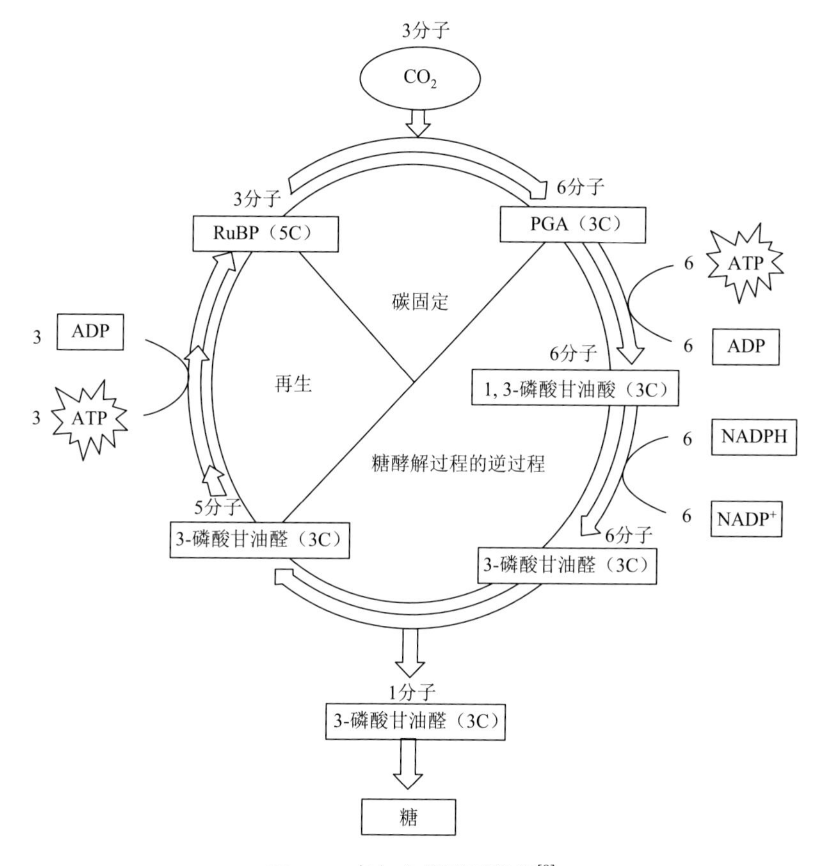

图 8-5　卡尔文循环示意图[8]

有些植物的光合作用中光反应阶段和电子传递方式区别不大，但是在暗反应阶段有着些许不同，在 C_3 循环之后又多了一个引起 CO_2 浓缩作用的四碳双羧(C_4)循环，使关键酶 Rubisco 附近的 CO_2 浓度高达 C_3 植物的十多倍，从而显著提高光合作用效率[9]。如图 8-6 所示，C_4 包含四个阶段，首先是叶肉细胞中的磷酸烯醇式丙酮酸（PEP）羧化，固定 CO_2 形成草酰乙酸，然后转化为四碳双羧酸苹果酸或天冬氨酸。第二步是将四碳双羧酸运送到维管束鞘细胞中，之后在细胞中脱羧，释放的 CO_2 被二次固定还原成碳水化合物。最后两步为是将脱羧形成的三碳酸运输并且再生成 CO_2 受体 PEP。

PEP 的再生要利用 ATP 的能量，ATP 水解成为一磷酸腺苷（AMP）而不是 ADP，所以相当于消耗了 2 分子 ATP 转化为 ADP 的能量。因此，在 C_4 途径的运转中，每同化 1 分子 CO_2，消耗 5 分子 ATP 与 2 分子 NADPH。所有 C_4 途径的运转比 C_3 途径有更高的能量需求。

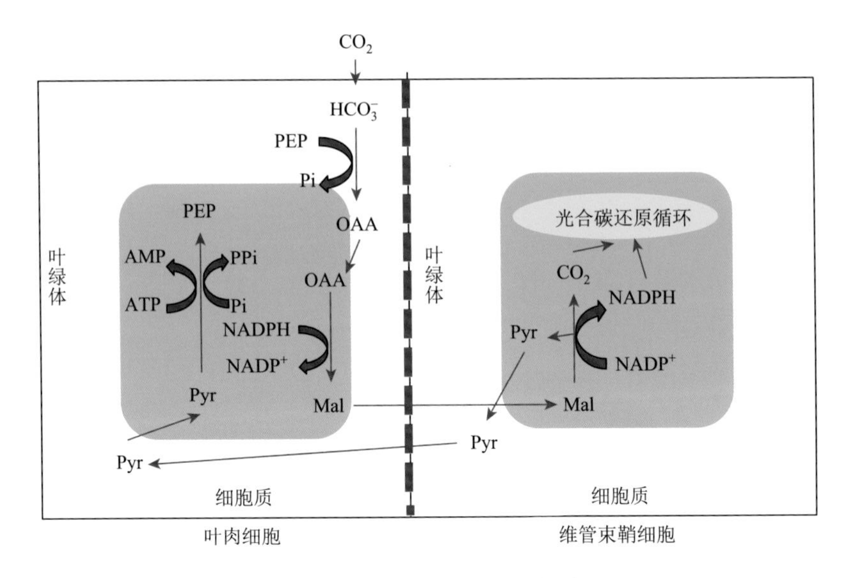

图 8-6　四碳双羧循环流程图

OAA 表示草酰乙酸；Mal 表示苹果酸；Pyr 表示丙酮酸

8.2.2　细菌

以紫色细菌为例，对光合细菌的光合作用过程进行叙述。在接收到外界的光照后，低能态的电子受到激发变成高能态电子。高能态电子分成两部分，一部分参与到电子链内的传递中，在 ATP 酶的作用下生成 ATP，之后，另一部分大量高能态电子与产生的大量 ATP 共同作用下，将环境中的 N_2 或难以被光合细菌直接利用的有机氮转化为 NH_3-N，同时将环境中的 H^+ 转化为 H_2（图 8-7）[10]。反应式如下：

$$N_2 + 12ATP + 6H^+ + 6e^- \longrightarrow 2NH_3 + 12ADP + 12Pi$$

$$2H^+ + 4ATP + 2e^- \longrightarrow H_2 + 4ADP + 4Pi$$

式中，Pi 为磷酸。其电子转移方向为：电子供体→铁蛋白→钼铁蛋白→还原性底物。

光合细菌的光合作用是没有氧气释放的，只有一个光系统参与，而蓝细菌是有氧气释放，并且有多个组分参与。前者只有 ATP 生成，但是后者导致 ATP 和 NADPH 的生成，并且过程中伴随着水分子的裂解和氧气的释放。

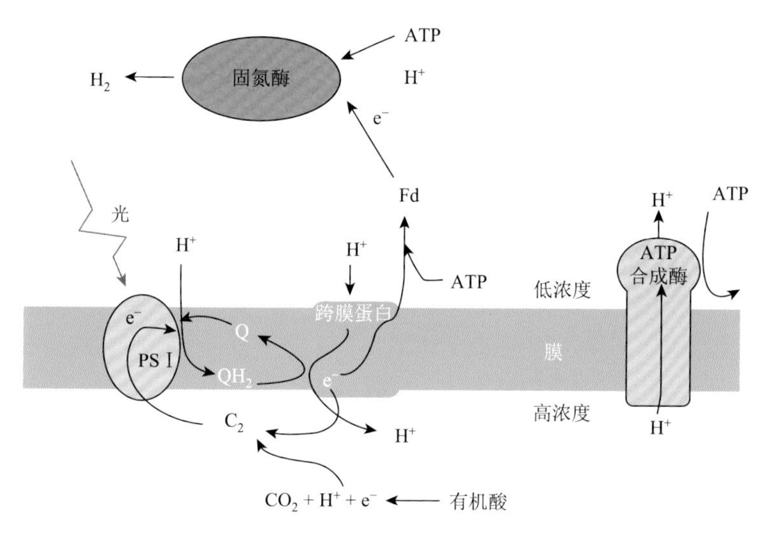

图 8-7　光合细菌的光合产氢途径[10]

Fd 表示铁氧还蛋白；C_2 的全称是细胞色素 C_2；Q 和 QH_2 分别表示醌（ubiquinone）和它的还原型二氢醌（ubiquinol）

8.3　人工光合系统的构建

经过数十亿年的进化，大自然中的生物过程具备了精妙和高效的特征，能够控制合成具有精确成分、精妙结构的生物材料，或能够实现高效的物质、能量转化过程。光合作用作为世界上最重要的化学反应，是地球能够正常运转的发动机，但是只有植物及部分细菌能够进行光合作用。如果依据其原理制备的人工装置或模拟人工光合作用的部分反应或全过程，将太阳能转化为化学能并贮存，构建可以自由控制的人工光合作用，是广大研究人员的美好愿景。

作为将太阳能转化为化学能的反应，粮食、能源等不可或缺的资源都是光合作用的产物。没有光合作用，地球就无法正常运转，因此人工光合作用系统的构建是具有重要意义的。

8.3.1　构建原理

人工光合作用的构建，一般是通过人工设计构筑的材料或者自然提取原料，在人工可控的条件下模拟光合作用进行能量转换的技术过程，从而得到需要的物质。自从 1972 年 Fujishima 和 Honda 报道了水在 TiO_2 表面进行光电化学分解以来，人工光合作用引起了广大研究人员的持续关注[11]。这一发现为人工光合作用的发展揭开了序幕。

人工光合作用的发展基于对自然光合作用的学习和模仿，包括光生电荷的激发和产生，并且传递光生电荷到相应的位置进行氧化还原反应。

类似于自然光合作用，人工光合作用也需要具备三个要素：人工光系统的光捕获与光激发，光生电荷的分离及反应位点上的氧化/还原反应。目前，通过人工光合作用，已经实现了水的分解、二氧化碳还原、氮气固定及有机物转化等，这些反应皆是由光生电荷参与的氧化还原反应。为了保证这些反应的顺利进行，需要构建合适的人工光合系统。

从反应热力学角度考虑，所构建的人工光合系统激发产生的光生电子所在的导带位置需比目标还原反应的标准氧化还原电位更负，并且光生空穴所处的价带位置需比目标氧化反应的标准氧化还原电位更正，才能引发目标反应。从动力学角度考虑，人们总是希望反应速率能够更快，以提高人工光合作用的效率。因此，人工光合系统的构建满足热力学的条件是最基本的，在效率问题上再对动力学进行完善。

人工光合作用提升效率的方法（以光解水为例）：图 8-8 为光催化分解水的机制图，材料的带隙（E_g）决定了其可吸收光的波长范围。宽带隙（$E_g>3$ eV）材料只能吸收紫外光，而紫外光仅占太阳光的 5%左右；窄带隙（$E_g<3$ eV）材料可以被可见光激发，而可见光约占太阳光的 43%。除了带隙，导带（CB）、价带（VB）的位置也同样重要，半导体的禁带宽度大于 1.23 eV 是实现光催化水全分解的必需条件[12]。

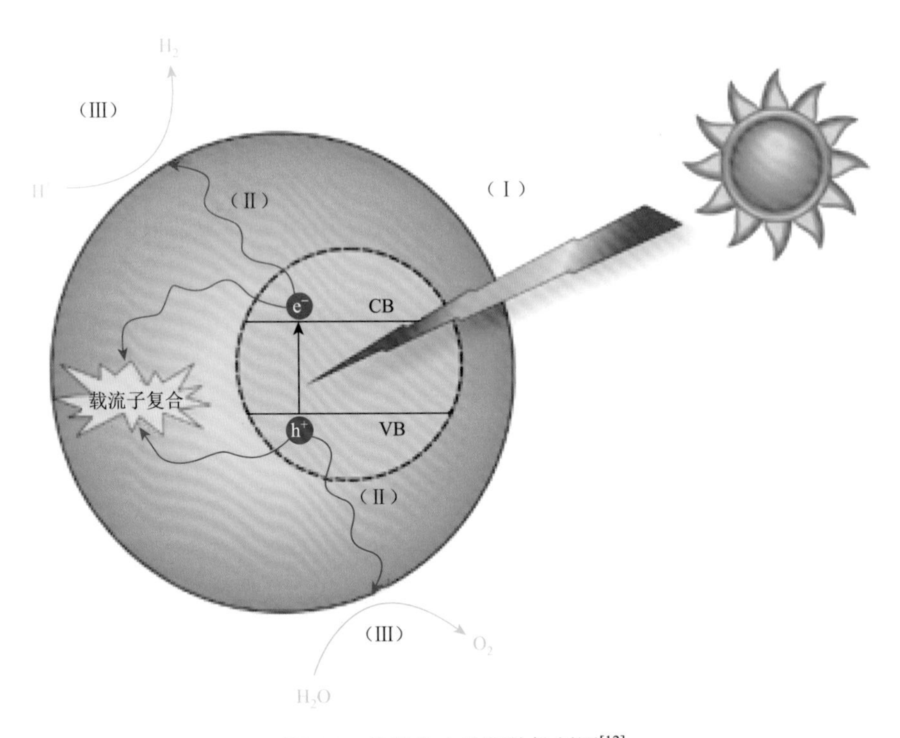

图 8-8 光催化水分解的机制图[12]

光解水制氢是光催化水全分解的半反应。要实现这个半反应理论上只需要满足半导体的导带位置低于 0 eV 即可。光解水制氢系统中通常需要加入合适的牺牲剂（电子供体）以捕获半导体的光生空穴。

产氢总量与水分子和光催化剂界面的激发电子量有关。显然，为了最大化光催化剂的产氢效率，需要提高产生光生电子的数量和利用率。从光生电荷的产生过程来看，催化剂首先需要具有一个窄的带隙以尽可能吸收更多的光。另外，应当具有高的电荷分离效率，而非产生荧光或热量。半导体被光激发后，光生电荷的复合和分离/转移过程是半导体内两个重要的竞争过程，极大地影响着光解水制氢的效率。光生电荷的体相复合或表面复合通过发射荧光或放热的形式减少了用于还原反应的光生电子的量，这对光解水制氢是非常不利的。因此，有效的电荷分离和快速的电荷传递以及避免体相和表面载流子复合对于提高光解水制氢效率是至关重要的。目前提出的提高材料光解水制氢效率的主要策略包括以下三种。

1）能带调控

调控能带结构的有效策略是对材料进行元素掺杂。研究表明，通过对材料进行合适的离子掺杂能够减小禁带宽度或在材料中引入新的杂质能级。这能有效地拓宽材料对光吸收的波长范围，降低载流子的复合速率。目前，阳离子掺杂主要涉及稀土金属元素和过渡金属元素（图 8-9）[13]。金属离子掺杂通常能在半导体禁带中引入杂质能级，即引入一个高于原材料价带位置的施主能级或低于原材料导带位置的受主能级。这样的杂质能级能够扩展材料的吸收光范围。阴离子掺杂被广泛用于减小材料的带隙进而拓宽其光吸收范围。与金属离子掺杂不同的是，非金属离子掺杂通常不会在禁带中形成施主能级，而是使价带位置升高，而这导致了禁带宽度的减小，从而有利于改善半导体材料的光吸收特性。总体而言，合适的元素掺杂策略对半导体材料的能带结构产生了积极影响，这种影响拓宽了半导体的光吸收范围，有利于光生电荷的产生和分离，进而提高了光催化反应的效率。

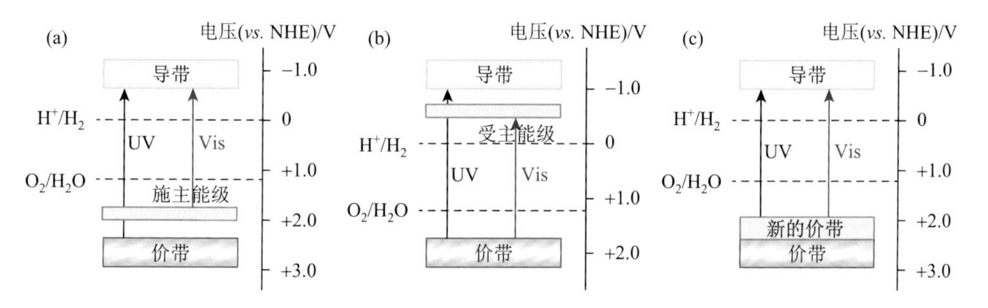

图 8-9　金属离子掺入的施主能级（a）和受主能级（b）；（c）非金属离子掺杂引入新的价带[13]

2）材料的表面修饰

对于材料表面修饰的核心要求便是促进载流子的分离和向表面反应位点的传递，改善表面反应位点的活性，进而提高光催化反应的效率。

最常见的表面修饰手段是在光催化剂表面负载助催化剂。助催化剂分为氧化助催化剂和还原助催化剂，能够分别传递光激发产生的空穴和电子，并作为氧化反应和还原反应的活性位点[13]。大多数的材料在不负载助催化剂时是不具有产氢活性的，即使加入牺牲剂也是如此。这是因为光激发的电子、空穴在转移到光催化剂表面之前已经发生了复合，另外，还有一个可能的原因是材料表面的反应速率很慢，不能有效地消耗光生电荷。这就需要在半导体表面负载助催化剂。通过将贵金属纳米粒子负载到催化剂表面，二者之间的紧密接触形成肖特基结，这样电子会从具有更高费米能级的材料流向费米能级低的材料，而引发费米能级的重排（图 8-10）[12]。这些贵金属助催化剂可以作为有效的电子俘获陷阱，接收光生电子，而电子不能向反方向转移，这促进了光生电荷的分离。另外，贵金属还能够作为产氢的活性位点，并降低 H_2 生成的活化能。受微生物中氢酶启发的仿生氢酶分子助催化剂也吸引了很多学者的研究，这种分子助催化剂也能够有效俘获半导体的光生电子，还能有效降低产氢的活化能。氧化助催化剂以过渡金属氧化物为主，与还原助催化剂类似，能够有效俘获半导体的光生空穴，用于水分子或者牺牲剂的氧化。

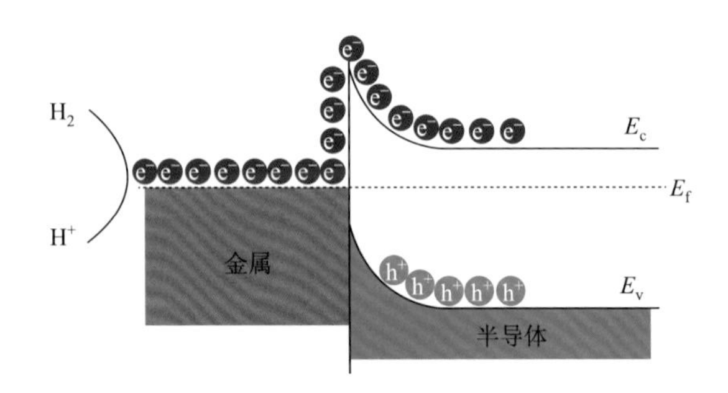

图 8-10　肖特基结的能级结构示意图[12]

E_c 表示导带能级；E_f 表示费米能级；E_v 表示价带能级

3）材料的复合策略

通过将两种能带结构匹配的半导体材料复合，也能够实现光生电荷的有效分离，从而改善光催化性能。其中，研究最多的一种复合策略是形成 p-n 异质结[14]。当对单独的 p 型半导体或 n 型半导体进行光照时，产生的光生电子与空穴会很快地自发复合。而从图 8-11 可以看出，当二者复合形成 p-n 异质结后，要保证二者的费米能级相同，二者的电荷会发生定向移动，使异质结处发生能带弯曲，形成空间电荷层。

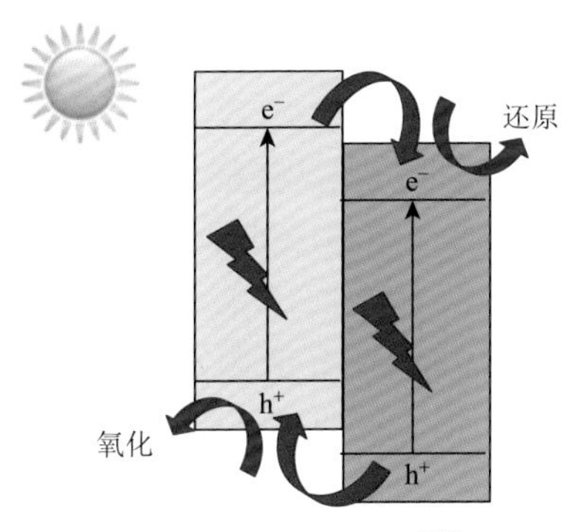

图 8-11　p-n 异质结[14]

概括起来，这些策略是通过改善材料的光吸收特性，促进光生电荷的分离、运输和氧化还原能力以及增强表面反应活性等手段来实现光催化性能增强的。自然光合作用本身的高量子效率取决于其精妙的过程，尤其是高效的载流子传递与空间分离过程。

8.3.2　自然光合作用系统的提取

在自然光合作用中，量子效率非常高，尤其是光反应阶段，在经过数十亿年的进化后具有接近 100%的量子效率。因此，很多研究人员选择直接利用天然的光系统作为原料、部件，来构建人工光合作用系统。这样不仅可以保证量子效率，还能够在热力学上满足条件，从而使构建的系统能进行相应的氧化还原反应。

光系统Ⅱ（PSⅡ）是一种与光合作用有关的酶，是一种由反应中心、捕光复合体、放氧复合体等亚单位组成的色素-蛋白质复合物，参与阳光的收集、水的分裂、氧气的释放以及质子/电子的产生和转移，广泛存在于植物、藻类和蓝藻的类囊体膜中。光系统Ⅰ（PSⅠ）、细胞色素 b_6f 复合体、ATP 酶和 PSⅡ构成叶绿体的中心部分，进行光合作用。这种过程在光收集和能量转换中表现出强大的性能，超过了目前人工光合作用系统所能达到的性能。

科学家们受到启发，通过仿生组装将 PSⅡ通过共价键（酰胺键）或非共价键（静电或氢键）与人工光合作用系统作用，形成新的人工光合作用系统，促进实现光催化水分裂和电子转移等自然光合作用过程。在过去的十年中，基于 PSⅡ的仿生系统取得了重大进展，如人工叶绿体和光电化学电池。通过仿生装配方法形成部分天然和部分合成成分的复合物，帮助 PSⅡ提升性能。基于 PSⅡ的仿生装配为半天然生物杂交研究提供了机会，并同步激发人工光收集微/纳米器件的优化。通过精准的操作，这些半天然生物杂交系统可以调节 PSⅡ有效载荷产量和结构分布。因此，通过将活性 PSⅡ与合成材料集成，帮助优化当前的光响应器件，为生物混合系统的设计和开发提供新的灵感，构建一个自然-人工混合系统。

2014 年，李灿等[15]首次设计了一个用于水全分解的自然-人工杂化光合系统。在实验过程中，使用新鲜的菠菜叶子作为原料，离心分离出完整的 PSⅡ膜碎片，并且通过测试显示，三种外源性多肽均显示完整。之后将半导体催化剂与提取出来的 PSⅡ光系统在缓冲溶液中相结合［图 8-12（a）和（b）］。如图 8-12（c）和（d）所示，PSⅡ用于水的氧化产氧，半导体用于水的还原产氢，$[Fe(CN)_6]^{3-}/[Fe(CN)_6]^{4-}$离子对用作电子传递的中间体，将 PSⅡ的激发电子传递给半导体以消耗其价带（VB）空穴，使得导带（CB）电子能更加高效地被用于质子的还原。整个过程中

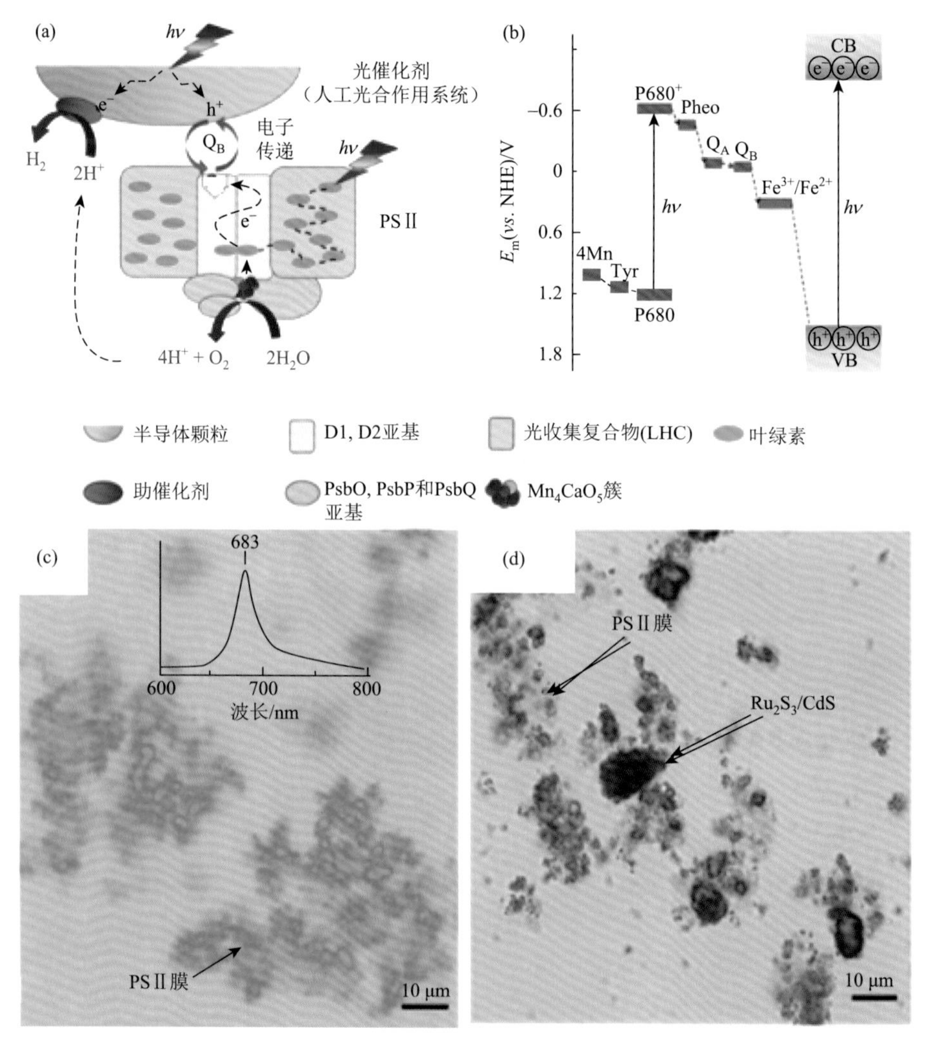

图 8-12　（a）PSⅡ与半导体人工杂化系统的电荷分离与传递；（b）PSⅡ与半导体之间的电子路径示意图；（c）和（d）PSⅡ与人工半导体的结合图[15]

的电子传递与自然光合作用过程十分相似，且 PSⅡ/$SrTiO_3$ 杂化系统具有高的光能转换效率，产氢速率为 2489 mol H_2/(mol PSⅡ·h)。

类似地，Nam 等[16]则用菠菜中提取的 PSⅠ与 $BiVO_4$ 构建起了人工光合作用系统，以 Au 纳米粒子作为电子传递介质实现了光生电子由 $BiVO_4$ 向 PSⅠ的转移，该人工光合作用系统也能够实现水的全分解（图 8-13）。

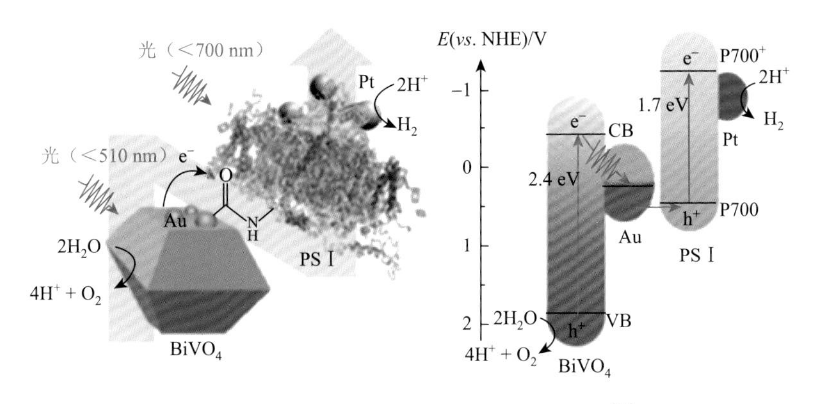

图 8-13　自然光系统Ⅰ与 $BiVO_4$ 的原理图[16]

另一方面，科学家们找到了一种直接的方法，用吸光材料装饰天然叶绿体，以克服其在可见光中的吸收限制，帮助 PSⅡ的光吸收扩展到紫外光的范围，而不是只专注于可见光，解决光能利用和转换效率相对较低这个问题[17]。进一步还可以尝试用量子点、荧光聚合物等光转换材料修饰天然叶绿体，这些人工材料可将紫外光转化为可见光，从而拓展叶绿体在非可见光谱带上的光捕获能力，同样可以实现 ATP 的高效合成[17]。

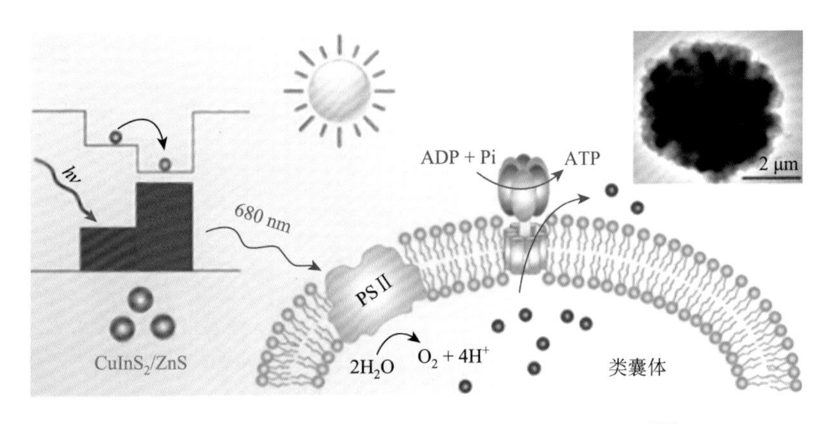

图 8-14　吸光材料辅助自然光系统的原理示意图[17]

如图 8-14 所示，研究者通过光学匹配的大斯托克斯位移量子点（QDs）修饰叶绿体来增强光磷酸化。这些量子点具有独特的光学性质，可以将紫外光转化为对叶绿体有效的高效红光[18]。这一有利的特征使这种组合的复合体中的 PS II 能够分裂更多的水，产生更多的质子，从而产生更大的质子梯度来改善光磷酸化。与原始叶绿体相比，最佳效率提高了 2.3 倍（图 8-15）。重要的是，叶绿体量子点的发射和吸收的重叠程度对光合磷酸化效率有很大影响。

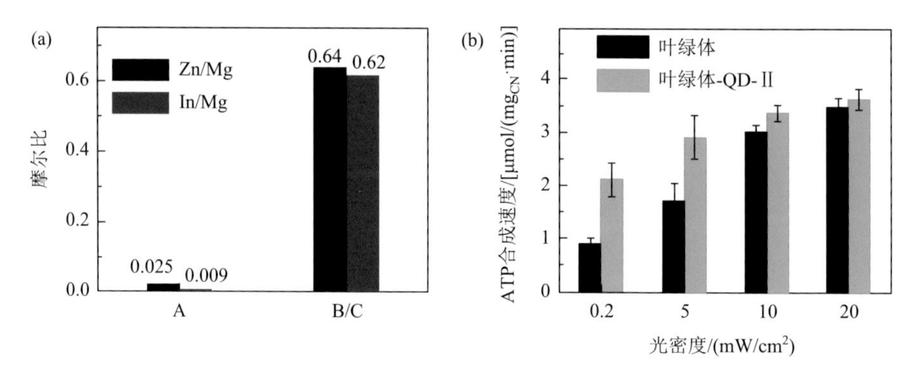

图 8-15 （a）量子点包封前（A）及包封后（B/C）叶绿体中 Zn/Mg 和 In/Mg 的摩尔比；（b）叶绿体包覆前后的 ATP 合成速度[18]

2020 年，研究人员发现一种光收集聚合物 PBF[poly(boron-dipyrromethene-*co*-fluorine)]具有绿光吸收、远红外反射的特性，能够提高小球藻光系统的活性[19]。图 8-16（a）展示了 PBF 如何参与光合作用。对于光反应阶段，PBF 加速光合电子转移，O_2、ATP 和 NADPH 的产量分别提高了 120%、97%和 76%。在暗反应中，RuBisCO 活性增强了 1.5 倍，而编码 RuBisCO 的 rbcL 和编码磷酸 oribulokinase 的 prk 表达水平分别上调了 2.6 倍和 1.5 倍［图 8-16（b）］。此外，PBF 可被拟南

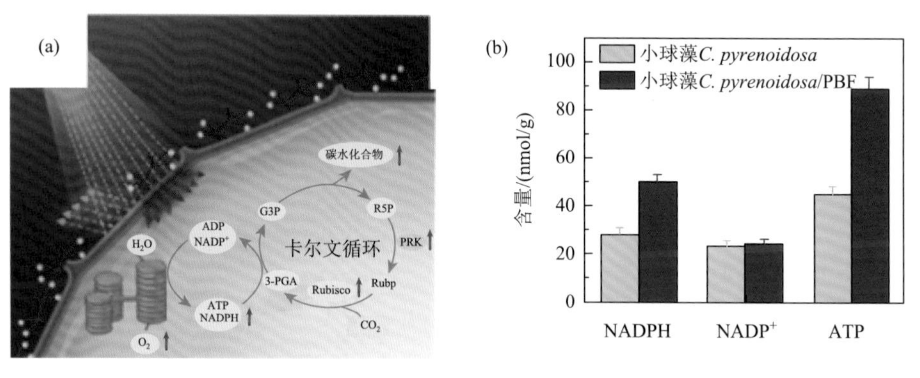

图 8-16 （a）PBF 结合在叶绿体的表面参与光合作用示意图；（b）结合 PBF 前后光合作用的效率差异[19]

芥吸收，加速细胞有丝分裂，增强光合作用。通过提高自然光合作用的效率，增加产物的生成。

8.3.3　半导体模拟光系统

尽管自然光合作用系统具有优势，但提取过程复杂、提取效率低，而且在光照条件下的活性不能长时间维持。因此，更多的人工光合作用系统的构建是通过无机半导体材料实现的。为了实现太阳能的高效转化，研究者提出了三个能提高效率的关键步骤：①尽可能多地捕获太阳的光能；②高效分离光生电子和空穴；③通过负载合适的催化剂来降低反应能垒。同时，光生电荷的有效分离效率被认为是影响光催化性能最为显著的因素。

单一半导体一般是模拟光合作用中的半反应。例如，在还原反应中，在光辐照下成对产生了光生电子和空穴，却只利用光生电子，那么产生的空穴就会被添加的牺牲剂消耗掉，只有光生电子参与了反应，这就是模拟了光合作用中的半反应。提升人工光合作用半反应的方法：降低反应能垒，促进更多光生电子、空穴被激发，再就是加速电子的传递速度，防止光生电子与空穴的复合。

2020 年，Yang 等[20]构建了空间结构上的电子传递通道，通过在内部掺入碳量子点（CQDs）表面负载还原氧化石墨烯（rGO），量子点分布在二氧化钛晶粒周围，形成了钛空位（V_{Ti}）（图 8-17）。这不仅降低激发的能垒，并且加速

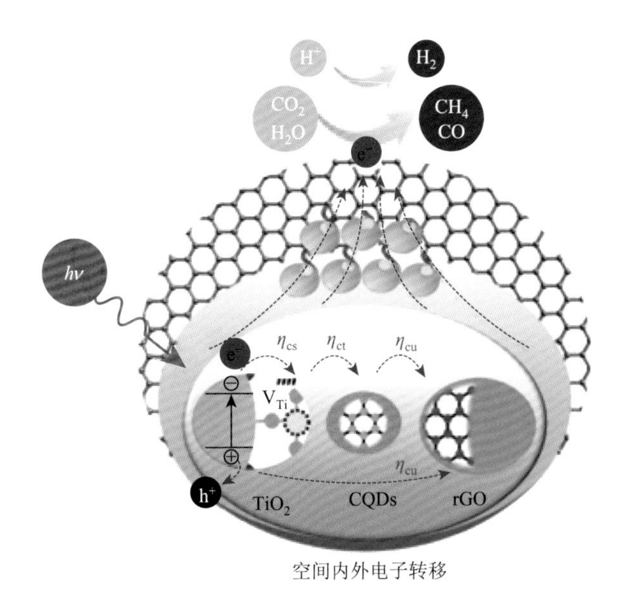

图 8-17　空间结构上光生电子连续传递的示意图[20]

电子的传递速度，形成了空间结构上的光生电子连续传递通道，有效防止其复合[20]。如图 8-18（a）所示，电子的传递速度在性能方面也有体现，内外形成通道的样品产氢效率明显高于纯相 TiO_2 和物理混合的材料。图 8-18（b）～（d）表明，在 TiO_2 与量子点的交界面处形成了无定形区域，证实其为钛空位，说明性能的提升与钛空位的形成是密不可分的。

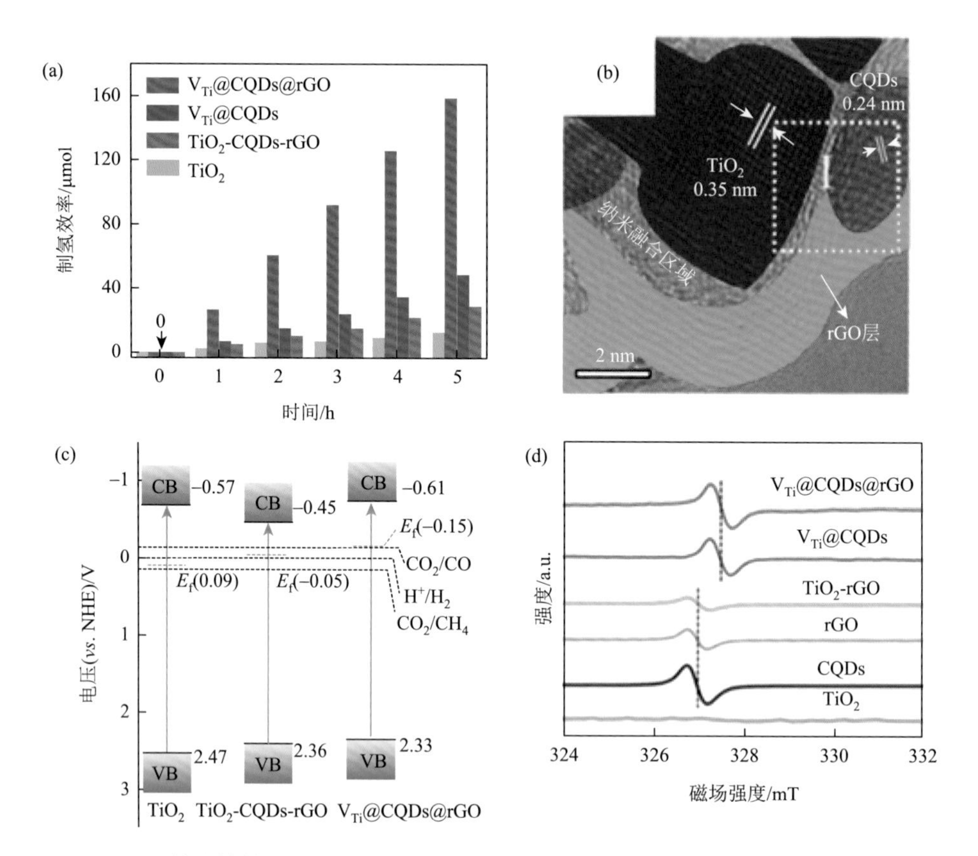

图 8-18 （a）将成键样品名称中有@的和物理混合样品（名称中有-的）、纯相 TiO_2 进行产氢效率对比；（b）TiO_2 晶粒周围分布量子点和无定形区域的分布图；（c）样品的价带、导带分布图；（d）不同样品的 EPR 测试结果[20]

如图 8-19 所示，按能带结构分类，光催化剂可分为还原光催化剂（RP）和氧化光催化剂（OP）。RP 具有较高的 CB，主要应用于太阳能燃料的生产。在 RP 中，光生电子是有效的，而光生空穴是无用的，需要牺牲剂去除。相比之下，主要用于环境污染物降解的 OP 中，光生空穴是贡献因素，而光生电子是无用的。

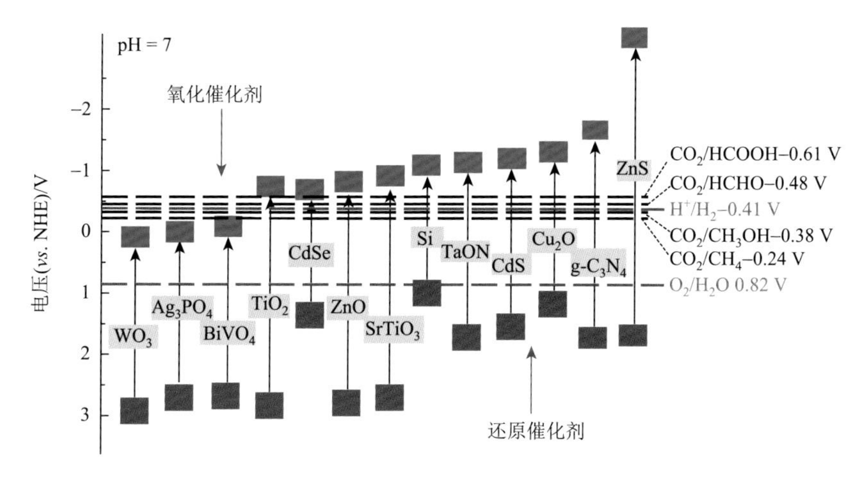

图 8-19　还原催化剂和氧化催化剂的分类图[21]

多种半导体复合是利用能带结构的位置区别，将光生电子、空穴进行有效分离，学习自然光合作用中电子、空穴的反向传递，防止其复合降低能量转化效率。例如，将还原催化剂和氧化催化剂进行搭配，制备出能带结构适合的 Z 型结构（Z-scheme），使得电子和空穴以相反的方向转移到不同的半导体上并在空间上形成电荷分离。通常 Z 型结构包括一个产氢位点和一个制氧位点，因此其可以实现全解水。

Tada 及其合作团队提出了全固态 Z 型光催化剂的概念，其原理示意如图 8-20 所示，该体系由模拟 PS Ⅰ 和 PS Ⅱ 的两种不同光催化剂和一种固态的电子导体组成[22]。在 CdS/Au/TiO_2 三元光催化系统中，TiO_2 导带上的光生电子通过电子导体 Au 迁移到 CdS 的价带上，最终在 TiO_2 的价带上留下光生空穴，CdS 的导带上留下光生电子，从而保留了 TiO_2 上空穴的强氧化能力和 CdS 上电子的强还原能力。

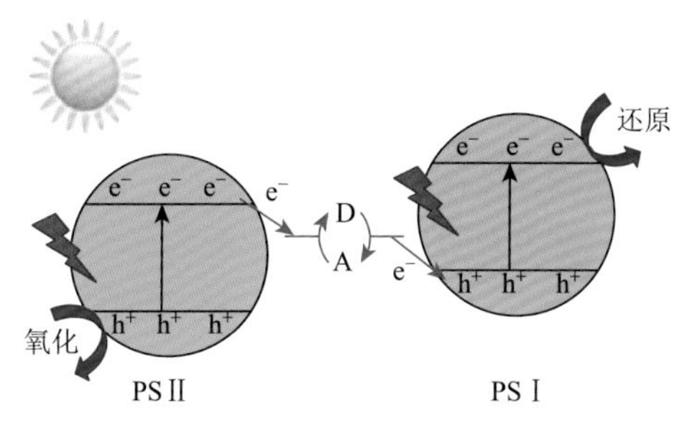

图 8-20　传统 Z 型结构的原理示意图[22]

A 表示受体；D 表示供体

Yu 等提出了直接 Z 型光催化剂的概念。如图 8-21 所示，直接 Z 型光催化体系由两种不同的半导体组成，没有电子导体的参与[23]。这种直接Z型异质结构同样也可以将光生电荷从空间上分离。直接 Z 型结构中光生电子更容易从 PSⅡ的导带上迁移到 PSⅠ的价带上，这是因为：两种半导体相互接触后，由于费米能级差异，电子会从费米能级较高的半导体（PSⅡ）转移到费米能级较低的半导体（PSⅠ），这样在两个半导体的界面处形成了内建电场，在该内建电场的作用下，光生电子更容易从 PSⅡ迁移到 PSⅠ。

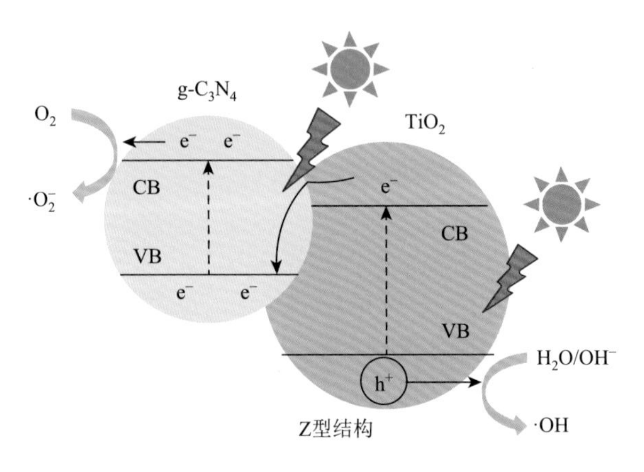

图 8-21　直接 Z 型结构的原理示意图[23]

该报道采用 $g\text{-}C_3N_4\text{-}TiO_2$ 作为原料，构建直接 Z 型异质结进行甲醛光催化降解的研究[23]。将 P25 和不同含量的尿素混合煅烧制备得到了一系列的 $g\text{-}C_3N_4\text{-}TiO_2$ 粉体。TiO_2 纳米粒子被 $g\text{-}C_3N_4$ 包覆，两者之间形成了紧密的接触，使得光生电荷能够通过接触界面快速传递。自由基捕获实验表明，该复合材料符合直接 Z 型反应机制。

2014 年，Domen 团队[24]采用 La/Rh 元素共掺杂 $SrTiO_3$，得到核壳结构的 $SrTiO_3$:La/Rh，其表面富集了掺杂剂。如图 8-22（a）和（b）所示，La 掺杂抑制了氧空位的形成和 Rh^{4+}的钝化，在可见光（$\lambda>420$ nm）照射下，$SrTiO_3$:La/Rh 在甲醇水溶液中析出 H_2 的速率比 $SrTiO_3$:Rh 高 3.5 倍。在模拟太阳光（AM 1.5G）照射下测量的 Z 型结构系统的太阳能制氢效率提高了 3 倍。图 8-22（c）表明，Rh 还原引起电子结构的重组[25]。在 $SrTiO_3$:Rh 中，只有在负的外加电位下才能获得增长的寿命，完整的 Z 型结构工作效率不高。La 共掺杂将 Rh 固定在 3+状态，这导致了长寿命的光生电子，即使在非常正的电位（+ 1V，相对于可逆的氢电极）下，整个器件的氧化和还原部分都能有效工作。

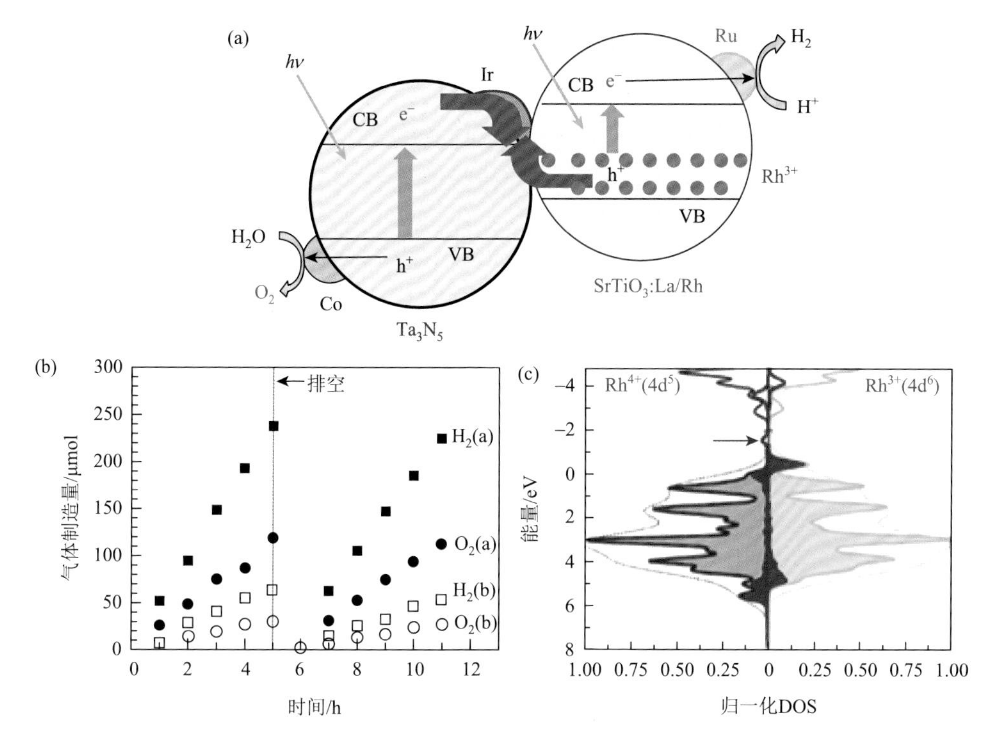

图 8-22　(a)直接 Z 型结构电子传递示意图；(b)单独掺杂与共掺杂的分解水效率对比，a 表示共掺杂，b 表示单独掺杂；(c)DFT 计算单独掺杂和共掺杂的态密度(DOS)[24, 25]

8.4　光合作用启示的材料合成

光合作用作为一种将光能转化为化学能的反应，整个过程中并不涉及材料的制备与合成。光合作用合成的重要特征是光生电子和空穴的产生与传递，促使能量的产生与传递。目前，通过合理的实验设计，已经可以将该过程应用到材料的合成制备过程中，这是一种低能耗、环境友好且新颖的材料制备技术，并将这种材料制备技术称为光合作用启示的合成。最近，已经有一些相关领域的成果被报道，但还没有受到足够的关注。现阶段，光合作用启示的材料合成主要是使用无机半导体材料模拟光系统，通过光激发产生的电子和空穴引发还原或氧化反应来合成材料。根据引发反应载流子的类型不同，将其分为光生电子驱动的材料合成，光生空穴驱动的材料合成以及光生电子与空穴驱动的材料合成。

8.4.1　光生电子驱动的材料合成

在自然光合作用中，外界光照下，PS Ⅰ 反应中心的光生电子通过传递最终用

于驱动 $NADP^+$的还原产生 NADPH。通过半导体构建人工光合作用系统，模拟 PS Ⅰ的工作状态，光照下激发并产生光生电子来引发还原反应，合成制备多种类型的无机材料。例如，还原氧化石墨烯（rGO）基材料：常用的还原氧化石墨烯制备方法是在强酸的腐蚀下进行氧化，再在热处理气氛下进行还原制备，反应条件十分剧烈。有研究人员报道了一种采用光生电子还原制备还原氧化石墨烯的方法[26]。如图 8-23 所示，将二氧化钛与氧化石墨烯的混合液在紫外光下照射，二氧化钛被激发产生光生电子和空穴，空穴被牺牲剂消耗掉，光生电子将氧化石墨烯还原，产生还原氧化石墨烯。该制备反应条件温和，也是第一次将光生电子应用到氧化石墨烯的制备领域中，改变了以往还原氧化石墨烯一定要高热等苛刻条件的制备要求。2017 年，Dong 等[27, 28]利用光生电子还原法在室温条件下制备了金属磷化物（Co_xP、Ni_xP），而磷化物的传统制备通常需要高温条件，这是因为磷源中 P—O 键的解离能大。上述研究表明，光生电子还原法有望在温和条件下，制备需要高温高压等苛刻条件的无机材料。

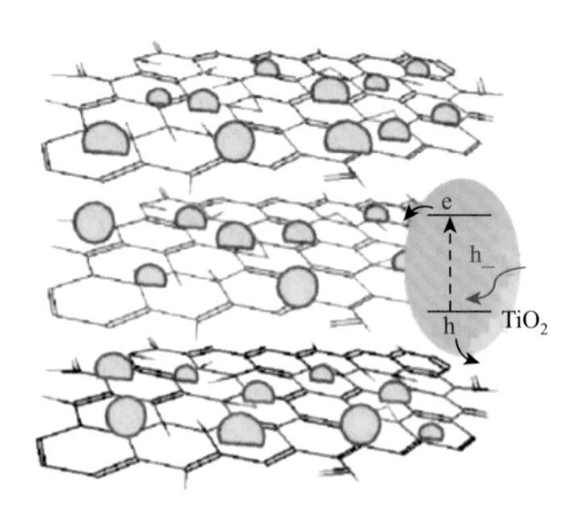

图 8-23　二氧化钛制备还原氧化石墨烯[26]

h_表示没有被光照激发的电子空穴

光生电子驱动的材料制备不仅是反应条件温和，对于反应的位置也有控制，这对材料的组装合成具有重要意义。Domen 等[29]通过光生电子两步还原法合成了 Rh/Cr_2O_3 核壳结构［图 8-24（a）］。在第一步反应中，利用半导体的光生电子将 Rh 还原，这样在半导体表面得到了 Rh 粒子。在第二步反应中，Rh 能够作为助催化剂使得半导体的光生电子在其表面聚集，因此加入的 CrO_4^{2-} 会在 Rh 表面被还原成 Cr_2O_3。图 8-24（b）表示出 Rh/Cr_2O_3 核壳结构在人工光合作用中的作用。这种微观尺度上自组装的纳米核壳结构在宏观条件下是难以得到的，但是在光生电子作用下可以进行定向的反应，在精确位置合成，这对于材料精细结构的制备具有重大意义。在此启发下，Zhang 等利用相似的方法在 TiO_2 表面得到了 Pt 和 Cu_2O，形成了 Pt/Cu_2O 的核壳结构。同时他们发现 Cu_2O 的存在提供了 CO_2 活化和向 CH_4 及 CO 转化的活性位点，从而抑制了水分子的还原。因此，CO_2 光催化还原的选择性和活性分别提高了 2.1 倍和 3.1 倍。此外，Mn_3O_4、RuO_2 和 MoO_2 等众多材料也可通过该方法合成制备[30]。

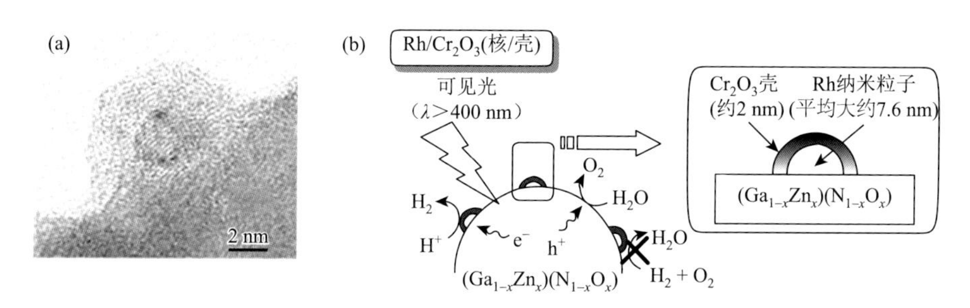

图 8-24　（a）复合核壳结构的 HRTEM 图；（b）人工光合作用系统的工作示意图[29]

光生电子驱动的材料制备技术在微结构组装方面具有较大的意义，可通过设计材料结构进而调控性能。Tada 等[31]利用光生电子在 TiO_2 表面负载了核壳结构的 Au@CdS 材料（图 8-25）。在该研究中，首先利用浸渍法制备了 Au 负载的 TiO_2。光照下，TiO_2 的光激发电子会转移给 Au，并在其表面将 S_8 还原为 S^{2-}，溶液中的 Cd^{2+}与 S^{2-}相结合，便在 Au 表面生成了 CdS。通过控制光照反应的时间，CdS 层的厚度可以得到调控。这种 TiO_2-Au@CdS 结构中的电子传递过程与自然光合作用是非常相似的。TiO_2 类似 PSⅡ，CdS 类似 PSⅠ，Au 颗粒则类似于电子传递链。对于全固态 Z 型人工光合作用系统的构建，系统中电子的矢量传递使其具有比单组分和双组分系统更高的光催化活性。也有研究人员采用半导体表面光沉积贵金属的方式，在温和条件下提升其催化能力，防止光生电子、空穴的复合，提高产氢效率。

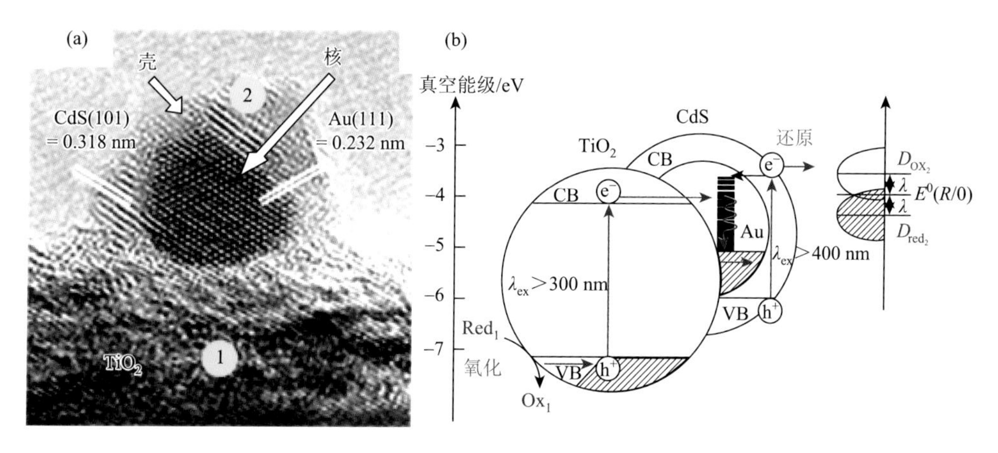

图 8-25　TiO_2-Au@CdS 的 HRTEM 图（a）和电子传递方式（b）[31]

2016 年，谭铁宁等[32]利用光辅助手段制备了表面成分可控的 Au/PtAu 核壳纳米粒子（图 8-26），通过光照法调控表面成分，在光生电荷的氧化还原作用下，成功制备出双金属纳米材料。实验过程中，Ag^+作为结构指导剂来控制 Au 纳米粒子的形貌。随着合成过程中 Ag^+加入量的增加，Au 纳米粒子平均粒径越来越小，尺寸越来越均匀，而且形貌也越来越趋近于球形。Au 纳米粒子合成后，通过外延生长的方式使小尺寸的 Pt 纳米粒子生长到 Au 纳米粒子的表面，得到 Au/Pt 核壳纳米粒子，然后向其中依次加入 AA（抗坏血酸）和 $HAuCl_4$ 溶液，此时电置换和光照还原反应的存在使得颗粒尺寸逐渐变大，且表面成分发生了改变。

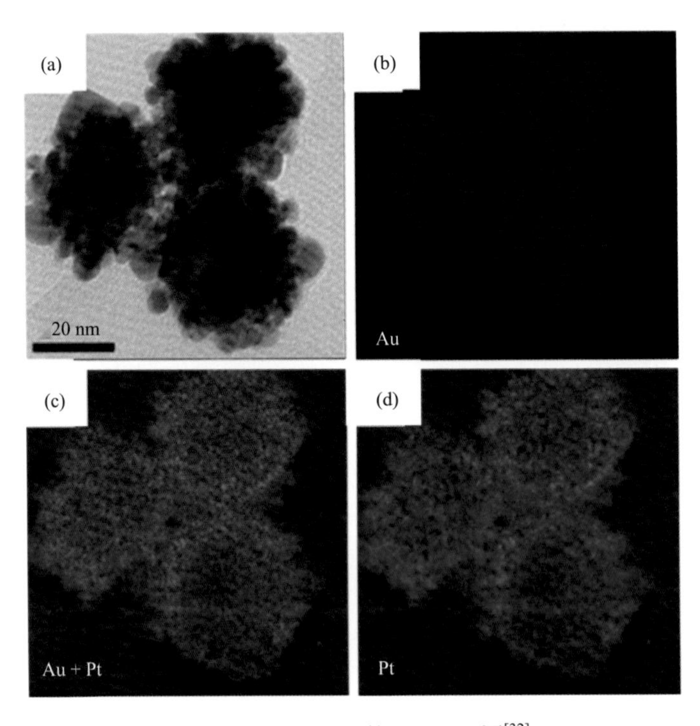

图 8-26　Au/PtAu 的 HRTEM 图[32]

2020 年，Kazunari Domen 教授团队[33]利用铝掺杂钛酸锶（$SrTiO_3$:Al）光催化剂，通过选择性引入助催化剂 Rh/Cr_2O_3 和 CoOOH 来分别促进析氢反应和析氧反应，将光催化全解水的外量子效率（external quantum efficiency，EQE）提高至 96%（波长 350～360 nm）。这意味着催化剂产生的光生电子和空穴几乎全部用于分解水，没有发生其他副反应。

研究者通过光生电子还原或传统浸渍方法，在 $SrTiO_3$:Al 催化剂上负载了含有不同比例 Rh、Cr、Co 等元素的助催化剂，利用熔盐法及 Al 掺杂来减少所制备 $SrTiO_3$ 晶格缺陷及化学缺陷，利用光生电子和空穴在不同晶面聚集，分别合成产氢和产氧助催化剂，设计抑制光生电子和空穴的重组，使光催化剂在特定波长照射下的全解水内量子效率（internal quantum efficiency，IQE）接近 100%。图 8-27（a）～（d）为光合成每个步骤中样品的形貌图。如图所示，$SrTiO_3$:Al 颗粒暴露了不同晶面，但 Rh 颗粒合成在特定的晶面上，且 Cr_2O_3 的合成也未改变助催化剂颗粒的分布，在 Rh 核上形成了 Cr_2O_3 壳。图 8-27（e）为单晶 $SrTiO_3$:Al 颗粒的选区电子衍射图，可以看出 Rh/Cr_2O_3 助催化剂优先合成在{100}晶面上，而 CoOOH 助催化剂虽未明确合成晶面，但主要位于{110}方向。

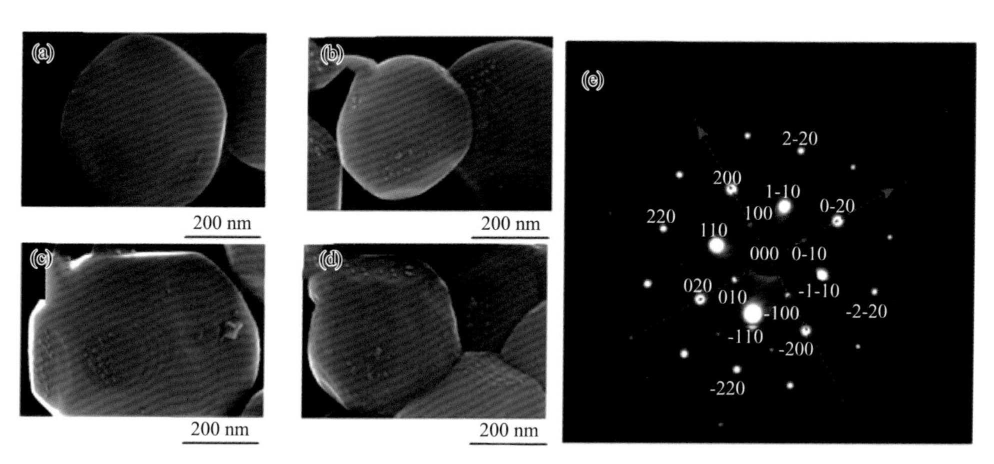

图 8-27　$SrTiO_3$:Al 颗粒无负载（a），负载 Rh(0.1 wt%)（b），负载 Rh(0.1 wt%)/Cr(0.05 wt%)（c）和负载 Rh(0.1 wt%)/Cr_2O_3(0.05 wt%)/CoOOH(0.05 wt%)（d）的图片；（e）$SrTiO_3$:Al 颗粒负载 Rh(0.1 wt%)/Cr_2O_3(0.05 wt%)/CoOOH(0.05 wt%)获得的选区电子衍射图[33]

图 8-28 为光合成的 Rh/Cr_2O_3 及 CoOOH 样品全解水过程中的波长依赖性及未经修饰的 $SrTiO_3$:Al 的紫外可见漫反射光谱。在 350 nm、360 nm 和 365 nm 处的

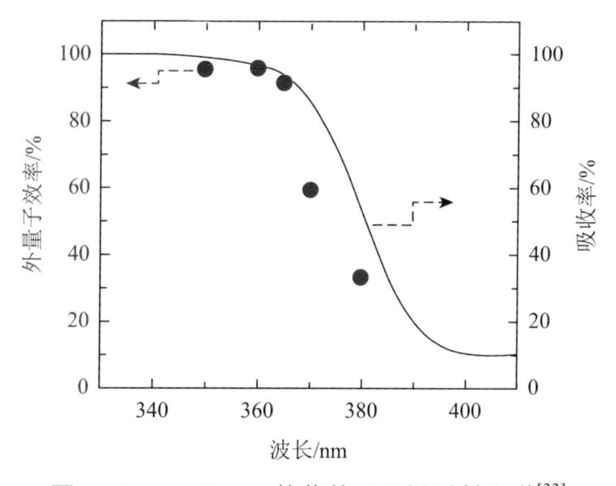

图 8-28　$SrTiO_3$:Al 的紫外可见漫反射光谱[33]

EQE 值分别为 95.7%、95.9%和 91.6%，为当时报道的最高值。370 nm 和 380 nm 处的 EQE 值分别降低至 59.7%和 33.6%。考虑到 EQE 超过 95%，而 IQE 是基于 EQE 获得的，因此在 350～360 nm 的波长区域内会得到接近 100%的量子效率。

将光沉积法与传统浸渍法分别进行产氢效率对比，性能如图 8-29 所示。左图为 $SrTiO_3$:Al 经过两步光沉积负载 Rh(0.1 wt%)/Cr_2O_3(0.05 wt%)；中间图为 $SrTiO_3$:Al 经过三步光沉积负载 Rh(0.1 wt%)/CoOOH(0.05 wt%)/Cr_2O_3(0.05 wt%)；右图为 $SrTiO_3$:Al 共浸渍氧化负载 Rh(0.1 wt%)/Cr(0.1 wt%)。采用光沉积法制备的样品，分解水的性能分别达到了传统浸渍法制备样品的 2 倍和 2.5 倍。

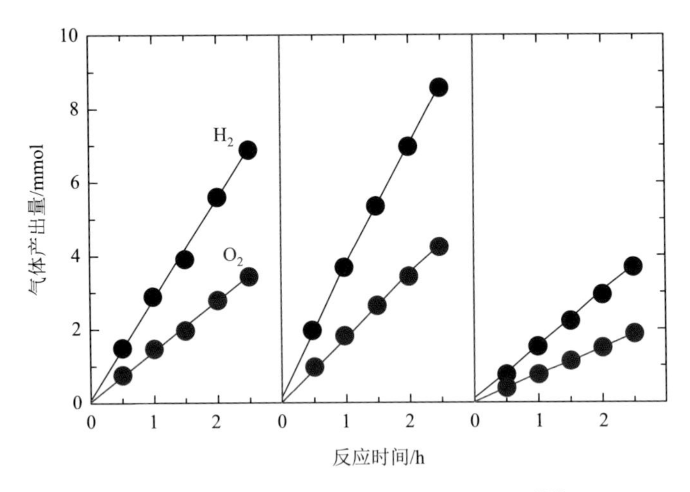

图 8-29 不同催化剂的光解水性能曲线[33]

自然光合作用通过 PSⅡ和 PSⅠ之间的电荷传递介质（细胞色素 b_6f 等）对光生电子的快速传递，建立了高效的电荷多步传递路径，实现了光生电荷的空间分离。而 PSⅡ或 PSⅠ内部存在的光生电荷的空间分离过程，进一步抑制光生电荷的复合，提升了光合作用的光能转化效率。受此启发，王文宣等利用具有电荷分离特性的 18-facet $SrTiO_3$ 半导体和贵金属 Au 分别模拟自然光合作用中的光系统及电荷传递介质，采用光生电子还原法，构建了具有优异可见光光催化性能的 18-facet $SrTiO_3$/Au@CdS 人工光合作用系统。如图 8-30 所示，在第一步光还原中，由于 18-facet $SrTiO_3$ 纳米晶体{001}晶面和{110}晶面的能带结构和带边缘位置的差异，其产生的光生电子和空穴分别倾向于转移和聚集在{001}晶面和{110}晶面。这种晶面诱导效应导致的电荷分离特性，使溶液中的 Au^{3+}被光生电子还原为模拟电荷传递介质的 Au 纳米粒子后，选择性沉积在 18-facet $SrTiO_3$ 纳米晶体的{001}晶面上。在第二步光还原中，Au 原子和 S_8 分子之间的较强亲和力，使得 S_8 分子更易吸附于选择性分布的 Au 纳米粒子表面，进而被其表面聚集的光生电子还原

为 S^{2-}。S^{2-}与溶液中 Cd^{2+}反应生成了包裹 Au 纳米粒子的 CdS 壳，得到具有多步传递路径的 18-facet $SrTiO_3$/Au@CdS 三元人工光合作用系统。

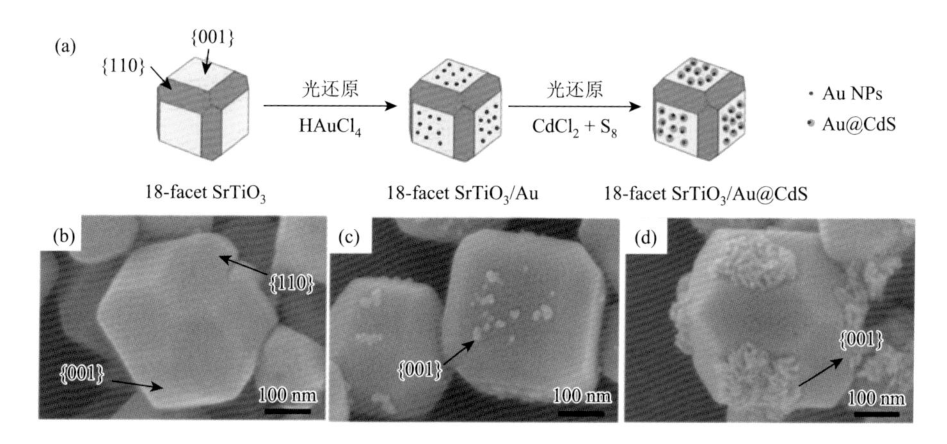

图 8-30　（a）18-facet $SrTiO_3$/Au@CdS 复合材料的合成过程示意图；18-facet $SrTiO_3$ 纳米晶体（b）、18-facet $SrTiO_3$/Au 复合材料（c）和 18-facet $SrTiO_3$/Au@CdS 复合材料（d）的形貌[34]

在可见光照射下，18-facet $SrTiO_3$ 纳米晶体固有的电荷分离特性和三种物质间高效的多步电荷传递路径的协同作用，显著抑制了光生电荷的复合，使 18-facet $SrTiO_3$/Au@CdS 人工光合作用系统具有优异的可见光光催化产氢性能［4.61 mmol/(h·g)］，显著高于未利用半导体电荷分离特性沉积 Au@CdS 纳米粒子的三元光合作用系统［18-facet $SrTiO_3$ 未沉积在特征面 0.69 mmol/(h·g)或常规 $SrTiO_3$ 未沉积在特征面 1.73 mmol/(h·g)］，以及 18-facet $SrTiO_3$/Au 或 18-facet $SrTiO_3$/CdS 二元光合作用系统［0.001 mmol/(h·g)或 0.12 mmol/(h·g)］。

8.4.2　光生空穴驱动的材料合成

与光生电子的利用相比，对于空穴的利用更类似于 PS Ⅱ的析氧过程。作为 PS Ⅱ的电子供体，水分子在锰簇复合体的作用下氧化产生 O_2。以半导体材料作为人工光合作用系统，通过加入比水分子更易氧化的电子供体，可以实现光生空穴引发的材料合成。

空穴引发的氧化物制备可以追溯到 1978 年，Inoue 及其合作团队[35]发展了一种光成像技术，其关键过程就是利用光生空穴氧化 Ti^+生成 Ti_2O_3。这种简单的合成技术也被陆续用来合成 PbO_2、Co 氧化物等金属氧化物。2012 年，Choi 及其合作者[36]利用光生空穴的氧化作用在 $BiVO_4$ 表面合成了密实的层状 FeOOH（图 8-31）。由于 $BiVO_4$ 的导带电子不能还原水分子，因此，该过程中为了避免光生电荷的复合，充分利用光生空穴，加了外置偏压，以快速地转移光生电子，从而使 FeOOH 不断地在 $BiVO_4$ 表面沉积。得到的 FeOOH/$BiVO_4$ 层状结构的光生电流与氧气的转化效率达到 96%。Zhang 等[37]提出了一种在 TiO_2 表面光沉积纳米多孔 NiOOH 的方法。该方法虽然也需要外置电路，但不需要外加偏压，电路仅用于转移 TiO_2 的光生电子，抑制光生电荷的复合，从而使光生空穴能够更有效地氧化 Ni^{2+}生成 NiOOH。而且，产物的孔尺寸可以通过调控十二烷基硫酸钠的浓度得到控制。

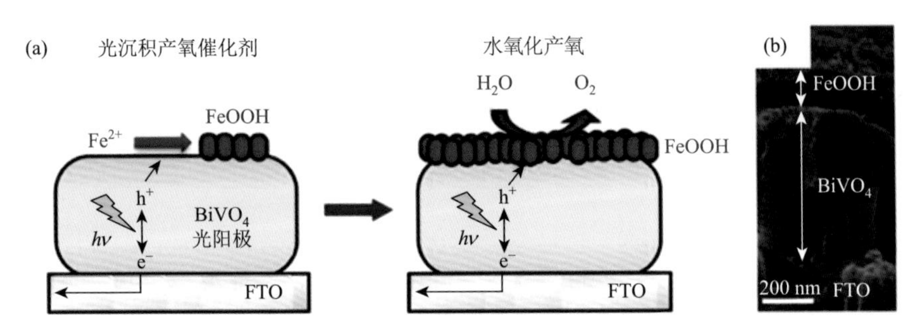

图 8-31 （a）光生空穴引发的 FeOOH 的合成及其在水氧化中的应用；（b）FeOOH/$BiVO_4$ 的断面扫描电镜图[36]

钴磷酸盐（Co-Pi）材料作为一种新型的高效水氧化催化剂（OEC），在 2008 年通过原位电沉积的方法首次获得[38]。2009 年，Steinmiller 和 Choi[39]发展了一种新的光化学方法来合成 Co-Pi（图 8-32）。该研究中，ZnO 被用作光阳极材料，在紫外光照射下，其光生空穴能够将 Co^{2+}氧化为 Co^{3+}，由于 Co^{3+}的溶解度低，便在 ZnO 的表面生成了 Co-Pi。该过程的进行必须满足光阳极材料的价带位置比 Co^{2+}的标准氧化电位更正。Co-Pi 纳米粒子均匀地锚定在 ZnO 表面而非 FTO 表面，这在电化学沉积法中是很难做到的。由于光沉积和水氧化都是由光生空穴引发的反应，因此 Co-Pi 会沉积到具有更多空穴的区域，来提高催化效率。

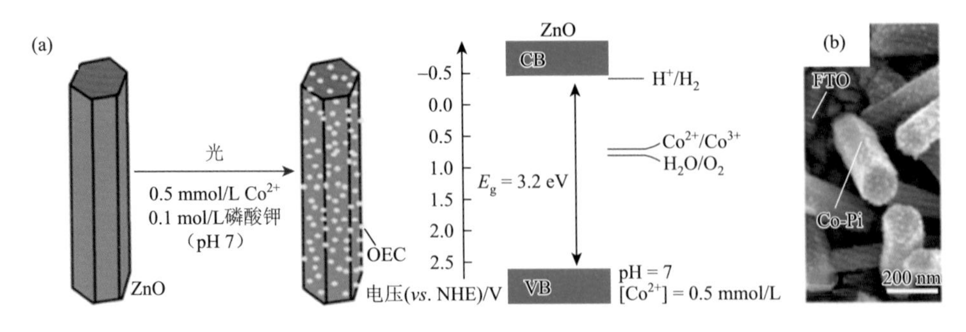

图 8-32 （a）光生空穴引发的 Co-Pi 的沉积及相关能级图；（b）Co-Pi/ZnO 的 SEM 图[39]

2011 年，Choi 和 McDonald[40]研究了开路和短路条件对 Co-Pi 的生长和成分的影响。结果表明，在短路条件下，氧化和还原位点分别在光阳极和阴极上，有效地增加了 Co-Pi 催化剂的成核密度，使其能更好地覆盖 α-Fe_2O_3。开路条件导致 Co-Pi 中更高的 Co^{2+}/Co^{3+}比，这是因为氧化和还原反应同时在 α-Fe_2O_3 表面发生。从反应热力学的角度来看，只要半导体的价带位置比 Co^{2+}/Co^{3+}的标准氧化电位更正，就可以通过光生空穴氧化法获得 Co-Pi。Co-Pi 与半导体的结合对于半导体材料的光催化、电催化、光电催化等性能有着积极的影响。

2019 年，解晶晶等[41]改变了 $K_4Nb_6O_{17}$ 在传统产氢实验中的液体环境，发现 CO_3^{2-} 在其中扮演重要角色。如图 8-33 所示，CO_3^{2-} 能够快速地捕获 $K_4Nb_6O_{17}$ 光催化剂的光生空穴生成 $CO_3^{\cdot-}$，$CO_3^{\cdot-}$ 能进一步将空穴传递给甲醇，使 CO_3^{2-} 再生。通过样品产氢性能测试发现，在 CO_3^{2-} 的液体环境中，产氢性能明显提升，并且循环性能不受影响［图 8-34（a）和（b）］。通过光电流测试发现，CO_3^{2-} 提升了光电流的密度，意味着光生电荷分离效率的提高［图 8-34（c）］。

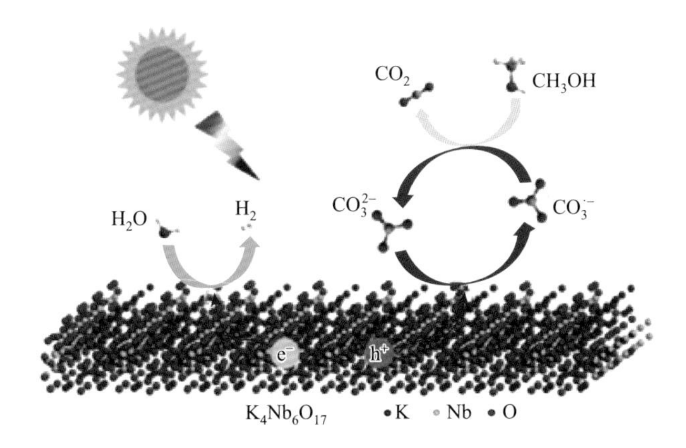

图 8-33　光生空穴参与系统运作的示意图[41]

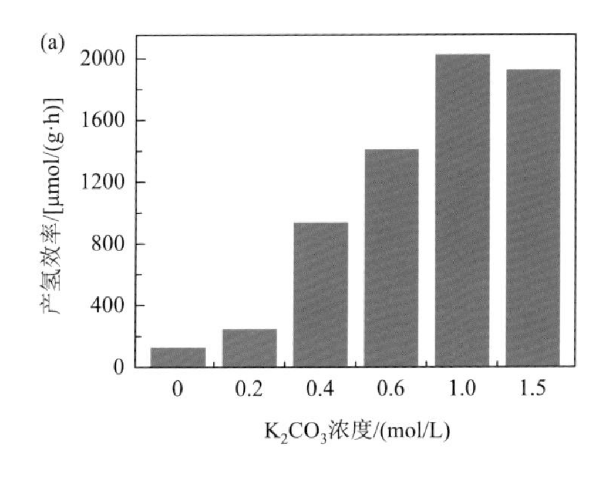

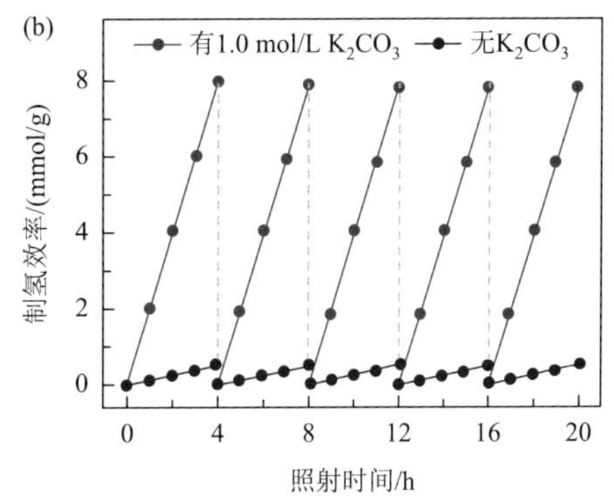

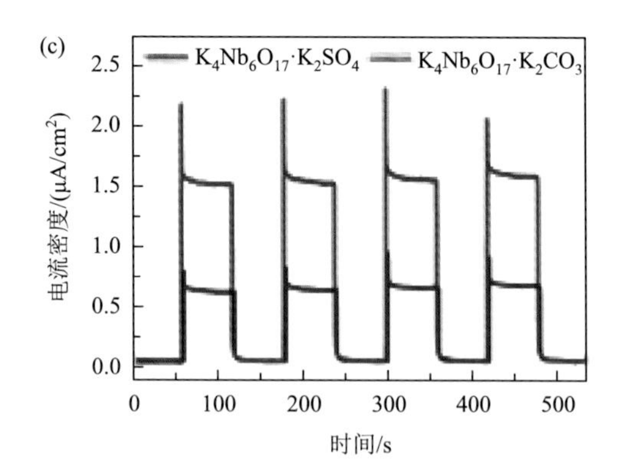

图 8-34 (a) 不同 K_2CO_3 浓度下的产氢效率；(b) 有 CO_3^{2-} 和无 CO_3^{2-} 样品的产氢循环性能对比；(c) 有无 CO_3^{2-} 条件下的光生电流密度[41]

对样品进行光致发光（PL）光谱测试发现［图 8-35（a）］，与在水中相比，CO_3^{2-} 的加入导致 PL 光谱强度明显降低，表明 CO_3^{2-} 引起了荧光猝灭，这通常说明光生电子和空穴得到了更有效的分离。也就是说，CO_3^{2-} 的加入抑制了光生电荷的复合。研究者还通过测试荧光寿命光谱得到了 CO_3^{2-} 对光催化剂荧光寿命的影响。图 8-35（b）表明在加入 CO_3^{2-} 后，荧光寿命显著增长。通过原位电子顺磁共振（EPR）波谱测试研究了 CO_3^{2-} 在光催化剂光生电荷分离过程中的角色［图 8-35（c）和（d）］。测试结果证明，在光照条件下 CO_3^{2-} 转变为 $CO_3^{\cdot-}$。基于 EPR 测试结果可知，CO_3^{2-} 也能够捕获光生空穴，于是还尝试了只加 K_2CO_3 而不加甲醇情况下 $K_4Nb_6O_{17}$ 光解水产氢性能。结果表明，在该条件下并没有 H_2 产生。也就是说，CO_3^{2-} 在光催化反应过程中可能仅仅起到了空穴运输工具的作用，其本身并不是有效的牺牲剂，是 CO_3^{2-} 与甲醇的协同作用使得 $K_4Nb_6O_{17}$ 光解水产氢性能大大改善。

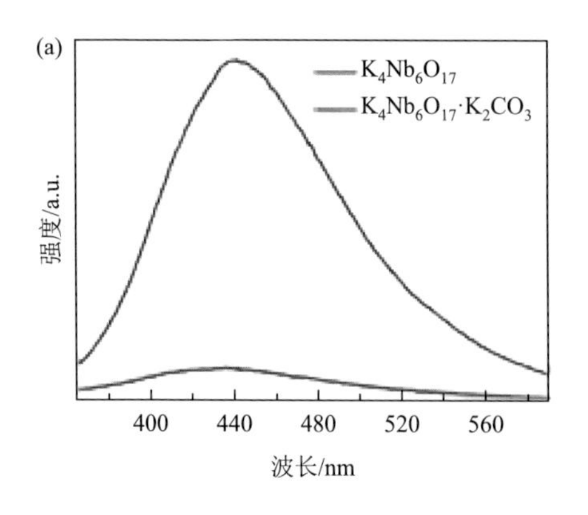

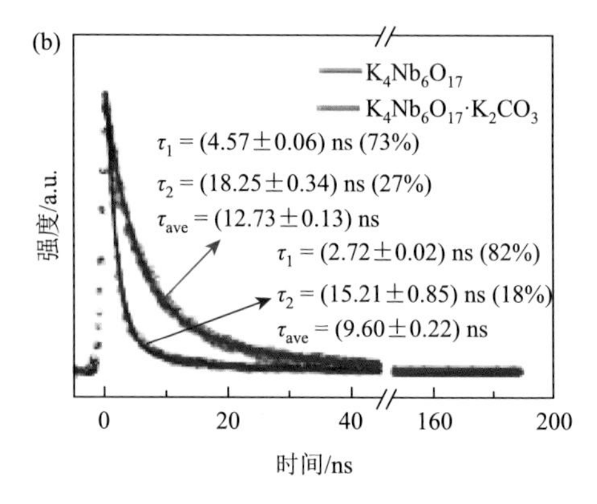

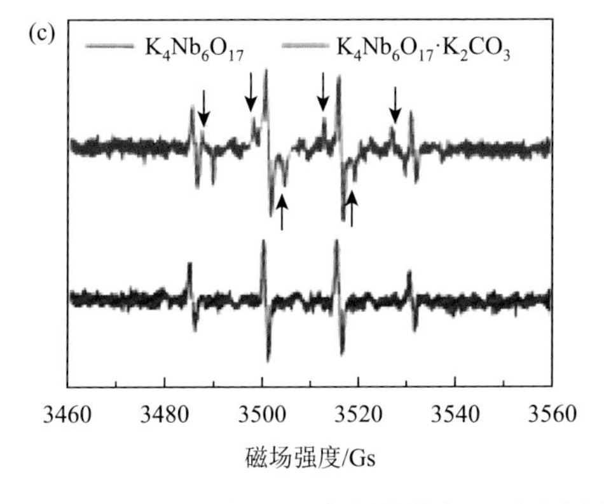

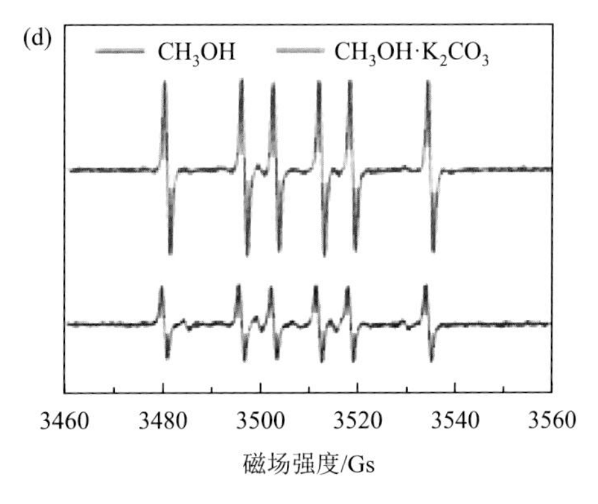

图 8-35　（a）有无 CO_3^{2-} 的催化剂 PL 测试图；（b）有无 CO_3^{2-} 的催化剂荧光寿命测试图；（c）$K_4Nb_6O_{17}$ 纳米片在水中或 1.0 mol/L K_2CO_3 溶液中的 EPR 波谱，1 Gs = 10^{-4} T；（d）$K_4Nb_6O_{17}$ 纳米片在含有 20 vol%甲醇的水中或 1.0 mol/L K_2CO_3 溶液中的 EPR 波谱[41]

在该过程中，CO_3^{2-} 仅仅充当着光生空穴运输工具的角色，本身并没有消耗，而且在其辅助下，光生空穴的传递速度大大提高，因而使光生电荷分离加快，这样更多的光生电子被用于水的还原，因此，析氢速率得到了显著提高。并且，这种仿生策略不仅仅适用于光解水析氢，对致力于研究光催化二氧化碳还原、氮固定以及光生电子介导有机物转化的科研工作者也有较大的启发作用。将离子作为载流子引入人工光合作用系统中，辅助光生电荷的传输避免能量不必要消耗，很好地学习了自然光合作用中载流子快速传递光生电荷的原理。2022 年，杨金龙团队[42]研究了典型光催化材料 C_2N 对水的活化作用。发现水分子吸附在 C_2N 上，水中的 O 原子与 C_2N 中的 6 个 N 原子之间的静电斥力，使得水分子的最高已占分子轨道的能级显著提高，超过 C_2N 的价带最大值，使得 C_2N 中的光生空穴能够被水分子快速捕获。捕获的光生空穴活化了水，并将解离能量从 1.61 eV 降低到 0.69 eV。

8.4.3　光生电子与空穴驱动的材料合成

除了由电子或空穴单独引发的反应来合成材料以外，一些氧化物的合成过程是在光生电子和空穴的共同参与下完成的。

2015 年，Domen 团队[43]报道了由金属过氧化物［$M(O_2)_m$，M = Si，Ti］为前驱体在半导体表面合成金属氢氧化物的工作［图 8-36（a）］。由于 O^{-1} 很容易被光生电子还原或被光生空穴氧化从而形成 O^{-11} 或 O^0，因此，MOXH 便在半导体表面生成，得到了核壳结构，如图 8-36（b）所示。所生成的无定形 MOXH 具有类分子筛的功能，显示出选择透过性。在水分解过程中，水分子和产生的 H_2 能够透过，随着 O_2 产生量的增多，局部氧分压增大从而驱动 O_2 分子的释放，而 O_2 不能从相反的方向透过。因此，这种无定形 MOXH 抑制了逆反应的发生，从而提高了水分解的效率。他们还利用同样的方法合成了 Nb 和 Ta 的氢氧化物，其在水分解过程中也能发挥类似无定形 MOXH 的功能。

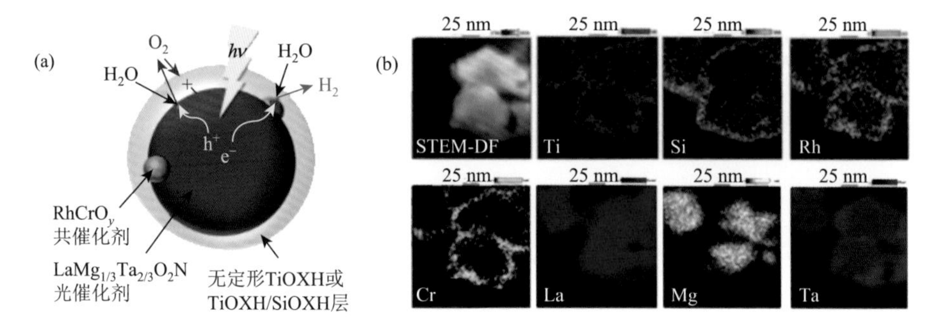

图 8-36 （a）光生电子和空穴共同引发的 MOXH 的合成示意图；（b）MOXH-$RhCrO_y$/$LaMg_{1/3}Ta_{2/3}O_2N$ 的扫描透射电镜（STEM）图和元素面分布图[43]

2019 年，Tan 等[44]利用光生空穴氧化法合成氧化助催化剂，并加入合适离子作为载流子运输工具。如图 8-37 所示，通过氧化助催化剂和载流子运输工具模拟自然光合作用中多种载流子传递中间体的协同作用，加速载流子的分离和高效利用，提高人工光合作用效率。

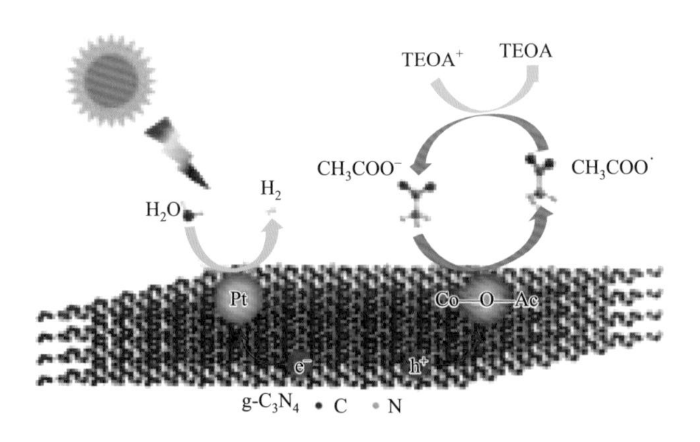

图 8-37 光生电荷参与材料整体运作的示意图[44]

如图 8-38 所示，g-C_3N_4 的光生空穴成功在其表面合成了 Co—O—Ac 助催化剂。在该过程中，光激发 g-C_3N_4 产生的光生空穴作为驱动力能够将溶液中的 Co^{2+} 氧化为 Co^{3+}，由于 Co^{3+}在水中溶解度很低，因此在 g-C_3N_4 表面生成了沉淀。g-C_3N_4

光催化剂的价带和导带位置分别为 2.38 eV 和–0.51 eV。鉴于 Co^{3+}/Co^{2+}的标准氧化还原电位为 1.13 eV，因此从反应的热力学角度来看，g-C_3N_4 的光生空穴能够将 Co^{2+}氧化为 Co^{3+}。

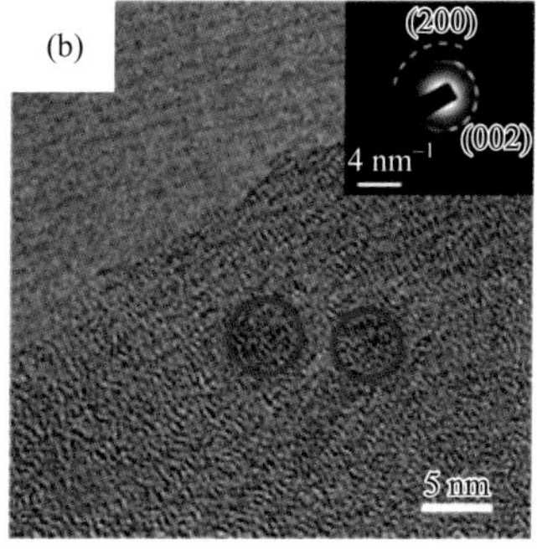

图 8-38 （a）g-C_3N_4/Co—O—$Ac_{0.5}$ 的 TEM 图；（b）g-C_3N_4/Co-O-$Ac_{0.5}$ 的 HRTEM 图，圆圈指示的是 Co—O—Ac 颗粒，插图是对应的 SAED 图[44]

在该过程中，Co—O—Ac 和 CH_3COO^-对光生空穴的协同传递促进了光生电荷的分离，这样有更多的光生电子用于水的还原反应中。图 8-39（a）和（b）表明，引入乙酸钠后光解水制氢性能得到了明显提升。在光照条件下，g-C_3N_4 产生电荷分离，光生电子会迅速地传递给 Pt，并在 Pt 活性位点上将水分子还原为 H_2。图 8-39（c）和（d）表明，光生空穴会首先传递给氧化助催化剂 Co—O—Ac，之后会迅速被溶液中的 CH_3COO^-捕捉并生成 $CH_3COO^•$。由于 $CH_3COO^•$具有很高的反应活性，会与溶液中的 TEOA 发生反应，并使得 CH_3COO^-再生，这完成了光生空穴从光催化剂 g-C_3N_4 到牺牲剂 TEOA 的传递。

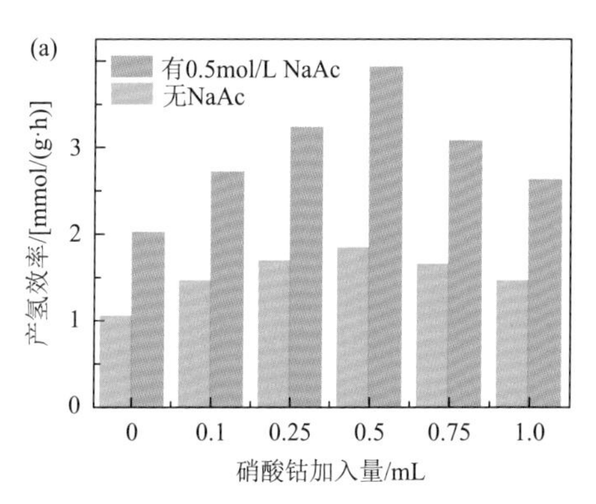

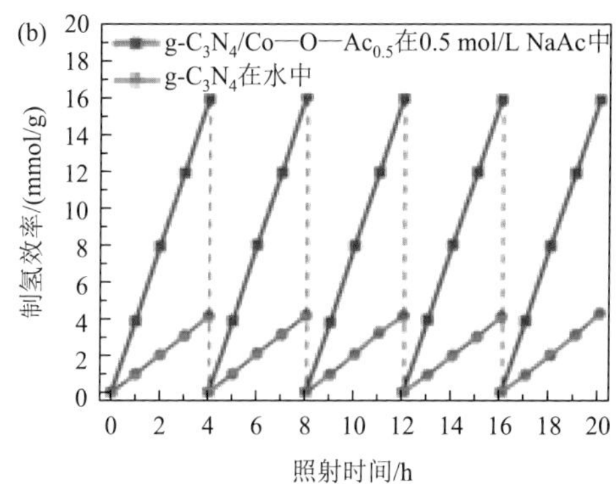

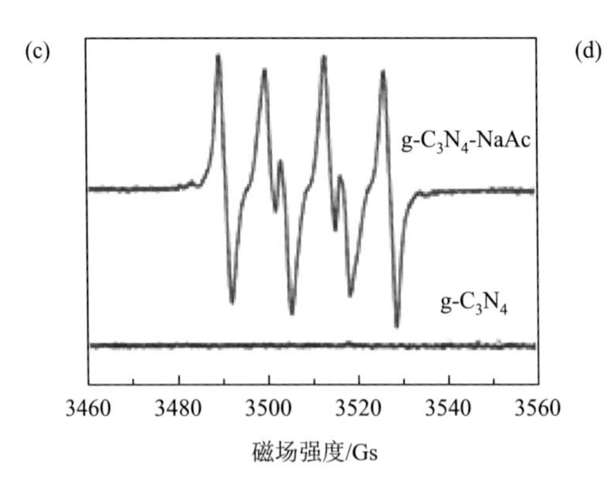

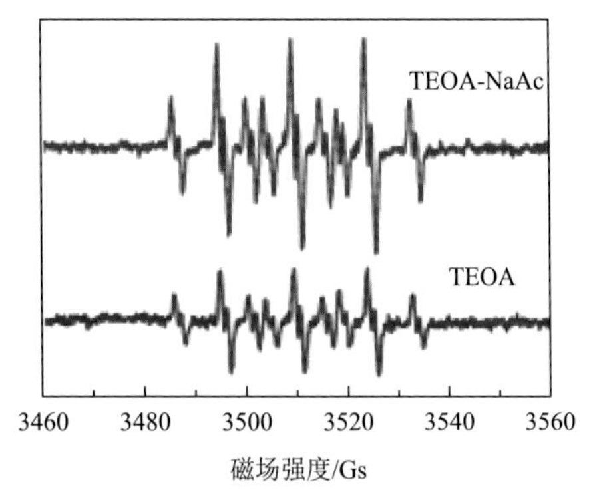

图 8-39 (a)普通样品与负载之后样品的产氢性能对比;(b)普通样品与负载之后样品循环性能对比;(c)对 g-C_3N_4 和 g-C_3N_4-NaAc 进行 EPR 测试;(d)在 TEOA 环境中对 g-C_3N_4 和 g-C_3N_4-NaAc 进行 EPR 测试[44]

整个系统进行工作时,首先是利用光生空穴进行材料的制备,在表面负载 Co—O—Ac;之后在进行产氢时,激发产生的光生电子经过快速传递在表面发生还原反应,而空穴被 CH_3COO^-捕获形成了 $CH_3COO^{\bullet}$。整个系统利用了光生电子和空穴共同来进行驱动,获得了很好的效果。

8.4.4 生物矿化与光合作用相结合的材料制备

生物矿化与光合作用相结合的合成与制备是一个全新的想法。傅正义团队提出了利用光能辅助加快生物矿化过程,克服材料形成所需活化能,实现对结构的精细控制,从而提升材料的性能,发展全新、高效的无机材料室温制备的有效策略。明确了光生电子与空穴辅助下的矿化动力学过程是建立光合作用与生物矿化耦合效应下材料制备平台的关键。汤骏骁等成功设计了有利于捕获晶体形貌的人工光合矿化系统,研究了光生电子与空穴辅助下的 $CaCO_3$ 矿化动力学过程,揭示了光生电子及空穴对 $CaCO_3$ 结晶过程及微观形貌的调控规律[45]。研究发现,染料罗丹明 B 和空穴捕捉剂甲醇的加入提高了矿化体系中的电子利用效率,而且光生电子与空穴作用下的 $CaCO_3$ 结晶过程与传统合成方法不同,得到了纯相层状六边形 $CaCO_3$。

自然界中,生命系统通过生物矿化合成的众多生物矿物(如珍珠层、海胆刺、有孔虫和珊瑚)都具有典型的有序介观晶体结构,使它们在电学、光学、磁学和机械等领域表现出卓越的特性。例如,由碳酸钙纳米晶体组装的珊瑚有序介观晶体骨架促进了光的散射,优化了与珊瑚共生的藻类对光能的捕获[46, 47]。介观晶体复杂而有序的结构是由纳米晶体在非经典结晶过程中定向排列组装而成。这种自组装形成的有序结构导致介观晶体具有高能反应面暴露,存在多孔结构和高比表面积等优点,能够在光能转化过程中提供更多的反应活性位点[48]。同时,与多晶结构相比，介观晶体的高结晶度更能抑制材料内部的电荷复合。显然，介观晶体的光化学反应特性具有独特的结构依赖性。受此启发，王文宣等提出了一种基于生物矿化与自然光合作用耦合的高效人工光合作用系统构建策略，即学习生物矿物的典型介观晶体结构特征与光合作用的高效多步电荷传递路径，利用具有高度有序介观晶体结构的半导体模拟光系统，并选择合适的材料体系作为电子传递中间体，构建仿生高效人工光合作用系统。

该团队采用有序组装的 TiO_2 介观晶体（Meso-TiO_2），通过光还原法，构建了 Meso-TiO_2/Au/CdS 高效人工光合作用系统[49]。模拟光系统 I 的 TiO_2 介观晶体是通过简单的退火法制备的，其流程如图 8-40（a）所示。用含有一定比例的 TiF_4、NH_4NO_3 和 NH_4F 的水溶液作为前驱体，滴加到光滑的石英片表面形成薄层，通过退火将前驱体逐渐转化为 Meso-TiO_2，其具有由 TiO_2 纳米晶体螺旋组装而成的板状结构［图 8-40（b）～（d）］。采用透射电镜对样品进行了更详细的检测。如图 8-40（e）和（f）所示，在板状 Meso-TiO_2 中存在着晶界清晰的多个 TiO_2 纳米晶体，它们通过定向聚集形成了 Meso-TiO_2 的有序结构。图 8-40（f）中红色框内区域包含了多个 TiO_2 纳米晶体，颗粒连接处的高分辨透射电镜图显示，不同纳米晶体的晶格条

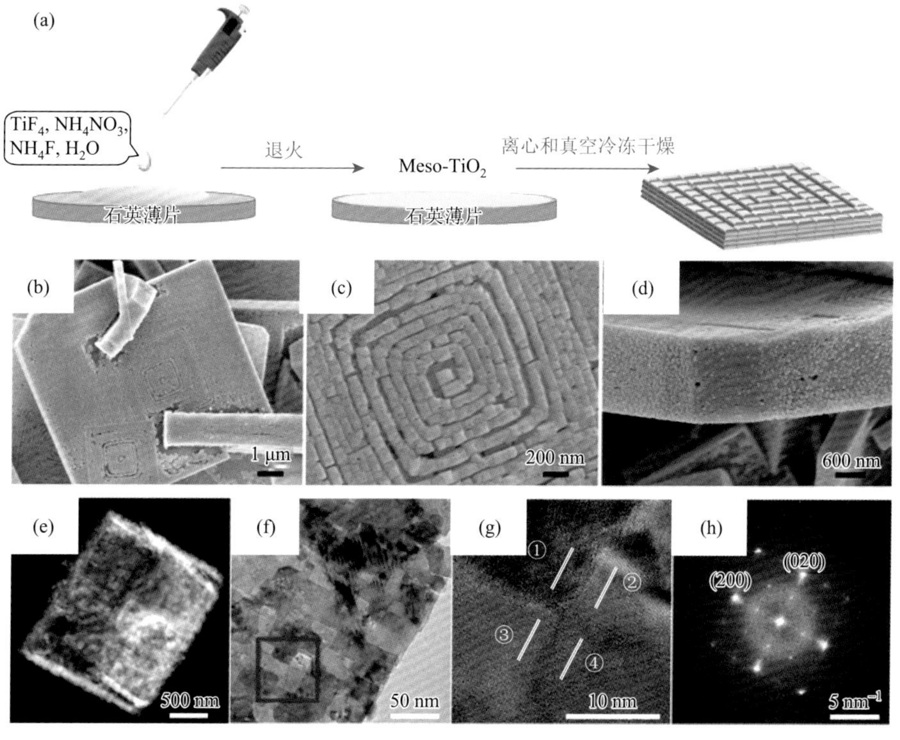

图 8-40　Meso-TiO_2 的合成过程示意图（a），扫描电镜图［（b）～（d）］，透射电镜图［（e）和（f）］，高分辨透射电镜图（g）和选区电子衍射花样图（h）[49]

纹具有相同的取向［图 8-40（g）］。Meso-TiO_2 的选区电子衍射花样图展现出典型的单晶衍射特征，其衍射花样对应于沿[001]晶带轴方向的四方锐钛矿结构［图 8-40(h)］，证实了所得产物 TiO_2 具有介观晶体特性，且主要暴露晶面为{001}。随后，采用两步光生电子驱动的还原反应，在 Meso-TiO_2 表面沉积了 Au 和 CdS 纳米粒子，得到了 Meso-TiO_2/Au/CdS 人工光合作用系统(图 8-41)。由于 Meso-TiO_2 内部各向异性电子流的存在，Au/CdS 复合物会优先沉积在具有光还原性的 Meso-TiO_2 侧面。

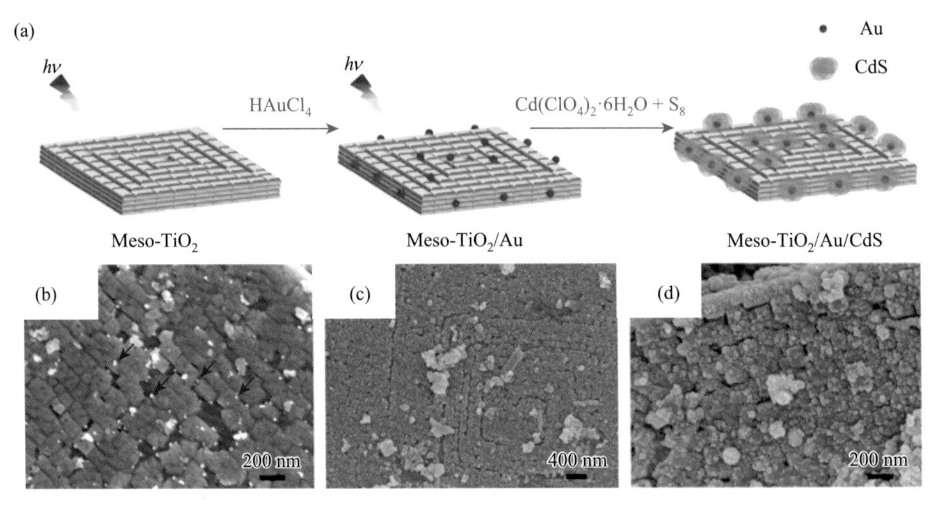

图 8-41 （a）Meso-TiO_2/Au/CdS 复合材料合成过程的示意图；Meso-TiO_2/Au（b）和 Meso-TiO_2/Au/CdS 复合材料［（c）和（d）］的扫描电镜图[49]

图 8-42 为 Meso-TiO_2/Au/CdS 人工光合作用系统与对比样品的可见光光催化产氢性能图。如图所示，与二元人工光合作用系统相比，Meso-TiO_2/Au/CdS 在乳酸溶液中展现出最高的光催化活性［4.60 mmol/(h·g)］。这说明通过负载 Au/CdS 纳米粒子构建三元人工光合作用系统可以得到最有效的电荷传递路径，以抑制电荷复合，促进光催化反应的发生。在此路径中，Au 纳米粒子主要模拟电荷传递介质，用于捕获光生电子，加快电荷分离，而模拟光系统Ⅱ的 CdS 则为可见光下氧化还原反应的发生提供更多光生电子-空穴对。

另一方面，与纯 Meso-TiO_2［小于 0.01 mmol/(h·g)］和基于无序 TiO_2 纳米聚集体而构建的三元系统［不具备介观晶体的 P25/Au/CdS1.41 mmol/(h·g)或纳米 TiO_2/Au/CdS2.53 mmol/(h·g)］相比，Meso-TiO_2/Au/CdS 三元人工光合作用系统具有明显提升的光催化活性，说明有序介观晶体结构也是提高三元人工光合作用系统产氢性能的关键因素。从 Au 和 CdS 的优先沉积位置（图 8-40），可判断 Meso-TiO_2 产生的光生电子倾向于聚集在螺旋组装的网络边缘，说明了 Meso-TiO_2 的

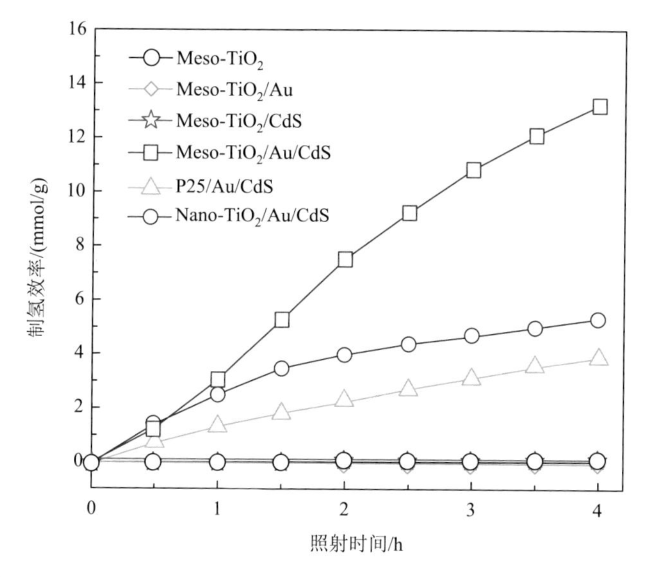

图 8-42　可见光照射下 Meso-TiO_2/Au/CdS 及不同样品的产氢速率[49]

介观晶体结构中存在从中心到边缘的各向异性电子迁移过程。这种独特的电荷迁移路径暗示了 Meso-TiO_2 及 TiO_2 纳米晶体的侧向晶面固有的光还原特性，而通过在半导体光还原晶面上负载其他光敏剂可以促进它们之间的光生电荷分离。因此，在此三元系统中，Meso-TiO_2 的有序介观晶体结构和三元高效多步电荷转移路径的协同效应延缓了光生电荷的复合过程，延长了光生电荷的分离态寿命，从而提高了光能转化效率。

参 考 文 献

[1]　崔晓芳. 生物化学. 昆明：云南科技出版社，2013.

[2]　中国科学院中国植物志编辑委员会. 中国植物志. 北京：科学出版社，2004.

[3]　潘瑞炽. 植物生理学. 6 版. 北京：高等教育出版社，2008.

[4]　泰兹，奇格尔. 植物生理学. 宋纯鹏，王学路，周云，等译. 北京：科学出版社，2015.

[5]　Tachibana Y，Vayssieres L，Durrant J R. Artificial photosynthesis for solar water-splitting. Nature Photonics，2012，6（8）：511-518.

[6]　Gorka M，Perez A，Baker C S，et al. Electron transfer from the A1A and A1B sites to a tethered Pt nanoparticle requires the FeS clusters for suppression of the recombination channel. Journal of Photochemistry and Photobiology B：Biology，2015，152：325-334.

[7]　Kato M，Zhang J Z，Paul N，et al. Protein film photoelectrochemistry of the water oxidation enzyme photosystem Ⅱ. Chemical Society Reviews，2014，43（18）：6485-6497.

[8]　杨娟. 简述“卡尔文循环”——关于光合作用暗反应阶段中碳原子的转移途径. 生物学杂志，2008，25（4）：80.

[9]　Hatch M D，Slack C R. C_4 Photosynthesis：A Historical Overview. Sabn Diego：Academic Press，1999.

[10] 李旭. 光合细菌（*Rhodobacter sphaeroides*）生物制氢及其光生物反应器研究. 上海：华东理工大学，2011.
[11] Fujishima A，Honda K. Electrochemical photolysis of water at a semiconductor electrode. Nature，1972，238（5358）：37-38.
[12] Gholipour M R，Dinh C T，Béland F，et al. Nanocomposite heterojunctions as sunlight-driven photocatalysts for hydrogen production from water splitting. Nanoscale，2015，7（18）：8187-8208.
[13] Chen X，Shen S，Guo L，et al. Semiconductor-based photocatalytic hydrogen generation. Chemical Reviews，2010，110（11）：6503-6570.
[14] Low J，Jiang C，Cheng B，et al. A review of direct Z-scheme photocatalysts. Small Methods，2017，1（5）：1700080.
[15] Wang W，Chen J，Li C，et al. Achieving solar overall water splitting with hybrid photosystems of photosystem Ⅱ and artificial photocatalysts. Nature Communications，2014，5：4647.
[16] Kim Y，Shin D，Chang W J，et al. Hybrid Z-scheme using photosystem Ⅰ and $BiVO_4$ for hydrogen production. Advanced Functional Materials，2015，25（16）：2369-2377.
[17] Xuan M，Li J. Photosystem Ⅱ-based biomimetic assembly for enhanced photosynthesis. National Science Review，2021，8（8）：nwab051.
[18] Xu Y，Fei J，Li G，et al. Optically matched semiconductor quantum dots improve photophosphorylation performed by chloroplasts. Angewandte Chemie International Edition，2018，57（22）：6532-6535.
[19] Zhou X，Zeng Y，Tang Y，et al. Artificial regulation of state transition for augmenting plant photosynthesis using synthetic light-harvesting polymer materials. Science Advances，2020，6（35）：eabc5237.
[20] Lu Y，Liu X L，He L，et al. Spatial heterojunction in nanostructured TiO_2 and its cascade effect for efficient photocatalysis. Nano Letters，2020，20（5）：3122-3129.
[21] Xu Q，Zhang L，Cheng B，et al. S-scheme heterojunction photocatalyst. Chem，2020，6（7）：1543-1559.
[22] Low J，Yu J，Jaroniec M，et al. Heterojunction photocatalysts. Advanced Materials，2017，29（20）：1601694.
[23] Yu J，Wang S，Low J，et al. Enhanced photocatalytic performance of direct Z-scheme g-C_3N_4-TiO_2 photocatalysts for the decomposition of formaldehyde in air. Physical Chemistry Chemical Physics，2013，15（39）：16883-16890.
[24] Wang Q，Hisatomi T，Ma S S K，et al. Core/shell structured La- and Rh-codoped $SrTiO_3$ as a hydrogen evolution photocatalyst in Z-scheme overall water splitting under visible light irradiation. Chemistry of Materials，2014，26（14）：4144-4150.
[25] Moss B，Wang Q，Butler K T，et al. Linking *in situ* charge accumulation to electronic structure in doped $SrTiO_3$ reveals design principles for hydrogen-evolving photocatalysts. Nature Materials，2021，20（4）：511-517.
[26] Williams G，Seger B，Kamat P V. TiO_2-graphene nanocomposites. UV-assisted photocatalytic reduction of graphene oxide. ACS Nano，2008，2（7）：1487-1491.
[27] Dong Y，Kong L，Jiang P，et al. A general strategy to fabricate Ni_xP as highly efficient cocatalyst *via* photoreduction deposition for hydrogen evolution. ACS Sustainable Chemistry & Engineering，2017，5（8）：6845-6853.
[28] Dong Y，Kong L，Wang G，et al. Photochemical synthesis of Co_xP as cocatalyst for boosting photocatalytic H_2 production *via* spatial charge separation. Applied Catalysis B：Environmental，2017，211：245-251.
[29] Maeda K，Teramura K，Lu D，et al. Noble-metal/Cr_2O_3 core/shell nanoparticles as a cocatalyst for photocatalytic overall water splitting. Angewandte Chemie International Edition，2006，45（46）：7806-7809.
[30] Zhai Q，Xie S，Fan W，et al. Photocatalytic conversion of carbon dioxide with water into methane：Platinum and copper（Ⅰ）oxide co-catalysts with a core-shell structure. Angewandte Chemie International Edition，2013，52（22）：5776-5779.

[31] Tada H，Mitsui T，Kiyonaga T，et al. All-solid-state Z-scheme in CdS-Au-TiO_2 three-component nanojunction system. Nature Materials，2006，5（10）：782-786.

[32] Tan T N，Xie H，Xie J J，et al. Photo-assisted synthesis of Au@PtAu core-shell nanoparticles with controllable surface composition for methanol electro-oxidation. Journal of Materials Chemistry A，2016，4（48）：18983-18989.

[33] Takata T，Jiang J，Sakata Y，et al. Photocatalytic water splitting with a quantum efficiency of almost unity. Nature，2020，581（7809）：411-414.

[34] Wang W X，Chi W H，Zou Z Y，et al. Bio-inspired high-efficiency photosystem by synergistic effects of core-shell structured Au@CdS nanoparticles and their engineered location on {001} facets of $SrTiO_3$ nanocrystals. Journal of Materials Science & Technology，2023，136：159-168.

[35] Inoue T，Fujishima A，Honda K. Photoelectrochemical imaging processes using semiconductor electrodes. Chemistry Letters，1978，7（11）：1197-1200.

[36] Seabold J A，Choi K S. Efficient and stable photo-oxidation of water by a bismuth vanadate photoanode coupled with an iron oxyhydroxide oxygen evolution catalyst. Journal of the American Chemical Society，2012，134（4）：2186-2192.

[37] Zhang L Y，Zhong Y，He Z S，et al. Surfactant-assisted photochemical deposition of three-dimensional nanoporous nickel oxyhydroxide films and their energy storage and conversion properties. Journal of Materials Chemistry A，2013，1：4277-4285.

[38] Kanan M W，Nocera D G. *In situ* formation of an oxygen-evolving catalyst in neutral water containing phosphate and Co^{2+}. Science，2008，321（5892）：1072-1075.

[39] Steinmiller E M，Choi K S. Photochemical deposition of cobalt-based oxygen evolving catalyst on a semiconductor photoanode for solar oxygen production. Proceedings of the National Academy of Sciences of the United States of America，2009，106（49）：20633-20636.

[40] McDonald K J，Choi K S. Photodeposition of co-based oxygen evolution catalysts on α-Fe_2O_3 photoanodes. Chemistry of Materials，2011，23（7）：1686-1693.

[41] Tan T N，Xie J J，Wang W X，et al. A bio-inspired strategy for enhanced hydrogen evolution：Carbonate ions as hole vehicles to promote carrier separation. Nanoscale，2019，11（24）：11451-11456.

[42] Gao P，Zhang L，Fu C，et al. Promoting water activation by photogenerated holes in monolayer C_2N. Journal of Physical Chemistry Letters，2022，13（15）：3332-3337.

[43] Pan C，Takata T，Nakabayashi M，et al. A complex perovskite-type oxynitride：The first photocatalyst for water splitting operable at up to 600 nm. Angewandte Chemie International Edition，2015，54（10）：2955-2959.

[44] Tan T，Wang W，Ma P，et al. Photosynthesis-inspired acceleration of carrier separation：Co—O—Ac and CH_3COO^- ions synergistically enhanced photocatalytic hydrogen evolution of graphitic carbon nitride. ACS Sustainable Chemistry & Engineering，2019，7（14）：12574-12581.

[45] 傅正义，汤骏骁，解晶晶，等. 一种光驱动下的层状结构碳酸钙的制备方法：ZL201910317185.1. 2020-03-24.

[46] Enriquez S，Mendez E R，Hoegh-Guldberg O，et al. Key functional role of the optical properties of coral skeletons in coral ecology and evolution. Proceedings of the Royal Society B：Biological Sciences，2017，284（1853）：20161667.

[47] Marcelino L A，Westneat M W，Stoyneva V，et al. Modulation of light-enhancement to symbiotic algae by light-scattering in corals and evolutionary trends in bleaching. Public Library of Science One，2013，8（4）：e61492.

[48] Imai H. Mesostructured crystals：Growth processes and features. Progress in Crystal Growth and Characterization of Materials，2016，62（2）：212-226.

[49] Wang W X，Zhang Y W，Xie J J，et al. Bioinspired strategy for efficient TiO_2/Au/CdS photocatalysts based on mesocrystal superstructures in biominerals and charge-transfer pathway in natural photosynthesis. ACS Applied Materials & Interfaces，2023，15（2）：2996-3005.

第9章 基于其他天然生物系统平台的材料合成和制备

9.1 其他天然生物系统平台的启示

纳米材料具有优异的特性和特殊的功能，科学家对纳米技术研究的兴趣处于前所未有的高度。然而，它们的合成和制备往往需要复杂的方法、精密的设备甚至极端的条件（如高压、高温、危险的介质等）。如本书前八章所述，包括生物矿化和光合作用在内的自然生物过程，都启发化学家和材料科学家开发了在环境温度下新的材料制备技术。由此可见，生物系统平台可以在较温和的条件下提供一种可持续的、生物兼容的和环境友好的替代方案，也给纳米材料的合成和制备提供了理想的模板与平台，因为天然生物的复杂性和巧妙性主要体现在纳米尺度上。自然界除了本书前几章所描述的生物矿化和光合作用合成之外，还有其他一些有效的生物过程，如细胞吸收、解毒、吐丝等生理过程。在过去的几十年里，这些自然生物过程或生物平台的优势，被应用在先进材料的设计和合成方面，如图 9-1 所示，包括简单的纳米粒子（如 Ag 粒子量子点等）的生物平台合成，以及天然蚕丝和碳纳米管、石墨烯等纳米材料结合的生物原位合成。本章还从材料改性的角度讨论了通过天然生物系统平台合成和制备这些材料之后材料所获得的特殊性能，使读者能够更好地理解生物系统平台在材料合成和制备中所涉及的过程及其优势。生物纳米合成的潜力也使纳米材料的原位处理取得了前所未有的成果。因此，本章总结归纳了当前由天然生物系统（从单细胞到高等生物）作为平台的纳米材料合成与制备的相关研究工作，以扩展这方面的知识，未来可望发展能通过各种天然生物系统平台来合成结构和性能均可控的纳米材料的新技术。

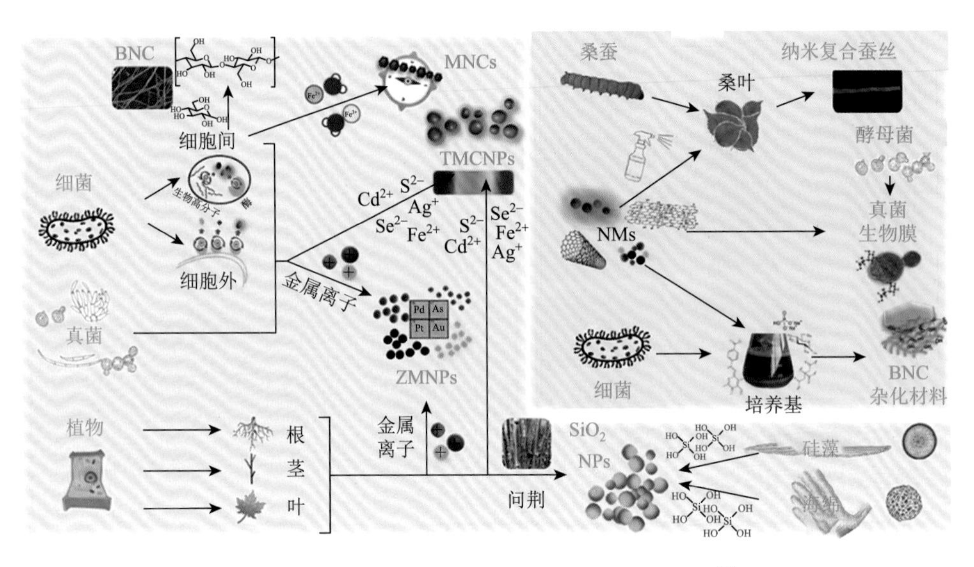

图 9-1　不同生物系统平台制备纳米材料的过程[1]

红色背景：生物平台合成；蓝色背景：生物原位合成；BNC：细菌纳米纤维素；MNCs：磁性纳米晶；TMCNPs：过渡金属硫族化合物纳米粒子；NMs：纳米材料；ZMNPs：零价金属纳米粒子；NPs：纳米粒子

9.2　零维纳米材料在天然生物系统平台的合成和制备

9.2.1　金属纳米粒子

金属纳米粒子（metal nanoparticles）是指金属（如 Fe、Zn、Ti、Ni、Pd、Mg、Al 等）的粒径为纳米级别（尺寸为 1～100 nm）的超细粉体材料。此类粉体的化学还原性较强、比表面积大，提供了更多的活性位点，使其在与污染物反应中能够更迅速有效地完成去污过程，具有广阔的环境污染应用前景[1-3]。

近几年来，金属纳米粒子在生物医学、农业、环境和物理化学等领域的应用越来越广泛（图 9-2）[4-8]。金属纳米粒子可以用于生物分子空间分析，如肽、核酸、脂质、脂肪酸等关键代谢产物。金属纳米粒子也具有广泛的抗菌能力，可应用于食品包装、伤口敷料、药物输送等领域。例如，金纳米粒子已应用于药物特异性传递、肿瘤检测、血管生成、遗传性疾病诊断、光热治疗等[7]；银纳米粒子主要用于抗菌及抗癌、抗炎及伤口治疗等[9]；锌和钛的纳米粒子因具有生物相容性、无毒性、自洁性、皮肤相容性及抗菌性等特性，已被用于化妆品和紫外线（UV）防护的生物医学产品制造[10, 11]；铜和钯的纳米粒子已应用于电池、等离子体波导和光限幅器件等领域[12, 13]。金属纳米粒子还可用作开发与环境因子或者农业相关的各种生物分子传感器，也可应用于植物和药物中的基因传递和细胞标记。另外，金属纳米粒子的某些新颖应用仍处于开发阶段，如光成像、光热治疗和磁响应药物输送。

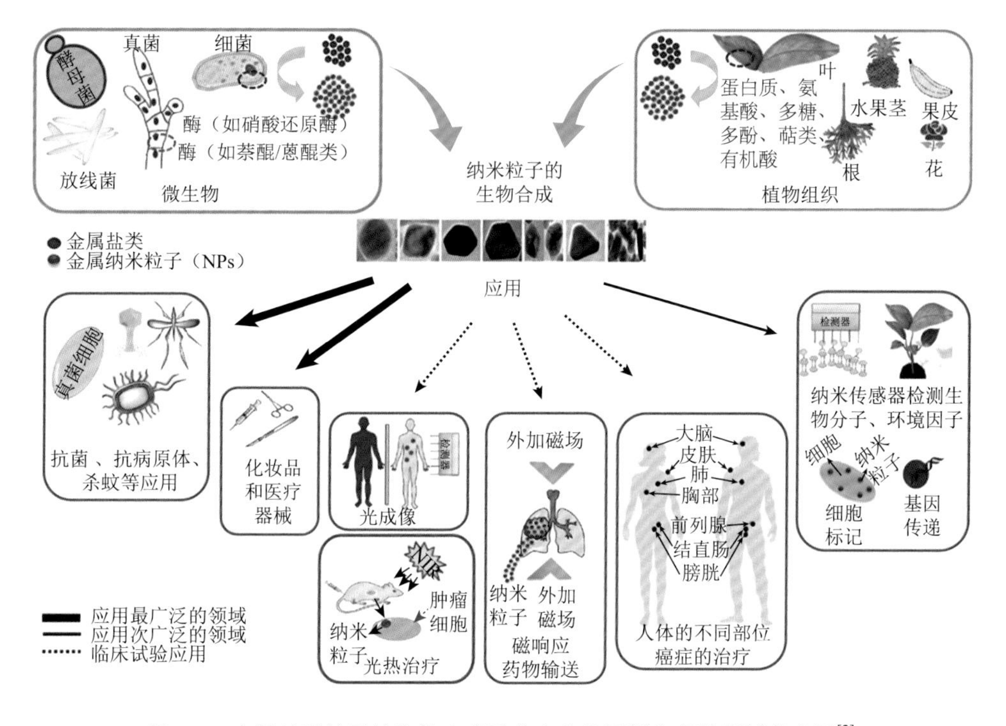

图 9-2　金属纳米粒子的生物合成及其在生物医学和环境领域的应用[2]

现阶段，科学家已经研发了多种制备金属纳米粒子的策略和工艺，包括物理制备方法（球磨法、物理气相冷凝法等）和化学制备方法（碳热法、液相还原法、电化学合成法等）。在制备过程中，金属纳米粒子的团聚或氧化会导致其催化活性和降解能力的降低，因此需采用可控且可重复的制备方法或技术来防止团聚和氧化，确保其稳定性。

具有纳米尺度和精细形貌的微生物，包括细菌（如放线菌）、真菌和酵母等，均能够在细胞外或细胞内合成金属纳米粒子[2]。其中，细胞内合成必须经过后续处理步骤才能获得金属纳米粒子，如细胞的超声破壁、纳米粒子的分离纯化等，而细胞外合成则因无需任何后续处理而受到广泛关注。同时，金属抗性基因、蛋白质、肽、酶、还原性辅助因子和有机物质等，作为重要的还原剂，在防止纳米粒子的聚集和实现良好的单分散性（窄的尺寸分布）方面起着关键作用，从而提高材料的稳定性。单分散性是金属纳米粒子合成的关键议题，因此在生物过程中优化金属纳米粒子分散性至关重要[3]。

微生物对多数重金属的抗性依赖于其化学解毒机制：膜蛋白能转运细胞内能量活跃的离子，并发挥 ATP 酶或化学渗透阳离子或质子反转运体的功能[3]。微生物系统能将可溶性的有毒无机离子还原或沉淀为不可溶性的无毒金属纳米簇，达到解毒效果。从细胞结构的角度来看，微生物解毒过程可通过细胞外部沉淀、表面吸附和内部解毒来完成。

金属纳米粒子也可用作环境暴露评估和毒理学研究，其在自然环境中的生物有效性、转化及吸收皆与它们与生物间的相互作用密切相关。科研人员已经对金属纳米粒子在自然环境下的摄取和消失过程进行了表征、量化和建模的研究，揭示了细胞环境能将金属阳离子还原至零氧化态，进而导致金属（如 Ag、Au、Pd 和 Pt 等）纳米粒子进行有序沉积，避免其团聚和氧化。相较于传统的制备方法，该新工艺更清洁且条件温和。因此，利用生物平台（尤其是微生物和植物）制备的金属纳米粒子具有无毒性、可重复性优良、容易扩大生产规模及形貌明确等优势，具备巨大的潜在应用价值。

1. 细菌合成金属纳米粒子

细菌能够在细胞内或者细胞外合成纳米粒子。在细胞内合成的纳米粒子，需要额外通过超声波处理或洗涤剂反应等加工步骤进行释放，常用于矿山废料及金属渗滤液中贵金属的回收[14, 15]。生物基质金属纳米粒子不仅能作为多种化学反应的催化剂，还有助于维持纳米粒子在生物反应器中的连续使用效果。细菌合成所有纳米粒子的机制是一致的，通常认为细菌产生还原酶，有助于生物还原过程。以下将以金纳米粒子为例，详述细菌如何在细胞内外进行制备。

首先，关于细菌细胞内合成金纳米粒子的研究已有相关文献报道。细菌对矿物岩石沉积至关重要。例如，阿拉斯加砂矿中一类特定细菌能在铁和锰氧化物沉积过程中实现金的沉积[16]；枯草芽孢杆菌（*Bacillus subtilis*）能将水溶性的 Au^{3+} 还原为 Au^0，形成 5～25 nm 尺度的八面体形状金属粒子[3]；异化硫酸盐还原细菌（heterotrophic sulfate-reducing bacterial）可以从金矿中提取，能破坏细菌包膜中金元素的硫代硫酸盐络合物$\left[Au(S_2O_3)_2^{3-}\right]$的稳定性，释放 H_2S 而获得尺寸小于 10 nm 的金纳米粒子[17, 18]。另一些研究则表明，在铁还原地杆菌（*Geobacter ferrireducens*）细胞周质空间中进行沉淀也可获得金纳米粒子[19]。铁还原细菌（*Shewanella algae*）的细胞周质空间中（pH 7.0，25℃），含有 Au^{3+}的液体可被氢气和铁还原生成 10～20 nm 的金纳米粒子，同样条件下铁还原细菌表面（pH 2.8）则可生成 15～200 nm 的金纳米粒子。此外，革兰氏阴性菌（Gram-negative bacteria）具有膜囊泡（如外膜蛋白、脂多糖和磷脂）来抵御毒性化学物质的侵害。其中，丝状蓝藻（*Plectonema boryanum* UTEX485）在 25～200℃之间能利用 $Au(S_2O_3)_2^{3-}$ 和 $AuCl_4^-$ 水溶液以及非生物和蓝藻系统沉淀合成金纳米粒子。该过程中，蓝藻与 $Au(S_2O_3)_2^{3-}$ 的相互作用使得其膜泡（10～25 nm）中聚集了小于 10 nm 的立方形态金纳米粒子，而溶液中则沉淀获得 10～25 nm 大小的八面体形态金纳米粒子[20, 21]。

大肠杆菌（*Escherichia coli*，DH5α）同样能将 $AuCl_4^-$ 中的 Au^{3+}还原为 Au^0 纳米粒子。通过扫描电镜进行形貌分析，能清晰观测到大肠杆菌表面堆积着大量形状和尺寸不一的金纳米粒子（图 9-3）。其中，多数纳米粒子呈球形，也有部分粒子呈现出三角形（箭头 5）和准六边形（箭头 6）的形貌[22]。根据透射电镜图像统计分析，此类与细胞结合的金纳米粒子平均粒径为(25±8)nm，具备良好的直接电化学方面应用潜力[22]。此外，光合细菌荚膜红细菌（*Rhodobacter capsulatus*）、类胡萝卜素（carotenoids），以及还原生物合成与细胞氧化还原控制的依赖性还原酶（NADPH-dependent enzymes）均具有对 Au^{3+}的生物还原性，可参与细菌细胞质膜和细胞外的生物吸附及生物还原过程，最终获得 Au^0 纳米粒子[23]。

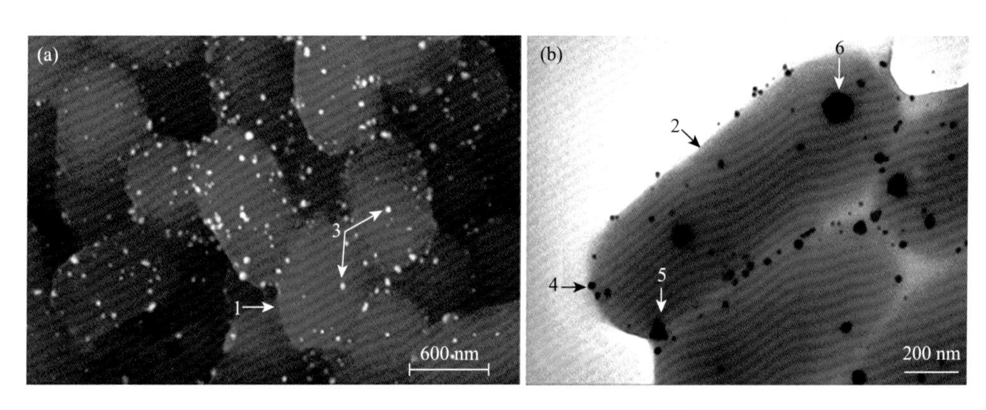

图 9-3　大肠杆菌合成金纳米粒子[22]

（a）扫描电镜图片；（b）透射电镜图片，其中箭头 1 和 2 标记的是大肠杆菌，箭头 3～6 标记的是金纳米粒子

与细胞内合成金属纳米粒子不同的是，细胞外合成金属纳米粒子依赖于细胞还原成分的定位。若细胞壁还原酶或可溶性分泌酶参与金属离子的还原过程，细胞外的金属纳米粒子的合成是容易的。相较于细胞内沉积，细胞外制备的纳米粒子在光电子学、电子学、生物成像和传感器技术等方面具有更广泛的应用。原核细菌荚膜红假单细胞（*Rhodopseu-Domonas capsulata*）能在室温下将 Au^{3+}还原为 Au^0 纳米粒子[24]。TEM 分析表明，在 pH 7.0 环境中，产物主要呈现出 10～20 nm 范围内的球形形貌。然后，随着溶液 pH 的变化，将形成多种形状和大小不一的产物，在 pH 4.0 环境中，三角形纳米粒子与球形纳米粒子同时出现，其中三角形纳米粒子的尺寸介于 50～400 nm 之间，球形纳米粒子的尺寸则介于 10～50 nm 之间[25]。Gu 及其团队成员还研究了不同金离子浓度合成各向异性金纳米粒子的最佳条件，通过向无细胞囊泡提取物中加入低浓度金离子，制备了粒径为 10～20 nm 的球形金纳米粒子，继续提高金离子浓度时则能合成 50～60 nm 的金纳米线。金

纳米线的形成可以归因于奥斯特瓦尔德熟化（Ostwald ripening），此过程中通过牺牲小的金纳米粒子，并在还原沉积过程中形成新的金纳米结构（图 9-4）。当金离子浓度更高时，无细胞囊泡提取物作为还原剂的活性相对不足，因此可能导致微小纳米粒子聚集、融合成线状结构。若纳米线表面金离子不够时，会导致纳米线断裂，聚集更多热力学稳定的纳米粒子；反之，纳米线表面有充足的金离子时，纳米线的形状可得以维持。

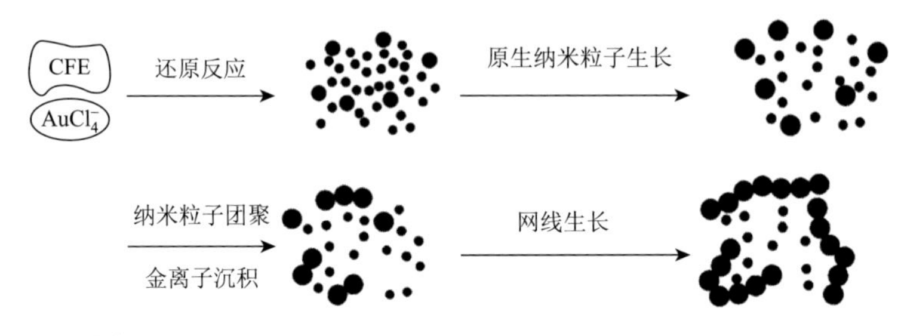

图 9-4 金纳米粒子和金纳米线的生长机制示意图[25]

CFE 表示无细胞提取

研究学者发现，超嗜热和中嗜热 Fe(III)还原菌和古菌中，氢将 Au(III)还原成金属金并沉淀出金纳米粒子。这一沉淀过程发生于细胞外，主要是由于 Fe(III)还原剂的细胞外表面附近存在着 Au(III)还原酶[19]。Husseiny 等证实了绿脓杆菌（*Pseudomonas aeruginosa*）在细胞外合成了金纳米粒子，其粒径分布分别为(40±10)nm、(25±15)nm 和(15±5)nm[26]。随着金纳米粒子粒径增大，其颜色由粉红色转变为蓝色，这归因于金纳米粒子的表面等离子体共振效应。Chen 等采用了一种高效、简单、环保的细胞外生物合成方法，以巨大芽孢杆菌 D01（*Bacillus megatherium* D01）和十二硫醇分别作为还原剂和配体，在 26℃下将金盐还原成单分散的金纳米粒子[27]。他们利用透射电镜（TEM）和紫外-可见吸收光谱研究了金纳米粒子的形成动力学。结果表明，反应时间是控制金纳米粒子形貌的一个重要参数。Chen 等还研究了硫醇对金纳米粒子的形状、大小和分散性的影响，发现在生物合成过程中硫醇可以诱导金纳米粒子的形成（＜2.5 nm），并维持球形纳米粒子的形态，提高纳米粒子的单分散性[27]。

虽然已有多种细菌群被证实在细胞内外均可将金属盐还原为金属纳米粒子，但该过程仍存在多分散性的问题，需进一步优化菌株、调节培育条件和改性前驱体等。细胞生物体可通过两种途径控制金属纳米粒子的生长：局部过饱和离子溶液和有机聚合物控制粒子成核。整个过程可以由多种因素控制，如 pH、温度、前驱体浓度和暴露时间等。

2. 真菌合成金属纳米粒子

如何高效合成金属纳米粒子并优化其尺寸、形状和分布，是一个极为关键的技术难题和挑战。与其他微生物和植物相比，真菌在金属纳米粒子合成方面有着显著优势。利用真菌合成金属纳米粒子具有潜在的重要意义，因为其能够分泌大量的酶，且在实验室中也易于操作。真菌菌丝体网能承受生物反应器或其他腔室中流动、压力等复杂环境。相较于植物和细菌，多数真菌对于金属具有高的耐受性及良好的细胞内金属吸收能力，尤其体现在真菌生物和金属盐的高度结合上，从而实现高的纳米粒子合成效率。

虽然真菌合成金属纳米粒子的机制尚未明确，推测可能是细胞壁或细胞质中的酶和蛋白质还原金属离子，导致金属离子的沉积和纳米粒子的形成。与细胞外还原的纳米粒子相比，在真菌细胞内部形成的纳米粒子可能更小。尺寸限制可能与真菌细胞内部微量颗粒的核心成核有关。Mukherjee 等证实了黄萎病菌（*Verticillium* sp. AAT-TS-4）这种真核微生物可应用于生物合成金纳米粒子[28]。真菌细胞暴露于含有 Au^+的水溶液后，Au^+在细胞内被还原为直径为(25±12)nm 的纳米粒子。这类合成过程通过菌丝细胞壁中的酶进行催化，菌丝表面成为合成纳米粒子的主要位置。为探究金纳米粒子的形成机制，对反应后真菌细胞的染色薄片进行了详细的透射电镜（TEM）分析［图 9-5（a）～（d）的放大倍数不同］。在较低的放大倍数下，可以观测到细胞壁上沉积着极小的金颗粒；在较高的放大倍数下，可以观察到细胞内金纳米粒子尺寸逐渐变大，数量却相对减少。图 9-5（b）显示了单个细胞的透射电镜图，金纳米粒子不仅在细胞壁（外边界）上形成，也在细胞质膜（内边界）上形成。在细胞质膜上金纳米粒子的数量明显多于其在细胞壁上的数量。高倍透射电镜图揭示了金纳米粒子在膜上呈现高度的组织化组装［图 9-5（c）和（d）］，同时发现金纳米粒子主要呈现球形，但也有少量三角形和六边形颗粒［图 9-5（d）清晰表明细胞质膜内有一个大的、准六边形的金纳米粒子］。

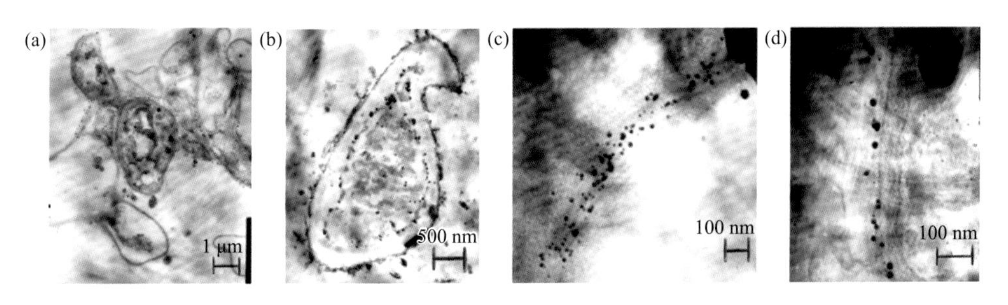

图 9-5　与 $AuCl_4$ 反应 72 h 后的真菌细胞薄片的透射电镜图[28]

另一项研究中，Mukherjee 等利用黄萎病菌成功地实现了银纳米粒子在细胞内的合成[29]。Gericke 和 Pinches 则验证了黄萎病菌合成金粒子过程中 pH 的变化会直接影响合成粒子的尺寸、形状和数目[30]。当黄萎病菌的无细胞提取物暴露于金离子水溶液中，几小时后会形成黑紫色沉淀，用透射电镜观察发现这些颗粒的形状与真菌细胞内合成的颗粒形状相似，包括大量薄板状结构，多呈现三角形或六边形[30]。Kumar 等通过从尖孢镰刀菌（*Fusarium oxysporum*）中分离的硝酸还原酶，体外成功合成了直径范围为 10～25 nm 的稳定银纳米粒子[31]。

近期研究表明，植物病原（*F. Solani* USM-3799）和 $AgNO_3$（1 mmol/L）相互作用，可制备出平均直径为 16.23 nm 的球形银纳米粒子[32]。傅里叶变换红外光谱（FTIR）分析显示，蛋白质作为覆盖剂，能够增强合成的银纳米粒子的稳定性。Sanghi 和 Verma 首次提出了一种以采绒革盖菌（*coriolus versicolor*）的真菌蛋白为载体的银纳米粒子的可控合成途径[33]。真菌在硝酸银溶液中可合成大量的银纳米粒子。实验证明，在碱性条件下，反应速率更快，甚至在室温下无需搅拌就能进行。所得的银纳米粒子具有可控的微观结构和光学特性。FTIR 研究表明，银纳米粒子与氨基结合，再次证实蛋白质作为银纳米粒子稳定剂的存在。在碱性条件下，银纳米粒子在细胞内外皆可形成，真菌表面的 S—H 基团在该过程中发挥了主导作用。

合理的生物合成方法利用真菌作为酶的来源来催化特定的反应，使得无机核动力源的研发取得进展。通过发现参与还原过程的活性还原酶系统，有望在非细胞环境中进行金属纳米粒子的生物平台合成。该工艺的可行性源于酶的胞外分泌。利用真菌等生物分泌的特定酶合成金属纳米粒子具有以下优势：①通过适当鉴定真菌分泌的酶，可以进一步优化合成不同化学组成、形状和大小的预定金属纳米粒子的过程；②从工艺可行性的角度来看，利用细胞提取物体外生物合成金属纳米粒子也有益处，因为这将免去细胞内生成金属纳米粒子的收集步骤。表面活性剂/肽/蛋白质及其他稳定剂的性质鉴定同样重要。已知的生物核苷酸将导致基因工程真菌过度表达特定的还原分子和封盖剂，从而控制生物核苷酸的尺寸和形状。

如图 9-6 所示，金属纳米粒子在真菌细胞内部表面形成，而非溶液中。真菌细胞捕获细胞表面的离子，这些离子被细胞壁或细胞质膜中的还原酶还原。细胞内生物合成能精确控制金属纳米粒子的尺寸、形状和分布，但产物收集与回收较为复杂且昂贵。相比之下，细胞外合成更具灵活性，适用于各种更广泛的金属纳米粒子系统的合成。此外，如 MacDonald 和 Smith[34]及 Kumar 和 McLendon[35]所述，真菌分泌的蛋白质和还原剂可稳定细胞外产生的金属纳米粒子，提供了优于细胞内合成的优势。

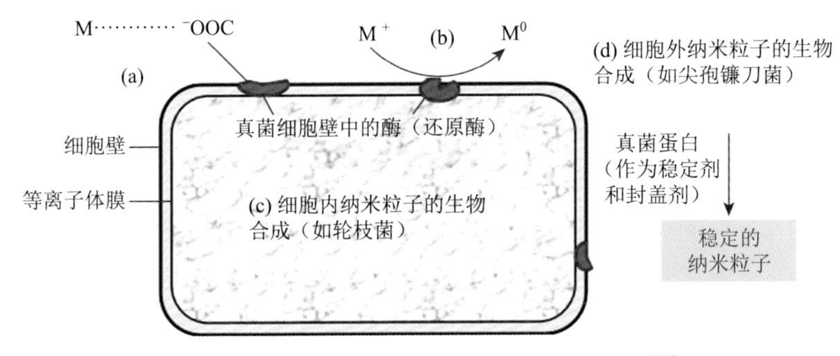

图 9-6　真菌生物合成纳米粒子的假设模型[36]

（a）金属离子与细胞壁中的酶的静电相互作用；（b）酶将 M^+ 还原为 M^0 状态；（c）细胞内生物合成纳米粒子；（d）真菌细胞外生物合成纳米粒子

研究人员发现真菌生物至少释放出四种与金属纳米粒子有关的高分子量蛋白质。其中一种蛋白质为菌株特异性的还原型烟酰胺腺嘌呤二核苷酸（nicotinamide adenine dinucleotide，NADH）依赖性还原酶，荧光光谱数据显示这些蛋白质以天然形式存在于溶液中并结合在金属纳米粒子表面[37]。此外，金属离子还原和蛋白质结合金属粒子表面并不破坏蛋白质的三级结构[31]。研究还表明，包括镰刀菌属、曲霉菌属和青霉菌属在内的真菌，在细胞外合成不同金属纳米粒子方面均具有很好的潜力。

尽管真菌合成金属纳米粒子的机制尚不清晰，但参考不同学者的研究和推测，合成金属纳米粒子的假设模型可能如图 9-6 所示。微生物在高浓度金属离子环境中的生长可能源于其独特的抗性机制及适应极端环境的能力。此外，外排系统、溶解度改变、金属离子氧化还原态导致毒性、金属胞外络合或沉淀，以及特定的金属传输系统缺乏均是微生物体可能具备的机制[38, 39]。

近年来，诸多学者报道了应用生物体系合成金属核动力源，但对于合成过程中核动力源形成机制的研究却十分有限。Durán 等[37]发现了硝酸还原酶及蒽醌在银离子还原过程中的媒介作用。Kumar 团队[31]探讨了银纳米粒子（10～25 nm）的合成机制，发现在还原型辅酶（NADH）辅助下，从尖胞镰刀菌中提纯的硝酸还原酶和植物螯合素可在体外稳定银纳米粒子。Gade 团队[40]则用元素光谱成像证实，黑甲杆菌合成银纳米粒子的过程中，银纳米粒子周围的真菌蛋白能够增加纳米粒子在悬浮液中的稳定性，推测银离子的还原是硝酸盐依赖性还原酶和醌类穿梭体在细胞外共同作用的结果。透射电镜结果显示，真菌、黄萎病菌和尖孢镰刀菌均是通过金属离子之间的静电作用在细胞表面合成银纳米粒子。这揭示了核动力源存在薄膜包裹与液态产出两种方式，均具有商业潜力。

通常情况下，微生物会通过不同的过程抗衡重金属胁迫，如跨细胞膜运输、生物吸附至细胞壁、胞外胶囊包埋，以及酶促沉淀和转化金属等措施[41]。在自然污染的环境中，微生物对重金属毒性的反应取决于金属浓度和获取难度，以及金属类型、介质性质和微生物种类等多种因素[42]。真菌具有较强的重金属环境耐受力，故可在 pH、温度、养分利用率及高金属浓度等不同极端条件下生存并生长繁殖[43-45]。

真菌酶，如青霉菌属和镰刀菌属还原酶，虽可引导纳米粒子表现出良好的单分散性和稳定性，并对多种病原体具有显著的杀灭活性，但关于利用放线菌合成纳米粒子的研究仍匮乏。现已有大量研究证实链霉菌还原酶可用于银纳米粒子、铜纳米粒子、锌纳米粒子的合成。此外，酵母和病毒也被广泛研究用作细胞外合成纳米粒子和功能组件纳米线的合成平台，此类材料组装之后用途广泛，如电池电极、光伏器件和超级电容器等[3]。

3. 植物合成金属纳米粒子

天然植物平台为纳米粒子的合成提供了高效、环保且经济实惠的新途径，具备生物相容性、延展性及利用水溶剂作为还原媒介的医学适宜性等优势[46]。因此，植物衍生纳米粒子和适用于生物医学与环境领域的高需求相得益彰。有研究学者成功利用人参叶和根的提取物合成了金纳米粒子、银纳米粒子[47, 48]。此外，多种植物部分，包括叶、果、茎、根及其提取物，已广泛应用于金属纳米粒子的制备（表 9-1）。

表 9-1 天然植物平台合成纳米粒子[2]

植物	提取部分	合成纳米粒子类型	形状	尺寸/nm	应用
大戟	树叶	银和二氧化钛（TiO_2）	球形	银 10～15；TiO_2 81.7～84.7	杀虫
马尾藻	藻类	钯	八面体	5～10	电催化
银杏叶	树叶	铜	球形	15～20	催化
人参	根	银和金	球形	银 10～30；金 10～40	抗菌
红参	根	银	球形	10～30	抗菌
香茅	树叶	金	球形、三角形、六边形和杆形	20～50	灭蚊药
印楝	树叶	银	—	41～60	生物杀生
黑种草	树叶	银	球形	15	具有细胞毒性
绿椰子	树叶	铅	球形	47	抗菌与光催化
长春花	树叶	钯	球形	40	染料降解中的催化
大西洋黄连木	种子	银	球形	27	抗菌
香蕉	皮	硫化镉	—	1.48	—

续表

植物	提取部分	合成纳米粒子类型	形状	尺寸/nm	应用
山楂	花	银	—	—	抗菌和具有细胞毒性
宽叶榆绿木	胶粉	银	球形	5.5–5.9	抗菌
冬葵子	树叶	银	球形	5～25	抗菌
赤松	树叶	银	椭圆形，少数三角形	30～80	抗菌药
面包果	果实	锌	球形	＞20	发光、光催化与抗氧化剂
枸橼	果实	铜	—	20	抗菌药
橙、菠萝	果实	银	球形	10～300	—
指甲花	树叶	铁	六边形	21	抗菌
栀子	树叶	铁	岩石般的外观	32	抗菌

虽然植物介导合成纳米粒子的机制仍尚待深入探索，但已证实蛋白质、氨基酸、有机酸、维生素及次生代谢产物（如黄酮、生物碱、多酚、萜类、杂环化合物和多糖）等，对金属盐的还原有重要影响，同时也对纳米粒子的形成及稳定起到关键作用[49]。研究表明，珊瑚提取物中多酚类物质的羟基官能团和蛋白质的羰基官能团均有助于金纳米粒子的形成和稳定[50]。Philip 等利用九里香叶提取物的生物分子吸附合成了稳定的银纳米粒子、金纳米粒子[51]。相关研究还表明，不同的植物物种中存在不同的纳米粒子合成机制[52]。例如，旱生植物（适应在沙漠或缺水环境中生存的植物）中的醌类化合物大黄素，中生植物（既不适应特别干燥也不适应特别潮湿环境的陆生植物）中的氯醌、二蒽醌和雷米定等中间体，肉桂中的萜类化合物丁香酚，都在金纳米粒子、银纳米粒子的合成过程中发挥着关键作用[53]。值得关注的是，双子叶植物含有丰富的次生代谢产物，有望成为纳米粒子合成的理想载体（表 9-1）。

尽管生物合成纳米粒子的方法颇具优势，但制备出分散性好的纳米粒子仍然面临挑战。因此，近期研究致力于构建一个稳定的体系，以制备尺寸和形貌均一的纳米粒子。金属纳米粒子形状和尺寸的可控可以通过限制其生长环境或改变其功能分子来实现，例如，利用灵芝成功合成了 20 nm 的单分散性好且生物相容性优的金纳米粒子[54]。生物合成金属纳米粒子的过程可通过优化反应条件（包括 pH、温度、培养时间、盐浓度、曝气、氧化还原条件、混合比、辐照等）来获得理想的纳米粒子[55]。

采用微生物合成纳米粒子时，最好在高温下培养微生物以获取最佳生长效果，因此在此种环境下，与纳米粒子合成相关的酶活性较高[56]。pH 也是影响纳米粒子合成的核心因素之一，不同的 pH 可以形成差异化的纳米粒子。例如，Gurunathan 等的研究结果表明，在 pH 为 10 的环境下，大肠杆菌能合成大量银纳米粒子[56]。真菌中，碱性 pH（对于玫烟色拟青霉菌株）、pH 6.0（对于青霉菌）和酸性 pH（对于镰刀菌）都能促进对纳米粒子的合成[56, 57]。对于植物，pH 的变化导致天然植物化学物质电荷的变化，影响其结合能力和纳米粒子合成过程中金属离子的还原，进而影响纳米粒子的形貌和产出率。以燕麦提取物为例，在 pH 为 3.0 和 4.0 环境下，可形成大量的小粒径金纳米粒子，而在 pH 为 2.0 时，纳米粒子会发生聚集。研究学者据此推测，酸性 pH 环境中，纳米粒子的聚集在还原过程中起主导作用。

相比 pH 为 2.0 的环境，在 pH 为 3.0 和 4.0 时，金属离子具有更好的结合，形成更多的成核官能团。而在 pH 为 2.0 时，离得最近的金属离子参与的成核过程较少，导致金属团聚[57]。然而，梨提取物在碱性 pH 条件下会形成六边形和三角形的金纳米粒子，而在酸性 pH 条件下则无法形成纳米粒子[58]。以姜黄块茎为原料在碱性 pH 条件下合成银纳米粒子时，其提取物内含有较多的负电荷官能团，能有效地结合并还原银离子，从而合成更多的纳米粒子[59]。Kora 等展示了另一个尺寸和形状可控的生物合成范例，利用宽叶榆绿木作为天然植物平台绿色合成了尺寸可控的银纳米粒子[60]。另外，有研究人员利用香柏提取物合成了三角形金纳米粒子[61]。如同上述情况，其他参数，如反应时间、盐浓度和纳米粒子的定位等，都依赖于物种和提取物的特性。

9.2.2 过渡金属硫化物（量子点）

半导体量子点（quantum dots，QDs）在众多技术领域具有广泛的应用潜力，如显示技术、生物医学成像/检测及量子点太阳能电池等。目前，大多数生产 CdS QDs 的方法为高温有机溶剂工艺。例如，Murray 等利用双（三甲基硅基）硫化物 $[(TMS)_2S]$与二甲基镉（Me_2Cd）在 300℃无水条件下反应合成了 CdS QDs。需要指出的是，原料 Me_2Cd 为昂贵且有毒的易燃化合物，且该溶剂反应会导致环境问题，同时，原料本身要先通过合成获取。因此，水基合成法的工艺开发备受关注，主要原理是硫酸镉（$CdSO_4$）与硫代硫酸钠（$Na_2S_2O_3$）或硫化钠（Na_2S）的反应。

近年来，纳米材料的生物合成作为生物技术和纳米技术的交叉科学，一直在迅速发展。微生物细胞为生产各种金属纳米材料提供了一个天然、绿色、低成本的平台。半导体量子点也同样可以经由细菌、酵母、真菌、蠕虫和藻类生物的降解过程来完成合成，其尺寸取决于细胞内或细胞外和外部因素（pH、温度、前驱体浓度和暴露时间），由此得到的半导体量子点被称为生物量子点（biogenic quantum dots，Bio-QDs）。它们具有优良的光电子特性和生物相容性，故在生物成像、生物医学、敏化太阳能电池、检测及太阳能化学生产等领域前景广阔[62-65]。然而，由于缺乏有效的调控措施，生物量子点的制备工艺普遍存在合成效率低、产品质量差的问题。到目前为止，调控策略主要针对提高生物量子点合成细胞的代谢活性或缓解其生长压力。例如，构建基因工程细菌以产生更多的谷胱甘肽合成酶（glutathione synthetase）、植物螯合素合成酶（phytochelatin synthase）和/或金属硫蛋白（metallothionein）等以与重金属离子结合[66-68]。此前，也曾利用遗传、代谢和光辅助等手段调节细胞内还原能力和硫醇水平，来推动 Bio-QDs 的组装。然而，这些方法要么过于复杂，要么难以应用于实际生态环境，改善效果有限。

Yu 等提出了一种酸刺激的创新策略，以精确调节大肠杆菌中 Bio-QDs 的合成，由此获得的 CdSe Bio-QDs 表现出优良的发光性能和极高的生物相容性[69]。该酸刺激策略下，当 pH 从 7.5 降低到 4.5 时，仅需 3.5 h 便可将 CdSe Bio-QDs 的产量提高 25 倍，同时显著增加了其荧光寿命（133 ns）和量子产率（7.3%），远超现有 CdSe Bio-QDs 的性能。该过程中提升的产量与还原性硫醇密切相关，响应酸胁迫引发活性氧生成。大量的还原性硫醇可以刺激 Cd 和 Se 的吸收，进而转化为 CdSe Bio-QDs。所制备的 CdSe Bio-QDs 粒径均匀［(3.3±0.2)nm］，荧光特性和生物相容性优越，可用于斑马鱼的活体无损生物成像（图 9-7）。该研究成果提供了一条利用合理的环境压力促进 Bio-QDs 组装的实用途径，使得 Bio-QDs 更具有实际应用潜力。肽谷胱甘肽（peptide glutathione，GSH）在生成 CdSe Bio-QDs 的过程中起着核心作用。值得注意的是，适度的酸性压力能够上调一些 GSH 相关基因的表达，如半胱氨酸合成酶（cysteine synthetase，cysK）和谷胱甘肽合成酶（glutathione synthetase，gshB），两者均能催化 GSH 的生成，证实适度的酸性压力有助于 CdSe QDs 的生物组装，使得 Bio-QDs 的组装过程更为简易且具有经济效益。Yu 团队的这项研究为 Bio-QDs 的组装提供了一种简便、普适的方法，这有望推动 Bio-QDs 走向实际应用。此外，该研究还揭示，适度的环境压力，如酸性 pH、紫外线照射、渗透冲击、X 射线辐射及有毒的甲基乙二醛处理，均可能有利于 Bio-QDs 的组装，为搭建更高效的纳米材料生物工厂提供了可能。

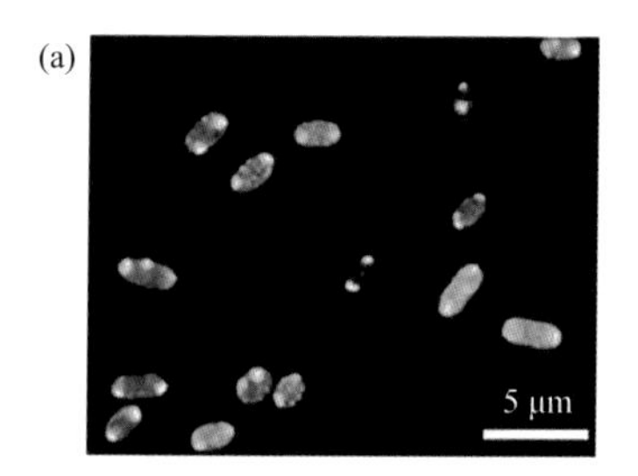

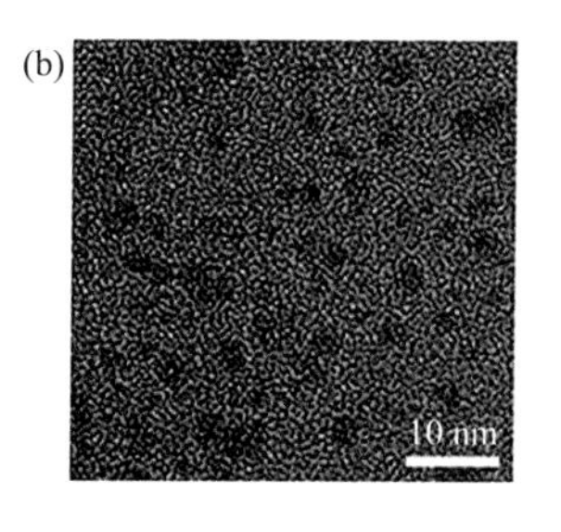

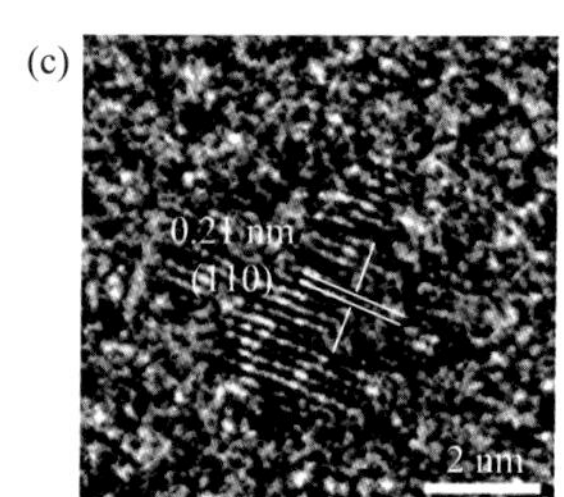

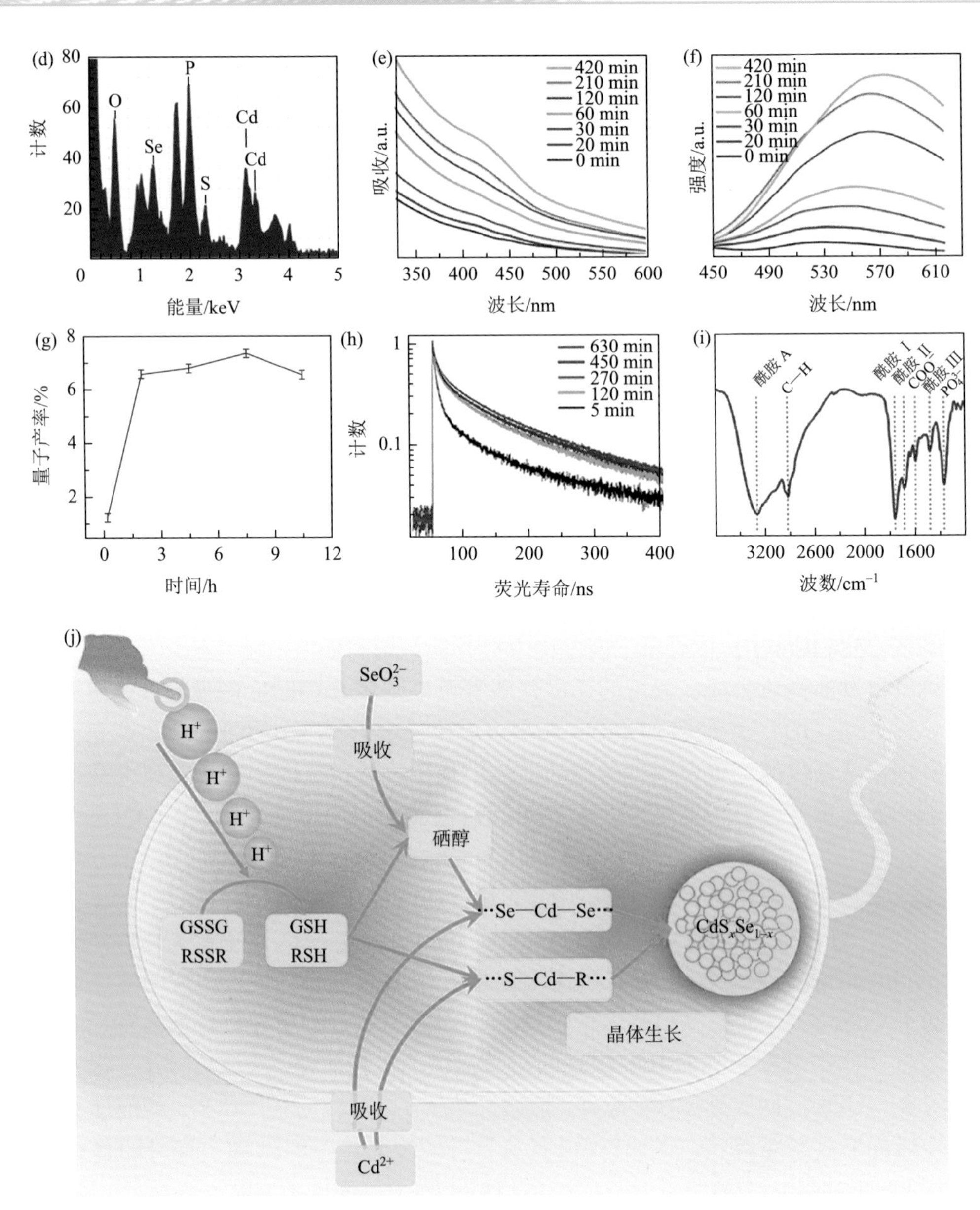

图 9-7 在 pH 4.5 条件下合成的生物 QDs 的特征[69]

(a) 大肠杆菌细胞的荧光显微镜图像显示细胞内的黄色荧光团；(b) 和 (c) HRTEM 图；(d) 元素组成；(e) 合成的细胞在生长时间内的紫外-可见吸收光谱；(f) 相应的荧光发射光谱；(g) 量子产率；(h) 荧光寿命；(i) FTIR 图；(j) 大肠杆菌在酸性 pH 下合成 CdS_xSe_{1-x} 量子点的示意图，GSSG 表示氧化型谷胱甘肽，RSSR 表示二硫醚

Xiang 等以黑麦草（Ryegrass，*Lolium perenne*）为生物平台，在含 Cd 和 Se 的水溶液中培养生长，研究了 Se 和 Cd 在不同植物组织中的转化过程，成功地自组装了 CdS_xSe_{1-x} 量子点[70]。研究结果表明，生物量子点能在整个植株中实现自组

装，但是根尖分生组织、根毛和叶尖是生物量子点的集中生成区域。不同组织中，量子点的产量和化学组成存在差异，其中根尖处的黄色荧光最为显著。可见，利用环境中的 Se 和 Cd 离子在植物体内合成出有价值的量子点具有极大的潜力。然而，想要实现生物量子点的广泛应用，生产速率和转化率仍需通过选择合适的植物、优化培养条件及优化植物细胞代谢等手段来进行调整和提升。

除细菌和植物外，动物也可作为合成生物量子点的平台，如环节动物门寡毛纲的陆栖无脊椎动物蚯蚓。蚯蚓（earthworm）是环节动物之一，世界上有蚯蚓三千余种，我国也有两百多种。蚯蚓营养丰富，繁殖迅速，食谱广泛，因此人工养殖效益显著。蚯蚓进行取食、消化、排泄（蚯蚓粪）、分泌（黏液）和掘穴等生命活动，对土壤过程的物质循环和能量传递至关重要，被誉为“生态系统工程师”。研究表明，蚯蚓的体内生理机制可以用于制造其他价值较高的纳米材料。

尽管人们对蚯蚓中的镉解毒系统已经有所了解，但对于其体内碲（Te）的吸收、运输和储存机制尚知之甚少。例如，Te 与哺乳动物的金属硫蛋白之间能够发生强烈相互作用，并且能够通过与半胱氨酸配位结合硒蛋白。2013 年，Green 等研发了一项新技术，利用活体蚯蚓天然的重金属耐受性，在环境温度下成功合成了可发光的水溶性碲化镉（CdTe）量子点（图 9-8）[71]。该过程中，蚯蚓被放入含有 $CdCl_2$ 和 Na_2TeO_3 的标准土壤中培育 11 天，在其体内生成了粒径为 (2.33 ± 0.59)nm 的发光 CdTe 量子点。该量子点是从蚯蚓肠道周围的促氯组织中分离得到的。据推测，一旦 Te 的前驱体被转运到促氯组织，它们会经历与硒类似的反应。具体而言，碲酸盐会通过谷胱甘肽还原酶、还原型烟酰胺腺嘌呤二核苷酸磷酸（NADPH）和谷胱甘肽（GSH）还原为常见的碲前驱体 H_2Te，接着再与体内环境中的 Cd^{2+}发生反应。所合成的 CdTe 量子点在紫外光的激发下能够发出绿色荧光，在活细胞成像应用中有出色表现，甚至无需添加聚乙二醇配体就能成功标记。如图 9-8（d）所示，无需添加额外配体，通过使用 CdTe 量子点修饰的

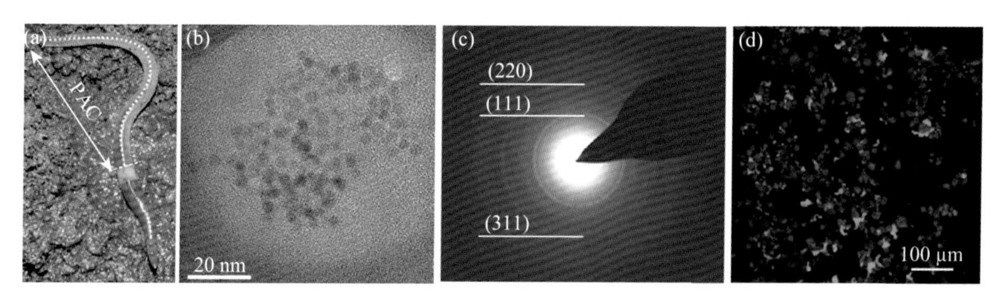

图 9-8　（a）用于合成 CdTe 量子点的活蚯蚓（*Lumbricus rubellus*）；PAC 表示活蚯蚓中合成量子点的有效部位；体内合成的 CdTe 量子点的高分辨透射电镜图（b）和选区电子衍射图（c）；（d）CdTe 量子点作用下 IGROV-1 细胞成像的共聚焦显微镜图[71]

卵巢癌细胞系（IGROV-1）也能成功成像，表明 CdTe 量子点可以被细胞通过非靶向的液相摄取吸收。

Poursalehi 等在蚯蚓体内成功合成了带隙可调的 CdSe 量子点。研究结果表明，蚯蚓的解毒策略依赖于黄色细胞膜（chloragogen cell membrane，CCM）和促氯组织的中和作用，该中和作用由金属硫蛋白［metallothionein（MT）proteins］和谷胱甘肽三肽［glutathione（GSH）tripeptide］共同完成。在促氯组织中，金属硫蛋白对 d_{10} 金属离子表现出高度的亲和力，因此能与 Cd^{2+}形成热力学稳定的复合物 MT-Cd。同时，小电荷密度的阴离子可以通过 CCM 直接被 GSH 还原成 GS-Se-H。此外，GSH 还能还原亚硒酸盐，并通过硫以 GS-Se-SG 的形式与释放的 Se 反应，反应方程式如下：

$$4GSH + 2H^+ + SeO_3^{2-} \longrightarrow GS\text{-}Se\text{-}SG + GS\text{-}SG + 3H_2O \tag{9-1}$$

GS-Se-SG 并不稳定，会立即被谷胱甘肽还原酶（glutathione reductase enzymes）还原。例如，GS-Se-SG 与烟酰胺腺嘌呤二核苷酸磷酸（nicotinamide adenine dinucleotide phosphate，NADPH）反应生成 GSH 和半稳定的 GS-Se-H 复合物：

$$GS\text{-}Se\text{-}SG + NADPH + H^+ \longrightarrow GSH + GS\text{-}Se\text{-}H + NADP^+ \tag{9-2}$$

从热力学角度看，由于静电和范德瓦耳斯力的相互作用，MT-GSH 复合物比 MT-Cd 和 GS-Se-H 更稳定。因此，随着 MT 蛋白与 GHS 的反应进行，释放的 Cd 和 Se 将形成 CdSe QDs：

$$MT\text{-}Cd + GS\text{-}Se\text{-}H \longrightarrow CdSe\ QDs + MT\text{-}GSH \tag{9-3}$$

研究结果还表明，520 nm 处的发光峰并非由 CdSe 量子点发出，而是金属-金属硫蛋白复合物发出的光。这意味着发光现象是蚯蚓蛋白和量子点的结合，且相较于蚯蚓蛋白，量子点在发光中的贡献可以忽略不计。FTIR 也证实了富含半胱氨酸的蛋白质化合物附着在 CdSe 量子点表面。

Brink 等往土壤中添加了一定浓度的 Ag 纳米粒子、Ag_2S 纳米粒子和 $AgNO_3$，以一种特定的蚯蚓（*Eisenia fetida*）作为生物研究对象，研究银核动力源对蚯蚓的生物有效性及与生物相互作用时的物理化学转化[72]。结果表明，蚯蚓对 Ag 纳米粒子和 $AgNO_3$ 的摄入和排出速率均无明显差异，而对 Ag_2S 纳米粒子的摄入速率明显降低。暴露在 $AgNO_3$ 环境中的蚯蚓体内，Ag 纳米粒子的形成方式类似于纯 Ag 纳米粒子生成的动力学模式。扫描电子显微镜和能谱仪（scanning electron microscopy and energy-dispersive X-ray spectroscopy，SEM-EDX）分析结果表明，约 85%的 Ag 以离子或粒径小于 20 nm 的颗粒形式存在于蚯蚓体内。这种利用蚯蚓的生化还原和解毒机制来合成量子点的技术有望推广至其他生物系统或准生物系统中制备其他类型的量子点。

9.2.3　氧化物纳米结构

细胞表面展示技术可表达目的蛋白质并锚定于细胞外膜上，便于与外界环境接触，从而提供了满足生物大分子三维限域空间的平台。经过基因修饰后的细胞，由于在表面展示了蛋白质，可以利用蛋白质的作用引导矿物在其表面生长。同时，该技术对蛋白质的选择性比较广泛，可通过展示多种蛋白质来合成不同的无机材料；并且还能通过对蛋白质的修饰来实现对合成过程的控制[73]。相比较而言，噬菌体表面展示则是将短肽展示在衣壳蛋白上。M13噬菌体具有直径约7 nm、长度约800 nm的纤维状结构，因此基于噬菌体自身的结构特点，最终所得产物几乎都是一维纳米线，难以有效调控合成材料的尺寸。但是若将蛋白质锚定在二维基质上，便能够有效控制产物的单分散性。然而，在一维或二维的限域空间中，获得的产物几乎不具备生物矿物的精细结构，而细胞表面提供了三维限域空间，能被用于合成具有三维构型的产物。

Ping通过细菌表面展示了具有催化活性的蛋白质*n*R5，进而指导合成锐钛矿二氧化钛纳米结构。具体过程是利用表面展示技术将蛋白质锚定在细菌外膜上，以蛋白质的酶催化作用来水解和聚合钛源，促使锐钛矿晶核在细菌表面形成。在空气中热处理时，*n*R5在细菌表面形成的网络结构能够抑制锐钛矿晶粒的生长与聚集，有助于保持颗粒尺寸的均匀性。同时，调节蛋白质的链长，将降低网络结构对晶体生长的抑制作用，最终实现颗粒尺寸的可控性[74]。该过程中，锐钛矿纳米晶粒的形成主要得益于蛋白质R5的酶催化活性。其中，R5中丝氨酸（Ser）的羟基与精氨酸（Arg）羰基碳上的氨基之间可以形成氢键，增强了羟基氧的亲核攻击性，有助于亲核攻击含钛基团的中心钛原子，从而引发水解与聚合。

Ping的实验结果证实，当细菌表面展示5R5蛋白质后，在600℃热处理后所获得的棒状结构由5 nm的锐钛矿颗粒组装而成。这是因为5R5能通过静电吸引力将带相反电荷的钛源富集在蛋白质周围，随后在氢键作用下水解钛源，水解产物沉积在蛋白质附近，被蛋白质包裹。在最后的热处理过程中，锐钛矿纳米粒子的生长与聚集都会受到蛋白质形成的网络结构的抑制影响。可以推断，缩短蛋白质长度，其网络结构的抑制作用会减弱，热处理产物的颗粒尺寸会增加。通过分子生物技术，将R5和3R5分别展示在细菌表面，在同等条件下进行矿化与热处理，得到的均为锐钛矿棒状结构（图9-9），且颗粒尺寸随R5单元数量的减少而逐渐增大。

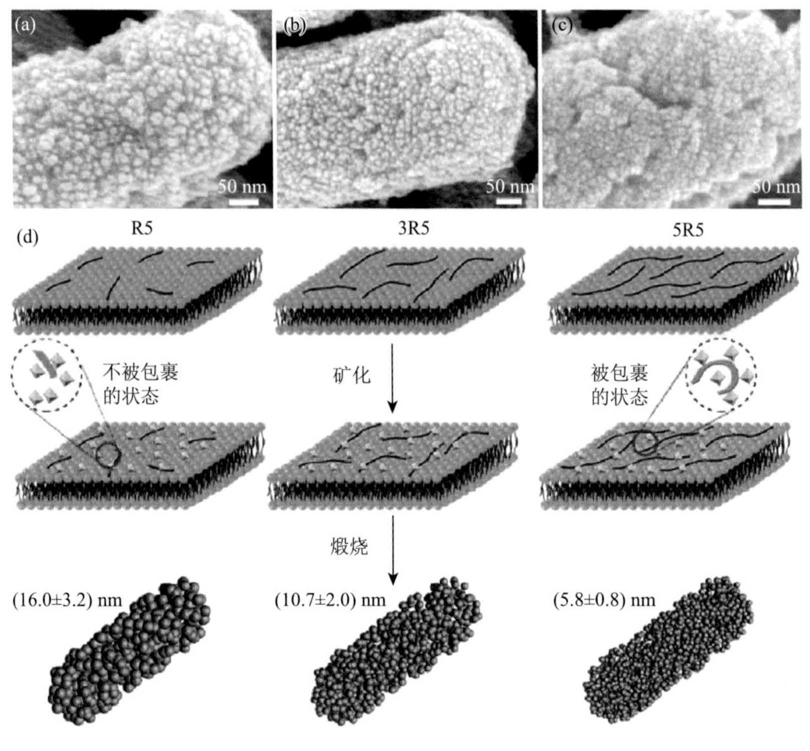

图 9-9 可控合成锐钛矿 n-TiO_2：（a）$n = 1$，（b）$n = 3$，（c）$n = 5$；（d）不同 R5 单元数量在细菌表面限域合成锐钛矿的示意图[74]

9.3 一维材料的天然生物系统平台的合成和制备

9.3.1 天然动物丝

自然界诸多天然高分子材料中，天然动物丝因卓越的综合力学性能而备受关注。作为一种天然蛋白质纤维，动物丝是经由自然界动物亿万年的适应与进化演变而来，兼具强度和韧性。虽然高分子科技和材料加工技术日益发展，特别是纺丝技术已较为完善，但现有合成纤维的综合力学性能仍然无法超越自然界动物丝。

动物丝是自然界中唯一被“纺”出来的蛋白质纤维。合成高分子纺丝往往需要在有毒有害溶剂中或高温条件下通过湿纺或融纺的形式进行，相反地，动物丝的制造却在极度温和的环境下完成，即常温常压下将丝蛋白的水溶胶“压入”空气环境（所谓的干纺）。纺丝动物的“纺器”主要由腺体（gland）、导管（duct）和纺丝头（spinneret）三部分组成。其中，腺体是由一个一端带有长尾和另一端与细长导管相连的囊袋构成。蚕类昆虫有一对细长的腺体，而蜘蛛的主腺体则是独立囊状物（ampulla）。丝腺体尾部分泌大部分的水溶性丝蛋白，其浓度由尾部向前部递增，至 20 wt%～30 wt%时，成为黏稠的丝蛋白水溶液，储存于丝腺体中部，待纺丝使用。

桑蚕（*Bombyx mori*）丝是目前已知被利用最早、产量最大的天然动物丝，其蛋白质也是人类研究得最为详尽的天然纤维蛋白。由于桑蚕丝具有特殊光泽、良好透气性、高吸湿性及触感佳，并兼具高强度等优点，被誉为“纤维皇后”，广泛用于纺织领域。除此之外，作为一种纯天然的高分子材料，蚕丝蛋白以优良的力学性能、生物相容性及环境稳定性，已涉猎食品、医药、生物技术（如丝蛋白酶固定技术）及日用精细化工（如化妆品）等多个应用领域。

桑蚕是完全变态昆虫，生命历程包括卵、幼虫（蚕）、蛹和成虫（蚕蛾）等四个阶段，各阶段在形态和生理机能上均有显著差异。蚕在幼虫后期（五龄）才在体内大量合成丝蛋白，用于吐丝结茧。从一只完整蚕茧上往往能够获得超过 1 km 的长丝纤维。蚕茧一般由占总质量 70%的丝素蛋白纤维和 25%的丝胶蛋白组成，其中丝素蛋白和丝胶蛋白均为由 18 种氨基酸残基构成的纤维性蛋白质，其并无明显的生物活性[75]。蚕茧丝另外 5%左右的质量是杂质，而柞蚕茧和野蚕茧的表面可能有较多的矿物质晶体，通常为草酸钙。目前人们的共识是，蚕体中的后部丝腺体合成丝素蛋白，中部丝腺体生成丝胶蛋白。丝素蛋白分泌到腺腔内向中部丝腺推进时，才被丝胶蛋白分层包裹。可见丝素蛋白构成了蚕茧丝的核心纤维，因此对其优异的力学性能起到了关键的作用；而丝胶蛋白则以涂层的方式存在，主要起黏结作用，对丝纤维力学性能的贡献不大。

科学家总结归纳了一种蚕丝形成的机制：桑蚕吐丝的驱动力源于外部拉力和腺体内推力的共同作用，从而导致腺体的不同部分都能产生剪切力；丝蛋白原液在适宜的剪切速率下，原本球状的丝蛋白分子链将有序排列，形成 β-折叠结构而与水相分离；可能的“丝压出器”形成反馈机制，来控制流动丝蛋白的量，主导丝纤维的生成。

桑蚕丝的丝素蛋白 GAGAGS 重复片段，在腺体中构成了与类Ⅱ型 β-转角结构相似的 silk Ⅰ结构。纺丝原液作为丝蛋白液晶态的水溶胶流经纺丝管时，需穿过一段直径骤减的渐细区（draw down taper）。在这里，纺丝原液发生流动拉伸，迫使丝蛋白分子链呈伸展态，并沿流动方向进行定向排列。随后，丝蛋白分子进一步相互靠近，并借助疏水作用和氢键结合，转变成 β-折叠结构（在桑蚕丝中也称为 silkⅡ结构）。在构象转变过程中，纺丝原液发生相分离，水分从逐渐固化的丝纤维表面排出。

除了拉伸和脱水过程，pH 也会影响纤维的形成。在蚕的丝腺体中（蜘蛛的大囊状腺体亦然），纺丝原液沿纺丝管流动的过程中会经历 pH 逐步下降。研究表明，降低纺丝原液的 pH 可以增加其剪切敏感度并诱导其凝胶化。可见，流动拉伸和酸化同时作用于纺丝原液，乃是其转变成纤维的关键。可以用一个简化的蛋白质变性模型进一步解释此现象：由于纺丝过程中的剪切力和降低的 pH 会使酰胺基团与水分子间的氢键变得不稳定，容易被较强的酰胺基团间的氢键取代（即丝蛋白链发生聚集变性）。

与 pH 类似，纺丝原液中各种金属离子浓度也会沿着纺丝管呈现单调的升高或降低。这些变化无疑对桑蚕丝蛋白的纤维化过程产生一定影响。例如，Mg^{2+}、Cu^{2+}和 Zn^{2+}有助于诱导丝蛋白向 β-折叠构象转变；Ca^{2+}有助于建立稳定的丝蛋白网络（水凝胶）结构；而 Na^{+}和 K^{+}则可能破坏丝蛋白的凝胶网络。由此推测，蚕之所以将丝蛋白水溶胶的成分设计得如此精细，是因为这种纺丝原液需兼顾在丝腺体内的长期储存稳定性、高浓度下的溶液易流动性，以及在适当触发机制下快速固化成纤维等多方面的因素。

蜘蛛丝是由蜘蛛体内丝腺体分泌蛋白质水溶胶经脱水后而形成的固体纤维，其主要成分是蛋白质。蜘蛛利用个性蜘蛛丝或编织蜘蛛网以捕捉猎物或建构巢穴或卵囊防护自身或子代。蜘蛛快速形成的悬垂丝（dragline silk）强度足以承受蜘蛛自身的质量，使其从高空坠落时免受自身与地面碰撞所产生的物理损伤。尽管蜘蛛在四亿年前就已存在，但其丝蛋白的研究和利用较晚，原因在于蜘蛛属于食肉性动物且具有同类相食的习性；加之蜘蛛并非像蚕那样在成熟时一次性吐丝，而是在日常生活中随时随地分泌各种丝蛋白，因此很难进行大规模的人工饲养及大规模采集；再者，大量收集野生蜘蛛丝也面临诸多挑战。因此，蜘蛛丝及其丝蛋白的研究和利用受到了极大的限制。

蚕丝作为唯一可以量产的天然长丝纤维，具有良好的吸湿性和极高的韧性。然而，涤纶、氨纶、腈纶等合成纤维的大量生产、市场需求的频繁变化，以及天然蚕丝抗皱性能差、易泛黄、抗静电性差、易起毛球等缺点，使得其相关纺织品产业遭受巨大冲击。提升蚕丝光泽度和质量是目前科学家们的研究重点。而蚕丝的力学性能、结晶结构和热稳定性都是其质量的体现。据报道，通过用碳纳米管、二氧化钛纳米粒子、铜纳米粒子或石墨烯等纳米材料喂养蚕，有助于改善蚕丝的微观结构和力学性能（图 9-10）。科研人员发现，阻碍丝纤维素从 α-螺旋到 β-折叠的构象转变，有助于提升断裂伸长率和韧性，从而转化为优良的力学性能。

9.3.2 利用生物平台对动物丝的改性

一直以来，科学家们对如何改造天然动物丝的固有特性很感兴趣，希望能借此实现超越现有材料的新材料开发。目前主要有两种策略：一是创造转基因物种；二是通过喂食改性饲料。相对而言，第二种策略更具可行性。例如，蚕丝的质量很大程度上依赖于蚕幼虫期摄食的影响。当添加某种材料至蚕食中，蚕丝的修饰

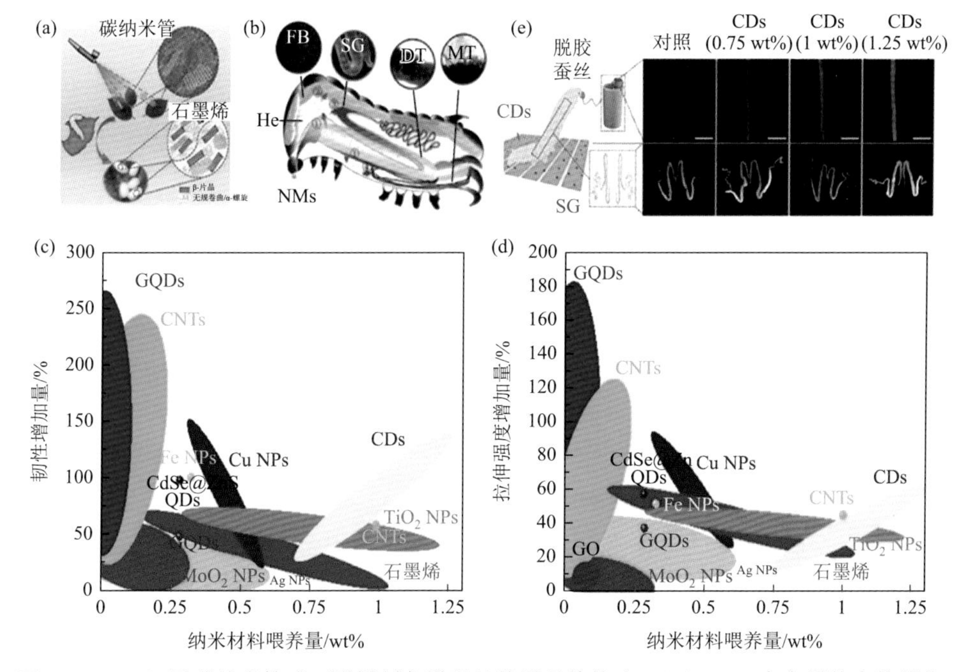

图 9-10　(a) 用碳纳米管或石墨烯制备增强丝的蚕喂养策略；(b) NMs 在家蚕体内的消化；(c) 纳米材料喂养后所获的复合蚕丝的韧性增加；(d) 纳米材料喂养后所获的复合蚕丝的拉伸强度增加；(e) CDs 喂养后获得的蚕丝及其荧光性能[76]

FB：脂肪体；SG：丝腺；DT：消化道；MT：马氏管；He：血淋巴；GQDs：石墨烯量子点

或改性过程随即展开。目前，已经可以通过这种方式制造适用于纺织工业的荧光或彩色丝绸。通常采用的方法是将改性剂用湿浸渍（或喷洒）的方式添加至天然食物桑叶或者人造饲料（由桑叶粉与其他蔬菜粉混合制成）中，最终实现蚕丝的改性。例如，通过喂食含 Fe_3O_4 的磁性纳米粒子，可实现磁性蚕丝的生产；喂食碳纳米管（CNTs）则可生成高强度丝。

2016年，清华大学化学系张莹莹教授团队在国际纳米领域权威学术期刊《纳米快报》（*Nano Letters*）上发表了一篇题目为 Feeding single-walled carbon nanotubes or graphene to silkworms for reinforced silk fibers 的文章，引起了广泛关注。这个项目在蚕宝宝成长的第三个阶段开始将石墨烯/碳纳米管的水溶液喷洒至桑叶上进行饲料投喂，直到蚕宝宝完成吐丝结茧的过程[76]。图 9-11（a）简要展示了通过用喷洒有单壁碳纳米管（SWNTs）或石墨烯（GR）分散液的桑叶喂养幼蚕来获得机械性能增强的蚕丝纤维的策略。在表面活性剂木质素磺酸钙（calcium lignosulfonate，LGS）的辅助下，SWNTs 或 GR 能均匀分散在去离子水中，用多种浓度的 SWNTs 或 GR 溶液喷洒新鲜桑叶，得到含 SWNTs（两种）和含 GR（两种）的饲料，同时设置只添加 LGS 的家蚕饲料作为对照组。图 9-11（b）

呈现了获得的多种蚕茧的照片，它们显示出相似的颜色和均匀的大小。所有蚕茧在进一步测定前需进行脱胶，以彻底清除蚕丝纤维上的丝胶涂层。从扫描电镜图［图9-11（c）～(g)］可以看出，改性蚕丝纤维的微观形貌与未改性蚕丝纤维无明显差异，说明SWNTs和GR的投喂对蚕丝形态无明显影响。机械性能测试表明，添加SWNTs的蚕丝的断裂强度和断裂伸长率分别为0.59 GPa和12.59%，添加GR的蚕丝的断裂强度和断裂伸长率分别为0.57 GPa和10.33%，两者都明显优于对照组的0.36 GPa和9.39%，如图9-11（h）所示。由此可见，改性后的蚕丝在强度和韧性上比对照样品均有显著提升，而且这些含有石墨烯/碳纳米管的蚕丝经过高温碳化处理后，形成的碳化纤维的电导率显著提高。研究结果还揭示，适量投喂石墨烯/碳纳米管对蚕的生长和蚕茧的形貌无明显影响，且其排泄物中都检测到了碳纳米材料，但过量投喂碳纳米材料会导致蚕丝纤维的力学性能变差。

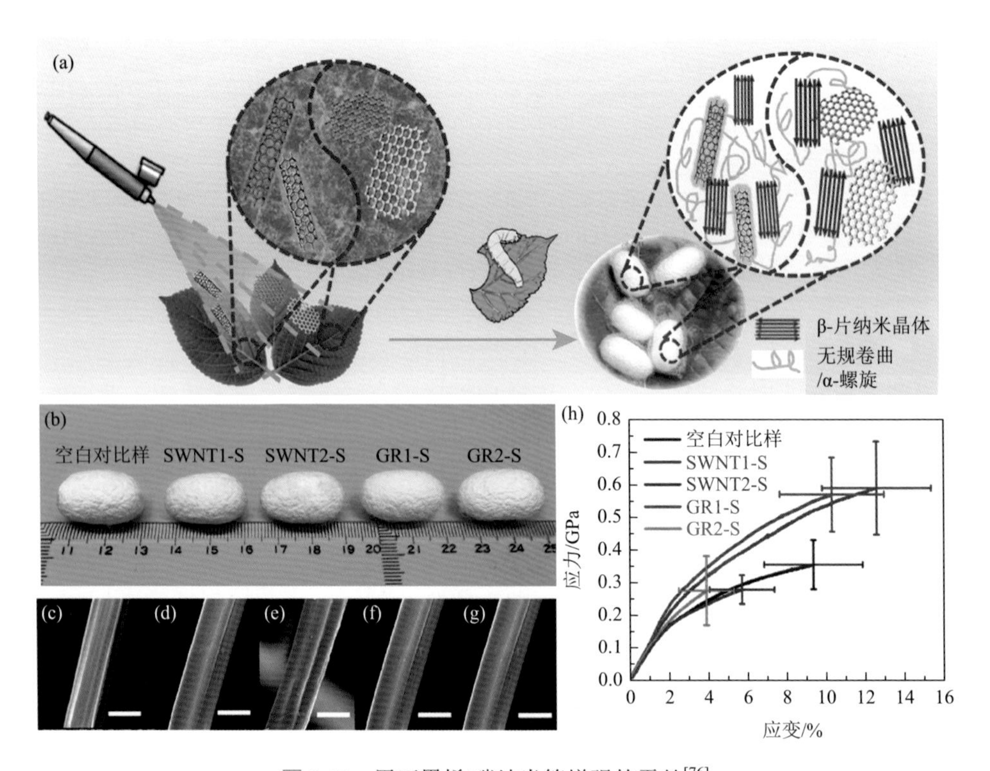

图 9-11 用石墨烯/碳纳米管增强的蚕丝[76]

（a）石墨烯/碳纳米管增强蚕丝的自然过程示意图；（b）用五种不同饲料饲养的家蚕所得典型茧的照片；（c）～（g）相对应的脱胶蚕丝纤维的扫描电镜图（标尺：5 μm）；（h）脱胶蚕丝纤维的应力-应变曲线

迄今为止，碳纳米管是用于改善蚕丝机械性能研究最深入的添加剂。其他碳基纳米材料，如石墨烯衍生物，也已被用于蚕丝的改性。石墨烯纳米片或氧化石墨烯（GO）对蚕丝机械性能的优化较为有限，但石墨烯量子点（GQDs）即使是在极小的剂量下，也在增强丝绸性能方面表现其优越性。除了机械性能的提升，碳基纳米材料还可能赋予蚕丝新的功能特性，如更高的电导率或热解后更好的石墨化效果，甚至产生更为稳定的荧光。

另一种用作蚕食物源的纳米材料是金属或者金属氧化物的纳米粒子。关于金属纳米粒子，研究最多的是 Ag 纳米粒子，但也有 Cu 和 Fe 的纳米粒子。这类材料虽无法显著优化蚕丝的机械性能，却能赋予蚕丝新的特性，如强大的抗菌效果或者从蚕茧中收集电能等。例如，Zhang 等通过在饲料中添加 Ag 纳米线（Ag NWs），实现了蚕丝纤维诸多性能的改良，使其综合力学性能明显提高，其中拉伸强度、断裂伸长率、拉伸模量和韧性分别提高了 37.2%、37.6%、68.3%和 69.8%[77]。此外，与未改性蚕丝相比，改性蚕丝纤维的导电性和导热性分别提高了 246.4%和 32.1%。成分和结构的分析表明，Ag NWs 的添加增加了无规卷曲/α-螺旋的含量，优化了微晶取向，从而提升了蚕丝纤维的力学、电学和热学性能。

图 9-12（a）展示了利用 Ag NWs 改性饲料提高蚕丝纤维多种适宜性的策略。首先，用新鲜桑叶喂养幼蚕，并将不同浓度的 Ag NWs 溶液喷洒在桑叶上制成多种饲料。将 80 只家蚕平均随机分为 4 组，喂 4 种不同的饲料。整个过程包含了从蚕卵至五龄蚕早期的持续饲养。最后将得到的茧壳切成小块，脱胶得到蚕丝纤维。蚕丝的纺丝过程相当复杂，众多因素决定着蚕丝纤维的性能。该研究工作中，Ag NWs 可能部分被运输到蚕的丝腺中，这与喂养其他纳米材料时的情况相似[76-79]。此前的研究表明，丝腺前、中、后的 pH 分别为 4.8～5.0、5.2 和 5.6～6.9[80]。具体来讲，丝腺内的复杂化学环境可能会影响银的存在形式，需进一步研究。而在蚕丝蛋白流经蚕丝腺前腺时，在剪切应力作用下，无规卷曲/α-螺旋会转变为 β-片纳米晶体。图 9-12（c）和（d）简要描绘了在无/有 Ag NWs 投喂的蚕丝纤维中丝素的二级结构变化。银的引入抑制了丝素由随机卷曲/α-螺旋向 β-片的结构转变，形成了 β-片纳米晶体的排列，进而提高了机械性能。此外，银在丝素基质中起到导电添加剂的作用，有助于增强丝素纤维的导电性和导热性。然而，由于银的含量有限，得到的蚕丝纤维的导电性和导热性都不足以达到电子领域的应用标准。尽管如此，该研究的结果有力证明，通过喂食 Ag NWs 生产具有良好机械、电和热性能的蚕丝纤维是可行且有效的途径。

通过对蚕喂食金属氧化物纳米材料来改性蚕丝，也观察到类似的结果。对于蚕丝的喂食改性，金属氧化物纳米材料以 TiO_2 为主，偶有 Fe_3O_4、MoS_2 或 MoO_2 等其他化合物的应用实例。例如，TiO_2 优异的紫外线吸收能力使其成为抗紫外线蚕丝的制作原料；Fe_3O_4 的磁性特质使其成功制得磁性蚕丝；MoO_2 纳米粒子则导

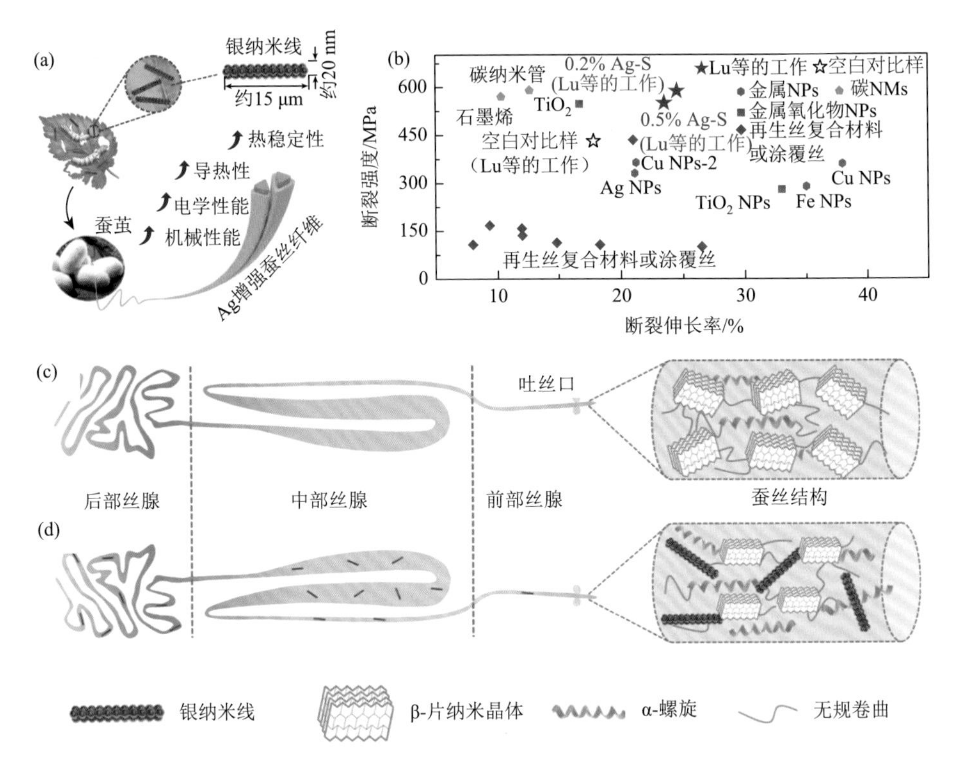

图 9-12 (a) 喂食 Ag NWs 改性饲料制备增强蚕丝纤维的过程；(b) 不同纳米材料的力学性能比较；不添加 (c) 和添加 (d) Ag NWs 的蚕丝纤维中的次级结构[77]

致其碳化丝的比电容增加。更详细来说，Cai 和 Zhang 等利用 TiO_2 与丝素蛋白之间的相互作用，易于将 TiO_2 纳米粒子融入家蚕的丝腺中[79]。红外光谱分析［图 9-13（a）和（b）］表明，TiO_2 并未改变蚕丝的基本结构，但 TiO_2 纳米粒子限制了丝素蛋白从无规卷曲/α-螺旋向 β-片纳米晶体的构象转变。随着 TiO_2 纳米粒子添加量的增加，改性丝中无规卷曲/α-螺旋和 β-片纳米晶体含量分别呈上升和下降的相反趋势。同时，TiO_2 改性蚕丝的 β-片纳米晶体含量虽高于对照组蚕丝，但会随着 TiO_2 纳米粒子添加量的增加而逐渐减少。由此推断，TiO_2 纳米粒子可能诱导丝素蛋白的晶态有限化。总之，TiO_2 阻碍了丝素蛋白从无规卷曲/α-螺旋向 β-片纳米晶体的构象转变，TiO_2 含量越高，限制结晶效应越明显。同步辐射广角 X 射线衍射结果［图 9-13（e）］也证实了这个推断，改性蚕丝的结晶度低于对照组，中间相的含量高于对照组。机械性能测试［图 9-13（c）］发现，在蚕的饲料中添加 1% TiO_2 纳米粒子时，改性真丝的断裂强度和断裂伸长率分别可提升至 (548±33)MPa 和(16.7±0.8)%。此外，经紫外光照射 3 h 后，TiO_2-1%改性蚕丝的断裂强度仅下降 15.9%。

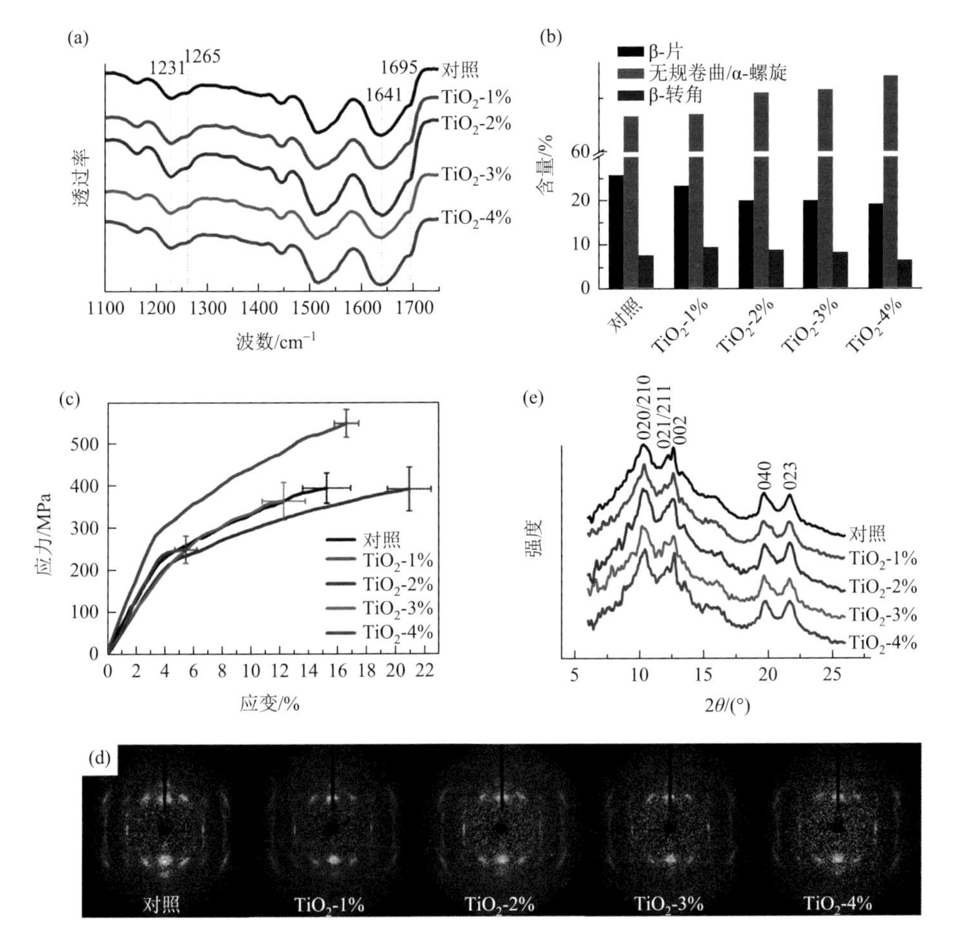

图 9-13 脱胶蚕丝：（a）红外光谱；（b）红外光谱在酰胺 I 的去卷积计算结果；（c）应力-应变曲线；（d）2D 晶体结构解析；（e）同步辐射广角 X 射线衍射[79]

已经被吸收的 TiO_2 并未发生化学反应，FTIR 结果也没有显示出含有钛的新化合物的任何证据，因为惰性的 TiO_2 纳米粒子和丝素蛋白之间难以形成新的接触，丝纤维中钛的主要存在形式依然为 TiO_2 纳米粒子。Pan 等通过在再生蚕丝蛋白溶液中加入 TiO_2 获得了韧性人造丝，并提出了纳米受限晶体增韧机制[81]。该项研究表明，TiO_2 与丝素基质的配位化合物和氢键限制了结构由无规卷曲/α-螺旋向β-片纳米晶体的转变，纳米粒子在纤维中形成“交联”网络，降低了结晶度，提高了断裂伸长率。这一机制也可用于解释 TiO_2 改性蚕丝的 β-螺旋含量和结晶度的降低。无定形区域的增加可能导致 TiO_2-1%改性蚕丝和 TiO_2-2%改性蚕丝的断裂伸长率提高。这是因为含量较低的纳米粒子被蚕丝很好地吸收了。但当添加量增加到 3%和 4%时，TiO_2 的高添加量很可能超过蚕丝的吸收能力，而纳米粒子在高浓度下的结块可能阻碍纳米粒子与丝素的结合，改性蚕丝的力学性能开始变差，因此中间相含量比 TiO_2-1%改性蚕丝和 TiO_2-2%改性蚕丝明显减少，接近对照蚕丝。此外，低质量的聚合可能引发缺陷，影响改性蚕丝的力学性能，尤其是对于 TiO_2-4%改性蚕丝。

上述所有的突破皆源于纳米材料可借助蚕这个生物平台融于丝中，这可用多种测试手段予以证实。例如，利用拉曼光谱在丝绸中检测到碳纳米管和石墨烯，通过 ICP-MS 和先进的电子显微镜技术检测到丝绸中金属纳米粒子等。然而，大多数纳米材料是通过蚕的代谢被排出，因此最终实际融入丝绸的数量仍然难以精准控制。研究结果揭示，纳米材料可通过整条消化道，然而仅有少数能够通过此屏障进入血液和淋巴，最终到达蚕的丝腺部位。只有这些最终到达丝腺的纳米材料才能和蚕丝一起被挤出。据此推测，大小合适，化学上与血液、淋巴相容的纳米材料更容易到达丝腺，从而实现对蚕丝的改性，如小尺寸的碳点和石墨烯量子点（直径均小于 5 nm）。另一方面，纳米材料的亲水性也是很重要的影响因素，可解释为什么高氧化和超微纳米材料在蚕丝增强应用表现最佳。

关于蜘蛛产丝，鉴于其野生和掠食天性，以及无法被驯化，显然，通过喂养改性饲料来改性蜘蛛丝并非可行的选择。因此，关于喂食蜘蛛以改善蜘蛛丝的研究很少。Lepore 等在 2017 年进行了一项里程碑式的重要研究，报道了用碳纳米管和石墨烯喂养蜘蛛的成果[82]。其方法为在饲养箱内角喷洒水分散剂，这种间接投喂方式在某种程度上导致了这些 NMs 与蜘蛛丝的结合，使其机械性能有了显著改善（图 9-14）。蜘蛛丝本身具有卓越的力学性能，包括高强度（约 1.5 GPa）和高韧性（约 150 J/g）。给蜘蛛喂食含有碳纳米管和石墨烯的水分散剂后，通过蜘蛛纺丝产出了含有石墨烯和碳纳米管的蜘蛛丝。与原丝相比，其力学性能大幅提高，

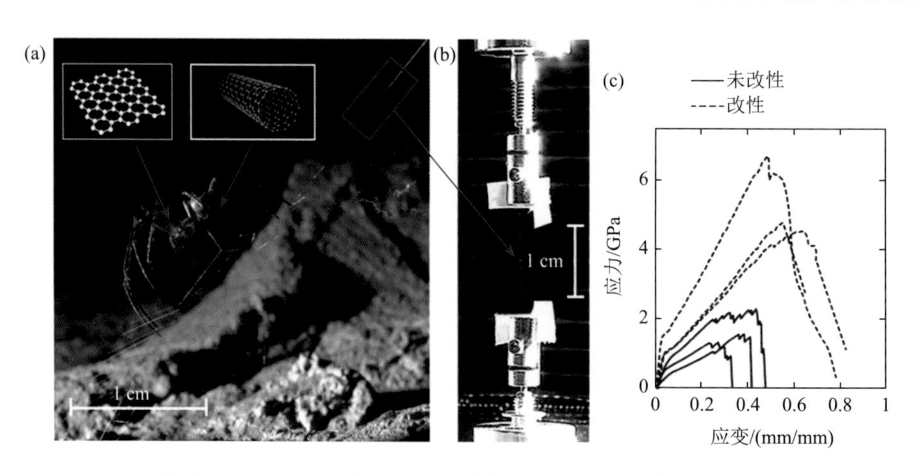

图 9-14 （a）给蜘蛛喂食含有石墨烯或碳纳米管的分散剂；（b）收集相应的蜘蛛丝，并进行拉伸测试；（c）蜘蛛丝应力-应变曲线[82]

断裂强度高达 5.4 GPa，韧性模量高达 1570 J/g。然而，值得注意的是，研究学者也承认他们无法掌控蜘蛛对纳米材料的吸收情况。

9.4　小结

本章中，以细菌、真菌、植物、蚯蚓、家蚕等天然生物系统为例，综述了在单细胞或高等生物平台上合成制备各种纳米粒子和纳米复合材料的最新进展。预见了生物金属纳米粒子、生物量子点、生物改性动物丝等在能量和催化领域最有前途的未来方向，因为其在组成、形态和性能优化方面具有良好的可调控性，以及生物基质纳米复合材料具备多功能性智能纺织能力和特殊成分与结构，展现出优良的力学性能和新功能（如磁性行为、荧光和自愈合能力）。尽管小型生物体在实现此类纳米技术中的优势明显，但其开发仍面临诸多挑战。

此种创新且具有革新性效果的方法仍处于起步阶段，但已展现出巨大潜力。利用这种方法，生物实体的特定代谢和生理活性可以将离子转化为具有卓越性能的纳米材料，或者将不同的纳米材料结合到生物图谱中，从而获得改性的天然动物丝。由此产生的新材料在许多方面优于基于非生物系统的合成和制备工艺。尽管目前对于该过程的潜在化学和生物学机制的了解尚不透彻，但当前的研究进展已令人备受鼓舞。值得一提的是，天然生物系统平台不仅能够作为模板，还能因其生物活性改变纳米材料的形状、尺寸及还原状态，同时，对纳米复合材料的分散状态和均匀度进行有效调控。这一性能完胜了人工制造，就算是使用复杂的实验室设备也难以完成。更独特的是，天然生物系统平台的纳米级界面交互作用，是引起产物特性改善甚至开发出新特性的根本原因。这一领域之所以发展快速，主要归功于所需介质简便易得且成本低廉，此外，过程反应条件相较于经典的纳米材料化学合成技术更为温和、环保且可持续。天然生物系统平台合成和制备纳米材料的方法符合循环经济思维，目前已经达到实验室规模，影响力广泛，成为纳米科技未来发展的研究热点。

然而，在实现工业化过程中，我们仍然需要面对一些问题，如重复性和再现性问题，以及如何实现各种纳米材料和纳米复合材料过程的普遍可扩展性。为了实现这一目标，还需对所获得的材料及其衍生物进行全面合理化和标准化。

参考文献

[1] Calvo V，González-Domínguez J M，Benito A M，et al. Synthesis and processing of nanomaterials mediated by living organisms. Angewandte Chemie International Edition，2022，61（9）：e202113286.

[2] Singh P，Kim Y J，Zhang D，et al. Biological synthesis of nanoparticles from plants and microorganisms. Trends in Biotechnology，2016，34（7）：588-599.

[3] Narayanan K B，Sakthivel N. Biological synthesis of metal nanoparticles by microbes. Advances in Colloid and Interface Science，2010，156（1-2）：1-13.

[4] Du L Y，Yang Y，Zhang X J，et al. Recent advances in nanotechnology-based COVID-19 vaccines and therapeutic antibodies. Nanoscale，2022，14（4）：1054-1074.

[5] Rai M，Ingle A P，Birla S，et al. Strategic role of selected noble metal nanoparticles in medicine. Critical Reviews in Microbiology，2016，42（5）：696-719.

[6] Abbasi E，Milani M，Aval S F，et al. Silver nanoparticles：Synthesis methods，bio-applications and properties. Critical Reviews in Microbiology，2016，42（2）：173-180.

[7] Giljohann D A，Seferos D S，Daniel W L，et al. Gold nanoparticles for biology and medicine. Angewandte Chemie International Edition，2010，49（19）：3280-3294.

[8] Pereira L，Mehboob F，Stams A J M，et al. Metallic nanoparticles：Microbial synthesis and unique properties for biotechnological applications，bioavailability and biotransformation. Critical Reviews in Biotechnology，2015，35（1）：114-128.

[9] Ahamed M，Alsalhi M S，Siddiqui M K J. Silver nanoparticle applications and human health. Clinica Chimica Acta，2010，411（23-24）：1841-1848.

[10] Zahir A A，Chauhan I S，Bagavan A，et al. Green synthesis of silver and titanium dioxide nanoparticles using *Euphorbia prostrata* extract shows shift from apoptosis to G_0/G_1arrest followed by necrotic cell death in *Leishmania donovani*. Antimicrobial Agents and Chemotherapy，2015，59（8）：4782-4799.

[11] Ambika S，Sundrarajan M. Green biosynthesis of ZnO nanoparticles using *Vitex negundo* L. extract：Spectroscopic investigation of interaction between ZnO nanoparticles and human serum albumin. Journal of Photochemistry and Photobiology B：Biology，2015，149：143-148.

[12] Momeni S，Nabipour I. A simple green synthesis of palladium nanoparticles with *Sargassum* alga and their electrocatalytic activities towards hydrogen peroxide. Applied Biochemistry and Biotechnology，2015，176（7）：1937-1949.

[13] Nasrollahzadeh M，Sajadi S M. Green synthesis of copper nanoparticles using *Ginkgo biloba* L. leaf extract and their catalytic activity for the Huisgen [3 + 2] cycloaddition of azides and alkynes at room temperature. Journal of Colloid and Interface Science，2015，457：141-147.

[14] Gupta S，Bector S. Biosynthesis of extracellular and intracellular gold nanoparticles by *Aspergillus fumigatus* and *A. flavus*. Journal of Microbiology，2013，103（5）：1113-1123.

[15] Derakhshan F K，Dehnad A，Salouti M. Extracellular biosynthesis of gold nanoparticles by metal resistance bacteria：*Streptomyces griseus*. Synthesis and Reactivity in Inorganic Metal-Organic and Nano-Metal Chemistry，2012，42（6）：868-871.

[16] Etschmann B，Brugger J，Fairbrother L，et al. Applying the *Midas* touch：Differing toxicity of mobile gold and platinum complexes drives biomineralization in the bacterium *Cupriavidus metallidurans*. Chemical Geology，2016，438：103-111.

[17] Lengke M，Southam G. Bioaccumulation of gold by sulfate-reducing bacteria cultured in the presence of gold(Ⅰ)-thiosulfate complex. Geochimica et Cosmochimica Acta，2006，70（14）：3646-3661.

[18] Lengke M F，Southam G. The effect of thiosulfate-oxidizing bacteria on the stability of the gold-thiosulfate complex. Geochimica et Cosmochimica Acta，2005，69（15）：3759-3772.

[19] Kashefi K，Tor J M，Nevin K P，et al. Reductive precipitation of gold by dissimilatory Fe(Ⅲ)-reducing bacteria and archaea. Applied and Environmental Microbiology，2001，67（7）：3275-3279.

[20] Lengke M F，Fleet M E，Southam G. Morphology of gold nanoparticles synthesized by filamentous cyanobacteria from gold(Ⅰ)-thiosulfate and gold(Ⅲ)-chloride complexes. Langmuir，2006，22（6）：2780-2787.

[21] Lengke M F，Ravel B，Fleet M E，et al. Mechanisms of gold bioaccumulation by filamentous cyanobacteria from gold(Ⅲ)-chloride complex. Environmental Science & Technology，2006，40（20）：6304-6309.

[22] Du L W，Jiang H，Liu X H，et al. Biosynthesis of gold nanoparticles assisted by *Escherichia coli* DH5α and its application on direct electrochemistry of hemoglobin. Electrochemistry Communications，2007，9（5）：1165-1170.

[23] Kupryashina M A，Vetchinkina E P，Burov A M，et al. Biosynthesis of gold nanoparticles by *Azospirillum brasilense*. Microbiology，2013，82（6）：833-840.

[24] He S，Guo Z，Zhang Y，et al. Biosynthesis of gold nanoparticles using the bacteria *Rhodopseudomonas Capsulata*. Materials Letters，2007，61（18）：3984-3987.

[25] He S，Zhang Y，Guo Z，et al. Biological synthesis of gold nanowires using extract of rhodopseudomonas capsulata. Biotechnology Progress，2008，24（2）：476-480.

[26] Husseiny M I，El-Aziz M A，Badr Y，et al. Biosynthesis of gold nanoparticles using *Pseudomonas aeruginosa*. Molecular and Biomolecular Spectroscopy，2007，67（3-4）：1003-1006.

[27] Wen L，Lin Z H，Gu P Y，et al. Extracellular biosynthesis of monodispersed gold nanoparticles by a SAM capping route. Journal of Nanoparticle Research，2009，11（2）：279-288.

[28] Mukherjee P，Ahmad A，Mandal D，et al. Bioreduction of $AuCl_4^-$ ions by the Fungus，*Verticillium* sp. and surface trapping of the gold nanoparticles formed. Angewandte Chemie International Edition，2001，40（19）：3585-3588.

[29] Mukherjee P，Ahmad A，Mandal D，et al. Fungus-mediated synthesis of silver nanoparticles and their immobilization in the mycelial matrix：A novel biological approach to nanoparticle synthesis. Nano Letters，2001，1（10）：515-519.

[30] Gericke M，Pinches A. Biological synthesis of metal nanoparticles. Hydrometallurgy，2006，83（1-4）：132-140.

[31] Kumar S A，Abyaneh M K，Gosavi S W，et al. Nitrate reductase-mediated synthesis of silver nanoparticles from $AgNO_3$. Biotechnology Letters，2007，29（3）：439-445.

[32] Ingle A，Gade A，Pierrat S，et al. Mycosynthesis of silver nanoparticles using the fungus *Fusarium acuminatum* and its activity against some human pathogenic bacteria. Current Nanoscience，2008，4（2）：141-144.

[33] Sanghi R，Verma P. Biomimetic synthesis and characterisation of protein capped silver nanoparticles. Bioresource Technology，2009，100（1）：501-504.

[34] MacDonald I D G，Smith W E. Orientation of cytochrome *c* adsorbed on a citrate-reduced silver colloid surface. Langmuir，1996，12（3）：706-713.

[35] Kumar C V，McLendon G L. Nanoencapsulation of cytochrome *c* and horseradish peroxidase at the galleries of α-zirconium phosphate. Chemistry of Materials，1997，9（3）：863-870.

[36] Dhillon G S，Brar S K，Kaur S，et al. Green approach for nanoparticle biosynthesis by fungi：Current trends and applications. Critical Reviews in Biotechnology，2012，32（1）：49-73.

[37] Durán N，Marcato P D，Alves O L，et al. Mechanistic aspects of biosynthesis of silver nanoparticles by several *Fusarium oxysporum* strains. Journal of Nanobiotechnology，2005，3：8.

[38] Silver S. Bacterial resistances to toxic metal ions：A review. Gene，1996，179（1）：9-19.

[39] Beveridge T J，Hughes M N，Lee H，et al. Metal-microbe interactions：Contemporary approaches. Advances in Microbial Physiology，1997，38：177-243.

[40] Gade A K，Bonde P R，Ingle A P，et al. Exploitation of *Aspergillus niger* for synthesis of silver nanoparticles. Journal of Biobased Materials and Bioenergy，2008，2（3）：243-247.

[41] Malik A. Metal bioremediation through growing cells. Environment International，2004，30（2）：261-278.

[42] Hassen A，Saidi N，Cherif M，et al. Resistance of environmental bacteria to heavy metals. Bioresource Technology，1998，64（1）：7-15.

[43] Gavrilescu M. Removal of heavy metals from the environment by biosorption. Engineering in Life Sciences，2004，4（3）：219-232.

[44] Baldrian P. Interactions of heavy metals with white-rot fungi. Enzyme and Microbial Technology，2003，32（1）：78-91.

[45] Anand P，Isar J，Saran S，et al. Bioaccumulation of copper by *Trichoderma viride*. Bioresource Technology，2006，97（8）：1018-1025.

[46] Noruzi M. Biosynthesis of gold nanoparticles using plant extracts. Bioprocess and Biosystems Engineering，2015，38（1）：1-14.

[47] Singh P，Kim Y J，Yang D C. A strategic approach for rapid synthesis of gold and silver nanoparticles by *Panax ginseng* leaves. Artificial Cells，Nanomedicine，and Biotechnology，2016，44（8）：1949-1957.

[48] Singh P，Kim Y J，Wang C，et al. The development of a green approach for the biosynthesis of silver and gold nanoparticles by using *Panax ginseng* root extract，and their biological applications. Artificial Cells，Nanomedicine，and Biotechnology，2016，44（4）：1150-1157.

[49] Duan H，Wang D，Li Y. Green chemistry for nanoparticle synthesis. Chemical Society Reviews，2015，44（16）：5778-5792.

[50] El-Kassas H Y，El-Sheekh M M. Cytotoxic activity of biosynthesized gold nanoparticles with an extract of the red seaweed *Corallina officinalis* on the MCF-7 human breast cancer cell line. Asian Pacific Journal of Cancer Prevention，2014，15（10）：4311-4317.

[51] Philip D，Unni C，Aromal S A，et al. Murraya Koenigii leaf-assisted rapid green synthesis of silver and gold nanoparticles. Spectrochimica Acta Part A：Molecular and Biomolecular Spectroscopy，2011，78（2）：899-904.

[52] Baker S，Rakshith D，Kavitha K S，et al. Plants：Emerging as nanofactories towards facile route in synthesis of nanoparticles. BioImpacts，2013，3（3）：111-117.

[53] Makarov V V，Love A J，Sinitsyna O V，et al. “Green” nanotechnologies：Synthesis of metal nanoparticles using plants. Acta Naturae，2014，6（1）：35-44.

[54] Singh P，Kim Y J，Wang C，et al. Microbial synthesis of flower-shaped gold nanoparticles. Artificial Cells，Nanomedicine，and Biotechnology，2016，44（6）：1469-1474.

[55] Gurunathan S，Han J，Park J H，et al. A green chemistry approach for synthesizing biocompatible gold nanoparticles. Nanoscale Research Letters，2014，9（1）：248.

[56] Gurunathan S，Kalishwaralal K，Vaidyanathan R，et al. Biosynthesis，purification and characterization of silver nanoparticles using *Escherichia coli*. Colloids and Surfaces B：Biointerfaces，2009，74（1）：328-335.

[57] Banu A N，Balasubramanian C. Optimization and synthesis of silver nanoparticles using *Isaria fumosorosea* against human vector mosquitoes. Parasitology Research，2014，113（10）：3843-3851.

[58] Ghodake G S，Deshpande N G，Lee Y P，et al. Pear fruit extract-assisted room-temperature biosynthesis of gold nanoplates. Colloids and Surfaces B：Biointerfaces，2010，75（2）：584-589.

[59] Sathishkumar M，Sneha K，Yun Y S. Immobilization of silver nanoparticles synthesized using *Curcuma* longa *Tuber* powder and extract on cotton cloth for bactericidal activity. Bioresource Technology，2010，101（20）：7958-7965.

[60] Kora A J，Beedu S R，Jayaraman A. Size-controlled green synthesis of silver nanoparticles mediated by gum

ghatti（*Anogeissus latifolia*）and its biological activity. Organic and Medicinal Chemistry Letters，2012，2（1）：17.

[61] Shankar S S，Rai A，Ankamwar B，et al. Biological synthesis of triangular gold nanoprisms. Nature Materials，2004，3（7）：482-488.

[62] Tian L J，Zhou N Q，Liu X W，et al. A sustainable biogenic route to synthesize quantum dots with tunable fluorescence properties for live cell imaging. Biochemical Engineering Journal，2017，124：130-137.

[63] Jacob J M，Rajan R，Tom T C，et al. Biogenic design of ZnS quantum dots-insights into their *in-vitro* cytotoxicity，photocatalysis and biosensing properties. Ceramics International，2019，45（18）：24193-24201.

[64] Jian H J，Yu J T，Li Y J，et al. Highly adhesive carbon quantum dots from biogenic amines for prevention of biofilm formation. Chemical Engineering Journal，2020，386：123913.

[65] Yan J F，Fu Q B，Zhang S K，et al. A sensitive ratiometric fluorescent sensor based on carbon dots and CdTe quantum dots for visual detection of biogenic amines in food samples. Spectrochimica Acta Part A：Molecular and Biomolecular Spectroscopy，2022，282：121706.

[66] Li Y，Cui R，Zhang P，et al. Mechanism-oriented controllability of intracellular quantum dots formation：The role of glutathione metabolic pathway. ACS Nano，2013，7（3）：2240-2248.

[67] Park T J，Lee S Y，Heo N S，et al. *In vivo* synthesis of diverse metal nanoparticles by recombinant *Escherichia coli*. Angewandte Chemie International Edition，2010，49（39）：7019-7024.

[68] Choi Y，Park T J，Lee D C，et al. Recombinant *Escherichia coli* as a biofactory for various single- and multi-element nanomaterials. Proceedings of the National Academy of Sciences of the United States of America，2018，115（23）：5944-5949.

[69] Tian L J，Li W W，Zhu T T，et al. Acid-stimulated bioassembly of high-performance quantum dots in *Escherichia coli*. Journal of Materials Chemistry A，2019，7（31）：18480-18487.

[70] Tian L J，Zhou N Q，Yu L H，et al. Bio-assembly of CdS_xSe_{1-x} quantum dots in ryegrass. Green Chemistry，2019，21（24）：6727-6730.

[71] Stürzenbaum S R，Höckner M，Panneerselvam A，et al. Biosynthesis of luminescent quantum dots in an earthworm. Nature Nanotechnology，2013，8（1）：57-60.

[72] Baccaro M，Undas A K，De Vriendt J，et al. Ageing，dissolution and biogenic formation of nanoparticles：How do these factors affect the uptake kinetics of silver nanoparticles in earthworms？. Environmental Science：Nano，2018，5（5）：1107-1116.

[73] Rosant C，Avalle B，Larcher D，et al. Biosynthesis of Co_3O_4 electrode materials by peptide and phage engineering：Comprehension and future. Energy & Environmental Science，2012，5（12）：9936-9943.

[74] 平航. 生物过程启示的无机材料限域合成新技术研究. 武汉：武汉理工大学，2016.

[75] Shao Z，Vollrath F. Surprising strength of silkworm silk. Nature，2002，418（6899）：741.

[76] Wang Q，Wang C Y，Zhang M C，et al. Feeding single-walled carbon nanotubes or graphene to silkworms for reinforced silk fibers. Nano Letters，2016，16（10）：6695-6700.

[77] Lu H J，Jian M Q，Yin Z，et al. Silkworm silk fibers with multiple reinforced properties obtained through feeding Ag nanowires. Advanced Fiber Materials，2022，4（3）：547-555.

[78] Tansil N C，Li Y，Teng C P，et al. Intrinsically colored and luminescent silk. Advanced Materials，2011，23（12）：1463-1466.

[79] Cai L Y，Shao H L，Hu X C，et al. Reinforced and ultraviolet resistant silks from silkworms fed with titanium dioxide nanoparticles. ACS Sustainable Chemistry & Engineering，2015，3（10）：2551-2557.

[80] Foo C W P，Bini E，Hensman J，et al. Role of pH and charge on silk protein assembly in insects and spiders. Applied Physics A，2006，82（2）：223-233.

[81] Pan H，Zhang Y，Shao H，et al. Nanoconfined crystallites toughen artificial silk. Journal of Materials Chemistry B，2014，2（10）：1408-1414.

[82] Lepore E，Bosia F，Bonaccorso F，et al. Spider silk reinforced by graphene or carbon nanotubes. 2D Materials，2017，4（3）：031013.

生物过程启示的微观增材制造

10.1 自然界的增材制造

增材制造（additive manufacturing，AM）技术是相对于传统的车、铣、刨、磨等使用机械加工方法去除材料的成型工艺，以及铸造、锻压、注塑等材料凝固和塑性变形的成型工艺而提出的一种新的制备和成型技术，是通过材料逐渐增加的方式制造产品的一类工艺技术的总称。

如果观察一下，我们会发现自然界其实就是最好的增材制造专家。例如，同种类型的贝壳都是从小尺寸自然增材制造到大尺寸，而且制造得一模一样。牙齿、骨头等也是如此。如果从显微结构来看，会发现自然物质的微观结构也是从小长到大，而且同种物质的微观结构也是增材制造得一模一样。因此，提出生物过程启示的宏观增材制造（bioprocessing-inspired macroscale additive manufacturing）和生物过程启示的微观增材制造（bioprocessing-inspired microscale additive manufacturing）两个研究方向，前者是学习生物物质宏观制造的一些重要特征和控制因素来发展宏观尺度增材制造技术，后者是学习生物物质微观结构形成过程的重要特征和控制因素发展微观尺度增材制造技术。本章重点介绍人们受到生物增材制造的启示发展的微观增材制造方面的研究工作。

10.2 纳米尺度：DNA 自组装

脱氧核糖核酸（DNA）由于含有生物遗传的重要信息，被广泛认为是生命的遗传密码[1]。DNA 也被形容为一种结构材料[2]，由长度为 0.33 nm 的核苷酸单元构成的长聚合物，链宽在 2.2～2.6 nm 之间[3]。其分子结构中，两个多脱氧核苷酸紧缠在一个共同的中心轴上，形成双螺旋结构。在 DNA 的外部是脱氧核糖磷酸链，内部则是垂直于螺旋轴取向的碱基。两条多脱氧核苷酸链反向互补，通过碱基间形成的氢键进行碱基配对，形成了牢固的结合[4]。精致细密的 DNA 序列的排列复杂庞大，例如，人体基因组就包含约 30 亿对碱基。其序列的特殊性是利用 DNA 做建造材料的关键因素，每条链都和互补链紧密组装在一起。另外，已经对 DNA 的化学和力学行为进行深入研究，并且在设计各种纳米结构时有着重大作用。例如，DNA 碱基的配对相互作用有可预测的熔化温度[5]，这在指导自组装纳米结构方面有着重要的应用价值[6, 7]；功能化的化学方法可以让各式各样的分子连接到 DNA 纳米结构上[8]，通过调整弯曲刚度，能有效地增加 DNA 纳米结构的顺应性或张力[9, 10]。

DNA 的产生过程展现出了极为典范的微观增材制造过程[11, 12]。其中，名为“DNA 折纸”的技术，为科研工作者设计各种复杂的 3D 纳米结构提供了重要支持。“DNA 折纸”技术巧妙地融合了 DNA 纳米技术及 DNA 自组装。该技术独特之处在于，通过一条长且单一的 DNA 链（通常取基因组 DNA）与一系列特别设计的小片段 DNA 进行碱基互补后，能够可控地构造出高度复杂的纳米图案或结构。

“折纸”的艺术形式，是将平顺的纸张折叠并雕刻成任何形状的物品。同样地，“DNA 折纸”技术意为分子自我折叠：一条长的单链 DNA（支架）如 M13 噬菌体基因组 DNA（约 7000 bp），被数百个短的合成 DNA 寡核苷酸（20～60 bp）折叠，从而形成特定的纳米图案或结构。这些短的 DNA 寡核苷酸通常与 DNA 支架互补，它们如同“订书钉”一样，将支架的空间距离片段连接在一起[图 10-1（a）]。Rothemund 于 2006 年首次报道了“DNA 折纸”技术，利用 Watson-Crick 碱基互补配对的特色和可预知性，在单链支架上采取互补配对，成功在纳米尺度上创造了各种形状的二维或三维纳米结构[13]。在拓扑结构上，这些 DNA 折纸结构由 DNA 链在相邻的 DNA 螺旋间“交叉”组成了二维平面的纳米图案，成功建设了五个平面、任意形状、长度大约 100 nm 的二维纳米结构［图 10-1（b）］。

随后，科研团队进一步通过简单的二维平面折叠，构建了 3D 中空容器——四面体［图 10-1（c）］和立方体［图 10-1（d）］[14, 15]。2009 年，Shih 团队的重要报告显示，通过将 DNA 螺旋“捆绑”成蜂窝状晶格，成功构建了实体 3D 纳米结构［图 10-1（e）］[16]。设计过程犹如在多孔晶体支架上进行“雕塑”：在这之中，多孔支架是一个反向平行支架螺旋的蜂窝格子，其互补的短 DNA 以反向缠绕方式围绕在支架周围，以组装 B 型双螺旋 DNA。根据初始几何参数（后续根据需要可做适当调整以考虑螺旋间排斥）为 2.0 nm，各碱基对能升了 0.34 nm，平均扭曲能达到 34.3°（每 21 个碱基对可以弯曲一周）。相邻支架中的 DNA 螺旋可交叉，其相应交叉点可向上或向下移动 5 个碱基对或半圈。同时，DNA 折纸纳米结构的分层组装也可通过编程短 DNA 桥接支架予以实现。

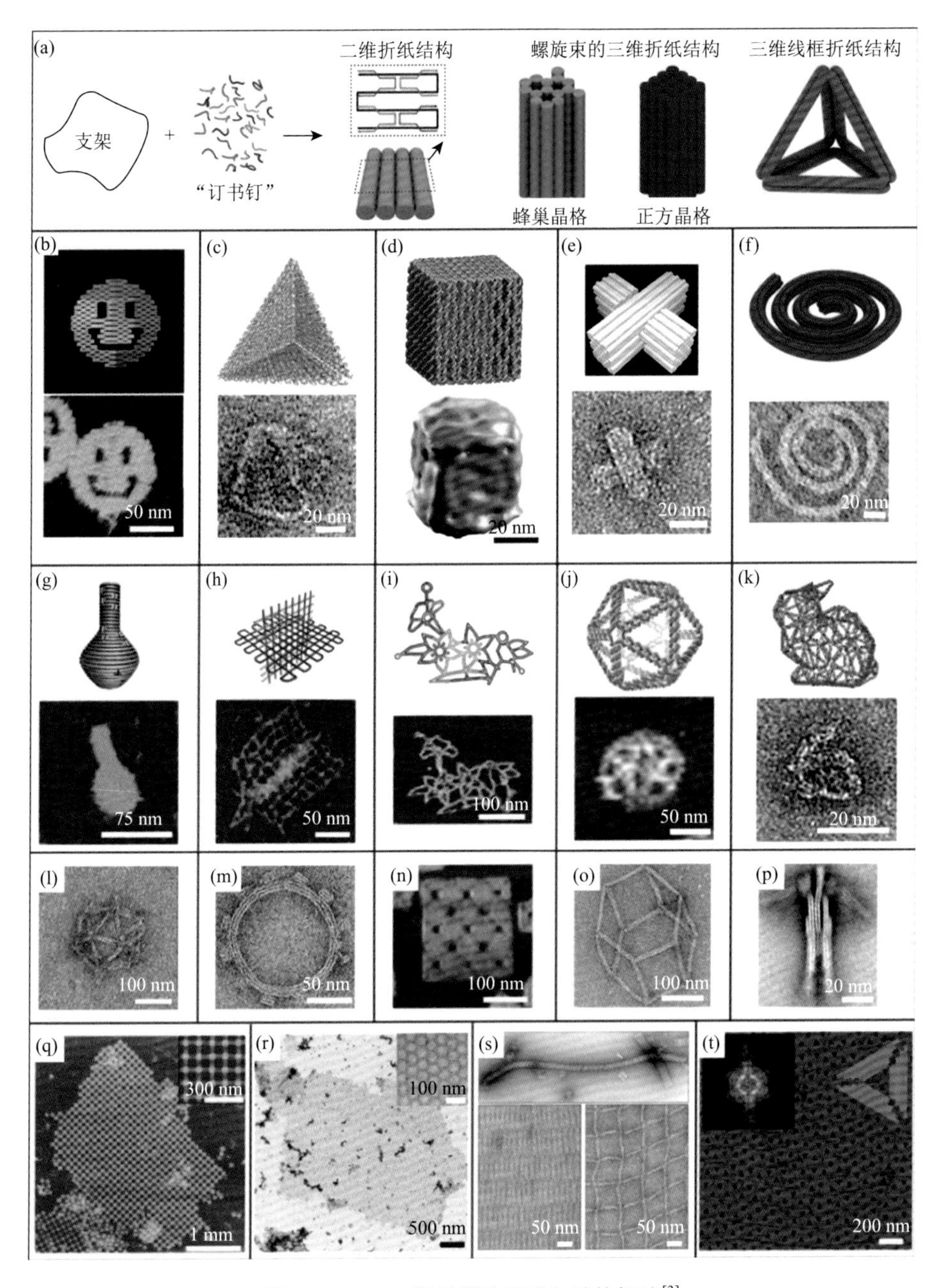

图 10-1　DNA 折纸设计策略与结构概述[3]

（a）构建 2D 和 3D 物体的 DNA 折纸设计策略；（b）DNA 折纸笑脸；由扁平 DNA 折纸折叠而成的中空四面体（c）和立方体（d）；（e）由蜂窝状 DNA 晶格构造的开槽交叉；（f）螺旋状物体；（g）由同心 DNA 螺旋环构成的纳米烧瓶；（h）3D 网格结构；（i）线框花鸟图案；（j）线框二十面体；（k）斯坦福兔；（l）～（p）DNA 折纸离散超结构；（q）～（t）微米级的 DNA 折纸结构

Yan 等成功地打破了刚性晶格模型的限制，首先利用支架确定目标物体表面特征，接着进行 DNA 构象的调整与交织网络的塑造。通过调整链交叉的位置，成功制备出由同心 DNA 螺旋环构成的纳米烧瓶［图 10-1（g）］[17]。然而，要生成复杂的 3D 结构，平面内和平面外的曲率都需要我们去关注。在外曲率方面，可以通过改变 DNA 双螺旋间交叉点的位置来完成。通常情况下，相邻的 B 型螺旋（n 和 $n+1$）会形成一种间隔为 21 bps（刚好 2 个整圈）的交叉连接，使得第三个螺旋可以偏离前两者形成的平面。而对于 B 型 DNA 螺旋，其二面角是固定的；但如果采用非 B 型 DNA 螺旋，就有了调节二面角的可能。独特构象的双螺旋的交叉连接能提供 0°～360°的弯曲角度可供选择，从而使 DNA 展现出足够的柔性，在最复杂的结构中也能呈现出近似的曲线效果［图 10-1（g）］。Yan 等成功地构筑了一个移动半径和二面角各异的非对称物体——纳米烧瓶，它由 35 个同心双螺旋 DNA 环所组成，颈部的圆环直径不变，而圆底则由多个不同大小的圆环构成。该 DNA 折纸结构强调 3D 结构的轮廓曲率，能明显区分圆形底部和圆柱形颈部。

在这个基础上，Yan 等[18]还成功研发了一种线框设计策略，利用 DNA 四臂连接，作为 DNA 螺旋网络中的支撑点来生成二维或三维类似烤架形状的 DNA 折纸结构［图 10-1（h）］。随后，他们报道了另一种通过多臂连接来创建更复杂物体的方法，控制连接环的长度可调整臂之间的角度［图 10-1（i）］[19]。在此策略的基础上，Bathe 及其同事[20]开发了一种名为 Daedalus 的设计算法，将设计过程自动化，使其能创建多面体对象［图 10-1（j）］。Högberg 等[21]报道了另一种替代的线框策略，将设计的对象呈现为三角网格。为了优化脚手架的形成路径，他们开发出一种算法（VHelix，基于 Autodesk Maya），成功制造出了斯坦福兔［图 10-1（k）］。

在实际应用中，扩展 DNA 折纸结构的尺寸是十分必要的。一种可行的方法是使用较长的 DNA 支架[21, 22]，但这种方法需要更多具有独特序列的“订书钉”短链 DNA，大大增加了成本。同时，这种方法并不适用于制作更大的微米级结构。另外一个更为现实的选择是将 DNA 支架分层组装成离散超结构，或是通过黏端互黏聚集或碱基对堆叠来形成一维、二维或者三维的晶格结构。如图 10-1（l）～（p）所示，已经实现了许多 DNA 折纸离散超结构[16, 23-26]。通过在水溶液中的 DNA 聚合［图 10-1（q）～（s）］[26-29]，可组装微米级的 DNA 折纸结构［图 10-1（t）］[30-32]。

在宏观尺度上，获得具有特定结构和功能的产品需要材料的可控自组装。但是，由于热力学的限制，自下而上的自组装方法的范围有限；而自上而下的自组装方法耗时且昂贵，在纳米尺度上很难实现。DNA 折纸技术有助于弥合这一制造鸿沟，已被广泛用作纳米材料和生物分子的模板结构、纳米粒子合成的模板、纳米光刻的掩模、人工酶的支架等。这些技术所制备的器件已被广泛应用于纳米等离子体学、纳米光子学、生物传感和药物传递等领域[33]。

Wang 等[34]巧妙使用简单且可编程的方法，将功能性金纳米棒成功组装至 DNA 折纸空间内，实现了手性螺旋超结构［图 10-2（a）］。此基于 DNA 折纸的微观增材制造方法，为制备纳米级有序精细结构提供了全新的思路。通过调整自组装体系中 DNA 折纸与金纳米棒的摩尔比例，能精确调整螺旋结构中金纳米棒的数量，从而精细塑造所得的手性螺旋超结构。此外，各向异性的螺旋超结构借助其强大的等离子体手性，可作为手性流体应用于传感或负折射率材料的研发。后续，Gang 等[35]也通过结合 DNA 折纸技术和自组装方法，实现了不同种类有序三维晶格结构功能性金纳米粒子的构筑［图 10-2（b）］。这充分展示了基于 DNA 折纸的微观增材制造在制备尺寸、形状参数及成分可定制的有序晶格结构方面的优秀能力，对于定制纳米级三维功能材料具有重大的实用价值。

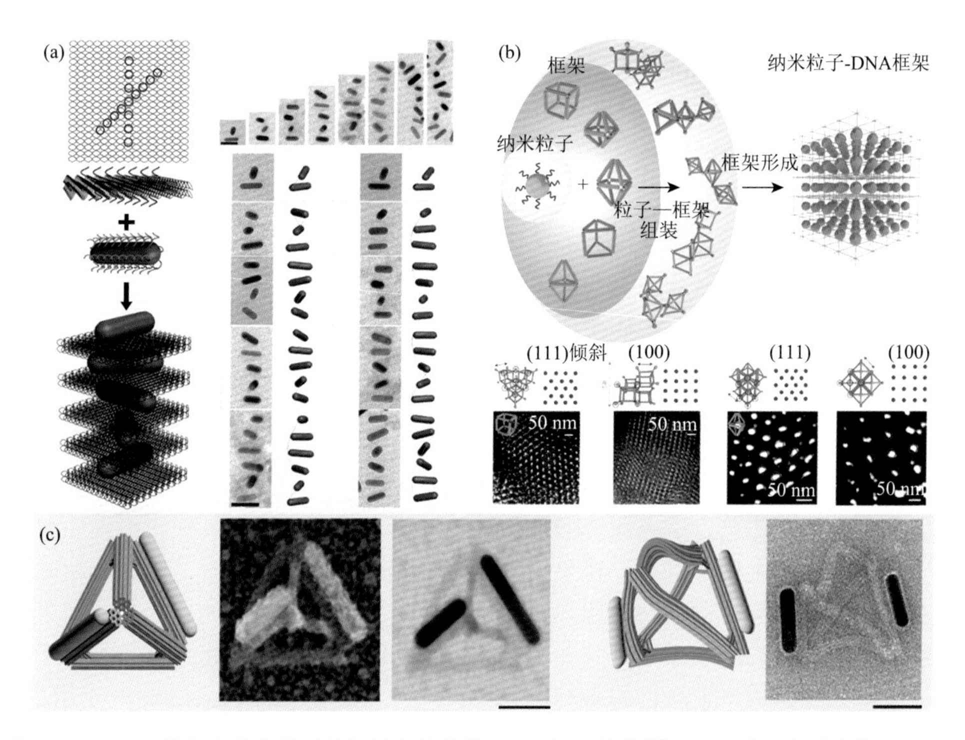

图 10-2 （a）具有金纳米棒手性螺旋超结构的 DNA 折纸结构[34]；（b）基于金纳米粒子 DNA 框架的有序三维晶格结构[35]；（c）DNA 折纸硅化纳米结构[36]

闻名遐迩的硅藻是一类单细胞浮游生物，在淡水和海洋生态系统中广泛存在，贡献了超过 20%的氧气。硅藻善于构建复杂精致的纳米结构作为细胞外壳（硅壳），其主要成分是水合二氧化硅（$SiO_2 \cdot nH_2O$），由硅藻从环境中摄取硅酸盐矿物质组合而成。硅藻在纳米尺度上的结构对称性和复杂程度远超人工制造，精巧的多级孔结构使其具有潜在的应用前景，例如，作为光学微滤片、微透镜等光学元件用于科研或生产生活领域。Fan 及其团队[36]成功制备了几种 DNA 折纸硅化（DOS）纳米结构，其图案与硅藻细胞壁单元类似［图 10-2（c）］。他们对常用制备二氧化硅纳米结构的 Stöber 法进行了改良：采用弯曲和多孔的 DNA 纳米折纸结构作为模具，辅助二氧化硅的沉积过程。这些 DNA 纳米折纸结构包括一维、二维及三维复杂结构，尺寸范围从 10～1000 nm 不等。实验发现，沉积无定形二氧化硅层后，通过调节生长时间可控制其层厚度，所得的杂化结构较 DNA 模板更具韧性，同时保持柔性。

10.3 牙釉质启示的增材制造

大自然中的生物材料为满足特定的功能需求，其构造已得到精心优化。其结构特征包括最优尺寸、多个尺度上的分级结构、实现动态功能（适应性、重塑性、自愈性）的强弱结合键，以及可控的空间分布和取向性[37-44]。具有这些吸引人的特性的复杂微观结构的材料是大自然使用增材制造技术来实现的，这是传统加工工艺无法获得的[45-52]。微观增材制造技术在仿生物材料的结构特征方面的潜力在于其固有的能力，即以逐层方式从下到上控制局部微观结构和化学成分。有趣的是，这种逐层合成方法与生物体在自然界中依次沉积物质以构建生物材料的方式有着共同的特点。利用微观增材制造技术模拟这些精致的结构特征，可能为制造性能优于当今合成材料或更多环境友好的超材料奠定基础[37]。

生物体能够研发出性能显著优于人造材料的复合材料，如珍珠层、骨骼、昆虫壳及牙釉质等，其中最让人瞩目的是牙釉质。牙釉质的构造是有序排列的釉柱之间由有机基质填充。引人深思的是，这种构造在各个物种中表现出惊人的相似性[53-55]。例如，人牙、鼠牙、鲨鱼牙甚至是海象和恐龙的牙釉质，都具有相同的微观柱状排列结构。自然演化选择这种构造一定有其特殊的目的。为此，如果我们能借鉴牙釉质的形成过程来制备类似结构与功能的材料，这将对生物医学工程和航空航天等领域产生深远的影响。

受到牙釉质生物矿化的启发，Guo 等[56]利用羟基磷灰石纳米线和聚乙烯醇的无定形晶间相（amorphous intergranular phase，AIP）组装，在多尺度上设计出了类牙釉质的材料。牙釉质的多层次构造为仿生思路提供了范例：自组装的羟基磷灰石（hydroxyapatite，HA）纳米棒在 30～50 nm 直径范围内整齐排列，中间的 AIP 层紧凑链接［图 10-3（c）～（e）］。这些界面特性显示出 AIP 层与 HA 纳米棒之间存在强的化学键，增强了界面连通性，有助于提升结构的机能［图 10-3（g）］。

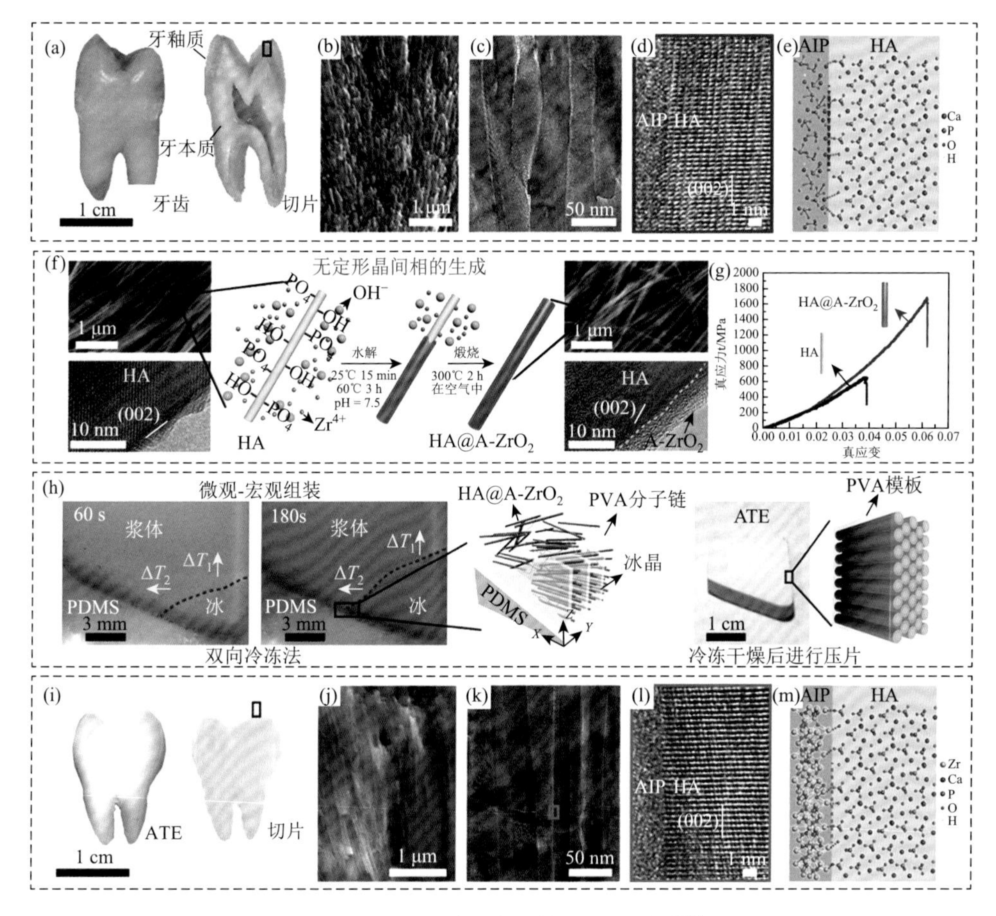

图 10-3　牙釉质和合成的人工牙釉质[56]

（a）牙釉质的光学照片；（b）～（d）牙釉质的 SEM 图和 TEM 图；（e）具有 AIP 的 HA 的分子结构；（f）仿牙釉质制备的构建示意图；（g）具有和不具有 AIP 的 HA 的拉伸机械性能；（h）微观和宏观组装 HA@A-ZrO_2 纳米线与 PVA 的示意图，AIE 表示人工牙釉质；（i）ATE 的光学照片；（j）～（l）ATE 的 SEM 图和 TEM 图；（m）HA 和 A-ZrO_2 的分子结构

在该结构的启发下，Guo 等[56]用无定形 ZrO_2 作为 AIP 来连接排列整齐的 HA 纳米棒。首先，用溶剂热法合成了长 10 mm、直径 30 nm 的 HA 纳米棒［图 10-3（f）显示 HA 纳米棒沿[001]方向无明显缺陷］；接着通过原位水解锆前驱体，在 HA 纳米棒表面涂覆一层约 3 nm 的 ZrO_2（A-ZrO_2）；退火形成 HA 和 A-ZrO_2 之间晶相和无定形相的界面，获得保留了 HA 纳米棒几何形状和形貌的 HA@A-ZrO_2 纳米棒；对 HA 和 A-ZrO_2 涂层的 HA（HA@A-ZrO_2）进行的原位拉伸实验验证了 AIP 在机械性能中的增强作用［图 10-3（g）］。然后利用聚乙烯醇（PVA）和 HA@A-ZrO_2 纳米棒在冰模板中的自组装，合成了宏观尺度的人工牙釉质材料［图 10-3（h）］。图 10-3（i）～（m）显示该人工牙釉质材料具有和天然牙釉质一样的纳米棒取向

和无定形晶间相。该过程中，聚二甲基硅烷（PDMS）楔产生双向温度梯度，驱动冰晶在垂直和平行方向生长。冰晶的垂直生长能驱动 HA@A-ZrO_2 纳米棒和PVA 占据冰片之间的空隙，其平行生长则驱动 HA@A-ZrO_2 纳米棒获得平行取向。经过冷冻干燥和机械压缩，最终获得了致密度高的类牙釉质。

Kotov 研究团队[57]通过学习天然牙釉质的结构和形成过程，利用层层叠加的方法制备了机械性能与天然牙釉质相当的非生物牙釉质材料。研究人员首先在硅基底上通过水热生长 ZnO 纳米线，制备了一层柱状排列的纳米线阵列［图 10-4（a）］。然后再利用层层叠加的方法，将聚丙烯酰胺（PAAm）和聚丙烯酸（PAA）吸附到 ZnO 表面，由于这些聚电解质在 ZnO 的顶部会产生亲水层，从而逐渐填充所有空隙并使 ZnO 表面变得平坦，因此可以再沉积一层新的 ZnO 纳米晶种，并以相同的保真度重复 ZnO 纳米线的生长［图 10-4（b）］。反复多次采用这种层层叠加方式的微观增材制造方法［图 10-4（c）］，便得到了一种与牙釉质结构类似的材料$(ZnO/LBL)_n$［LBL 表示层层自组装，图 10-4（d）］。

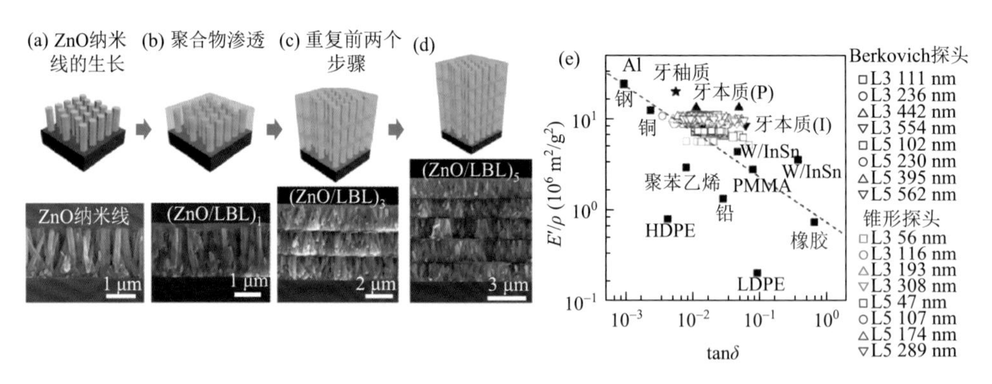

图 10-4 （a）～（d）ZnO 纳米线与聚合物连续 LBL 渗透生成的柱状仿生复合材料的制备和结构示意图；（e）与人造材料和生物复合材料相比，$(ZnO/LBL)_n$ 的能量耗散（tanδ）和承载特性（E'/ρ）[57]

他们通过静态纳米压痕获得了$(ZnO/LBL)_n$ 的机械性能，发现无机物含量为 67 vol%的非生物牙釉质纳米复合材料$(ZnO/LBL)_5$ 的杨氏模量和硬度分别为(39.8±0.9)GPa 和(1.65±0.06)GPa，这些数据可以与无机物含量为 85 vol%的牙釉质的模量相媲美。材料的黏弹性特性由黏弹性品质因数（VFOM）来表示，其值越大，表明抗振动性能越好。$(ZnO/LBL)_n$ 的 VFOM 超过了传统材料的极限值 0.6，达到与牙釉质相当的黏弹性。$(ZnO/LBL)_n$ 复合材料相比许多其他生物或人造黏弹性材料还具有更低的材料密度［图 10-4（e）］。总体来讲，该材料具有高强度、高阻尼、低密度诸多优点。研究人员非常期待这种材料及其制备方法能促进抗振动材料领域的发展。

天然的牙釉质是在蛋白质调控生成的有机基质上进行生物矿化而形成的。因此，为了模拟牙釉质的形成过程，制备类牙釉质的有机-无机结构，可以用天然聚合物或者人工聚合物来包裹并填充无机矿物来模拟牙釉质。基于对牙釉质生长过程启示的初步认识，武汉理工大学魏竟江等通过在均匀生长的 TiO_2 纳米棒阵列的表面旋涂聚合物溶液，获得了单层的类牙釉质有机-无机结构。这是因为聚合物溶液会渗透进入 TiO_2 纳米棒之间的间隙，并在纳米棒阵列表面形成一层平坦的涂层。在聚合物层表面再旋涂石墨烯和二氧化钛（GO-TiO_2）纳米晶种子悬浮液，并通过在 150℃或 200℃下退火 30 min 来进行交联，可以促进纳米粒子生长成纳米棒，并确保聚合物与 GO 的紧密结合。通过重复上述步骤可以获得层数为 n 的有机-无机柱状复合薄膜(TiO_2-polymer/GO)$_n$（图 10-5）[58, 59]。

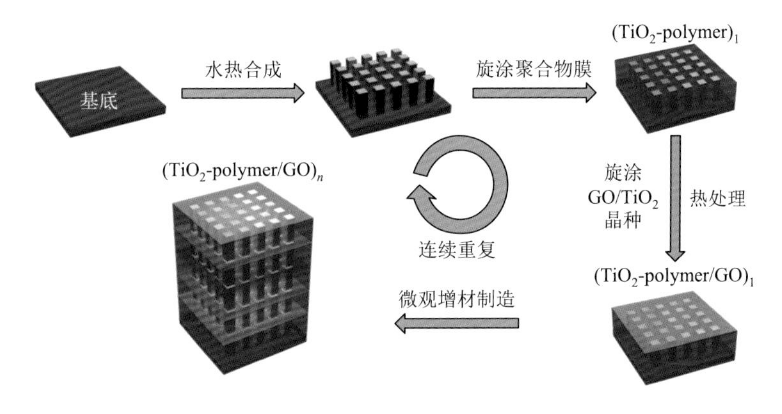

图 10-5　通过在 TiO_2 纳米棒阵列上逐层沉积聚合物基体，合成牙釉质启发的多层有机-无机柱状薄膜的示意图[58]

通过 SEM 表征样品的微观形貌，可以确认该方法获得的金红石型 TiO_2 纳米棒阵列与天然的人牙、鼠牙和鲨鱼牙的牙釉质微观形貌类似，都是由有机基质填充的柱状纳米棒组成［图 10-6（a）～（f）］。引入 GO 作为层间连接物质（既作为 TiO_2 纳米棒的生长基底，又连接有机物）之后，获得了机械性能优异的(TiO_2-polymer/GO)$_n$ 复合材料薄膜。这是因为系统中刚性无机的 TiO_2 纳米棒阵列被 polymer/GO 的有机框架包裹，形成了软-硬结合的材料组合，从而赋予了复合材料优异的黏弹性性能［图 10-6（g）］。特别的是，(TiO_2-CS/GO)$_4$ 复合材料的硬度［(1.56±0.05)GPa］、杨氏模量［(81.0±2.7)GPa］和损耗模量［(0.76±0.12)GPa］均与天然的牙釉质相当。

研究结果还表明，随着 GO 浓度从 0 mg/mL 增加到 0.6 mg/mL 时，(TiO_2-polymer/GO)$_4$ 复合材料中 TiO_2 层之间的界面逐渐变得明显。而当 GO 浓度为 1.0 mg/mL 时，出现了明显的分层现象，且顶端纳米棒的排列变得无序。这说明过量的 GO 可能

会导致 TiO_2 和聚合物之间接触不充分，以及 TiO_2 纳米晶种在制备过程中分布稀疏，从而使得 TiO_2 和聚合物层之间出现层间分离。

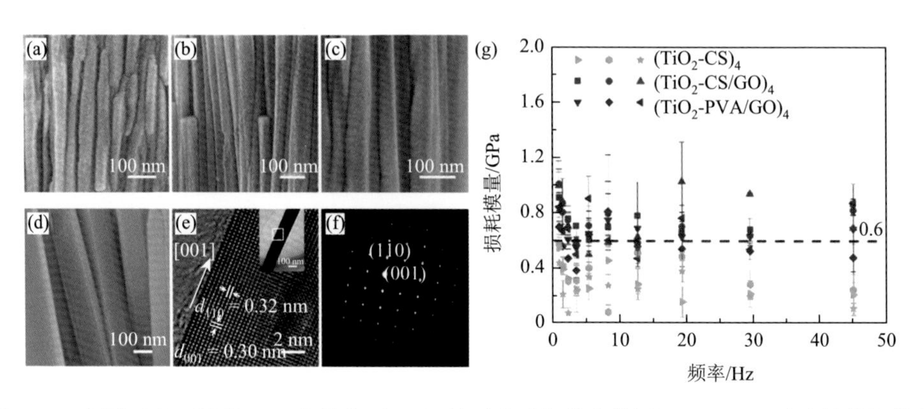

图 10-6 人牙（a）、鼠牙（b）和鲨鱼牙（c）的牙釉质扫描电镜图；（d）TiO_2 纳米棒的扫描电镜图；单根 TiO_2 纳米棒的高分辨透射电镜图（e）和选区电子衍射图（f）；（g）样品的损耗模量-频率散点图[58]

该研究选择在硬质的 FTO 基底上生长第一层 TiO_2 纳米棒阵列，这是因为对于后续的清洗处理步骤，这比直接在柔性的有机模板上矿化更容易。而 TiO_2 纳米棒有利于在 FTO 基底上生长归因于氟掺杂的 SnO_2 和金红石 TiO_2 之间的小晶格位错（小于 2%）。此外，四方金红石相也有利于棒状 TiO_2 的成核和外延生长。第二层的生长始于 GO-TiO_2 纳米晶种的沉积。如果直接沉积 TiO_2 纳米晶种在有机层上会影响有机相和无机相之间的结合程度，因此 GO 作为层间结合物被引入。GO 表面的大量悬垂键和缺陷可作为 Ti^{4+}络合和原位水解的结合位点，从而在 GO 表面合成 TiO_2 纳米晶种[59]。在连续水解反应后，退火过程可以诱导纳米晶种与 GO 之间有效接触，从而在 GO 表面形成稳定的 TiO_2 纳米晶种子。超细 TiO_2 纳米粒子均匀且密集地附着在 GO 表面，形成 GO-TiO_2 纳米晶种子复合材料。GO 表面上几乎所有的 TiO_2 纳米粒子均显示出 0.32 nm 的晶格条纹，表明 TiO_2 纳米粒子沿[001]方向生长，暴露的(110)晶面垂直于 GO 纳米片。因此水热反应时，这些 TiO_2 纳米晶种在 GO 表面垂直地生长成有序的 TiO_2 纳米棒。

由于以上两项研究都是用水热法来合成类牙釉质结构，但都局限于仿造其柱状阵列结构，并没有通过生物体本身采用的生物矿化的方法在环境温度下合成牙釉质有机/无机柱状叠层结构。镁离子在天然牙釉质的矿化过程中起到重要的调控作用[60, 61]。在生物矿物体系中，镁离子非常常见，能起到稳定无定形的作用。然而在现有的文献中，鲜有研究报道镁离子在合成类牙釉质材料中对微观结构和机械性能的影响。综合这些考量，武汉理工大学李一迪等[62-64]进一步对牙釉质启示的增材制造技术进行了推进，在环境温度条件下合成了有机/无机叠层的类牙釉质结构。图 10-7 展示了整个类牙釉质结构的合成步骤。首先在载玻片表面旋涂一定厚度的 PVP/PAA 双分子薄膜，经过处理之后，借助蠕动泵缓慢滴加矿化溶液（48 h 滴加完成），在高浓度镁离子的调控下载玻片基底上生长出一层由纳米小粒子组成的基础层。接着在颗粒状的基础层之上继续矿化生长出氟磷灰石纳米棒阵列。在纳米棒阵列的生长过程中，该研究发现镁离子可以有效减小单根纳米棒的尺寸，并极大改善阵列的有序度，提高密实度，使纳米棒阵列排列得更加紧密有序。该研究设计了镁离子浓度梯度实验，确定了镁离子调控的最佳浓度，最后重复沉积有机薄膜和矿化这两个步骤可以得到叠层的类牙釉质结构的有机/无机复合材料。

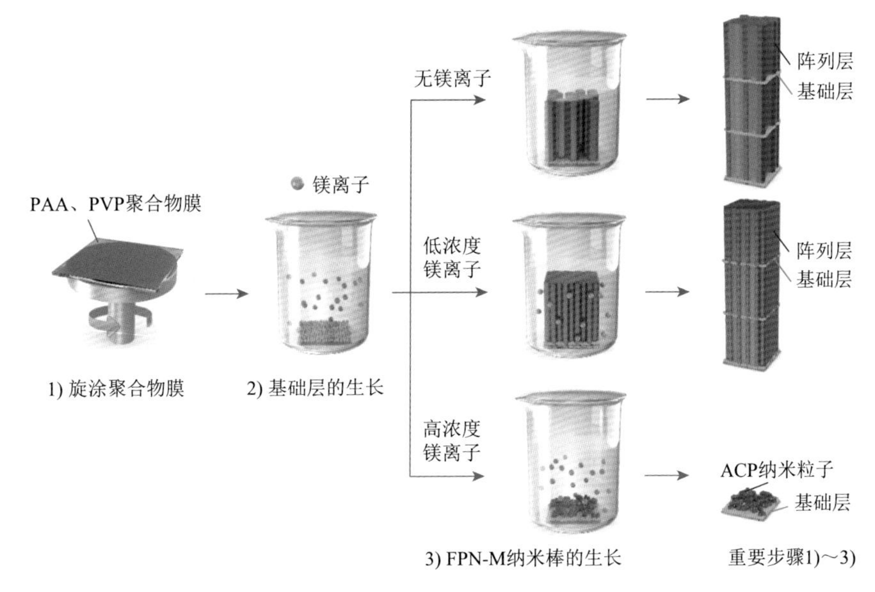

图 10-7　纳米棒阵列复合材料矿化流程示意图[63]

通过这种层层叠加的矿化方式，单层、两层和三层纳米棒阵列复合材料被成功地制备出来。由图 10-8 的扫描电镜图可以看到，样品都是由高度有序排列的纳米棒组成，每层阵列的厚度是 6.5 μm。高倍的扫描电镜图分别展示了纳米复合材料的上、中、下三个部位的微观结构：FPN-M 阵列排列紧密，纳米棒之间没有明显的缝隙，单根纳米棒的直径是 180 nm。图 10-8 中红色箭头标记的是第一层基础层和纳米棒阵列之间的分界线，这表明纳米棒是在基础层的纳米粒子上外延生长的。尤为注意的是，在两层阵列之间有 80 nm 厚的基础层颗粒存在（黄色的箭头指示），这说明颗粒状的基础层在叠层矿化过程中被保留下来，起到层间桥梁的作用将两层阵列紧密连接在一起。这种颗粒状的层间相结构会对整个复合材料的力学性能起到关键作用。对比不加镁离子调控的样品，具有类似的多层阵列结构，颗粒状的基础层也同样在叠层矿化过程中保留下来。但是单根纳米棒的尺寸却明显增加（直径达到 450 nm），纳米棒之间排列松散，存在明显的缝隙。两层阵列之间的界面处存在纳米粒子的无规则堆积，使得整体的有序度大大降低。这种无序的疏松结构极大地影响材料整体的机械性能。

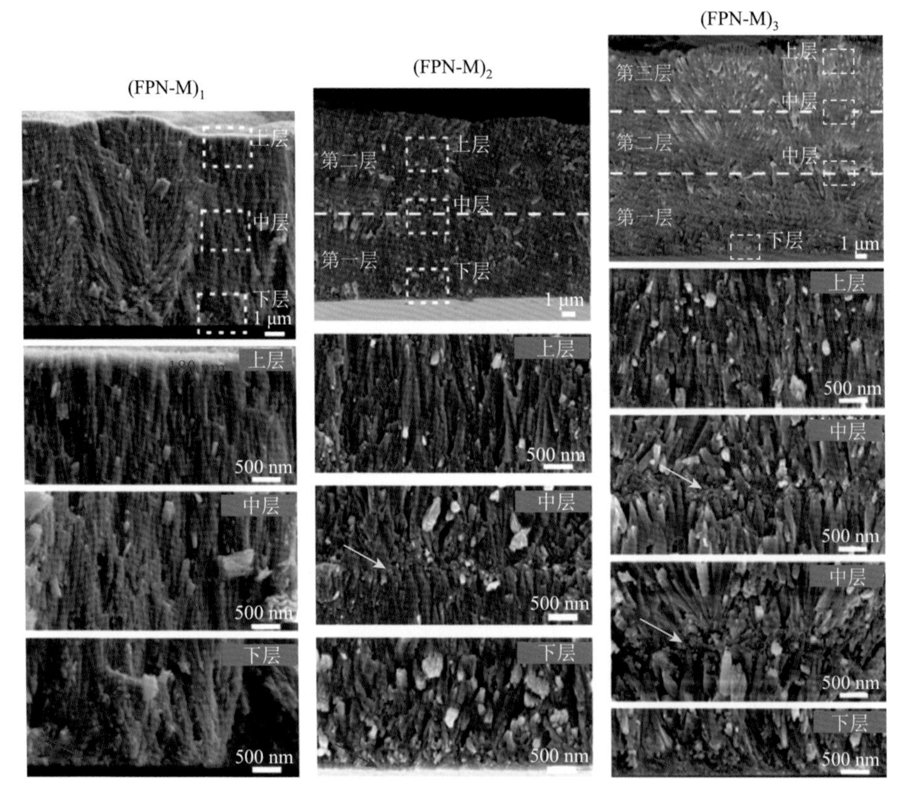

图 10-8 镁离子调控下制备的类牙釉质的断面扫描电镜图[63]

红色箭头所指为第一层基础层和阵列之间的分界线，黄色箭头所指为两层阵列之间的颗粒状的基础层

该过程中，类牙釉质的形成过程可以分为四个主要阶段：①纳米棒形成前期（0～12 h）；②自由生长期（12～24 h）；③蓬勃发展期（48～96 h）；④成熟期（＞96 h）[62]。图 10-9 展示了这四个阶段中纳米棒的透射电镜图。在矿化初期阶段，纳米棒还未完全形成，由尺寸 5 nm 左右的纳米粒子聚集形成初期纳米棒的轮廓，直径为 20 nm［图 10-9（a）］。图中椭圆线圈里面能明显看到一个个纳米粒子。当矿化进行到 24 h 时，这些纳米粒子逐渐形成一根完整的纳米棒，已经看不到纳米粒子的痕迹，纳米棒的直径为 37 nm［图 10-9（b）］。当矿化进行到 48 h，

纳米棒直径增加到 200 nm，这个阶段的纳米棒表面并不光滑，仔细观察可以发现，每根粗纳米棒都是由多根更细的纳米棒组成，说明这个阶段纳米棒出现侧向生长，原来的单根纳米棒发育为多根纳米棒组成的粗棒［图 10-9（c）］。随着矿化过程继续进行，这些由细小的纳米棒组成的粗棒逐步发育成熟，形成好几根发育成熟的 FAP-M 纳米棒，平均尺寸为(70±10)nm［图 10-9（d）］。

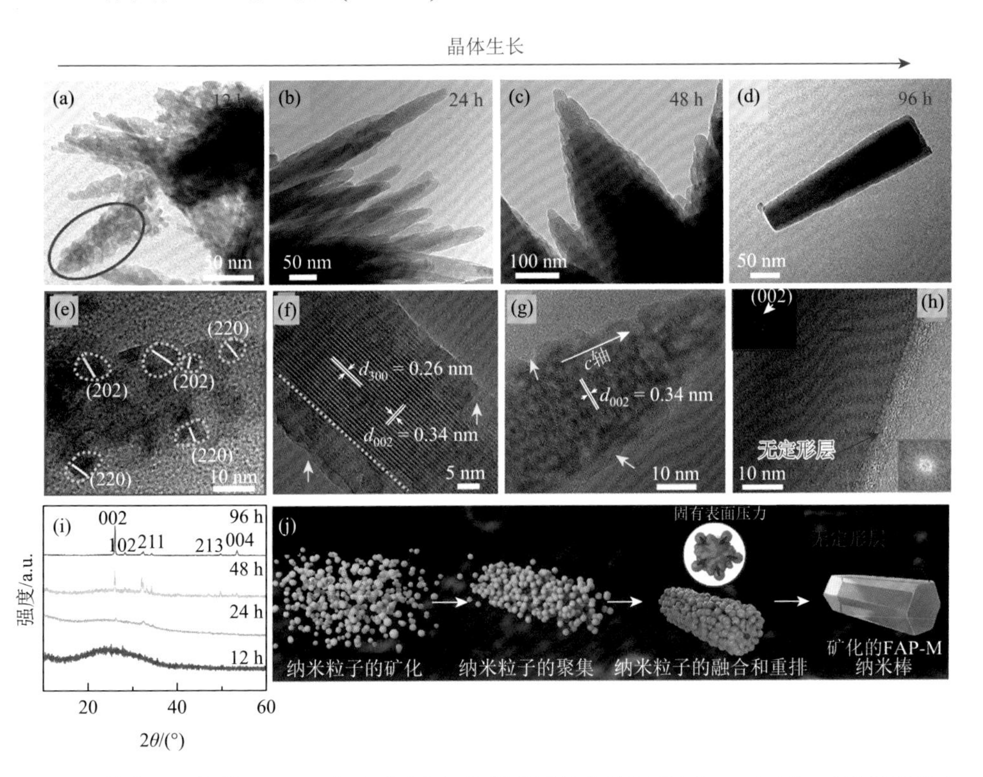

图 10-9 镁离子调控的 FAP-M 阵列不同生长阶段的透射电镜图［(a)～(d)］，高分辨透射电镜图［(e)～(h)］和 XRD 图谱（i）；(j) 单根纳米棒的形成过程示意图[64]

图 10-9（e）～（h）是不同生长阶段的单根 FAP-M 纳米棒的高分辨透射电镜（HRTEM）图片，测试结果揭示了一种非经典的单晶生长机制：在固有表面压力的驱动下，随机分布的纳米晶聚集体通过接触、融合和重排等过程最终形成完整的单晶纳米棒[65]。在镁离子的调控下，溶液中先形成结晶性很弱的纳米粒子团聚体，随着矿化溶液的持续加入，溶液过饱和度增加会驱动溶液中的纳米晶体相互接触，形成最初形态的纳米棒轮廓。图 10-9（e）展示的是随机排列的纳米晶体组成的最初纳米棒，图中黄色虚线圈出的是纳米晶体的轮廓，尺寸为 5～10 nm，从晶格条纹可以判断纳米晶体的方向是随机排列的，暴露的是氟磷灰石不同的晶面。随后纳米晶体紧密接触，在固有表面压力的驱动下，那些位于纳米棒内部的纳米晶体将优先

再结晶，以获得相同的取向。图 10-9（f）展示的是内部已经优先重排的纳米棒，HRTEM 可以看到纳米棒内部晶格条纹取向一致，对应的是氟磷灰石(300)和(002)晶面，而纳米棒的边缘部分还有未来得及重排的区域，宽度 12 nm（图中黄色虚线外侧的区域），黄色箭头指示的是纳米棒缺陷的地方。随着矿化过程继续，纳米棒边缘排列杂乱的区域逐渐消失。从图 10-9（g）中可以看到纳米棒大部分区域都已经完成重排，晶格条纹连续，呈现单晶性质，沿着 c 轴方向生长，只有边缘处还有一些缺陷存在（黄色箭头标出）。当矿化进行到 96h 时［图 10-9（h）］，纳米棒发育完全，左上角展示傅里叶变换呈现完美的单晶点阵，纳米棒边缘也变得十分规整，没有任何缺陷，然而在边缘存在大约 6 nm 的无定形层（蓝色虚线），右下角的傅里叶变换证实了其无定形性质，而且样品在室温下放置 2 个月仍然可以观察到纳米棒表面的无定形层。研究者推测纳米棒表面无定形层的形成原因是：进入到氟磷灰石晶格里面的镁离子（作为外来离子）在纳米晶体的接触融合和重排过程中逐步偏析到晶界处，随着纳米棒逐渐发育成熟，这些镁离子最终偏析到纳米棒的边缘，当边缘处的镁离子浓度超过阈值时，会阻碍结晶，形成表面无定形层。图 10-9（j）展示的是镁离子调控和表面压力的驱动下，单根纳米棒的形成过程示意图。

这一发现有助于了解牙釉质中化学梯度的成因，该研究还揭示了一种以纳米粒子聚集、重排为基础的非经典的单晶生长机制，并导致镁离子的特异性分布，从而优化了纳米复合材料的微观结构和提高了机械性能，为合成环境友好型仿生结构材料提供一条可行的途径。

10.4 贝壳珍珠层启示的增材制造

贝壳珍珠层是一种典型的生物矿物，具有特殊的“砖-泥”结构，由 500 nm 厚的文石片和 30 nm 厚的多糖层交替排列形成。这种精细结构赋予珍珠层优异的断裂韧性，大约是天然文石矿物的 3000 倍。珍珠层的生长过程可以看成是一个微观增材制造的过程。贝壳软体首先分泌不溶性的壳聚糖有机框架，然后在可溶性有机大分子的调控下，文石晶体在壳聚糖框架上成核生长，最终形成具有“砖-泥”结构的珍珠层。

Chen 等[65]向大自然学习，在光固化树脂中整齐排列石墨烯纳米片，来构建珍珠层启发的分级结构，制备了具有贝壳结构的智能头盔。该技术利用电场诱导的纳米尺度到微米尺度的组装和 3D 打印的微观尺度到宏观尺度的组装，解决了传统工艺中只能制备仿贝壳简单薄膜的难点问题［图 10-10（a）和（b）］。天然珍珠层显示了其引导非线性变形，通过裂纹偏转和分支来抑制裂纹扩展的能力［图 10-10（d）和（e）］。与随机分布的石墨烯纳米片相比，3D 打印有序结构的石墨烯纳米片显示出增强的机械性能，甚至具有与天然珍珠层相当的韧性和强度[图 10-10（c）和（f）]。与天然珍珠层的应力-应变曲线相似，3D 打印珍珠层中的分层结构也能导致裂纹分支和裂纹偏转[图 10-10（g）和（h）]。与天然珍珠层不同，它还具有各向异性的电学性质。电辅助 3D 打印制备的这种兼具防护性能和自感知能力的智能头盔，对构建多功能的设备具有重要的启示意义。

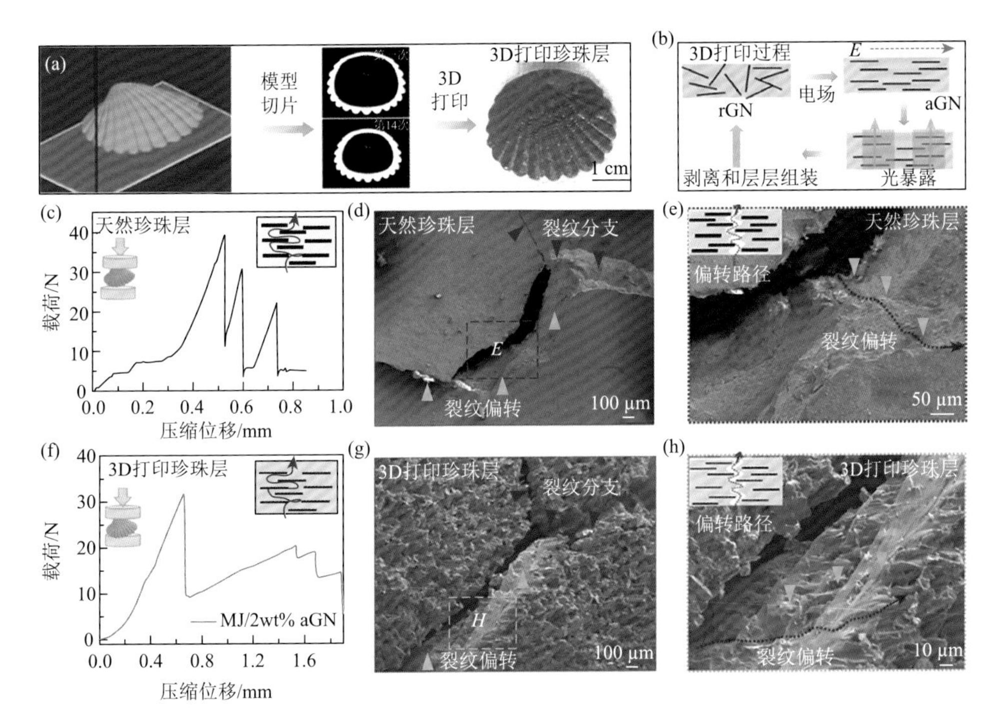

图 10-10　（a）和（b）电场辅助 3D 打印仿生珍珠层的制备，rGN 表示随机的石墨烯纳米片，aGN 表示有序的石墨烯纳米片；（c）～（e）天然珍珠层的压缩和断裂面的扫描电镜图；（f）～（h）3D 打印的珍珠层在载荷下的裂纹偏转和分支[65]

2006 年，Deville 课题组[66]首次将水结晶变成片状冰的现象引入到陶瓷材料的自组装过程中。将陶瓷颗粒分散在水溶液中，在冷冻过程中，水变成层状冰，陶瓷颗粒就会被排挤到冰层空隙中。冰在干燥过程中被去除，而留下的陶瓷材料则复制了冰的层状结构。因此把该方法称为冰模板法。通过调节水结晶的速率，可以得到孔隙率可调控的层状结构陶瓷材料。该过程的创新性在于：首先利用水结晶的驱动力使片状的氧化铝自组装；其次，在片层表面附着球形纳米氧化铝粒子以增加其粗糙度[图 10-11（a）][67]。实验结果显示，合成的材料无论是片层结构还是表面粗糙度都和天然贝壳非常相似[66, 68, 69]。随着冰模板技术的发展，更多的是将其应用于合成有机/无机复合结构，以模仿贝壳珍珠层的“砖-泥”结构来增加韧性。天然贝壳是在环境温度条件下生物体通过矿化的方式合成的：首先形成一个有机质框架，然后在蛋白质的调控下在框架间形成密实的文石片。

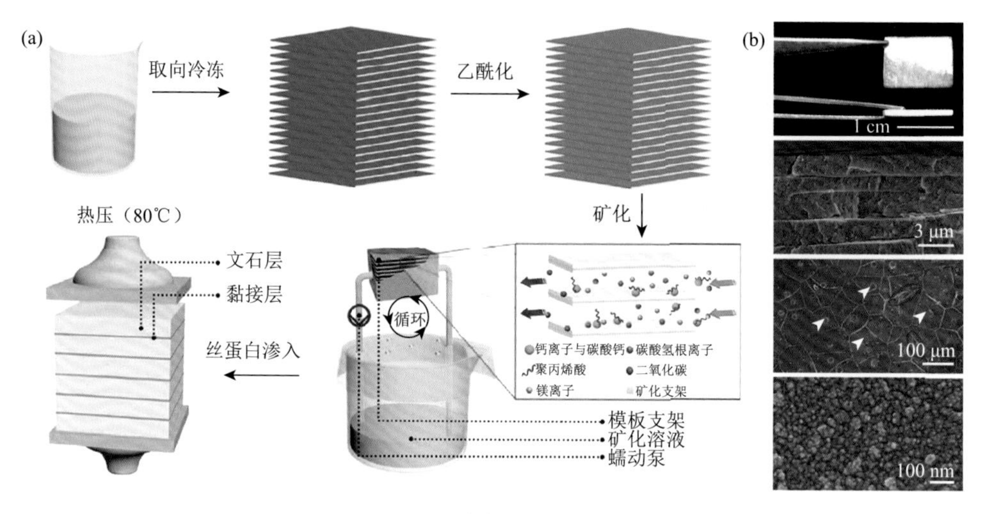

图 10-11 （a）冰模板法构造多级结构示意图[67]；（b）人造珍珠层的宏观照片和微观扫描结构[70]

俞书宏团队[70, 71]受到此形成过程的启发，将该过程与冰模板结合起来。首先利用冰模板法合成出壳聚糖多层框架，并将壳聚糖框架乙酰化以增加其稳定性，然后利用蠕动泵使得矿化液循环通过壳聚糖框架。在镁离子和 PAA 的调控下，文石片在框架间形核并侧向生长，最后需借助热压制备出类珍珠层结构的块状材料（图 10-11）。从图 10-11（b）可以看到人工合成的珍珠层具有和天然珍珠层非常相似的微观结构。

Kotov 团队[72]最开始选用了蒙脱石-聚二烯丙基二甲基氯化铵（poly diallyl dimethyl ammonium chloride，PDADMAC）作为基本组成单元结合层层叠加技术制备出类珍珠层的层状复合材料，发展了类珍珠层复合材料的新合成方法。Finnemore 等[73]则观察到贝壳珍珠层文石片是由多孔的有机膜间隔。矿物晶体穿过孔洞进行纵向延伸，文石片和有机物周期性堆积产生了珍珠层标志性的彩虹结构色［图 10-12（a）～（c）]。他们以此为灵感，将洗净的载玻片依次浸入 PAA 和 PVP 两种聚电解质溶液中，利用静电吸附作用在载玻片表面形成一定厚度的 PAA/PVP 双分子层，然后将载玻片浸入弱碱性溶液以溶解掉部分 PAA，形成多孔的有机膜，再利用紫外光照固化，最后将载玻片放入钙离子溶液中，利用二氧化碳扩散法在层间矿化出碳酸钙层，形成一层无定形碳酸钙（ACC）薄膜。随后，将 ACC 薄膜暴露在高湿度环境下，让其溶解再结晶。在此过程中，结晶的矿物会穿过有机薄膜上的孔洞，使层与层之间的矿物紧密连接，最终形成 $CaCO_3$/有机物复合薄膜。人工合成的复合薄膜表现出彩虹结构色［图 10-12（d）］，同时也具有与天然贝壳珍珠层相当的优异力学性能（平均拉伸模量为 38 GPa）。图 10-12（e）是七层碳酸钙复合材料的断面图，层间由有机物隔开。图 10-12（f）和（g）表明人工复合材料有机物薄膜呈现与天然贝壳珍珠层一样的多孔结构。

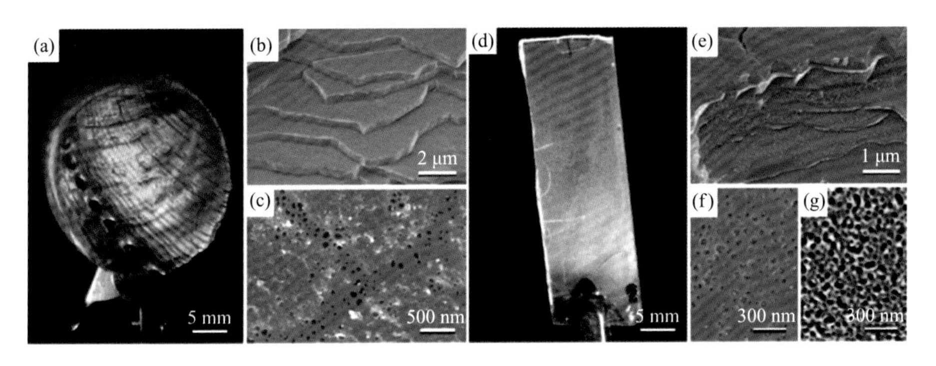

图 10-12　（a）～（c）天然贝壳珍珠层的彩虹色，“砖-泥”结构及多孔膜结构；（d）～（g）人工合成的复合薄膜的彩虹色及微观结构[73]

基于这些自然结构材料的启发，Randall 等[74]在片状氧化铝表面吸附超顺磁氧化铁纳米粒子，借助磁场的作用力实现被磁化的氧化铝纳米片的定向排列（图 10-13）。在成功利用磁场诱导氧化铝纳米片定向排列之后，再把磁场诱导和注浆成型相结合，能够制备出异质结构的仿生材料。吸附了 Fe_3O_4 纳米粒子的氧化铝纳米片被浇筑到石膏模具中，毛细作用使水渗透到模具中，进而使氧化铝纳米片吸附到模具壁上。在这个过程中通过外加磁场可以得到各向异性的高度结构化的人工复合材料（图 10-14）。由于该过程可以精确控制基体中增强颗粒的位置和方向，使得样品具有三维可调的强化结构，还可以研究增强颗粒取向对均质增强聚合物力学行为的影响[50, 74, 75]。此合成方法被证明可以用来实现局部定制复合材料的性能，包括整体或局部的复合材料刚度、强度。

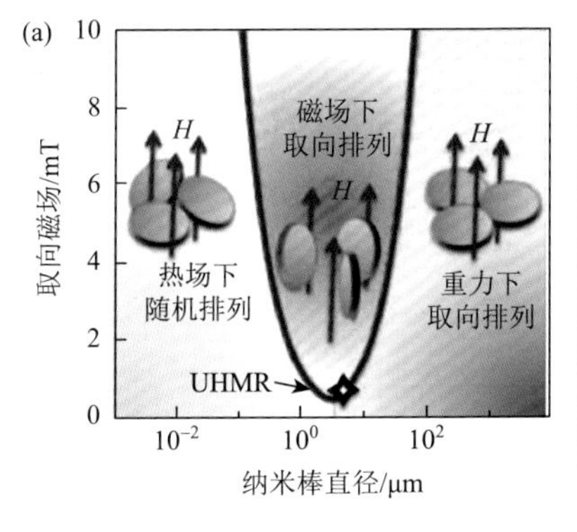

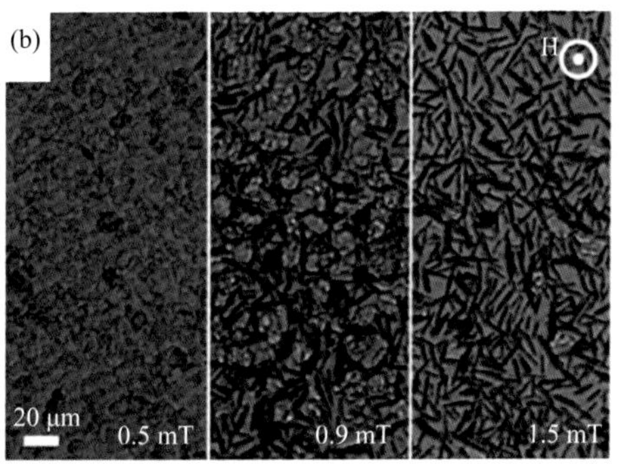

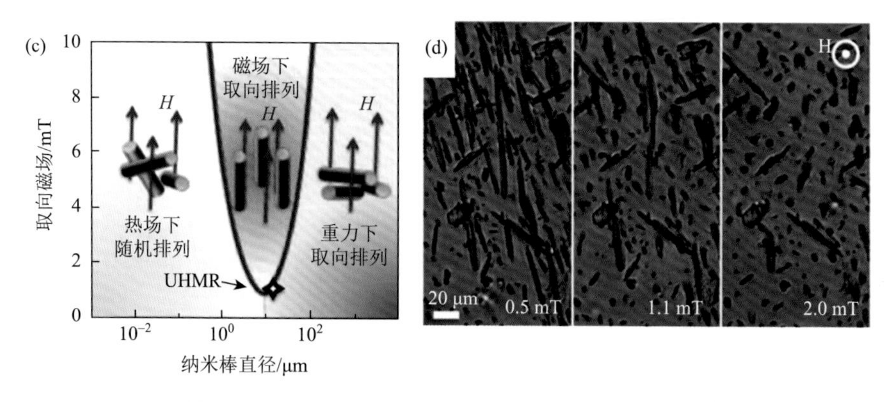

图 10-13 表面受磁化的纳米棒和纳米片的磁响应[74]

磁性诱导的纳米片（a）和纳米棒（c）的最小取向磁场（UHMR）；在磁场中取向诱导的氧化铝纳米片（b）和半水硫酸钙棒（d）

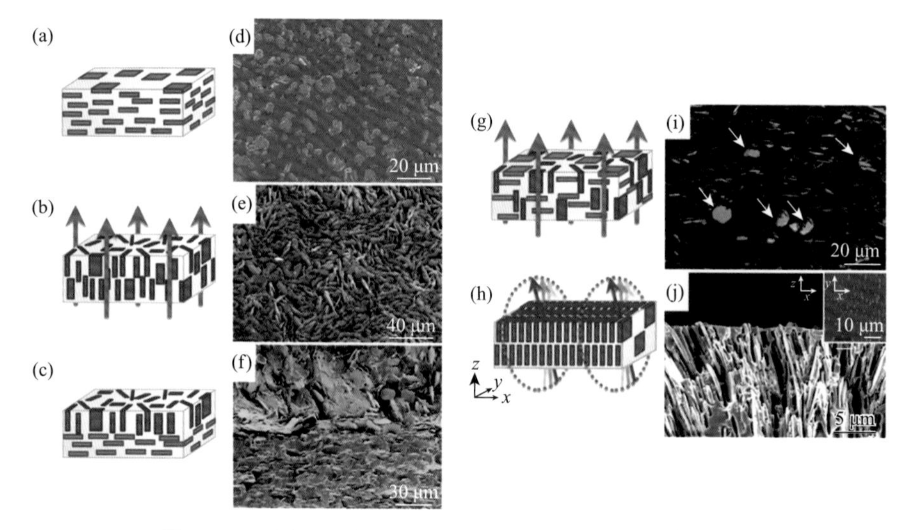

图 10-14 聚氨酯复合材料中超强高磁响应氧化铝纳米片[74]

平面内和平面外增强复合材料的示意图［(a) 和 (b)］和俯视扫描图［(d) 和 (e)］，分别是在不存在和存在平面外磁场的情况下制备；平面内和平面外增强复合材料的层状截面示意图（c）和扫描图（f）；在连续磁场作用下制备的聚氨酯复合 5 vol%高度磁化和 5vol%弱磁化的氧化铝纳米片的示意图（g）和断面扫描图（i）；在旋转磁场下形成的铝-聚氨酯复合材料的示意图（h）和断面扫描图（j）

通过学习贝壳珍珠层的生长过程，武汉理工大学李一迪等[76]开发了一种微观增材制造的方式在室温下合成出多层碳酸钙方解石薄膜。首先制备一层均匀壳聚糖（CS）薄膜来模仿珍珠层生长过程中的有机框架，随后在镁离子和 PAA 协同调控下在壳聚糖薄膜上原位矿化出厚度均匀的层状方解石，再采用 LBL 的叠层矿化方式成功合成出具有高机械性能的有机/无机多层复合材料［图 10-15（a)］。由于高度有序的纳微结构，该复合材料具有极高的透明性［图 10-15（b）］和水下超疏油性能。该复合材料还表现出优异的机械性能，通过纳米压痕测出的硬度和模量分别为(2.35±0.03)GPa 和(58.1±0.5)GPa，这与珍珠层的机械性能相当。此外，该复合材料还具有优异的黏弹性能，损耗模量为(0.57±0.09)GPa［图 10-15（c）］[62]。因此，这一新的合成策略在室温条件下制备具有独特功能的多尺度复合材料领域能有更广泛的应用。

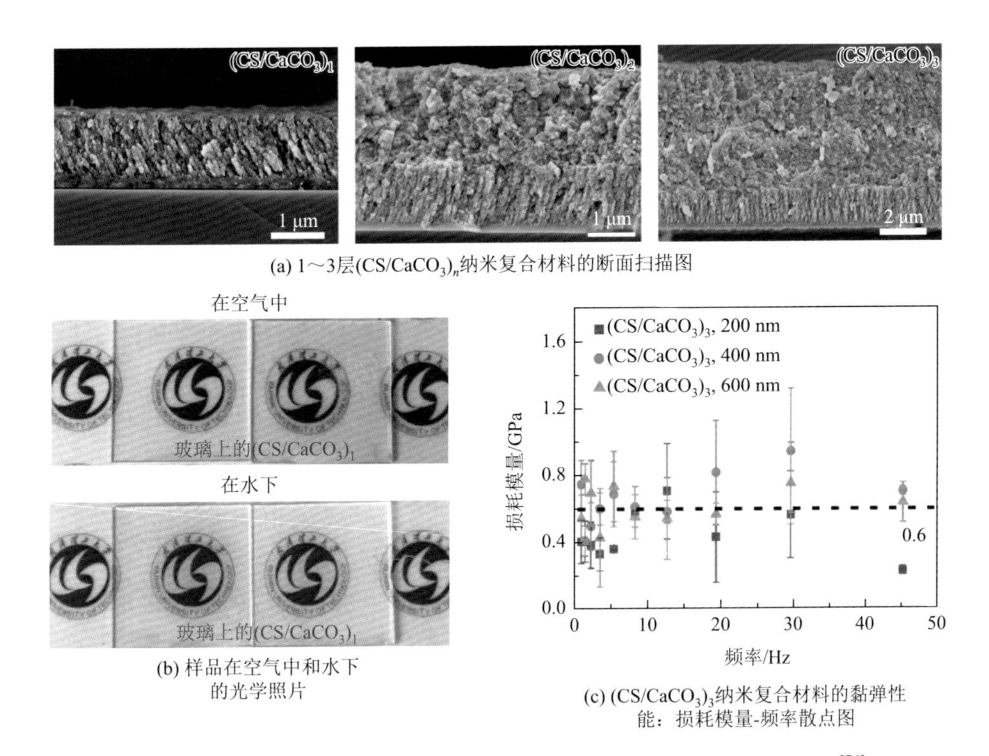

(a) 1～3层$(CS/CaCO_3)_n$纳米复合材料的断面扫描图

(b) 样品在空气中和水下的光学照片

(c) $(CS/CaCO_3)_3$纳米复合材料的黏弹性能：损耗模量-频率散点图

图 10-15 贝壳启示的多层 $CS/CaCO_3$ 纳米复合材料的合成和性能表征[76]

10.5 螃蟹壳启示的增材制造

天然材料中的螺旋手性排列结构可在螳螂虾螯棒、甲虫翅膀、螃蟹钳、龙虾螯中找到。它们被用来保护自己不被捕食，或专门用于近距离的搏斗。美洲螯龙虾的螯是由纤维状的几丁质-蛋白质层有序堆叠形成的螺旋状结构［图 10-16（a）］。这种螺旋有序排列纤维的存在可以通过增加能量耗散和断裂韧性来增强抗冲击性。Chen 研究团队[77]学习这种螺旋结构，提出了一种电场辅助纳米复合材料 3D 打印的方法，该方法可以通过控制旋转电场来动态排列多壁碳纳米管，从而制造微观仿生增强结构［图 10-16（b）］。光学显微镜图和扫描电镜图［图 10-16（c）］显示了碳纳米管束随电场方向变化而取向的旋转排列。在制造第一层之后，相邻层围绕其法线轴逐渐旋转，从而形成螺旋有序排列的纤维层。横截面显微镜图显示了其与生物有机体相同的结构［图 10-16（d）］。由于制备的材料具有螺旋有序排列的结构，其抗断裂性显著增强。结果表明，较小的旋转角度会导致更大的能量耗散和抗冲击性。这种电场辅助的微观增材制造为航空航天、机械和组织工程的应用提供了巨大的可能性。

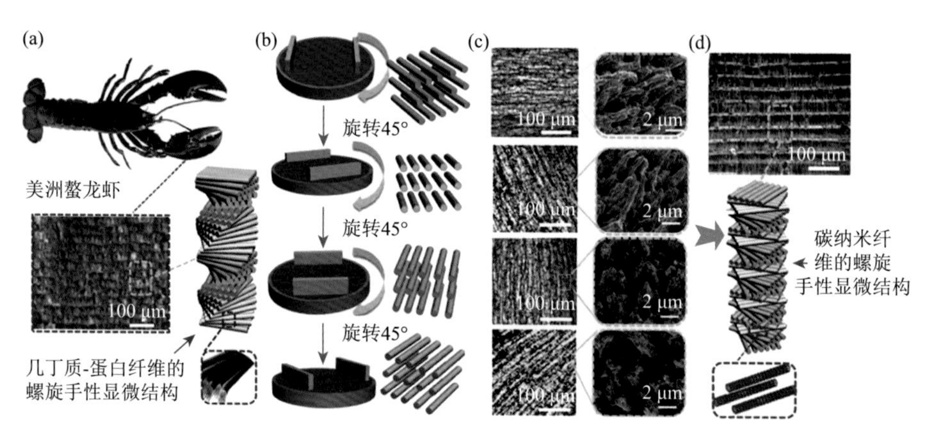

图 10-16 通过电场辅助的 3D 打印螺旋手性仿生结构[77]

（a）美洲螯龙虾的示意图和螯的螺旋手性显微结构；（b）通过旋转电极使碳纳米管不同排列的示意图；（c）对应于（b）的不同排列的表面光学显微镜图和扫描电镜图；（d）通过电辅助纳米复合 3D 打印制作的逐层螺旋手性结构的示意图

10.6 生物过程启示的微观增材制造

通过研究自然的概念和设计原理，仿生学正在改变现代材料科学和技术。然而，自然界复杂的结构系统远超传统制备技术的能力，这阻碍了仿生研究在工程系统中的应用进展。宏观增材制造技术最为典型的就是 3D 打印，其为制造下一代功能材料带来了发展机遇。而实际上，大自然是最好的增材制造大师，天然生物长出来的每一个贝壳都是相似的（微观结构几乎一样），是值得材料研究者进行学习，并根据生物过程启示来发展材料的微观增材制造。

已有研究证明通过外加压力、生物矿化等方式可以极大地降低材料致密化所需的温度，有望避免传统陶瓷致密化所需的高温烧结过程。近年来，不少研究团队实现了过程仿生合成无机结构材料，制备了人工珍珠母等宏观尺寸仿生结构材料。这些研究为发展组装矿化、微生物辅助矿化和应力场辅助室温制备宏观尺寸

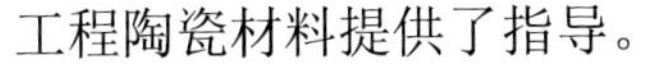

工程陶瓷材料提供了指导。

本章提出的“生物过程启示的微观增材制造”的研究思路和技术路线具有显著先进性，有望在揭示自然生物材料组成和显微结构形成机制，陶瓷材料的仿生合成原理及其结构调控机制，生物过程启示的陶瓷材料设计、合成和室温组装致密化技术，宏观尺寸工程陶瓷材料的过程仿生制备及新工艺装备研究等方面取得重大突破。

参考文献

[1] Levene P A. The structure of yeast nucleic acid：Ⅳ. Ammonia hydrolysis. Journal of Biological Chemistry，1919，40（2）：415-424.

[2] Seeman N C. DNA in a material world. Nature，2003，421（6921）：427-431.

[3] Gregory S G，Barlow K F，McLay K E，et al. The DNA sequence and biological annotation of human chromosome 1. Nature，2006，441（7091）：315-321.

[4] Watson J D，Crick F H. The structure of DNA. Cold Spring Harbor Symposia on Quantitative Biology，1953，18：123-131.

[5] SantaLucia J，Jr. A unified view of polymer，dumbbell，and oligonucleotide DNA nearest-neighbor thermodynamics. Proceedings of the National Academy of Sciences of the United States of America，1998，95（4）：1460-1465.

[6] Marras A E，Zhou L，Kolliopoulos V，et al. Directing folding pathways for multi-component DNA origami nanostructures with complex topology. New Journal of Physics，2016，18（5）：055005.

[7] Castro C E，Kilchherr F，Kim D N，et al. A primer to scaffolded DNA origami. Nature Methods，2011，8（3）：221-229.

[8] Shen L Y，Wang P F，Ke Y G. DNA nanotechnology-based biosensors and therapeutics. Advanced Healthcare Materials，2021，10（15）：e2002205.

[9] Zhou L，Marras A E，Su H J，et al. DNA origami compliant nanostructures with tunable mechanical properties. ACS Nano，2014，8（1）：27-34.

[10] Liedl T，Högberg B，Tytell J，et al. Self-assembly of three-dimensional prestressed tensegrity structures from DNA. Nature Nanotechnology，2010，5（7）：520-524.

[11] Wei B，Dai M，Yin P. Complex shapes self-assembled from single-stranded DNA tiles. Nature，2012，485（7400）：623-626.

[12] Zhang G M，Surwade S P，Zhou F，et al. DNA nanostructure meets nanofabrication. Chemical Society Reviews，2013，42（7）：2488-2496.

[13] Rothemund P W K. Folding DNA to create nanoscale shapes and patterns. Nature，2006，440（7082）：297-302.

[14] Ke Y，Sharma J，Liu M，et al. Scaffolded DNA origami of a DNA tetrahedron molecular container. Nano Letters，2009，9（6）：2445-2447.

[15] Andersen E S，Dong M D，Nielsen M M，et al. Self-assembly of a nanoscale DNA box with a controllable lid. Nature，2009，459（7423）：73-76.

[16] Douglas S M，Dietz H，Liedl T，et al. Self-assembly of DNA into nanoscale three-dimensional shapes. Nature，2009，459（7245）：414-418.

[17] Han D R，Pal S，Nangreave J，et al. DNA origami with complex curvatures in three-dimensional space. Science，2011，332（6027）：342-346.

[18] Han D R，Pal S，Yang Y，et al. DNA gridiron nanostructures based on four-arm junctions. Science，2013，339（6126）：1412-1415.

[19] Zhang F，Jiang S X，Wu S Y，et al. Complex wireframe DNA origami nanostructures with multi-arm junction vertices. Nature Nanotechnology，2015，10（9）：779-784.

[20] Veneziano R，Ratanalert S，Zhang K，et al. Designer nanoscale DNA assemblies programmed from the top down. Science，2016，352（6293）：1534.

[21] Benson E，Mohammed A，Gardell J，et al. DNA rendering of polyhedral meshes at the nanoscale. Nature，2015，523（7561）：441-444.

[22] Marchi A N，Saaem I，Vogen B N，et al. Toward larger DNA origami. Nano Letters，2014，14（10）：5740-5747.

[23] Zhang H，Chao J，Pan D，et al. Folding super-sized DNA origami with scaffold strands from long-range PCR. Chemical Communications，2012，48（51）：6405-6407.

[24] Dietz H，Douglas S M，Shih W M. Folding DNA into twisted and curved nanoscale shapes. Science，2009，325（5941）：725-730.

[25] Zhao Z，Liu Y，Yan H. Organizing DNA origami tiles into larger structures using preformed scaffold frames. Nano Letters，2011，11（7）：2997-3002.

[26] Iinuma R，Ke Y，Jungmann R，et al. Polyhedra self-assembled from DNA tripods and characterized with 3D DNA-PAINT. Science，2014，344（6179）：65-69.

[27] Gerling T，Wagenbauer K F，Neuner A M，et al. Dynamic DNA devices and assemblies formed by shape-complementary，non-base pairing 3D components. Science，2015，347（6229）：1446-1452.

[28] Liu W Y，Zhong H，Wang R S，et al. Crystalline two-dimensional DNA-origami arrays. Angewandte Chemie International Edition，2011，50（1）：264-267.

[29] Wang P F，Gaitanaros S，Lee S，et al. Programming self-assembly of DNA origami honeycomb two-dimensional lattices and plasmonic metamaterials. Journal of the American Chemical Society，2016，138（24）：7733-7740.

[30] Rafat A A，Pirzer T，Scheible M B，et al. Surface-assisted large-scale ordering of DNA origami tiles. Angewandte Chemie International Edition，2014，53（29）：7665-7668.

[31] Suzuki Y，Endo M，Sugiyama H. Lipid-bilayer-assisted two-dimensional self-assembly of DNA origami nanostructures. Nature Communications，2015，6：8052.

[32] Kocabey S，Kempter S，List J，et al. Membrane-assisted growth of DNA origami nanostructure arrays. ACS Nano，2015，9（4）：3530-3539.

[33] Wang P F，Meyer T A，Pan V，et al. The beauty and utility of DNA origami. Chem，2017，2（3）：359-382.

[34] Lan X，Lu X，Shen C，et al. Au nanorod helical superstructures with designed chirality. Journal of the American Chemical Society，2015，137（1）：457-462.

[35] Tian Y，Zhang Y，Wang T，et al. Lattice engineering through nanoparticle-DNA frameworks. Nature Materials，2016，15（6）：654-661.

[36] Liu X G，Zhang F，Jing X X，et al. Complex silica composite nanomaterials templated with DNA origami. Nature，2018，559（7715）：593-598.

[37] Studart A R. Towards high-performance bioinspired composites. Advanced Materials，2012，24（37）：5024-5044.

[38] Fratzl P，Dunlop J，Weinkamer R. Materials Design Inspired by Nature：Function Through Inner Architecture. Cambridge：Royal Society of Chemistry，2013.

[39] Thomopoulos S，Birman V，Genin G M. Structural Interfaces and Attachments in Biology. New York：Springer，2012.

[40] Dunlop J W，Fratzl P. Biological composites. Annual Review of Materials Research，2010，40：1-24.

[41] Fratzl P，Weinkamer R. Nature's hierarchical materials. Progress in Materials Science，2007，52（8）：1263-1334.

[42] Espinosa H D，Rim J E，Barthelat F，et al. Merger of structure and material in nacre and bone-Perspectives on *de novo* biomimetic materials. Progress in Materials Science，2009，54（8）：1059-1100.

[43] Meyers M A，Chen P Y，Lin A Y M，et al. Biological materials：Structure and mechanical properties. Progress in Materials Science，2008，53（1）：1-206.

[44] Meyers M A，McKittrick J，Chen P Y. Structural biological materials：Critical mechanics-materials connections. Science，2013，339（6121）：773-779.

[45] Stampfl J，Pettermann H E，Liska R. Bioinspired cellular structures：Additive manufacturing and mechanical properties//Gruber P，Bruckner D，Hellmich C，et al. Biological and Medical Physics，Biomedical Engineering. Berlin，Heidelberg：Springer Berlin Heidelberg，2011：105-123.

[46] Fu Q，Saiz E，Tomsia A P. Bioinspired strong and highly porous glass scaffolds. Advanced Functional Materials，2011，21（6）：1058-1063.

[47] Compton B G，Lewis J A. 3D-printing of lightweight cellular composites. Advanced Materials，2014，26（34）：5930-5935.

[48] Dimas L S，Bratzel G H，Eylon I，et al. Tough composites inspired by mineralized natural materials：Computation，3D printing，and testing. Advanced Functional Materials，2013，23（36）：4629-4638.

[49] Martin J J，Fiore B E，Erb R M. Designing bioinspired composite reinforcement architectures *via* 3D magnetic printing. Nature Communications，2015，6：8641.

[50] Le Ferrand H，Bouville F，Niebel T P，et al. Magnetically assisted slip casting of bioinspired heterogeneous composites. Nature Materials，2015，14（11）：1172-1179.

[51] Kokkinis D，Schaffner M，Studart A R. Multimaterial magnetically assisted 3D printing of composite materials. Nature Communications，2015，6：8643.

[52] Studart A R. Biological and bioinspired composites with spatially tunable heterogeneous architectures. Advanced Functional Materials，2013，23（36）：4423-4436.

[53] Hwang S H. The evolution of dinosaur tooth enamel microstructure. Biological Reviews of the Cambridge Philosophical Society，2011，86（1）：183-216.

[54] Balooch G，Marshall G W，Marshall S J，et al. Evaluation of a new modulus mapping technique to investigate microstructural features of human teeth. Journal of Biomechanics，2004，37（8）：1223-1232.

[55] Weiner S，Addadi L. Design strategies in mineralized biological materials. Journal of Materials Chemistry，1997，7（5）：689-702.

[56] Zhao H，Liu S，Wei Y，et al. Multiscale engineered artificial tooth enamel. Science，2022，375（6580）：551-556.

[57] Yeom B，Sain T，Lacevic N，et al. Abiotic tooth enamel. Nature，2017，543（7643）：95-98.

[58] Wei J J，Ping H，Xie J J，et al. Bioprocess-inspired microscale additive manufacturing of multilayered TiO_2/polymer composites with enamel-like structures and high mechanical properties. Advanced Functional Materials，2020，30（4）：1904880.

[59] 魏竟江. 生物增材制造过程启示功能新材料的制备及其应用研究. 武汉：武汉理工大学，2022.

[60] La Fontaine A，Zavgorodniy A，Liu H，et al. Atomic-scale compositional mapping reveals Mg-rich amorphous calcium phosphate in human dental enamel. Science Advances，2016，2（9）：e1601145.

[61] DeRocher K A，Smeets P J，Goodge B H，et al. Chemical gradients in human enamel crystallites. Nature，2020，583（7814）：66-71.

[62] 李一迪. 生物过程启示的纳米复合材料设计与合成. 武汉：武汉理工大学，2022.

[63] Li Y D，Ping H，Wei J J，et al. Bioprocess-inspired room-temperature synthesis of enamel-like fluorapatite/polymer nanocomposites controlled by magnesium ions. ACS Applied Materials & Interfaces，2021，13（21）：25260-25269.

[64] Li Y D，Kong Y，Xue B Y，et al. Mechanically reinforced artificial enamel by Mg^{2+}-induced amorphous intergranular phases. ACS Nano，2022，16（7）：10422-10430.

[65] Yang Y，Li X，Chu M，et al. Electrically assisted 3D printing of nacre-inspired structures with self-sensing capability. Science Advances，2019，5（4）：eaau9490.

[66] Deville S，Saiz E，Nalla R K，et al. Freezing as a path to build complex composites. Science，2006，311（5760）：515-518.

[67] Halloran J. Making better ceramic composites with ice. Science，2006，311（5760）：479-480.

[68] Deville S，Saiz E，Tomsia A P. Ice-templated porous alumina structures. Acta Materialia，2007，55（6）：1965-1974.

[69] Bouville F，Maire E，Meille S，et al. Strong，tough and stiff bioinspired ceramics from brittle constituents. Nature Materials，2014，13（5）：508-514.

[70] Mao L B，Gao H L，Yao H B，et al. Synthetic nacre by predesigned matrix-directed mineralization. Science，2016，354（6308）：107-110.

[71] Gao H L，Chen S M，Mao L B，et al. Mass production of bulk artificial nacre with excellent mechanical properties. Nat Commun 2017，8（1）：287.

[72] Tang Z，Kotov N A，Magonov S，et al. Nanostructured artificial nacre. Nature Materials，2003，2（6）：413-418.

[73] Finnemore A，Cunha P，Shean T，et al. Biomimetic layer-by-layer assembly of artificial nacre. Nature Communications，2012，3：966.

[74] Randall M E，Libanori R，Rothfuchs N，et al. Composites reinforced in three dimensions by using low magnetic fields. Science，2012，335：199-204.

[75] Studart A R. Additive manufacturing of biologically-inspired materials. Chemical Society Reviews，2016，45（2）：359-376.

[76] Li Y D，Ping H，Zou Z，et al. Bioprocess-inspired synthesis of multilayered chitosan/$CaCO_3$ composites with nacre-like structures and high mechanical properties. Journal of Materials Chemistry B，2021，9（28）：5691-5697.

[77] Yang Y，Chen Z，Song X，et al. Biomimetic anisotropic reinforcement architectures by electrically assisted nanocomposite 3D printing. Advanced Materials，2017，29：1605750.

第11章 展　望

生物过程启示的材料制备新技术旨在从自然生物制造，或者生物制造/生物结构的关系中找到灵感和思想，发展新的合成与制备技术。近年来，材料科学家在这一新的研究方向上开展了许多有趣的研究工作，主要包括：生物矿化过程启示的合成与制备、光合作用启示的合成与制备及其他生物过程启示的合成与制备。我们相信未来将会涌现出更多受生物过程启示的合成与制备新方法，创制新结构和新材料。

生物矿化过程启示的合成与制备可以从以下几方面开展：①天然生物质诱导的合成。利用病毒、细菌、真菌等生物体合成具有独特结构和功能的纳米材料。与二氧化硅微球和聚合物胶束等人工模板相比，天然生物体通常具有价格低廉、资源丰富、环境友好、可再生等优点，因而在大规模生产纳米材料方面具有很大的潜力。②重组蛋白诱导的合成。蛋白质等生物分子在生物矿化过程中起着重要作用，但它们很难从生物体内大量提取。一种有效的途径是利用分子生物技术将具有不同功能的蛋白质进行重组来调控晶体生长和显微结构组装，进而提升材料的性能。另一方面，通过对重组蛋白结构的精细调控，有助于更深入地理解生物分子在生物矿化过程中的作用机制。③类蛋白物质诱导的合成。蛋白质诱导的合成过程缓慢、时间长，且蛋白质的稳定性也不容易保证。可以研发和利用与蛋白质具有类似结构和功能的物质调控材料的合成，主要包括聚氨基酸、聚电解质、嵌段共聚物等聚合物，有机小分子和无机离子等。④基于矿化机制的制备新技术。通过进一步学习生物体控制矿化的策略，在实验室发展新的材料制备技术，如以无定形相为前驱体的材料制备新技术、基于限域空间的材料制备新技术等。⑤增材制造。自然界是最好的增材制造专家，未来可以进一步开展生物过程启示的宏观增材制造和微观增材制造两个方向的研究。深入理解生物材料微观结构构建的关键调控因素，指导和帮助我们设计和构建材料的微观结构，发展新的制备技术，创制新材料。

光合作用是另一个典型的室温自然生物合成过程，主要包括三个关键因素：光系统Ⅰ（PSⅠ）、光系统Ⅱ（PSⅡ）和电子传递链。可以学习PSⅠ和PSⅡ，并使用模拟光系统中形成的电子和/或空穴合成人工材料。目前，受光合作用启示合成的材料包括基于还原氧化石墨烯的材料、氧化物、硫化物、硒化物等，它们已被应用于许多不同的领域。然而，这些研究目前仍不深入，未来可在以下几方面进一步开展工作：①寻找合适的前驱体和可行的反应途径合成更多类型的材料，将光合作用启示的合成发展为无机材料制备的一种通用策略。②外场和载流子输运中间体能影响光生电荷的分离和转移，进而控制反应动力学。因此，可以通过这方面的研究提高材料制备效率和性能。③进一步理解光合作用启示的合成机制，对人工光合作用系统进行更科学的设计。

将生物矿化与光合作用结合是一个有趣的想法。生物矿化比较缓慢，但能精确控制材料的结晶过程和显微结构。如果生物矿化过程的动力学条件受到自然或人工光合作用的外部驱动力的影响，则可能会产生意想不到的结果。迄今为止，这方面的研究还不多。我们认为，将生物矿化与光合作用结合有望发展材料合成和制备新技术。

生物过程启示的陶瓷材料室温与低温制备关键技术也是未来重点开展的研究方向，目前正由武汉理工大学傅正义院士、北京航空航天大学江雷院士、中国科学技术大学俞书宏院士和中国科学院上海硅酸盐研究所吴成铁研究员团队的骨干力量开展相关研究。其主要研究思路如下。

千年来陶瓷都需要高温烧结，但牙齿、贝壳等自然生物材料却能在室温下完成致密化制备过程，并具有精妙的微结构和优异的力学性能。因此，在前期研究的基础上，研究团队进一步提出，通过学习自然生物制造过程，发展生物过程启示的陶瓷材料室温与低温制备新技术。拟研究如下三个关键科学问题：①生物体指导材料室温合成和显微结构形成动力学过程的关键调控因素，包括生物基元、类生物功能基元、生长因子等。②陶瓷材料组装基元设计原则和过程仿生调控原理，包括有机/无机界面构筑、基元有序组装、复杂结构表界面稳定机制。③人工限域环境和外场辅助作用下陶瓷材料室温与低温致密化机制，包括物质传输、反应和组装致密化原理。

围绕这些关键科学问题，研究团队提出从四个方面开展研究：①自然生物材料组成、结构的形成机制。②陶瓷材料的仿生合成原理及其结构调控机制。③基于对自然生物制造过程的理解，研究微纳尺度限域环境、外场（光、力、电）等辅助条件对物质传输、反应和组装致密化机制的影响，探索生物过程启示的陶瓷材料设计、合成和组装致密化技术。④设计和研发陶瓷材料室温与低温制备装备，优化制备工艺参数，研制宏观尺寸工程陶瓷材料。

生物过程启示的陶瓷材料室温与低温制备技术是材料与生物的深度交叉融合，有望颠覆千年来陶瓷需要高温烧结的传统技术，在国际上引领该领域的创新研究。

关键词索引

Y